Springer-Lehrbuch

Springer-Verlag Berlin Heidelberg GmbH

Manfred Broy

Informatik

Eine grundlegende Einführung

Band 2: Systemstrukturen und Theoretische Informatik

Zweite, überarbeitete Auflage
Mit 117 Abbildungen und 18 Tabellen

Prof. Dr. Manfred Broy
Technische Universität München
Institut für Informatik
D-80290 München
E-mail: broy@informatik.tu-muenchen.de
Internet: http://www4.informatik.tu-muenchen.de

Dazu erhältlich:
Band 1. Programmierung und Rechnerstrukturen.
2. Aufl. 1998.
Aufgabenband. M. Broy, B. Rumpe:
Übungen zur Einführung in die Informatik.
Strukturierte Aufgabensammlung mit Musterlösungen.
Mit CD-ROM. 1998.

ISBN 978-3-540-64392-0 ISBN 978-3-642-58911-9 (eBook)
DOI 10.1007/978-3-642-58911-9

Die Deutsche Bibliothek - CIP-Einheitsaufnahme
Broy, Manfred: Informatik: eine grundlegende Einführung / Manfred Broy
Berlin; Heidelberg; New York; Barcelona; Budapest; Hongkong; London; Mailand; Paris; Singapur; Tokio: Springer
(Springer-Lehrbuch)
Teil 2. Systemstrukturen und theoretische Informatik. -2. Aufl. 1998

Ursprünglich erschienen bei Springer-Verlag Berlin Heidelberg New York 1998

Umschlaggestaltung: design & production GmbH, Heidelberg
Satz: Reproduktionsfertige Vorlagen des Autors
33/3111 54321 Gedruckt auf säurefreiem Papier

Vorwort zur zweiten Auflage

Dieser zweite Band enthält Teil III und Teil IV der vierteiligen Einführung in die Informatik. In Teil III beschäftigen wir uns mit verteilten, informationsverarbeitenden Systemen, ihrer Modellierung und Beschreibung und der systemnahen Programmierung. Damit ergänzt dieser Teil den Teil I, der sich mit problemnaher Programmierung beschäftigt, und den Teil II, der sich im wesentlichen mit Hardwarestrukturen, Rechnerstrukturen und maschinennaher Programmierung befaßt, um die Konzepte, die zur Beschreibung und Programmierung verteilter, parallel ablaufender Systeme erforderlich sind.

In Teil III führen wir in einem sehr ausführlichen Kapitel in die Grundbegriffe verteilter Systeme ein. Dies umfaßt alle Aspekte wie Nebenläufigkeit, Parallelität, Interaktion, Abläufe und Synchronisation. Wir behandeln in Kapitel 1 sowohl die grundlegenden Modelle verteilter Systeme als auch die maschinennahe Realisierung von Programmierkonzepten für die Realisierung verteilter Systeme. In Kapitel 2 beschäftigen wir uns mit Betriebssystemen und ausgewählten Problemen der Systemprogrammierung und in Kapitel 3 mit Fragen der Übersetzung und Interpretierung von Programmiersprachen.

Teil IV behandelt grundlegende Fragestellungen der theoretischen Informatik, eine Reihe komplexer Algorithmen und effizienter Datenstrukturen sowie einige verbreitete aktuelle Programmierstile. Teil IV greift also Fragen, die wir in den Teilen I – III bereits angesprochen haben, systematisch wieder auf.

Damit schließt Teil IV die vierteilige Einführung in die Informatik ab und ergänzt noch eine Reihe wichtiger Punkte. Wie die vorangehenden Teile legt auch dieser vierte Teil größten Wert auf saubere Begriffsbildung und genaue mathematische Behandlung der besprochenen Konzepte.

Die vier Teile der Einführung in die Informatik sind so angelegt, daß Studenten in ihrem Grundstudium einen umfassenden Überblick über alle Hauptgebiete der Informatik bekommen und die relevanten Begriffe nicht nur gehört, sondern auch verstanden haben. Dies wird ergänzt durch das Übungsbuch BROY, RUMPE.

Die „Einführung in die Informatik" hat, wie bereits im Vorwort zum Teil I dargestellt, ihre Wurzeln in einer Vorlesung, die ich erstmals im Sommer 1983 an der Universität Passau und danach in modifizierter und überarbeiteter Form mehrfach an der Universität Passau und an der Technischen Universität München gehalten habe, zum letzten Mal von Wintersemester 1993/94 bis Sommersemester 1995. Die Auswahl des Stoffs wurde stark durch Diskussionen mit meinen Kollegen an der Technischen Universität München beeinflußt. Zu Dank bin ich in diesem Zusammenhang Prof. Rudolf

Bayer Ph.D., Prof. Dr. Jürgen Eickel und Prof. Dr.-Ing. H.-J. Siegert verpflichtet. Besonderen Dank schulde ich meinem verehrten Lehrer und Vorgänger Prof. Dr. Dr. h.c. mult. F.L. Bauer. Ohne sein richtungsweisendes Einführungsbuch aus dem Jahre 1970 wäre meine Einführung in dieser Form nicht möglich gewesen.

Danken möchte ich aber auch meinen Studentinnen und Studenten, die durch zahlreiche kritische und konstruktive Diskussionen und Vorschläge die Vorlesung mitgestaltet haben. Stellvertretend für viele möchte ich Herrn Ingolf Krüger erwähnen, dessen große Sorgfalt beim Korrekturlesen ich anerkennend hervorhebe. Dank gilt auch meinen früheren und gegenwärtigen Mitarbeiterinnen und Mitarbeitern Michael Breu, Max Fuchs, Radu Grosu, Rudi Hettler, Ursula Hinkel, Franz Huber, Heinrich Hußmann, Cornel Klein, Olaf Müller, Dieter Nazareth, Friederike Nickl, Barabara Paech, Peter Padawitz, Thomas Pinegger, Christian Prehofer, Cornelia Pusch, Franz Regensburger, Bernhard Rumpe, Birgit Schieder, Katharina Spies und Oskar Slotosch für hilfreiche Vorschläge. Gerade durch diese Rückkopplung hat mir die Vorlesung „Einführung in die Informatik“ immer großen Spaß bereitet und zahlreiche zusätzliche Anregungen gebracht. Ich danke auch dem Springer-Verlag, vor allem Dr. Hans Wössner für die Arbeit und Mühe, die er mit meiner Einführung auf sich genommen hat.

München, Juli 1998 Manfred Broy

Inhaltsverzeichnis

Teil IV Formale Sprachen, Berechenbarkeit, Komplexität, Logikprogrammierung 189

Teil III Systemnahe Programmierung

Technische Systeme, die Programme als Bestandteile enthalten, und systemnahe Programme haben in der Informatik in den letzten Jahren ständig an Bedeutung gewonnen. Ursachen dafür sind

- die immer stärker werdende Vernetzung der Rechner zu lokalen und globalen Netzen,
- das Zusammenwachsen von Telekommunikation und Rechnertechnik,
- die immer komplexeren Betriebssystemstrukturen der Rechenanlagen selbst, die Notwendigkeit, eingebettete Systeme zu modellieren,
- die Aufgaben der Informationsverarbeitung im Kontext technischer Systeme (wie in der Verkehrstechnik oder der Fertigungstechnik in Verbindung mit Steuergeräten und Sensoren).

Alle diese Anwendungen weisen Merkmale verteilter informationsverarbeitender Systeme auf. Um die vielfältigen Herausforderungen bei der Konzeption solcher Systeme und deren Realisierung zu bewältigen, benötigt der angehende Informatiker solide Grundlagen und ein fundiertes Verständnis sowohl für die Modellierung von Systemen und deren Beschreibung als auch für die Entwicklung von Programmen, die eingebettet als Bestandteile solcher Systeme auftreten. Diese Anwendungen erfordern die Programmierung interaktiver, parallel ablaufender Systeme.

Dieses Gebiet der Informatik ist nicht viel älter als etwa 30 Jahre. Dementsprechend sind für viele Fragestellungen noch keine allgemein akzeptierten Lösungen und Standards vorhanden. Allerdings hat sich in den letzten zehn Jahren eine erhebliche Konvergenz bei Fragen der Beschreibung und der Modellierung von Systemen abgezeichnet.

Wir geben mathematische Modelle für die Abläufe von Systemen an. Wir sprechen dabei von *Prozessen.* Darauf aufbauend werden im folgenden elementare Beschreibungstechniken für Systeme dargestellt. Stellvertretend für die Vielzahl der vorhandenen Beschreibungstechniken werden Petri-Netze, die von C.A.R. Hoare unter der Abkürzung CSP eingeführte Notation zur Beschreibung kommunizierender, sequentieller Programme, sowie funktionale Systemmodelle durch stromverarbeitende Funktionen und programmiersprachliche Konstrukte zur Programmierung parallel ablaufender Programme behandelt. Dabei werden eine Reihe fundamentaler Begriffe eingeführt und an Beispielen erläutert.

Aufbauend auf dem dadurch geschaffenen grundlegenden Verständnis für Systeme, ihre Eigenschaften, die in diesem Zusammenhang notwendigen Begriffe, Systemmodelle und Beschreibungstechniken, werden dann typische Aspekte von Systemstrukturen in Rechnersystemen beschrieben. Dabei konzentrieren wir uns vornehmlich auf Softwaresystemstrukturen. Dies betrifft einerseits die Betriebssysteme im engeren Sinn, in ihrem Aufbau und ihrer Wirkungsweise. Andererseits kommen dann typische Fragen der systemnahen Programmierung hinzu, wie sie bei der Gestaltung von Betriebssystemen auftreten. Als Hilfsmittel für die Erläuterung der Konzepte der systemnahen Programmierung verwenden wir wieder die aus Teil II bekannte Modellmaschine MI und beschreiben für die MI einige typische Befehle der systemnahen Programmierung.

In einem abschließenden Kapitel behandeln wir als weiteren typischen Komplex der systemnahen Programmierung die Implementierung von Programmiersprachen. Dies betrifft einererseits die syntaktische Behandlung von Programmen, andererseits auch die stärker semantisch orientierten Aspekte, wie die Interpretation oder auch die Übersetzung von Programmen. Für eine einfache funktionale Modellsprache wird sowohl ein Übersetzer als auch ein Interpretierer angegeben.

1. Prozesse, Kommunikation und Koordination in verteilten Systemen

In diesem Kapitel behandeln wir die grundlegenden Begriffe zur Modellierung, Beschreibung und Programmierung parallel ablaufender verteilter Systeme.

Definition (System). Unter einem *System* verstehen wir eine von seiner Umgebung abgegrenzte Anordnung aufeinander einwirkender Komponenten. ❑

Können gewisse Aktivitäten der Komponenten gleichzeitig stattfinden, sprechen wir von *parallel ablaufenden (nebenläufigen) Systemen* oder auch von *parallel ablaufenden (nebenläufigen) Prozessen*. Sind Systeme aus einzelnen, räumlich oder zumindest konzeptionell verteilten Komponenten aufgebaut, sprechen wir auch von *verteilten Systemen*. Die Vernetzung von Rechnern, die Verwendung von Rechnern, die mehrere aktive Komponenten (mehrere Rechnerkerne) besitzen und die Koppelung von Rechnern mit technischen Systemen (Prozeßsteuerung) führen auf verteilte Rechensysteme in der Form von Parallelrechnern und Rechnernetzen. Die Verwendung verteilter Rechensysteme und die Programmierung verteilter Anwendungssysteme erfordern Techniken für die Beschreibung und Analyse verteilter, parallel ablaufender Systeme.

Für die Nutzung verteilter Rechensysteme setzen wir Programme ein, die auf solchen Rechensystemen parallel und koordiniert ablaufen. Dabei werden für die Programmierung Sprachelemente zur Beschreibung der Parallelität und der Koordination oder Synchronisation der verteilten Aktivitäten und auch für den Nachrichtenaustausch (Kommunikation) zwischen den Komponenten verwendet. Selbst dann, wenn in einer Rechenanlage gewisse Aktivitäten physikalisch nie gleichzeitig stattfinden, sondern zeitlich streng sequentiell ausgeführt werden, ist es oftmals angemessen, die Struktur der Abläufe des Systems als die eines parallel ablaufenden Systems zu beschreiben und zu deuten.

Häufig wird eine Rechenanlage gleichzeitig durch mehrere Anwender benutzt. Dabei laufen in der Regel die verschiedenen Aktivitäten zeitlich verzahnt ab. Typischerweise werden Rechenanlagen zu Rechnernetzen verbunden. Beide Betriebssituationen führen auf *nebenläufige Prozesse*. Die Architektur umfangreicher Softwaresysteme läßt sich adäquat in der Form kooperierender, parallel ablaufender Teilsysteme konzipieren und darstellen.

Für die Beschreibung, Entwicklung und Analyse verteilter Systeme steht eine Reihe von Verhaltensaspekten im Vordergrund, die sich unter folgenden Stichworten zusammenfassen lassen:

- *Verteilung* meint die räumliche Verteilung (oder auch die konzeptionelle Aufteilung) der einzelnen Komponenten eines Systems.
- *Parallelität, Nebenläufigkeit* bezieht sich auf zeitliche Beziehungen zwischen den Aktivitäten der Komponenten eines Systems, die gleichzeitig (parallel) ablaufen können.
- *Interaktion, Reaktion, Kommunikation, Koordination, Synchronisation* betrifft (kausale) Beziehungen zwischen den räumlich verteilten und zeitlich nebenläufig ausgeführten Aktivitäten unterschiedlicher Komponenten. Dadurch wird insbesondere ein Austausch von Nachrichten und Signalen angesprochen, durch den die Komponenten im verteilten System ein koordiniertes Verhalten aufweisen können.
- *Nichtdeterminismus* bezeichnet die Eigenschaft von Systemen, unter gleichen Bedingungen und Eingaben verschiedene Verhaltensmuster zu zeigen. Dies tritt typischerweise in Modellen verteilter Systeme durch das gezielte Weglassen (Abstrahieren von) gewissen Detailinformationen, etwa über zeitliche Zusammenhänge in Systemabläufen, die für die Ablaufentscheidungen bedeutsam sind. Nichtdeterminismus ist ein wichtiges Mittel der Modellierung, da nur durch geschickt gewählte Abstraktionen umfangreiche Systeme flexibel und überschaubar beschrieben werden können.

Parallel ablaufende Systeme treten in der technischen Informatik unter anderem in der Form von Schaltwerken und Rechnernetzen auf. In der systemnahen Informatik modellieren wir Betriebssystemstrukturen durch verteilte Systeme. Auch Rechnerarchitekturen lassen sich als verteilte Systeme beschreiben. In der praktischen Informatik werden viele Anwendungen (Organisationsstrukturen) als verteilte Systeme modelliert. Dies zeigt, daß verteilte Systeme in vielen Bereichen der Informatik auftreten.

Zur Analyse und Beschreibung parallel ablaufender Systeme ist ein mathematisches Modell von Nutzen. In einem mathematischen Modell werden bestimmte Sichten auf ein System erfaßt. Dabei wird in der Regel eine starke Vereinfachung erzielt, da viele Details weggelassen werden. Wir sprechen deshalb bei der Modellbildung auch von Abstraktion. In jeder Modellbildung werden bestimmte Sichten auf ein System eingenommen. In Modellen treten oft Mischungen dieser Sichten auf. Wir unterscheiden im einzelnen folgende Sichten:

- *Schnittstellensicht* : Beschreibung der Interaktion eines Systems mit seiner Umgebung.
- *Ablaufsicht* : Darstellung des Verhaltens eines Systems durch Abläufe, etwa durch Folgen von Aktionen.
- *Verteilungssicht* : Darstellung der Struktur eines Systems in Komponenten und ihrer Verbindungen.
- *Zustandssicht* : Beschreibung der Zustände eines Systems und der durch Aktionen bewirkten Zustandsänderungen.

Einen einzelnen Ablauf eines Systems nennen wir im folgenden einen *Prozeß*. Ein Prozeß besteht aus einer Menge von *Ereignissen*, die der Ausführung von *Aktionen* entsprechen und in einem bestimmten *kausalen* (und einem zeitlichen) Bezug stehen.

Die zentrale Bedeutung von Prozessen für Rechensysteme macht es erforderlich, den Begriff Prozeß mathematisch präzise zu fassen. Im folgenden stellen wir deshalb ein einfaches mathematisches Modell für nebenläufige Prozesse vor. Aufbauend auf diesem Modell wird anschließend eine Reihe struktureller Begriffe für Prozesse und Techniken zur Beschreibung von Systemen durch (Mengen von) Prozessen eingeführt. Schließlich werden Sprachkonstrukte für die Programmierung der Koordination und Kommunikation parallel ablaufender, kooperierender Prozesse behandelt.

1.1 Prozesse

In diesem Abschnitt wird der Begriff Prozeß mathematisch gefaßt. Dazu führen wir *Aktionsstrukturen* ein. Der so erhaltene Prozeßbegriff dient der mathematischen Modellierung beliebiger, nichtkontinuierlicher („diskreter") Abläufe verteilter Systeme. Beispiele dafür sind Prozesse in Rechenanlagen oder technische oder betriebliche Vorgänge, die sich aus Einzelaktionen zusammensetzen, zwischen denen kausale Abhängigkeiten bestehen.

Definition (Prozeß). Unter einem diskreten *Prozeß* verstehen wir eine Menge von Ereignissen, die in einem kausalen Zusammenhang stehen. Ein Ereignis steht für die Ausführung einer Aktion. ❑

Parallel ablaufende Prozesse gehören zum allgemeinen Erfahrungsumfeld unseres täglichen Lebens. Allerdings haben wir dadurch zunächst nur ein intuitives Verständnis für parallele Abläufe. Die genaue (verbale) Beschreibung eines von uns intuitiv beherrschten parallelen Ablaufs wie beispielsweise das Telefonieren, das Bedienen eines Getränkeautomaten, das Programmieren eines Videorecorders oder die Ausführung einer Montageanleitung bereitet uns oft erhebliche Schwierigkeiten[1]. Hinzu kommt, daß Sprache und Schrift als unsere gebräuchlichsten Beschreibungsformen von Natur sequentiell sind und sich damit parallele Abläufe nicht unmittelbar darstellen lassen.

Da wir im folgenden aber gerade die Phänomene der Parallelität (der Nebenläufigkeit) bei der Ausführung von Programmen studieren wollen, führen wir eine „nichtsequentielle" mathematische Struktur ein, die zur Darstellung von parallelen Abläufen dient.

1.1.1 Aktionsstrukturen als Prozesse

Wir beginnen mit einem Beispiel für Prozesse eines parallel ablaufenden Systems. Wir betrachten eine mehrspurige Straße mit einem Fußgängerübergang und einer Verkehrsampel. Der in einem bestimmten Zeitintervall auf der Straße und dem Fußgängerübergang sich abspielende Vorgang von Verkehrsereignissen stellt einen parallelen Prozeß dar. In diesem Prozeß treten gewisse Aktionen auf wie etwa:

---

[1] Dies wird nur allzu häufig beim Studium von Gebrauchsanweisungen deutlich.

- Ein Fußgänger drückt den Knopf der Ampel.
- Die Ampel schaltet für die Autofahrer von Grün auf Gelb.
- Ein Wagen hält auf der i-ten Spur vor der Ampel.
- Die Ampel schaltet für die Autofahrer von Gelb auf Rot.
- Die Ampel schaltet für die Fußgänger von Rot auf Grün.
- Ein Fußgänger überquert die Fahrbahn.

Natürlich erwarten und wissen wir, daß in jedem Ablauf, in jedem Prozeß, der auf der Straße stattfinden kann, zwischen gewissen dieser beobachtbaren Aktionen ein innerer „kausaler" Zusammenhang besteht. So schaltet die Ampel für die Fußgänger erst auf grün, wenn die Ampel für die Autofahrer rot anzeigt. Die Ampel schaltet genau dann, wenn vorher der entsprechende Knopf gedrückt wurde.

Diese Aktionen sind teilweise nebenläufig. Beispielsweise können mehrere Fußgänger gleichzeitig die Fahrbahn überqueren. Natürlich können auch Autofahrer auf parallelen Fahrbahnen gleichzeitig über den Fußgängerübergang fahren. Es existieren jedoch Einschränkungen für die Nebenläufigkeit der Aktionen. Es ist eine offensichtliche Sicherheitsanforderung, daß Fußgänger und Autos nie gleichzeitig Grün bekommen dürfen. Mit anderen Worten, die Fußgängerampel darf erst auf Grün schalten, wenn die Ampel für die Fahrzeuge auf Rot steht und umgekehrt.

Wie könnte nun die Beschreibung eines Prozesses aussehen, der in einem bestimmten Zeitintervall am Fußgängerübergang abläuft? Sicherlich können gewisse der aufgelisteten Aktionen mehrmals stattfinden. Deshalb ist es wichtig, zwischen der Aktion (zum Beispiel „Knopf wird gedrückt") und dem individuellen Auftreten (der „Instanz") der Aktion zu unterscheiden. Bei jeder Instanz einer Aktion sprechen wir von einem *Ereignis*. Der Ablauf eines verteilten Systems besteht demnach aus einer Menge von Ereignissen, wobei jedem Ereignis eine Aktion zugeordnet ist. Verschiedenen Ereignissen kann die gleiche Aktion zugeordnet sein. Das führt auf folgende mathematische Modellbildung für Prozesse.

Gegeben seien eine Menge (das „Universum") E von *Ereignissen* (engl. events) und eine Menge A von *Aktionen* (engl. actions). Ein Tripel $p = (E_0, \leq_0, \alpha)$ nennen wir einen *Prozeß* oder auch eine *Aktionsstruktur*, falls folgende Aussagen gelten:

$E_0 \subseteq E$,

$\leq_0$ ist eine partielle Ordnung über E_0,

$\alpha: E_0 \rightarrow A$.

E_0 heißt die *Ereignismenge*, $\leq_0$ die *Kausalitätsrelation* und α die *Aktionsmarkierung* des Prozesses p. Die Abbildung α ordnet jedem Ereignis eine Aktion zu. In dieser Definition von Aktionsstrukturen ist bewußt auch der leere Prozeß eingeschlossen. Er wird durch die Aktionsstruktur dargestellt, die aus der leeren Ereignismenge besteht.

Hinweis (Definition partielle Ordnung). Für eine gegebene Menge M ist eine partielle Ordnung $\leq_0$ eine (zweistellige) Relation, also eine Teilmenge von $M \times M$, die reflexiv, transitiv und antisymmetrisch ist. ❑

Beispiel (Prozeß am Fußgängerübergang). Wir betrachten einen Prozeß mit 14 Ereignissen. Die Tabelle 1.1 listet diese Ereignisse auf und ordnet ihnen Aktionen zu.

Tabelle 1.1. Beispiel für Ereignisse und Aktionen eines Prozesses an dem Fußgängerübergang

Ereignis	Aktion
e1	Knopf wird gedrückt
e2	Ampel für Autofahrer schaltet auf Gelb
e3	Ampel für Autofahrer schaltet auf Rot
e4	Auto hält auf Spur 1
e5	Ampel für Fußgänger schaltet auf Grün
e6	Auto hält auf Spur 2
e7	Fußgänger überquert Übergang
e8	Auto hält auf Spur 3
e9	Ampel für Fußgänger schaltet auf Rot
e10	Ampel für Autofahrer schaltet auf Rot und Gelb
e11	Ampel für Autofahrer schaltet auf Grün
e12	Auto fährt an auf Spur 1
e13	Auto fährt an auf Spur 2
e14	Auto fährt an auf Spur 3

Dabei nehmen wir folgende Kausalitätsrelationen zwischen den Ereignissen an:

$$e1 \le e2,\ e2 \le e3,\ e3 \le e4,\ e3 \le e5,\ e3 \le e6,\ e5 \le e7,$$

$$e3 \le e8,\ e5 \le e9,\ e9 \le e10,\ e10 \le e11,$$

$$e11 \le e12,\ e11 \le e13,\ e11 \le e14,\ e4 \le e12,\ e6 \le e13,\ e8 \le e14\ .$$

Diese Beziehungen erzeugen (durch die Bildung der reflexiv transitiven Hülle) eine partielle Ordnung, die die Kausalität zwischen den Ereignissen beschreibt. Man beachte, daß hier beispielsweise das Ereignis e12 nur stattfindet, nachdem die Ereignisse e4 und e11 stattgefunden haben. ❑

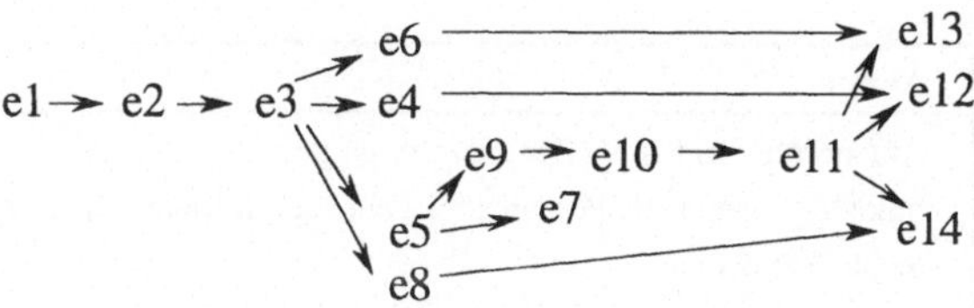

Abb. 1.1. Prozeß in graphischer Beschreibung

Endliche Prozesse lassen sich anschaulich durch knotenmarkierte, gerichtete, zyklenfreie Graphen darstellen. Die Knoten repräsentieren die Ereignisse und sind durch Aktionen markiert (vgl. hierzu die nachstehende Definition gerichteter Graphen).

Beispiel (Prozeß am Fußgängerübergang in graphischer Darstellung). Graphisch läßt sich das obige Beispiel für einen Prozeß an der Fußgängerampel durch die in Abb. 1.1 angegebene Aktionsstruktur beschreiben. ❑

Hinweis (Definition gerichteter Graph). Ein *gerichteter Graph* über einer Knotenmenge M ist durch eine zweistellige Relation R über M gegeben. R ist eine Teilmenge von M × M. R heißt auch die Menge der *Kanten*. ❑

Sei A eine gegebene Menge von „Markierungen". Ist für einen Graph über der Menge M eine Abbildung

$$\alpha : M \rightarrow A$$

gegeben, dann nennen wir den Graphen *knotenmarkiert.* Ist eine Abbildung

$$\gamma : R \rightarrow A$$

gegeben, dann heißt der Graph *kantenmarkiert.* ❑

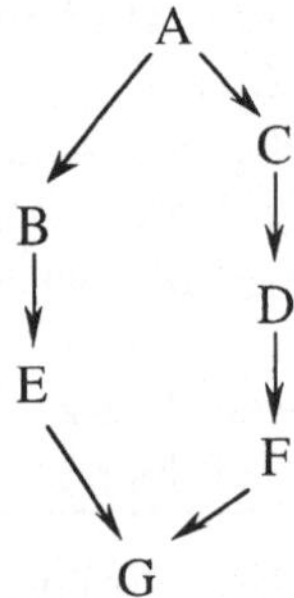

Abb. 1.2. Prozeß des Besteigens eines Fahrzeugs

Anschaulich lassen sich Graphen durch Pfeildiagramme wie in Abb. 1.1 beschreiben. Diese Darstellung von Graphen ist natürlich nur dann möglich, wenn die Knotenmenge endlich ist. In graphischen Darstellungen durch Pfeildiagramme kann auf die explizite Angabe der Knotenmenge verzichtet werden, da die Knoten durch Punkte im Diagramm eindeutig charakterisiert sind.

Tabelle 1.2. Beispiel für Ereignisse und Aktionen eines Prozesses des Besteigens eines Autos

Ereignis	Aktion
A	Aufsperren des PKW (Zentralverriegelung)
B	linke Tür öffnen, 1. Person steigt ein (durch linke Tür nach hinten)
C	rechte Tür öffnen
D	2. Person steigt ein (durch rechte Tür nach hinten)
E	Fahrer steigt ein und schließt Tür
F	Beifahrer steigt ein und schließt Tür
G	PKW fährt ab

Beispiel (Besteigen eines zweitürigen Autos durch vier Personen). Der Prozeß des Besteigens eines Autos läßt sich durch ein Pfeildiagramm wie in Abb. 1.2 graphisch darstellen. Wir sprechen von einem *Ereignisdiagramm.* Die Zuordnung der Ereignisse zu den Aktionen wird durch die Tabelle 1.2 festgelegt. ❑

Häufig verwenden wir zweckmäßigerweise Diagramme, in denen nicht die Ereignisse als Marken auftreten, sondern statt dessen die Aktionen angegeben werden, mit denen sie markiert sind. Wir sprechen von *Aktionsdiagrammen.*

Wir wenden uns nun grundlegenden Begriffen zu, die im Zusammenhang mit parallelen Prozessen von besonderer Bedeutung sind. Für einen Prozeß

$$p = (E_0, \leq_0, \alpha)$$

nennen wir zwei Ereignisse $e_1, e_2 \in E_0$ *parallel* oder *nebenläufig* (engl. „concurrent"), falls sie im Prozeß p nicht in einer kausalen Relation stehen. Mathematisch wird das durch folgende Formel ausgedrückt:

$$\neg(e_1 \leq_0 e_2 \vee e_2 \leq_0 e_1) .$$

Parallele Ereignisse sind kausal unabhängig. Sie können zeitlich nebeneinander oder in beliebiger Reihenfolge stattfinden.

In einem Prozeß hat jedes Ereignis eine eindeutige Identität („X betritt am 7.5.84 um 10:10 h den Hörsaal"), eine Aktion kann jedoch mehrfach stattfinden (die Aktion „X betritt den Hörsaal" kann mehrfach stattfinden). Dementsprechend kann in einem Prozeß verschiedenen Ereignissen die gleiche Aktion zugeordnet sein.

Eine (Scherz-)Frage aus einem Intelligenztest könnte lauten: Wie oft kann man die Zahl 1 von der Zahl 20 abziehen? Die Antwort „einmal" ist richtig, wenn man die Aktion meint, die Antwort „sooft man will" ist richtig, wenn man die Ereignisse meint.

Tabelle 1.3. Beispiel für einen Ablauf der Türme von Hanoi

Ereignis	Aktion
e1	$a \xrightarrow{1} b$
e2	$a \xrightarrow{2} c$
e3	$b \xrightarrow{1} c$
e4	$a \xrightarrow{3} b$
e5	$c \xrightarrow{1} a$
e6	$c \xrightarrow{2} b$
e7	$a \xrightarrow{1} b$

Ein Prozeß $p = (E_0, \leq_0, \alpha)$ heißt *sequentiell*, wenn in ihm kein Paar von parallelen Ereignissen auftritt. Dies heißt, daß die Kausalitätsrelation $\leq_0$ eine lineare Ordnung darstellt.

Hinweis (Definition lineare Ordnung). Eine *lineare Ordnung* $\leq_0$ ist eine partielle Ordnung, in der für beliebige Elemente e, d stets $e \leq_0 d$ oder $d \leq_0 e$ gilt. ❑

Der Ablauf eines Programmes kann auch als Prozeß im Sinne unserer Aktionsstrukturen gedeutet werden. Sequentielle Programme erzeugen sequentielle Prozesse.

Beispiel (Die Türme von Hanoi für drei Scheiben). In Teil II der Einführung wird in Abschnitt 4.4.3 das Problem der Türme von Hanoi beschrieben. Das Programm, das die Umschichtung der Scheiben für die Türme von Hanoi steuert, führt Aktionen der Form

$a \xrightarrow{n} b$

aus, die das Bewegen der Scheibe n von a nach b darstellen sollen. Die Tabelle 1.3 beschreibt die Folge der Züge (den Prozeß) für den Fall dreier Scheiben.

Die Aktion $a \xrightarrow{1} b$ tritt in diesem Prozeß zweimal auf. ❑

Ein Prozeß (E_0, $\leq_0$, α) heißt *endlich*, falls seine Ereignismenge E_0 eine endliche Menge ist. Unendliche Prozesse besitzen unendliche Ereignismengen. Im Zusammenhang unbeschränkt lange laufenden Systemen sind wir auch an unendlichen Prozessen interessiert. Beispiele für mit im Prinzip unendliche Prozesse sind etwa Betriebssysteme, die nicht terminieren, solange der Halteknopf nicht gedrückt wird.

Für eine beliebige partielle Ordnung $\leq$ über einer gegebenen Menge E heißt ein Element $e_1 \in E$ *unmittelbarer Nachfolger* des Elements $e_0 \in E$, wenn für alle Elemente $e \in E$ folgende Aussage gilt:

$$e_0 \leq e \leq e_1 \Rightarrow (e = e_1 \vee e = e_0) .$$

Partielle Ordnungen über endlichen Mengen sind durch die Mengen der unmittelbaren Nachfolger für jedes Element eindeutig charakterisiert. Für partielle Ordnungen über unendlichen Mengen gilt dies jedoch im allgemeinen nicht. Für unendliche Prozesse (E_0, $\leq_0$, α) läßt sich aus der Angabe der Menge der unmittelbaren Folgeereignisse für ein Ereignis die partielle Ordnung nicht eindeutig gewinnen.

Beispiel (Nichtdiskrete partielle Ordnung). Wir nehmen die Menge der rationalen Zahlen als Ereignismenge und betrachten die gewöhnliche (lineare) Ordnung. Keine Zahl hat einen unmittelbaren Nachfolger. ❑

In Aktionsstrukturen, die realen Prozessen entsprechen, treten solche nichtdiskrete Kausalitätsordnungen kaum auf. Deshalb schränken wir uns im weiteren auf jene Prozesse ein, die diskrete Kausalitätsordnungen besitzen. Insbesondere fordern wir, daß in einem Prozeß (E_0, $\leq_0$, α) für jedes Ereignis $e \in E_0$ die Menge der kausalen Vorgänger

$$\{d \in E_0 \colon d \leq_0 e\}$$

endlich ist. Eine Aktionsstruktur mit dieser Eigenschaft nennen wir auch *endlich fundiert*. Dann ist die zugrundeliegende Ordnung nach der Begriffsbildung der Mathematik *Noethersch*, da keine unendlich absteigenden Ketten von Ereignissen existieren. Die partielle Ordnung kann somit charakterisiert werden, indem für jedes Ereignis die Menge der unmittelbaren Nachfolger festgelegt wird.

Es existieren unterschiedliche Möglichkeiten, die partielle Ordnung auf den Ereignissen eines Prozesses zu deuten. Die Relation

$$e \leq_0 d$$

für Ereignisse $e, d \in E_0$ besagt intuitiv folgendes: Es gilt $e = d$ oder das Ereignis e ist kausal für das Ereignis d. Diese Kausalität läßt die Schlußfolgerung zu, daß das Ereignis e beendet sein muß, bevor das Ereignis d stattfinden kann. Die kausale Beziehung impliziert also eine zeitliche Relation. Die Umkehrung gilt nicht. Die zeitliche Relation zwischen Ereignissen sagt nichts über die Kausalität aus. Gilt weder die kausale Beziehung $e \leq_0 d$ noch $d \leq_0 e$, so läßt sich über die zeitlichen Bezüge zwischen den Ereignissen nichts aussagen.

Häufig möchten wir die Ordnung auf Ereignissen nicht nur kausal, sondern auch zeitlich verstehen. Ordnen wir jedem der Ereignisse auf einer Zeitachse ein Intervall zu, so ist es naheliegend die kausal Ordnung der Ereignisse zeitlich wie folgt zu deuten:

$x \leq_0 y$ steht für „x endet bevor y beginnt" .

Betrachten wir die zeitliche Dauer von Ereignissen, so können wir einem Ereignis e einen Anfangszeitpunkt anf(e) und einen Endzeitpunkt end(e) zuordnen. Wir erhalten folgende zeitlicher Beziehungen für die Ereignisse e und d:

(1) e beginnt, bevor d beginnt $\text{anf}(e) \leq \text{anf}(d)$,

(2) e endet, bevor d endet $\text{end}(e) \leq \text{end}(d)$,

(3) e endet, bevor d beginnt $\text{end}(e) \leq \text{anf}(d)$.

Wir erhalten damit eine ganze Reihe zeitlich unterschiedlicher Konstellationen. Wenn die Ereignisse beispielsweise überlappen, kann eines der Ereignisse nach dem anderen beginnen und vor dem anderen enden. Betrachten wir jedoch nur Ereignisse, die zeitlich punktförmig sind, also einem einelementigen Zeitintervall entsprechen, dann gilt $\text{anf}(e) = \text{end}(e)$ für alle Ereignisse. Dann brauchen wir nur den Fall (3) zu betrachten. Die anderen Fälle lassen sich dann auf den Fall (3) zurückführen. Deshalb ist es naheliegend, die Vorstellung zeitlich punktfömiger Ereignisse unseren Kausalitätsordnungen zugrunde zu legen. Für die zwei (verschiedenen) Ereignisse e und d gilt dann $\text{end}(e) \leq \text{anf}(d)$, falls $e \leq_0 d$. Falls wir in unsere Modellierung die Fälle (1) und (2) explizit einbeziehen möchten, können wir das bewerkstelligen, indem wir entsprechende Ereignisse e in zwei Ereignisse e_1 (e beginnt) und e_2 (e endet) aufspalten. Im weiteren werden wir die partielle Ordnung der Prozesse jedoch nicht zeitlich, sondern stets als Kausalordnung interpretieren.

Beispiel (Zeitliche Ordnung von Ereignissen). Die Menge der Ereignisse mit Aktionen „der Aufzug erreicht zum x-ten mal den i-ten Stock" ist linear geordnet bezüglich der zeitlichen Ordnung. ❑

Häufig finden wir in Prozessen unterschiedliche Ursachen für die kausale Beziehung $e \leq_0 d$ zwischen Ereignissen e und d. Im einzelnen unterscheiden wir

- echt kausale Beziehungen (das Ereignis e ist kausal für das Ereignis d in dem Sinn, daß d ohne e niemals auftreten kann),
- zeitliche Beziehungen (das Ereignis e endet, bevor das Ereignis d beginnt),
- Systembeschränkungen (das Ereignis e darf nicht parallel zum Ereignis d auftreten).

Ein Beispiel für die dritte Interpretation bildet der gegenseitige Ausschluß des Überquerens der Fahrbahn durch einen Fußgänger und das Durchfahren des Übergangs durch ein Fahrzeug.

Ereignisse, welche mit Aktionen markiert sind, die aufgrund von Systembeschränkungen nicht parallel stattfinden können, sind nicht unbedingt in einem „echt" kausalen Zusammenhang. Trotzdem sollten sie nicht als parallele Ereignisse auftreten. Deshalb stehen diese Ereignisse in Prozessen stets in der

Kausalitätsordnung. Erst wenn das zuerst stattfindende Ereignis abgeschlossen ist, kann das zweite beginnen. Informatikspezifische Beispiele für solche Situationen werden wir in Kürze betrachten.

1.1.2 Strukturierung von Prozessen

Bei umfangreichen endlichen oder gar unendlichen Prozessen wird es schnell unübersichtlich, die unstrukturierte Menge aller Ereignisse und die damit verbundenen Aktionen zu betrachten. Häufig ist ein Prozeß aus einer Anzahl von Teilprozessen zusammengesetzt oder kann zumindest so beschrieben werden. Einen solchen Prozeß können wir somit analysieren, indem wir ihn geschickt in Teilprozesse zerlegen und diese Teilprozesse analysieren.

Seien $p_1 = (E_1, \leq_1, \alpha_1)$ und $p_2 = (E_2, \leq_2, \alpha_2)$ Prozesse. Gilt folgende Beziehung für p_1 und p_2:

$$E_1 \subseteq E_2 ,$$

$$\alpha_2|_{E_1} = \alpha_1 ,$$

$$\leq_2|_{E_1 \times E_1} = \leq_1 ,$$

so heißt p_1 *Teilprozeß* von p_2. Wir bezeichnen den Prozeß p_1 mit $p_2|_{E_1}$ (wir sagen: „p_2 eingeschränkt auf die Menge der Ereignisse E_1"). Gilt zusätzlich die Formel

$$\forall\, e \in E_2, d \in E_1 \colon e \leq_2 d \Rightarrow e \in E_1 ,$$

so heißt der Prozeß p_1 *Anfang* oder *Präfix* des Prozesses p_2. Wir schreiben dann

$$p_1 \sqsubseteq p_2 .$$

Die Präfixrelation modelliert das Fortschreiten eines Prozesses. Jedes Präfix eines Prozesses kann als Beschreibung eines Anfangsabschnitts des Verhaltens des Prozesses verstanden werden.

Lemma: Die Präfixrelation $\sqsubseteq$ ist eine partielle Ordnung auf der Menge der Prozesse.

Beweis: Die Reflexivität der Präfixrelation ist trivial. Die Antisymmetrie zeigen wir wie folgt. Gilt

$$p_1 \sqsubseteq p_2 \wedge p_2 \sqsubseteq p_1$$

so gilt $E_1 = E_2$ und nach obigen Definitionen auch $\leq_1 = \leq_2$ und $\alpha_1 = \alpha_2$.

Die Transitivität zeigen wir durch folgende Argumentation. Gilt

$$p_1 \sqsubseteq p_2 \wedge p_2 \sqsubseteq p_3$$

so gilt aufgrund der Transitivität der Teilmengenrelation $E_1 \subseteq E_3$ und nach obigen Definitionen auch

$$\alpha_3|_{E1} = \alpha_1$$

$$\leq_3|_{E1 \times E1} = \leq_1 .$$

Aus

$$\forall\, e, d \in E_2 \colon e \leq_2 d \wedge d \in E_1 \Rightarrow e \in E_1$$

und

$$\forall\, e, d \in E_3\colon e \leq_3 d \wedge d \in E_2 \Rightarrow e \in E_2$$

und

$$\forall\, e, d \in E_2\colon e \leq_3 d \Rightarrow e \leq_2 d$$

folgt sofort

$$\forall\, e, d \in E_3\colon e \leq_3 d \wedge d \in E_1 \Rightarrow e \in E_1 \qquad \square$$

Endlich fundierte Aktionsstrukturen haben bezüglich ihrer Präfixe eine besondere Eigenschaft: Die Menge der endlichen Präfixe (der Präfixprozesse mit endlichen Ereignismengen) charakterisiert einen Prozeß eindeutig. Dies ist insbesondere für die Beschreibung unendlicher Prozesse von Bedeutung.

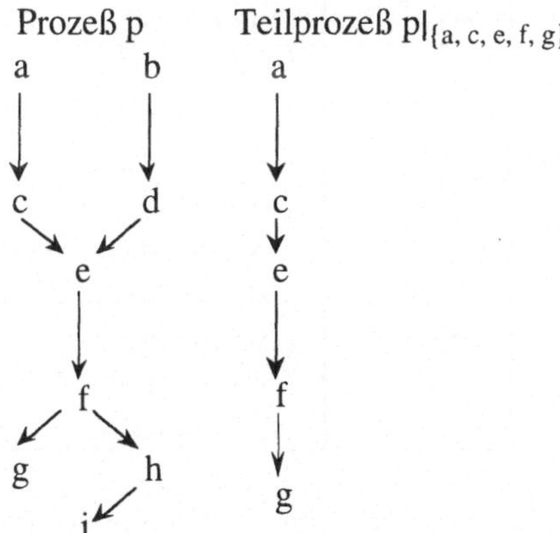

Abb. 1.3. Prozeß und Teilprozeß durch Ereignisdiagramme

Lemma (Charakterisierung von Prozessen durch endliche Approximationen). Für jeden endlich fundierten Prozeß $p_1 = (E_1, \leq_1, \alpha_1)$ gilt: Die Menge seiner endlichen Präfixprozesse

$$M = \{p\colon p \sqsubseteq p_1,\ p \text{ endlich}\}$$

bestimmt den Prozeß p_1 eindeutig. Insbesondere gilt $p_1 = \sup M$

Beweis: Nach Definition ist der Prozeß p_1 eine obere Schranke von M in der Präfixordnung. Sei $p_2 = (E_2, \leq_2, \alpha_2)$ ebenfalls obere Schranke von M. Dann gilt

$$E_1 \subseteq E_2$$

da

$$E_1 = \cup\ \{E_0 : (E_0, \leq_0, \alpha_0) \in M\}$$

Da $\leq_1$ und α_1 auf E_1 mit $\leq_2$ und α_2 übereinstimmen, gilt auch $p_1 \sqsubseteq p_2$. $\square$

Dieses Lemma erlaubt das Studium und die Analyse von unendlichen, endlich fundierten Prozessen durch das Studium und die Analyse ihrer endlichen Präfixe.

Eine Methode, Beweise über unendliche Prozesse zu führen und auch unendliche Prozesse zu charakterisieren, werden wir am Ende dieses Kapitels behandeln.

Teilprozesse entstehen aus gegebenen Prozessen durch das Ausblenden gewisser Ereignisse, beispielsweise aller Ereignisse, die mit Aktionen einer vorgegebenen Menge markiert sind. Solche, aus einer Familie zusammengehöriger Ereignisse bestehenden Teilprozesse nennen wir auch *Transaktionen.*

Beispiel (Sequentieller Teilprozeß eines Prozesses). Abb. 1.3 beschreibt einen Prozeß p und einen Teilprozeß von p (eine Transaktion) durch Ereignisdiagramme. Hierbei verbinden wir die in der Tabelle 1.4 angegebenen Aktionen mit den auftretenden Ereignissen.

Tabelle 1.4. Ereignisse und Aktionen des Prozesses Aufzugfahrt

Ereignis	Aktion
a	x betritt Gebäude
b	y betritt Gebäude
c	x betritt Aufzug
d	y betritt Aufzug
e	Aufzug fährt ab mit x und y
f	Aufzug erreicht 1. Stock
g	x steigt aus
h	Aufzug erreicht 2. Stock
i	y steigt aus

Der angegebene Teilprozeß enthält alle Ereignisse, die mit den Aktionen der Person x verbunden sind. ❑

Neben der Strukturierung eines gegebenen Prozesses p in Teilprozesse sind wir gelegentlich daran interessiert, Prozesse mit identischer Ereignismenge zu studieren, die sich von p nur durch Anreicherung der Kausalordnung durch Einfügen weiterer Paare in die partielle Ordnung unterscheiden. Wir sprechen von einer Sequentialisierung.

Ein Prozeß $p_1 = (E_1, \leq_1, \alpha_1)$ heißt eine *Sequentialisierung* eines Prozesses $p_2 = (E_2, \leq_2, \alpha_2)$, falls gilt:

(1) $E_1 = E_2$

(2) $\forall\, e, d \in E_1\colon e \leq_2 d \Rightarrow e \leq_1 d$

(3) $\alpha_1 = \alpha_2$.

Ist p_1 sequentiell, so heißt die Sequentialisierung *vollständig*. Die Vervollständigung einer partiellen Ordnung zu einer linearen Ordnung heißt *topologisches Sortieren.*

Ein sequentieller Beobachter eines Prozesses ist ein Beobachter, der die Ereignisse eines Prozesses und die entsprechenden Aktionen in einem sequentiellen Ablaufprotokoll festhält. Parallele Aktionen werden dabei in eine zufällige Reihenfolge gebracht. Das Ergebnis der Beobachtung ist ein sequentieller Prozeß, der einer zufällig gewählten Sequentialisierung entspricht. Gehen wir von sequentiellen Beobachtern aus, so erhalten wir sequentielle Prozesse als Beobachtungen.

Existiert für einen nichtsequentiellen Prozeß eine Reihe von Beobachtungen, die alle vollständige Sequentialisierungen des Prozesses darstellen, so läßt sich aus diesen Beobachtungen der Prozeß teilweise rekonstruieren. Kennen wir die Gesamtmenge aller Sequentialisierungen, so läßt sich der Prozeß eindeutig rekonstruieren.

Satz: Jede endlich fundierte Aktionsstruktur $p_0 = (E_0, \leq_0, \alpha)$ ist durch die Menge ihrer vollständigen Sequentialisierungen eindeutig bestimmt.

Beweis: Sei für den Prozeß p_0 die Menge der vollständigen Sequentialisierungen gegeben. Ereignismenge und Aktionsmarkierung sind trivial durch die Menge der vollständigen Sequentialisierungen gegeben. Für Ereignisse e, d gilt

$$e \leq_0 d$$

falls in allen Sequentialisierungen $p_1 = (E_0, \leq_1, \alpha)$ von p_0

$$e \leq_1 d$$

gilt. Gilt $\neg(e \leq_0 d)$, dann gibt es eine Sequentialisierung $(E_0, \leq_1, \alpha)$ mit $d \leq_1 e$. ❑

Die Ausführung eines Programms auf einer Rechenanlage kann ebenfalls als Prozeß dargestellt werden. Gewisse Anweisungen („Aktionen") eines Programms zerfallen bei der Ausführung auf einer Rechenanlage in eine Reihe von Einzelaktionen. Diese Situation können wir mathematisch mit dem Begriff der Verfeinerung fassen.

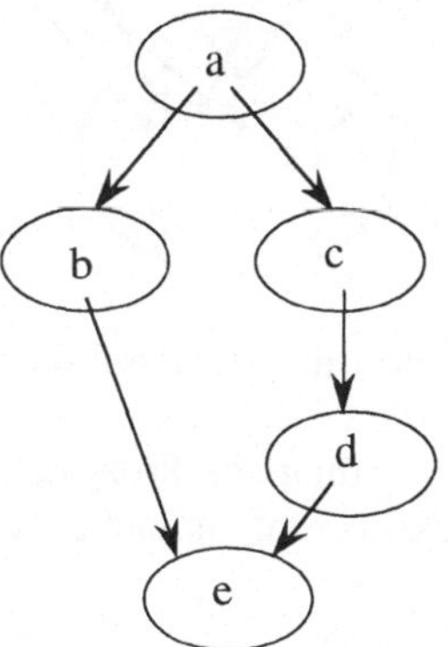

Abb. 1.4. Abstraktion des Prozesses aus Abb. 1.5. durch Zusammenfassung von Aktionen

Ein Prozeß $p_1 = (E_1, \leq_1, \alpha_1)$ heißt eine *Verfeinerung* eines Prozesses $p_0 = (E_0, \leq_0, \alpha_0)$, falls eine surjektive Abbildung

$$\gamma: E_1 \to E_0$$

existiert, so daß folgende Aussage gilt:

$$\forall\ e, d \in E_1: \gamma(e) \neq \gamma(d) \Rightarrow (e \leq_1 d \Leftrightarrow \gamma(e) \leq_0 \gamma(d)) .$$

Die Abbildung γ ordnet im allgemeinen verschiedenen Ereignissen in p_1 das gleiche Ereignis in p_0 zu. Ein Ereignis kann demnach in eine Menge von Ereignissen verfeinert werden, die einen Teilprozeß von p_1 bilden. Für jedes Ereignis $e \in E_0$ definiert die Menge $M = \{d \in E_1: \gamma(d) = e\}$ somit einen Teilprozeß $p_0|_M$.

Beispiel (Verfeinerung eines Prozesses). In Abb. 1.4 wird eine Verfeinerung des in Abb. 1.5 angegebenen Prozesses dargestellt. ❑

Das Ereignis a des Prozesses aus Abb. 1.5 wird, wie in Abb. 1.4 dargestellt, in die drei Ereignisse a1, a2 und a3 verfeinert. In ähnlicher Weise werden die übrigen Ereignisse verfeinert. Die Grobstruktur des Prozesses aus Abb. 1.5 bleibt bei der Verfeinerung erhalten. Der Prozeß aus Abb. 1.4 heißt *Vergröberung* oder *Abstraktion* des Prozesses aus Abb. 1.5.

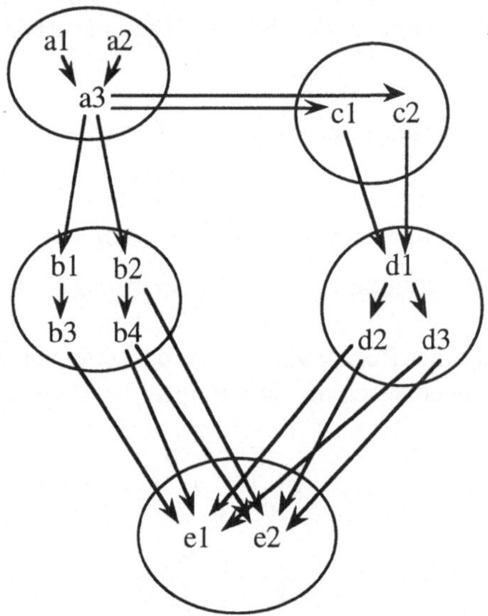

Abb. 1.5. Verfeinerung des Prozesses aus Abb. 1.4.

Die adäquate schrittweise Verfeinerung von Prozessen stellt eine der wichtigsten Entwurfstechniken bei der Konstruktion umfangreicher verteilter Systeme dar.

1.1.3 Sequentielle Prozesse und Aktionsspuren

Sequentielle Prozesse sind Spezialfälle paralleler Prozesse. Für die Darstellung sequentieller Prozesse bietet sich eine wesentlich einfachere Darstellungsform als Aktionsstrukturen an. Für die Darstellung sequentieller Prozesse können wir ganz auf die explizite Angabe von Ereignismengen verzichten und statt Prozessen endliche oder unendliche Sequenzen von Aktionen verwenden.

Mit A^∞ bezeichnen wir unendliche Sequenzen von Elementen aus A. Die Elemente von A^∞ können mit den totalen Abbildungen von $\mathbb{N}$ auf A gleichgesetzt werden. Wir definieren die Menge A^ω durch

$$A^\omega = A^* \cup A^\infty .$$

Bei den Elementen von A^ω sprechen wir von einem *Strom* (engl. stream) über der Menge A. Die Menge A^* der Sequenzen über A dient der Darstellung der endlichen Ströme über A.

Die Konkatenation läßt sich von endlichen Sequenzen auf unendliche Sequenzen ausdehnen. Dabei definieren wir für unendliche Sequenzen:

$$x \circ y = x \qquad \text{für} \quad x \in A^\infty, y \in A^\omega.$$

Gilt $x \in A^*$, $y \in A^\infty$, so bezeichnet $x \circ y$ die unendliche Sequenz, die mit den Elementen in x beginnt und auf die die Elemente in y folgen.

Jedem sequentiellen Prozeß können wir eindeutig einen Strom von Aktionen zuordnen. Wir sprechen von der *Spur* (engl. trace) des Prozesses. Diese Zuordnung geschieht durch die folgende Abbildung:

$$\text{spur: } \{\text{p: p sequentieller Prozeß }\} \rightarrow A^\omega .$$

Wir definieren:

$$\text{spur}(p) = \varepsilon,$$

falls $p = (E_0, \leq_0, \alpha)$ der leere Prozeß ist und damit $E_0 = \emptyset$. Gilt $E_0 \neq \emptyset$, dann definieren wir:

$$\text{spur}(p) = \langle a \rangle \circ \text{spur}(p|_{E_0 \setminus \{e\}}) ,$$

wobei das Ereignis e das eindeutig bestimmte, im Sinne der Kausalitätsordnung kleinste Ereignis in p sei und $\alpha(e) = a$ gilt. Man beachte, daß durch diese Definition den unendlichen sequentiellen Prozessen eindeutig unendliche Sequenzen zugeordnet werden.

Spuren sind ein einfacheres Modell für die sequentiellen Abläufe eines Systems als Aktionsstrukturen. Da bei nichtsequentiellen Systemen in vielen Anwendungen die Frage, welche Aktionen parallel zueinander auftreten können, von untergeordneter Bedeutung ist, ist es naheliegend, für solche Systeme vereinfachend statt ihrer nebenläufigen Prozesse deren Sequentialisierungen als Abläufe zu betrachten. Anschaulich können wir diese vereinfachte Darstellung der Abläufe eines Systems durch das Konzept sequentieller Beobachter erklären. Wir stellen uns vor, daß ein Beobachter des Systems jede auftretende Aktion in einer sequentiellen Liste von Aktionen protokolliert. Falls Aktionen zeitlich nebeneinander auftreten, bringt sie der Beobachter zwangsläufig in eine zufällige lineare Reihenfolge. Werden diese sequentiellen Beobachtungen zur Darstellung der Abläufe eines Systems verwendet, so sprechen wir von „Interleaving"-Modellen.

Über die Menge der Sequentialisierungen eines Prozesses läßt sich auch nichtsequentiellen Prozessen eine Menge von Aktionsströmen als Spuren zuordnen. Für einen möglicherweise nichtsequentiellen Prozeß $p = (E_0, \leq_0, \alpha)$ definieren wir die Menge seiner Spuren durch folgende Gleichung

$$\text{Spuren}(p) = \{\text{spur}(q)\text{: Prozeß q ist vollständige Sequentialisierung von p}\} .$$

In vielen Ansätzen zur Modellierung verteilter Systeme werden nicht Prozesse mit ihrer expliziten Darstellung von Parallelität (im Englischen wird etwas unglücklich von „true concurrency" gesprochen), sondern die technisch etwas einfacher zu handhabenden Mengen von Aktionsströmen verwendet. Dies heißt künstliche Sequentialisierung (engl. interleaving).

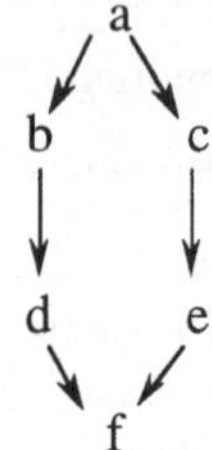

Abb. 1.6. Prozeß p

Beispiel (Spuren eines Prozesses). Der Prozeß p, der durch das in Abb. 1.6 angegebene Aktionsdiagramm beschrieben wird, besitzt die folgende Menge von Spuren

$$\text{Spuren}(p) = \{ \langle abcdef \rangle, \langle abdcef \rangle, \langle abcedf \rangle, \langle acebdf \rangle, \langle acbdef \rangle, \langle acbedf \rangle \}. \quad \square$$

Allerdings läßt sich für eine vorgegebene Aktionsstruktur aus ihrer Menge von Spuren die Prozeßstruktur im Sinne der Kausalordnung nicht immer eindeutig rekonstruieren.

Beispiel (Prozesse, deren Struktur nicht eindeutig durch Spuren repräsentiert wird). Der Prozeß $p_1 = (E_1, \leq_1, \alpha_1)$ mit

$E_1 = \{e, d\}$,

$\leq_1 = \{(e, e), (d, d)\}$,

$\alpha_1(e) = a, \alpha_1(d) = a$,

besitzt ebenso wie der Prozeß $p_2 = (E_2, \leq_2, \alpha_2)$ mit

$E_2 = \{e, d\}$,

$\leq_2 = \{(e, e), (d, d), (e, d)\}$,

$\alpha_2(e) = a, \alpha_2(d) = a$,

die Menge $\{\langle aa \rangle\}$ als Spuren. Bei der Betrachtung von Spurmodellen wird die Parallelität von Aktionen nicht vollständig beschrieben. Dies zeigt, daß bei Interleaving-Modellen die Parallelität wegabstrahiert wird. $\square$

Die Zuordnung einer Menge von Aktionsströmen als Spuren zu endlichen Prozessen ist, wie die obige Definition zeigt, unproblematisch.

Bei der Zuordnung einer Menge von Aktionsströmen als Spuren zu unendlichen Prozessen bietet sich neben der oben gewählten Zuordnung folgende Alternative einer induktiven Definition an. Wir definieren die Menge S(p) der Spuren des leeren Prozesses (des Prozesses mit leerer Ereignismenge) durch $\{\varepsilon\}$ und die eines nichtleeren Prozesses $p = (E_0, \leq_0, \alpha_0)$ durch folgende Gleichung

$$S(p) = \{ \langle a \rangle \circ t: \exists\, e \in E_0: \alpha_0(e) = a \wedge \forall\, d \in E_0: e \leq_0 d \wedge t \in S(p|_{E_0 \setminus \{e\}}) \}.$$

S ist eine Abbildung, die jedem Prozeß eine Menge von Spuren zuordnet. Diese Gleichung für die Abbildung S und damit für die Mengen von Spuren eines Prozesses hat für endliche Prozesse eine eindeutige Lösung. Durch Induktion über die Anzahl der Ereignisse in p beweisen wir unschwer, daß zu jedem endlichen Prozeß p mit Spuren(p) genau eine Lösung der obigen Gleichung für S(p) existiert. Dies gilt nicht für unendliche Prozesse. Für unendliche Prozesse existieren unterschiedliche Lösungen der obigen rekursiven Gleichung für die Abbildung S. Eine Lösung ist stets die durch Spuren(p) gegebene Abbildung, die Prozessen die Mengen von Spuren ihrer Sequentialisierungen zuordnet.

Für unendliche Prozesse ist es aus Sicht der Fixpunkttheorie naheliegend, den Prozessen aus der Familie der Lösungen der obigen Gleichung die jeweils im Sinne der Mengeninklusion größte Menge als Spurmenge zuzuordnen. Diese Menge ist, wie wir durch Induktion über die Präfixe der Spuren zeigen, eindeutig bestimmt. Wir bezeichnen diese Menge mit Max_Spuren(p).

Bei der Anordnung einer unendlichen Menge von Ereignissen und der damit verbundenen Aktionen in einer mit der Kausalordnung verträglichen linearen Ordnung spielt der angesprochene Begriff der Fairneß eine wesentliche Rolle. Für bestimmte Aktionsstrukturen könnten Spuren, die gewissen Sequentialisierungen unendlicher Präfixe des betrachteten Prozesses entsprechen, so gewählt werden, daß bestimmte Ereignisse und damit die entsprechenden Aktionen in den Sequentialisierungen nicht auftreten.

Die Menge Max_Spuren(p) stimmt jedoch im allgemeinen nicht mit der Menge Spuren(p) überein. Diese Diskrepanz hat mit dem Begriff *Fairneß* zu tun. Wir bezeichnen jeden Strom in der Menge Max_Spuren(p)\Spuren(p) als die *unfaire Spur* des unendlichen Prozesses p und jeden Strom in Spuren(p) als die *faire* Spur. Man beachte, daß jedes endliche Präfix einer Sequenz in Spuren(p) auch Präfix einer Sequenz in Max_Spuren(p) ist und umgekehrt.

Anschaulich gesprochen ist eine Spur fair, wenn jedes Ereignis des betrachteten Prozesses schließlich in der Spur berücksichtigt wird und damit die entsprechende Aktion in der Spur auftritt. Die oben definierten, durch die Menge Spuren(p) gegebenen Spuren eines Prozesses sind *fair* im folgenden Sinn: Jedem Ereignis e in p läßt sich in eindeutiger Weise ein Index $i \in \mathbb{N}$ zuordnen, so daß $\alpha_0(e)$ das i-te Element der Spur ist. Ein unendlicher Strom von Aktionen, der Spur eines unendlichen Präfixes von p, aber keine Spur von p selbst ist, heißt *unfair.* Diese Ströme werden in der Regel (und nach obiger Definition) bewußt nicht als wirkliche Spuren eines Prozesses betrachtet.

$$a \rightarrow a \rightarrow a \rightarrow a \rightarrow a \rightarrow \ldots$$

$$b \rightarrow b \rightarrow b \rightarrow b \rightarrow b \rightarrow \ldots$$

Abb. 1.7. Aktionsdiagramm des Prozesses p

Beispiel (Spuren eines unendlichen Prozesses). Für den unendlichen Prozeß p mit dem in Abb. 1.7 gegebenen Aktionsgraph sind alle Sequenzen aus $\{a, b\}^\infty$, die unendlich viele Aktionen a und b enthalten, faire Spuren. Die Sequenzen, die nur endlich viele Exemplare der Aktion a oder nur endlich viele Exemplare der Aktion b enthalten, aber unendlich viele Exemplare der jeweils anderen Aktion, sind unfaire Spuren.

Wir betrachten zur Darstellung des Aktionsgraphs unseres Beispiels den Prozeß $p_1 = (E_1, \leq_1, \alpha_1)$ mit folgender Definition (sei < beziehungsweise ≤ die übliche Ordnung auf den ganzen Zahlen $\mathbb{Z}$):

$$E_1 = \mathbb{Z}\backslash\{0\},$$

$$e \leq_1 d \Leftrightarrow 0 < e \leq d \vee 0 > e > d,$$

$$e < 0 \Rightarrow \alpha_1(e) = a,$$

$$e > 0 \Rightarrow \alpha_1(e) = b\ .$$

Jede faire Spur des Prozesses p_1 ist eine unendliche Sequenz über der Menge {a, b}, die sowohl unendlich viele Exemplare der Aktion a, als auch unendlich viele Exemplare der Aktion b enthält. In unfairen Spuren können beispielsweise unendlich viele Exemplare der Aktion a, aber nur endlich viele der Aktion b oder unendlich viele Exemplare der Aktion b, aber nur endlich viele der Aktion a auftreten. ❑

Es ist naheliegend und in vielen Anwendungen vorteilhaft, sich bei der Definition der Spurmenge unendlicher Prozesse auf faire Spuren zu beschränken. Diese Festlegung bringt jedoch eine Reihe mathematischer Komplikationen mit sich, da wir die Menge der Spuren dann nicht aus den Mengen von Spuren endlicher Präfixprozesse bestimmen können. Häufig wollen wir aber Eigenschaften unendlicher Prozesse studieren, indem wir nur endliche Präfixe (Approximationen) betrachten. Es ergibt sich ein enger Zusammenhang zu sogenannten Fairneßannahmen parallel ablaufender Programme. Darauf werden wir in Abschnitt 1.2 zurückkommen.

1.1.4 Zerlegung von Prozessen in Teilprozesse

In praktischen Anwendungen der Informatik treten verteilte Systeme hoher quantitativer und qualitativer Komplexität auf. Für deren strukturierte Behandlung ist eine Zerlegung in Teilkomponenten und ein Zusammensetzen aus Teilprozessen von entscheidender Bedeutung. Wir wenden uns deshalb nun der Frage zu, ob ein Prozeß p_0 in sequentieller oder paralleler Weise in Teilprozesse p_1 und p_2 zerlegt werden kann, oder umgekehrt, ob p_0 als aus Teilprozessen p_1 und p_2 zusammengesetzt aufgefaßt werden kann. Diese Form der Zerlegung wird uns die einfache Zuordnung von Mengen von Prozessen zu Systembeschreibungen erlauben. Seien Prozesse für $i = 1, 2, 3$ gegeben:

$$p_i = (E_i, \leq_i, \alpha_i),$$

Wir sagen, daß der Prozeß p_0 als sequentielle Komposition der Prozesse p_1 und p_2 aufgefaßt werden kann, oder umkehrt, daß sich p_0 sequentiell in die Prozesse p_1 und p_2 zerlegen läßt, falls wir p_0 durch sequentielles Hintereinanderstellen der Prozesse p_1 und p_2 erhalten. Wir schreiben für diese Beziehung zwischen den drei Prozessen das Prädikat

$$\text{isseq}(p_0, p_1, p_2).$$

Mathematisch ist dieses Prädikat auf Prozessen durch die folgende Gleichung definiert:

$$\begin{aligned} \text{isseq}(p_0, p_1, p_2) \equiv_{\text{def}} \; & (E_0 = E_1 \cup E_2) \wedge \\ & (E_1 \cap E_2 = \varnothing) \wedge \\ & (p_0|_{E_1} = p_1) \wedge (p_0|_{E_2} = p_2) \wedge \\ & \forall\, e \in E_1, d \in E_2 \colon e \le_0 d \end{aligned}$$

Nicht jeder Prozeß läßt sich – wie folgendes Beispiel zeigt – sequentiell in nichtleere Prozesse zerlegen.

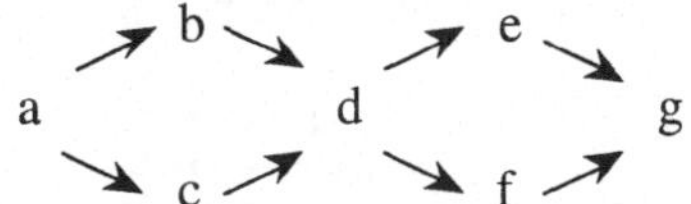

Abb. 1.8. Aktionsdiagramm des Prozesses p

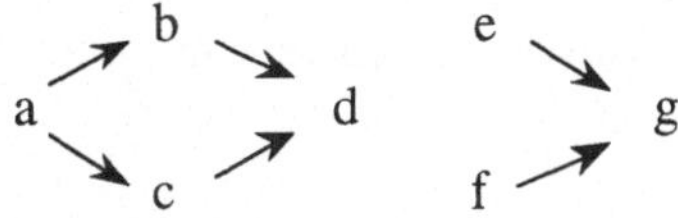

Abb. 1.9. Zerlegung von p in Teilprozesse

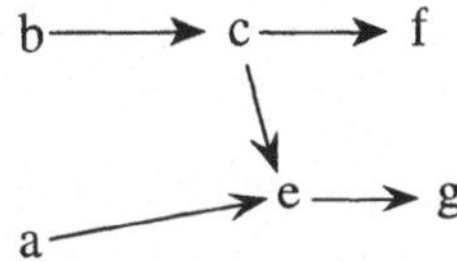

Abb. 1.10. Prozeß ohne nichttriviale sequentielle Zerlegung

Beispiel (Sequentielle Zerlegung von Prozessen). Ein Prozeß p ist in Abb. 1.8 gegeben. Der Prozeß p kann wie in Abb. 1.9 angegeben sequentiell in zwei Prozesse zerlegt werden. Für den in Abb. 1.10 gegebenen Prozeß existiert keine nichttriviale sequentielle Zerlegung. Dabei nennen wir eine Zerlegung trivial, falls einer der beiden Teilprozesse, die durch die Zerlegung entstehen, leer ist. ❑

Wir sagen, daß der Prozeß p_0 als parallele Komposition der Prozesse p_1 und p_2 mit gemeinsamen Aktionen aus $S \subseteq A$ aufgefaßt werden kann, falls wir p_0 durch paralleles Nebeneinanderstellen der Prozesse p_1 und p_2 erhalten, wenn sich die Ereignismengen genau für die mit Aktionen aus S markierten Ereignissen überlappen. Wir sagen dann auch, daß sich p_0 parallel in die Prozesse p_1 und p_2 mit gemeinsamen Aktionen aus $S \subseteq A$ zerlegen läßt. Wir schreiben für diese Beziehung zwischen den drei Prozessen das Prädikat

$$\text{ispar}(p_0, p_1, p_2, S).$$

Mathematisch ist dieses Prädikat durch folgende Gleichung definiert:

$$\begin{aligned} \mathrm{ispar}(p_0, p_1, p_2, S) \equiv_{\mathrm{def}} \; & (E_0 = E_1 \cup E_2) \wedge \\ & (E_1 \cap E_2 = \{e \in E_0 \colon \alpha_0(e) \in S\}) \wedge \\ & (\alpha_0|_{E_1} = \alpha_1) \wedge \\ & (\alpha_0|_{E_2} = \alpha_2) \wedge \\ & (\leq_0 = (\leq_1 \cup \leq_2)^*) \,. \end{aligned}$$

Hier bezeichnet $(\leq_1 \cup \leq_2)^*$ die reflexiv-transitive Hülle der Relation $\leq_1 \cup \leq_2$.

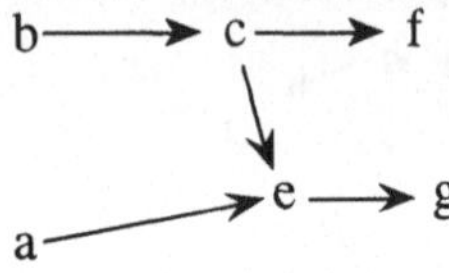

Abb. 1.11. Prozeß p_0

Ein Spezialfall der parallelen Komposition ergibt sich für $S = \emptyset$. Dann sind im entstehenden Prozeß p_0 die Ereignisse aus den verschiedenen Prozessen p_1 und p_2 kausal unabhängig.

Abb. 1.12. Parallele Zerlegung von p_0

Beispiel (Parallele Zerlegung von Prozessen).
(1) Der in Abb. 1.10 durch ein Aktionsdiagramm beschriebene Prozeß kann in die zwei in Abb. 1.12 gegebenen Prozesse parallel zerlegt werden, wobei die Menge der gemeinsamen Ereignisse durch Aktionen aus $S = \{c, e\}$ markiert sei.

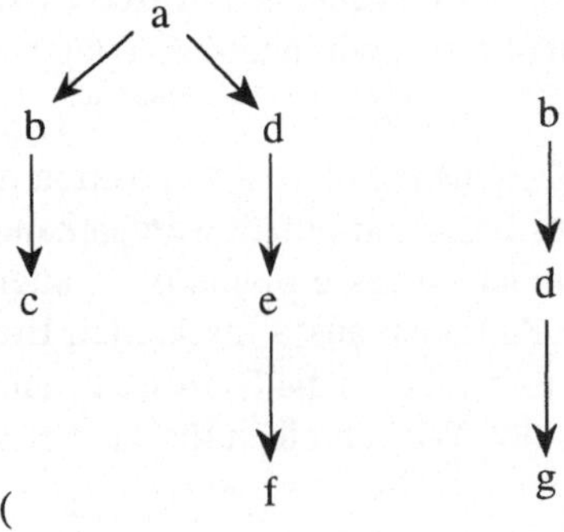

Abb. 1.13. Prozesse p_1 und p_2

(2) Die zwei in Abb. 1.13 gegebenen Prozesse liefern unter paralleler Komposition mit gemeinsamen Ereignissen, markiert mit Aktionen aus {b, d}, den in Abb. 1.14 gegebenen Prozeß. ❑

In beiden Beispielen ist die Bildung der transitiven Hülle notwendig.

Man beachte, daß wir für den Grenzfall S = ∅ bei der parallelen Komposition für den Prozeß p_0 die triviale parallele Nebeneinanderstellung der Prozesse p_1 und p_2 erhalten (wobei die Mengen der Ereignisse disjunkt sein müssen). Für den Grenzfall S = A erhalten wir den Prozeß mit der Ereignismenge, die durch die Vereinigung der Ereignismengen (die identisch sein müssen) der beiden Prozesse entsteht, und mit der Kausalitätsordnung, die durch die transitive Hülle der Kausalitätsordnungen der beiden Prozesse gebildet wird.

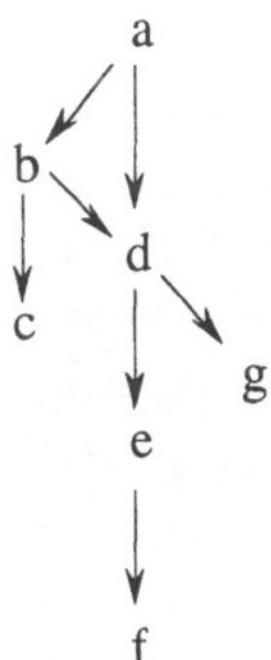

Abb. 1.14. Parallele Komposition von p_1 und p_2

Im Gegensatz zur sequentiellen Zerlegung läßt sich jeder nichttriviale Prozeß nichttrivial parallel zerlegen. Interessiert sind wir jedoch an Zerlegungen, bei denen die Menge der gemeinsamen Ereignisse möglichst klein und damit die unabhängige Parallelität möglichst groß ist.

1.1.5 Aktionen als Zustandsübergänge

Neben der Beschreibung von Systemen durch die Prozesse, die deren Abläufe bilden ist es naheliegend, Systeme durch Zustände und ihr Verhalten durch Zustandsänderungen zu modellieren. Dazu geben wir für ein System einen Zustandsraum an. Dieser besteht aus der Menge aller Zustände, die das System einnehmen kann. Auf dieser Basis beschreiben wir dann alle Zustandsübergänge, die im System auftreten können.

Bisher haben wir die Mengen der Aktionen nicht weiter interpretiert. Eine Deutung für Aktionen in Prozessen liefern Zustandsänderungen. Dazu weisen wir Aktionen Zustandsänderungen als Bedeutung zu. Dabei interessiert uns insbesondere die Frage, ob wir über diese Zuordnung auch Prozessen eindeutig eine Bedeutung zuordnen können.

Zu diesem Zweck definieren wir *nichtdeterministische Zustandsautomaten mit Transitionsaktionen.* Solche Automaten sind durch folgende Bestandteile gegeben:

S	eine Menge von Zuständen genannt *Zustandsraum*,
A	eine Menge von Transitionsaktionen,
$R \subseteq S \times A \times S$	eine Zustandsübergangsrelation,
S_0	eine Menge von möglichen Anfangszuständen.

Seien die Zustände $\sigma_0, \sigma_1 \in S$ und die Aktion $a \in A$ gegeben. Die Beziehung $(\sigma_0, a, \sigma_1) \in R$ drückt aus, daß im Zustand σ_0 die Aktion a ausgeführt werden kann und dies auf den Nachfolgezustand $\sigma_1 \in S$ führen kann. Diese Art von Automaten heißt nichtdeterministisch, da in einem Zustand mehrere Transitionsaktionen möglich sein können und eine Transitionsaktion zu unterschiedlichen Nachfolgezuständen führen kann. Wir schreiben (für gegebene Relation R)

$$\sigma_0 \xrightarrow{a} \sigma_1 ,$$

um auszudrücken, daß $(\sigma_0, a, \sigma_1) \in R$ gilt.

Jedem Zustandsautomaten lassen sich ausgehend von der gegebenen Menge von Anfangszuständen Spuren zuordnen. Eine Folge a_i, wobei $1 \le i \le k$ mit $k \in \mathbb{N} \cup \{\infty\}$, ist eine endliche oder unendliche Aktionsspur des Zustandsautomaten, falls eine Folge von Zuständen σ_i , existiert, mit $\sigma_0 \in S_0$ und

$$\sigma_{i-1} \xrightarrow{a_i} \sigma_i \qquad \text{für alle } i,\ 1 \le i \le k.$$

Mit Hilfe von Zustandsübergängen läßt sich eine Reihe wesentlicher Eigenschaften von Aktionen charakterisieren.

Eine Aktion a heißt *deterministisch,* wenn für jeden Zustand $\sigma \in S$ höchstens ein Nachfolgezustand $\sigma_1 \in S$ existiert mit

$$\sigma \xrightarrow{a} \sigma_1 .$$

Eine Aktion a heißt *total*, wenn für jeden Zustand $\sigma \in S$ ein Nachfolgezustand $\sigma_1 \in S$ existiert mit

$$\sigma \xrightarrow{a} \sigma_1 .$$

Totalen, deterministischen Aktionen können wir (totale) Zustandsänderungsabbildungen zuordnen. Sei S eine Menge von Zuständen. Jeder Aktion in A ordnen wir eine Zustandsänderung vermöge einer Abbildung ρ zu:

$$\rho: A \to (S \to S) .$$

Jede Aktion a in A definiert dann durch $\rho(a)$ eine Abbildung auf Zuständen. Endlichen, sequentiellen Prozessen lassen sich dadurch durch funktionales Hintereinanderschalten der Zustandsänderungsabbildungen der einzelnen Aktionen Zustandsänderungsabbildungen zuordnen.

Beispiel (Der Prozeß der Auswertung eines Programms mit Zustandsänderung). Das folgende Programm

y := 1; x := 10; **while** x > 0 **do** y := x ∗ y; x := x − 1 **od**

berechnet die Fakultätsfunktion. Nach seiner Ausführung gilt 10! = y. Der Ablauf dieses Programms entspricht der sequentiellen Aktionsstruktur, deren Ereignisse, Aktionen und Zustände in Tabelle 1.5 angegeben sind.

Hier bezeichnen Aktionen wie (x > 0)? Abfrageaktionen, die den Datenzustandsraum nicht ändern. Nehmen wir jedoch Kontrollzustände (etwa einen Befehlszähler) mit zu den Zuständen des Zustandsraums hinzu, so ändert auch die Abfrage den Zustand.

Zustände sind für das obige Programm durch Paare (n, m) von Zahlen gegeben, die die Werte der Programmvariablen x und y repräsentieren. Für die auftretenden Aktionen betrachten wir die folgenden Zustandsänderungsabbildungen:

$$\begin{aligned}
\rho(y := 1)\,(n, m) &= (n, 1)\\
\rho(x := 10)\,(n, m) &= (10, m)\\
\rho(y := x * y)\,(n, m) &= (n, n * m)\\
\rho(x := x - 1)\,(n, m) &= (n - 1, m)\\
\rho(x > 0)\,(n, m) &= (n, m)\,.
\end{aligned}$$

Mit jeder Zuweisung in einem prozeduralen Programm wird eine Aktion verbunden, die einer Zustandsänderungsabbildung entspricht. Die Zustandsänderungsabbildung des Prozesses erhalten wir durch die Komposition der Zustandsänderungsabbildungen der Aktionen in der durch die Tabelle vorgegebenen Reihenfolge. ❑

Tabelle 1.5. Ereignisse, Aktionen und Zustände eines Programmablaufs

Ereignis	Aktion	Zustand	
		x	y
a_0	y := 1	?	1
b_0	x := 10	10	1
a_1	(x > 0) ?	10	1
b_1	y := x * y	10	10
c_1	x := x – 1	9	10
...	...	...	...
a_{10}	(x > 0) ?	1	10!
b_{10}	y := x * y	1	10!
c_{10}	x := x – 1	0	10!
a_{11}	(x > 0) ?	0	10!

Im Zusammenhang mit Programmen und den ihnen zugeordneten Prozessen stellt sich die Frage, welche Zustandsänderungen ohne Schwierigkeiten zeitlich parallel durchgeführt werden können. In vielen Fällen lassen sich Aktionen zeitlich nebeneinander ausführen. Gewisse Zustandsänderungen können aber nicht ohne Konflikte nebeneinander ausgeführt werden. Wir sagen, daß diese Aktionen *im Konflikt* miteinander sind. Sollen beispielsweise zwei Anweisungen an die gleiche Programmvariable parallel ausgeführt werden, so läßt sich dem entsprechenden Prozeß keine Zustandsänderungsabbildung eindeutig zuordnen. In beiden Aktionen soll die Programmvariable x geändert werden. Die Aktionen sind im Konflikt.

Beispiel (Konflikte bei parallel durchzuführenden Zuweisungen). Wir betrachten die Aktionen, die den Zuweisungen

(1) $x := x + 1$

(2) $x := 2 * x$

entsprechen. Die Zuweisungen sind im Konflikt. Werden sie parallel ausgeführt, so kann dem entsprechenden Prozeß keine Zustandsänderung eindeutig zugeordnet werden. Liegt jedoch eine Reihenfolge fest, in der die beiden Aktionen ausgeführt werden, so wird dadurch eindeutig eine Zustandsänderungsabbildung definiert. ❑

Konfliktträchtige Aktionen sind beim Beispiel des Fußgängerübergangs die Aktionen „Fußgänger überquert Fahrbahn" und „Fahrzeug überfährt Fußgängerübergang". Es scheint unmöglich, Ereignisse mit konfliktträchtigen Aktionen nebeneinander auszuführen beziehungsweise einer solchen Ausführung eindeutig eine Zustandsänderung zuzuordnen.

Um dem Problem der Konflikte von Aktionen in der Modellierung verteilter Systeme gerecht zu werden, führen wir eine zweistellige Relation auf Aktionen ein, die angibt, wann ein Aktionenpaar konfliktträchtig ist. Die Relation

$$\text{Conflict} \subseteq A \times A$$

gibt für jedes Paar von Aktionen $a_1, a_2 \in A$ an, ob Konflikte bestehen.

Im Falle von Zuweisungen läßt sich diese Konfliktrelation wie folgt definieren. In einem prozeduralen Programm sind zwei kollektive Zuweisungen

(Z_1) $x_1, \ldots, x_n := E_1, \ldots, E_n$

(Z_2) $y_1, \ldots, y_m := F_1, \ldots, F_m$

konfliktfrei, falls die in einer der beiden Zuweisungen geänderten Programmvariablen jeweils in der anderen Zuweisung nicht auftreten. Dann gilt, daß

(1) jede Programmvariable x_i nicht in der Anweisung (Z_2) vorkommt (für $1 \le i \le n$),

(2) jede Programmvariable y_j nicht in der Anweisung (Z_1) vorkommt (für $1 \le j \le m$).

Diese Bedingung heißt *Bernsteinbedingung*. Gilt die Bernsteinbedingung, dann ist die Reihenfolge der Ausführung der beiden Zuweisungen ohne Einfluß auf den schließlich erreichten (End-)Zustand.

Eine Menge von Zuweisungen heißt konfliktfrei, wenn die Zuweisungen paarweise konfliktfrei sind.

Man beachte, daß selbst die Zuweisungen

(Y_1) $x := x + 2$

(Y_2) $x := x + 1$

nicht konfliktfrei sind, obwohl die beiden möglichen Sequentialisierungen der Ausführung der beiden Anweisungen

$x := x + 2;\ x := x + 1$

$$x := x + 1; \; x := x + 2$$

zum gleichen Zustand führen. Brechen wir nämlich diese Zuweisungen (wie unter Umständen bei der Übersetzung in ein maschinennahes Programm) in eine Reihe von Zuweisungen auf

(Y_1) $\quad h1 := x; h1 := h1 + 2; x := h1$

(Y_2) $\quad h2 := x; h2 := h2 + 1; x := h2$,

so liefert die Sequentialisierung

$$h1 := x; h2 := x; h1 := h1 + 2; h2 := h2 + 1; x := h1; x := h2$$

ein anderes Resultat als die Hintereinanderausführung der beiden Anweisungen (Y_1) und (Y_2). Aus diesem Grund betrachten wir die Aktionen (Z_1) und (Z_2) nicht als konfliktfrei.

Wir setzen allerdings umgekehrt voraus, daß für konfliktfreie Aktionen a_1, a_2 die zugehörigen Zustandsänderungen unabhängig sind, und somit die Reihenfolge der Ausführung für die Zustandsänderung keine Rolle spielt. Dann gilt:

$$\rho(a_1) \circ \rho(a_2) = \rho(a_2) \circ \rho(a_1) .$$

Darüber hinaus nehmen wir für konfliktfreie Aktionen a_1 und a_2 sogar an, daß sie problemlos zeitlich nebeneinander („parallel") ausgeführt werden können.
Wir schreiben für die (zusammengesetzte) Aktion, die aus der Parallelausführung von a_1 und a_2 besteht, auch $a_1 \parallel a_2$. Unter der Voraussetzung der Konfliktfreiheit definieren wir:

$$\rho(a_1 \parallel a_2) =_{def} \rho(a_1) \circ \rho(a_2).$$

Wir nehmen ferner an, daß die parallele Komposition konfliktfreier Aktionen a_1, a_2 keine neuen Konflikte einführt:

$$\neg((a_1, a_3) \in \text{Conflict}) \wedge \neg((a_2, a_3) \in \text{Conflict}) \Rightarrow \neg((a_1 \parallel a_2, a_3) \in \text{Conflict}).$$

Damit ergibt sich, daß die parallele Komposition $\parallel$ in Beziehung auf die induzierte Zustandsänderung kommutativ und assoziativ ist. Folgende Gesetze gelten:

$$a_1 \parallel a_2 = a_2 \parallel a_1,$$

$$(a_1 \parallel a_2) \parallel a_3 = a_1 \parallel (a_2 \parallel a_3).$$

Ist die Nebenbedingung der Konfliktfreiheit verletzt, so kann über die Wirkung der Parallelausführung keine Aussage gemacht werden.

Ein Prozeß $(E_0, \leq_0, \alpha)$ heißt konfliktfrei, falls alle konfliktträchtigen Aktionen nur bei nicht parallelen Paaren von Ereignissen auftreten und damit für jedes Paar von Ereignissen $e, d \in E_0$ folgende Aussage gilt:

$$(\alpha(e), \alpha(d)) \in \text{Conflict} \Rightarrow e \leq_0 d \vee d \leq_0 e .$$

Mit anderen Worten, Aktionen mit Konflikten finden nicht parallel statt. Man beachte, daß in konventionellen Rechnern gleichzeitiges Lesen und Schreiben, sowie mehrfaches gleichzeitiges Schreiben auf einer Speicherzelle auch technisch zu einem Konflikt führt.

Gegeben sei eine Zustandsmenge S, eine Menge von Aktionen A und eine Zustandsübergangsrelation für Aktionen. Diese Relation läßt sich auf endliche Prozesse und Spuren erweitern.

Für Spuren definieren wir die erweiterte Zustandsübergangsrelation durch folgende Festlegungen. Seien $\sigma_0, \sigma_1, \sigma_2 \in S$, $a \in A$ und $s_1, s_2 \in A^*$ Sequenzen von Aktionen. Wir definieren die Zustandsübergänge induktiv über die Länge der Sequenzen wie folgt:

$$\sigma_0 \xrightarrow{\varepsilon} \sigma_0,$$

$$\sigma_0 \xrightarrow{a} \sigma_1 \Rightarrow \sigma_0 \xrightarrow{\langle a \rangle} \sigma_1,$$

$$\sigma_0 \xrightarrow{s_1} \sigma_1 \wedge \sigma_1 \xrightarrow{s_2} \sigma_2 \Rightarrow \sigma_0 \xrightarrow{s_1 \circ s_2} \sigma_2 .$$

Dadurch wird für Spuren eine Übergangsrelation auf Zuständen induziert.

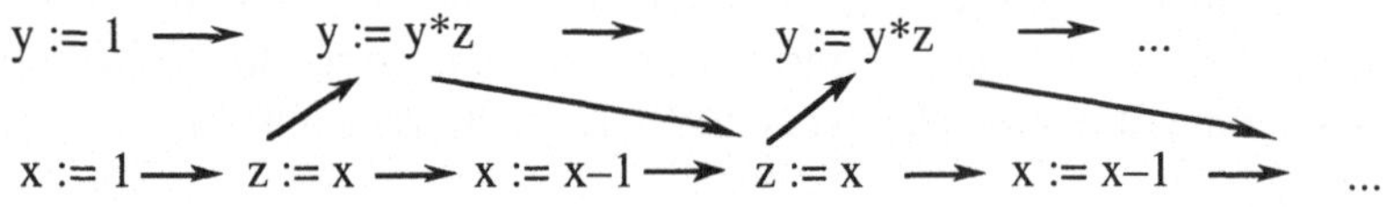

y := 1 ⟶ y := y*z ⟶ y := y*z ⟶ ...

x := 1 ⟶ z := x ⟶ x := x–1 ⟶ z := x ⟶ x := x–1 ⟶ ...

Abb. 1.15. Aktionsdiagramm für den Prozeß p

Auch endlichen Prozessen können wir einen Zustandsübergang zuordnen. Für endliche Prozesse p definieren wir die Übergangsrelation wie folgt. Der Übergang

$$\sigma_0 \xrightarrow{p} \sigma_1$$

ist genau dann möglich, wenn eine Spur s des Prozesses p existiert, so daß gilt:

$$\sigma_0 \xrightarrow{s} \sigma_1 .$$

Für konfliktfreie Aktionen a, b gilt stets:

$$\sigma_0 \xrightarrow{\langle a\ b \rangle} \sigma_1 \Leftrightarrow \sigma_0 \xrightarrow{\langle b\ a \rangle} \sigma_1$$

Sind alle Aktionen in einem endlichen, konfliktfreien Prozeß p total und deterministisch, dann existiert für jeden Zustand $\sigma_0 \in S$ genau ein Zustand $\sigma_1 \in S$ mit

$$\sigma_0 \xrightarrow{p} \sigma_1 .$$

Einem konfliktfreien endlichen Prozeß $p = (E_0, \leq_0, \alpha)$ läßt sich somit einfach eine Zustandsänderung $\rho(p)$ zuordnen. Wir definieren

$$\rho(p): S \to S$$

mit

$$\rho(p) = \rho(\alpha(e_1)) \circ \ldots \circ \rho(\alpha(e_n)) ,$$

wobei die Ereignismenge E_0 durch

$$E_0 = \{e_1, \ldots, e_n\}$$

definiert sei und folgende Kausalitätsbeziehungen gelten $(1 \leq i, j \leq n)$:

$$i \leq j \Leftarrow e_i \leq_0 e_j .$$

Man beachte, daß im konfliktfreien Fall die Zustandsänderungsabbildung $\rho(p)$ von der Wahl der Indizierung unabhängig ist.

Beispiel (Paralleler Prozeß zur Berechnung der Fakultät). Wir betrachten einen Prozeß p mit dem in Abb. 1.15 gegebenen Aktionsdiagramm. Der angegebene Prozeß ist konfliktfrei und berechnet n!, falls Paare von Ereignissen, die mit den Aktionen

$$y := y * z,\ z := x$$

markiert sind, genau n-mal auftreten. ❑

Endliche Prozesse definieren also selbst eindeutige Zustandsänderungen, falls den Aktionen Zustandsänderungsabbildungen zugeordnet sind und die Prozesse konfliktfrei sind. Damit ordnet ein (endlicher) Prozeß jedem Anfangszustand einen Endzustand zu.

Häufig möchten wir im Zusammenhang mit Prozessen und deren Zustandsübergängen auch Zwischenzustände betrachten. In einem Prozeß mit vielen parallelen Ereignissen treten Zwischenzustände unter Umständen nie wirklich auf. Ist eines der Ereignisse gerade beendet, so dauern andere parallele Ereignisse noch an. Nie wird zwischendurch ein Zustand der Ruhe erreicht. Trotzdem können wir in konfliktfreien Prozessen „virtuelle" (gedachte) Zwischenzustände definieren. Dazu kann das Konzept der endlichen Präfixe verwendet werden. Jedes endliche Präfix p_1 eines Prozesses p_0 definiert für einen gegebenen Anfangszustand σ_0 einen Zwischenzustand σ_1 vermöge

$$\sigma_0 \xrightarrow{p_1} \sigma_1 .$$

Betrachten wir Zustandsabbildungen als Deutungen von Prozessen, so ergeben sich weitere Forderungen für Verfeinerungen von Prozessen.

Bei einer Verfeinerung $p_1 = (E_1, \leq_1, \alpha_1)$ eines Prozesses $p_0 = (E_0, \leq_0, \alpha_0)$ mittels einer Abbildung γ: $E_1 \to E_0$ fordern wir, daß gewisse Voraussetzungen bezüglich der Interpretationen der Aktionen erfüllt sind.

(1) Konfliktfreiheit bleibt erhalten. Mathematisch ausgedrückt gilt dann für alle Ereignisse $e, d \in E_1$:

$$\gamma(e) = \gamma(d) \Rightarrow \neg((\alpha_1(e), \alpha_1(d)) \in \text{Conflict}) \vee e \leq_1 d \vee d \leq_1 e,$$

$$\gamma(e) \neq \gamma(d) \Rightarrow ((\alpha_1(e), \alpha_1(d)) \in \text{Conflict} \Leftrightarrow (\alpha_0(\gamma(e)), \alpha_0(\gamma(d))) \in \text{Conflict})$$

(2) Die gleichen Zustandsabbildungen werden erzeugt. Mathematisch ausgedrückt gilt:

$$\forall\, e \in E_0: (\rho(p_1|_M) = \rho(\alpha_0(e)) \text{ wobei } M = \{d \in E_1: \gamma(d) = e\} .$$

Häufig ist man liberaler als in obiger Definition der Verfeinerung und läßt zu, daß eine Verfeinerung zusätzlich die Zustände gewisser Hilfsvariablen verändern darf.

Neben Zustandsänderungen können wir auch andere Effekte mit Aktionen verbinden. Für jedes Monoid M mit zweistelliger Verknüpfung $\circ$ und neutralem Element ε und jede Abbildung

$$\rho: A \to M ,$$

für die folgende Aussage gilt

$$(a_1, a_2) \notin \text{Conflict} \Rightarrow \rho(a_1) \circ \rho(a_2) = \rho(a_2) \circ \rho(a_1)\,,$$

können wir jedem konfliktfreien endlichen Prozeß p ein Element $m(p) \in M$ zuordnen. Falls $p = (E_0, \leq_0, \alpha)$ der leere Prozeß ist, definieren wir:

$$m(p) = \varepsilon\,.$$

Falls $p = (E_0, \leq_0, \alpha)$ nicht der leere Prozeß ist, definieren wir:

$$m(p) = \rho(\alpha(e)) \circ m(p|_{E_0\backslash\{e\}})\,,$$

falls e ein beliebiges minimales Ereignis aus E_0 ist. Wir sprechen von einem *Aktionsmonoid.*

Ein erstes Beispiel für ein Aktionsmonoid waren die Zustandsänderungsabbildungen. Das neutrale Element ist hier die Identitätsabbildung. Ein zweites Beispiel erhalten wir, indem wir Paare von Sequenzen betrachten: Sei

$$M = D^* \times D^*\,,$$

wobei D eine beliebige Menge von „Datenelementen" sei. Für $(b_1, b_2), (d_1, d_2) \in M$ definieren wir die Verknüpfung $\circ$ durch elementweise Konkatenation:

$$(b_1, b_2) \circ (d_1, d_2) = (b_1 \circ d_1, b_2 \circ d_2)\,.$$

Wir betrachten für $d \in D$ die Aktionen

read(d)

und

print(d)

mit der Interpretation

$$\rho(\text{read}(d)) = (\langle d\rangle, \varepsilon)$$

und

$$\rho(\text{print}(d)) = (\varepsilon, \langle d\rangle).$$

Das von einem Prozeß erzeugte Paar (d1, d2) läßt sich als die Sequenz d1 der vom Prozeß gelesenen Daten, beziehungsweise als die Sequenz d2 der vom Prozeß geschriebenen Daten deuten.

Beispiel (Ein-/Ausgabeprozeß). Der Prozeß aus Abb. 1.16 entspricht dem folgenden Paar von Sequenzen:

$$(\langle 1\ 2\ 3\ \ldots\ 9\rangle, \langle 1\ 2\ 3\ \ldots\ 9\rangle)$$ ❑

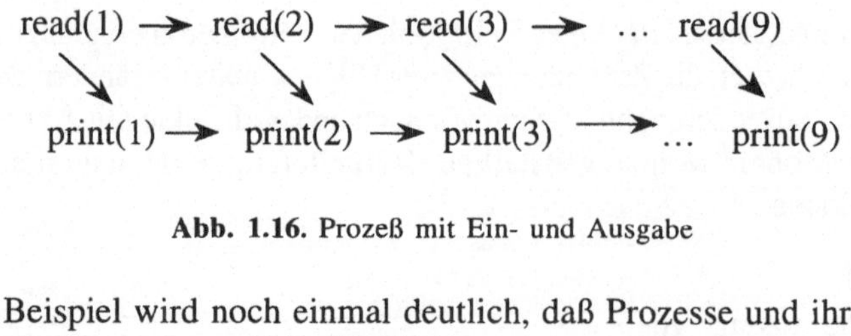

Abb. 1.16. Prozeß mit Ein- und Ausgabe

Bei diesem Beispiel wird noch einmal deutlich, daß Prozesse und ihre Deutungen formale Beschreibungen von Abläufen sind.

Prozesse entsprechen transaktionsorientierten Beschreibungen von Systemabläufen. Zustandsänderungsabbildungen abstrahieren von den einzelnen Aktionen und beschränken sich auf die durch die Aktionen bleibend sichtbaren Effekte – repräsentiert durch die auftretenden Zustände.

1.2 Systembeschreibung durch Mengen von Prozessen

Ein Prozeß beschreibt einen möglichen Ablauf eines verteilten Systems. Verteilte Systeme besitzen viele verschiedene Abläufe. Die abstrakte Beschreibung des Verhaltens eines verteilten Systems kann durch die Angabe einer Menge von Prozessen erfolgen. Aus der Fülle der Formalismen zur Beschreibung von Systemen und deren Abläufen. behandeln wir als repräsentative Beispiele im folgenden:

- Petri-Netze, eine graphische Beschreibungsmethode,
- formale Beschreibungssprachen, vergleichbar einer Programmiersprache,
- prädikatenlogische Formeln zur Beschreibung von Abläufen.

Im folgenden Abschnitt zeigen wir, daß jede dieser Systembeschreibungen eine Menge von Prozessen beschreibt.

Weitere Beschreibungsmethoden für verteilte Systeme und deren Verhalten liefern uns Programmiersprachen und Programme. Läuft ein Programm in einer Rechenanlage ab, so läuft ein Prozeß ab, der sich aus der Menge von Ereignissen zusammensetzt, die den Aktionen zur Ausführung des Programms entsprechen. Ein Programm beschreibt unter anderem operationell auch einen Prozeß. Sequentielle Programme beschreiben sequentielle Prozesse. Für die Beschreibung von nichtsequentiellen Prozessen sind jedoch die Sprachmittel konventioneller, sequentieller Programmiersprachen nicht ausreichend. Deshalb verwenden wir zusätzliche Sprachmittel für die Programmiersprachen zur Beschreibung parallel ablaufender Programmsysteme. Diese umfassen typischerweise die parallele Komposition, die Kommunikation zwischen Programmteilen und den synchronisierten Zugriff auf gemeinsamen Speicher.

1.2.1 Petri-Netze

Eines der ersten Konzepte, das für die Beschreibung verteilter Systeme und Prozesse vorgeschlagen wurde, sind Petri-Netze. Petri-Netze dienen der einfachen graphischen Darstellung verteilter Systeme. Sie wurden von C. A. Petri 1962 in seiner Dissertation für die Beschreibung von Kommunikation in Automaten eingeführt.

Ein *Petri-Netz* oder genauer ein *Bedingungs-/Ereignisnetz* oder auch *Stellen-/Ereignisnetz* ist ein gerichteter Graph, der aus zweierlei Arten von Knoten besteht, den sogenannten *Transitionen* (oder *Hürden*) und *Plätzen* (oder *Stellen*). Die Kanten verlaufen jeweils von Transitionen zu Plätzen oder von Plätzen zu Transitionen. Die Plätze sind mit Booleschen Werten oder mit natürlichen Zahlen belegt. Die Belegung der Plätze definiert den Zustand eines Netzes. In einem gegebenen Zustand sind bestimmte (Mengen von) Transitionen transitionsbereit („sie können schalten"). Durch das Schalten solcher Transitionsmengen verändert sich die Belegung des Netzes.

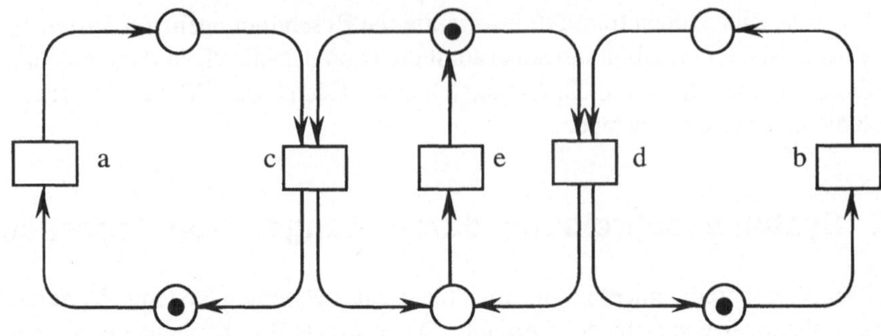

Abb. 1.17. Petri-Netz für das Erzeuger-/Verbraucher-Problem

Beispiel (Stellen-/Ereignisnetz). Abb. 1.17 zeigt ein Petri-Netz. Die Rechtecke bezeichnen Transitionen, die Kreise Plätze, die teilweise mit Marken belegt sind. Die mit Marken belegten Plätze bezeichnen in Booleschen Netzen mit **L** oder 1 belegte Plätze, die anderen Plätze sind mit **O** oder 0 belegt. In Netzen mit natürlichzahlig belegten Plätzen können mehrere Marken auf einem Platz liegen. Im gegebenen Netz sind die Transitionen a und b schaltbereit, da alle Plätze an Eingangskanten positiv belegt sind. Nachdem sie beide geschaltet haben, erhalten wir das in Abb. 1.18 dargestellte Netz mit der angegebenen Belegung. Wieder sind gewisse Transitionen (diesmal c und d) transitionsbereit. Allerdings kann jetzt entweder c oder d schalten, aber nicht beide gleichzeitig. ❑

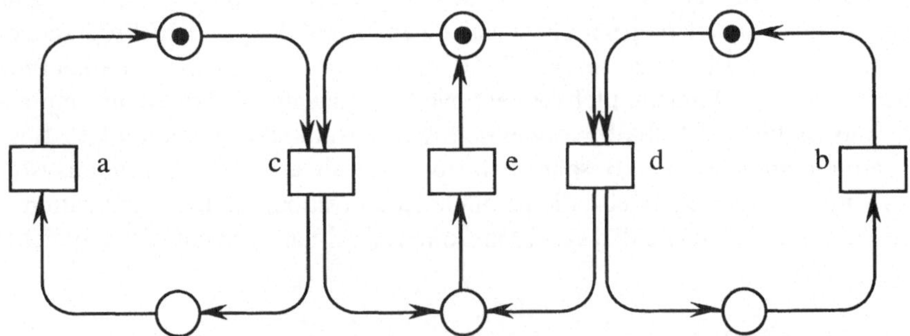

Abb. 1.18. Petri-Netz für das Erzeuger-/Verbraucher-Problem mit Konfliktbelegung

Nun geben wir eine präzise Definition eines Petri-Netzes und seiner Schaltregel für den Übergang von einer Belegung zur nächsten. Gegeben sei eine Menge (ein Universum) T von Transitionen und eine Menge P von Plätzen (mit $P \cap T = \emptyset$). Ein *Petri-Netz* ist ein Tripel (T_0, P_0, R), so daß gilt

$T_0 \subseteq T$ *Transitionen,*

$P_0 \subseteq P$ *Plätze,*

$R \subseteq (T_0 \times P_0) \cup (P_0 \times T_0)$ *Flußrelation.*

Wir setzen voraus, daß die Mengen T_0 und P_0 endlich sind. Ein Petri-Netz ist damit ein bipartiter, gerichteter Graph. Ein Graph heißt *bipartit*, wenn die Knotenmenge in zwei Klassen aufgeteilt ist und Kanten nur zwischen Knoten aus den verschiedenen Klassen laufen.

Für ein Petri-Netz (T_0, P_0, R) heißt jede Abbildung

$b: P_0 \to \mathbb{N}$,

die den Plätzen Zahlen zuordnet, eine natürlichzahlige *Belegung*. Netze mit natürlichzahliger Belegung heißen *Stellen-/Transitionsnetze*. Häufig werden zusätzlich für gewisse Stellen bestimmte Höchstwerte (die Kapazität einer Stelle) festgelegt, welche die Werte von Belegungen nicht überschreiten dürfen.

Beschränken wir uns bei Petri-Netzen auf Belegungen, die nur die Werte 0 oder 1 beziehungsweise **O** oder **L** annehmen, dann haben die Belegungen folgende Form:

$b: P_0 \to \mathbb{B}$.

Dann sprechen wir von *Booleschen Petri-Netzen* oder von *Bedingungs-/Ereignisnetzen*.

Das Verhalten eines Netzes läßt sich durch Schaltvorgänge beschreiben. Transitionen schalten, indem sie von allen ihren Eingangsplätzen (das sind die Plätze, von denen eine Kante zur Transition führt) eine Marke abziehen und auf allen Ausgangsplätzen (das sind die Plätze, zu denen eine Kante von der Transition führt) eine Marke hinzufügen. Ein Schaltvorgang kann insbesondere die Gesamtzahl der Marken in einem Netz ändern. Eine einzelne Transition ist transitionsbereit, wenn alle ihre Eingangsplätze durch Marken belegt sind.

Für eine natürlichzahlige Belegung b des Petri-Netzes (T_0, P_0, R) heißt eine nichtleere Teilmenge $K \subseteq T_0$ transitionsbereit, wenn für jeden Platz $p \in P_0$ gilt:

$|\{k \in K: (p, k) \in R\}| \le b(p)$.

Eine Menge K von Transitionen ist nach dieser Definition für eine bestimmte Belegung transitionsbereit, wenn auf jedem Platz p genügend Marken liegen, um alle Transitionen k in K, für die ein Pfeil vom Platz p zur Transition k führt, beim Schalten mit einer Marke zu versorgen. Sind für bestimmte Plätze Schranken für die Markenbelegung vorgegeben, so sprechen wir von Kapazitätsbeschränkungen. Ein Menge K ist dann nur transitionsbereit, wenn durch die Transition die entsprechenden Höchstwerte nicht überschritten werden. Für Boolesche Petri-Netze fordern wir für jeden Platz $p \in P_0$ und jede Transition $k \in K$ folgende Bedingung für die Transitionsbereitschaft einer Transitionsmenge $K \subseteq T_0$:

$(p, k) \in R \Rightarrow b(p) \wedge |\{k \in K: (p, k) \in R\}| \le 1$

und zusätzlich die folgende Bedingung der Kollisionsfreiheit. Für jeden Platz $p \in P_0$ und jede Transition $k \in K$ fordern wir:

$(k, p) \in R \Rightarrow \neg b(p) \wedge |\{k \in K: (k, p) \in R\}| \le 1$.

Diese Bedingung sagt, daß eine Transition k nur schalten kann, wenn alle Plätze, zu denen Kanten von k aus führen, mit **O** markiert sind. Demnach entsprechen Boolesche Petri-Netze natürlichzahligen Petri-Netzen, bei denen jeder Platz die Kapazität 1 hat.

In Booleschen Petri-Netzen fordern wir zweckmäßigerweise zusätzlich die folgende Bedingung der „Schlingenfreiheit". Keine Transition darf einen Platz sowohl als Eingabe- als auch als Ausgabeplatz erhalten. Mathematisch ausgedrückt gilt folgende Bedingung:

$$\forall\, t \in T_0,\, p \in P_0\colon \neg((t, p) \in R \wedge (p, t) \in R).$$

Eine solche Transition t wäre unter Beachtung der Schaltregel für Bedingungs-/Ereignisnetze niemals transitionsbereit.

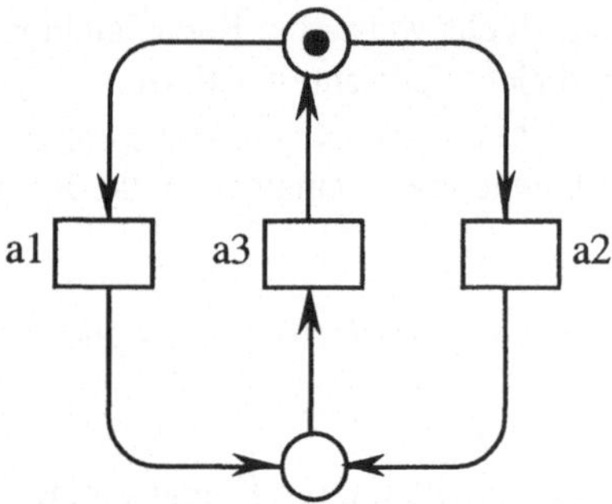

Abb. 1.19. Beispiel für ein Bedingungs-/Ereignisnetz

Beispiel (Bedingungs-/Ereignisnetz). In Abb. 1.19 ist ein Bedingungs-/Ereignisnetz gegeben. Hier ist sowohl die Transitionsmenge {a1} als auch {a2} transitionsbereit, nicht aber die Menge {a1, a2}. ❑

Für eine natürlichzahlige Belegung b_0 eines Petri-Netzes (T_0, P_0, R) und eine transitionsbereite Menge K heißt die Belegung b_1 die *Nachfolgebelegung* für K, falls für jeden Platz $p \in P_0$ folgende Aussage gilt:

$$b_1(p) = b_0(p) - |\{k \in K\colon (p, k) \in R\}| + |\{k \in K\colon (k, p) \in R\}|.$$

Die Belegung b_1 ist für jede transitionsbereite Menge K eindeutig bestimmt.

Für eine Boolesche Belegung b_0 eines Petri-Netzes (T_0, P_0, R) heißt b_1 die Nachfolgebelegung für eine transitionsbereite Menge K, falls folgende Formel für jeden Platz $p \in P_0$ gilt:

$$b_1(p) = ((b_0(p) \wedge \neg\exists\, k \in K\colon (p, k) \in R) \vee \exists\, k \in K\colon (k, p) \in R).$$

Aus der Definition transitionsbereiter Mengen folgt sofort, daß jede Teilmenge einer transitionsbereiten Menge transitionsbereit ist. Das folgende Lemma zeigt, daß transitionsbereite Mengen beliebig in transitionsbereite Teilmengen zerlegt und die entsprechenden Transitionen nacheinander durchgeführt werden können.

Lemma (Sequentialisierung).
Seien eine Menge K von Transitionen mit folgender disjunkter Zerlegung gegeben:

$$K = K_1 \cup K_2, \qquad K_1 \cap K_2 = \emptyset\,.$$

Dann gilt für jedes Petri-Netz: Ist die Menge K transitionsbereit für die Belegung b_0 mit Nachfolgebelegung b, dann gibt es eine Belegung b_1, so daß gilt: K_1 ist transitionsbereit mit Nachfolgebelegung b_1 und K_2 ist transitionsbereit für b_1 mit Nachfolgebelegung b.

Beweis: Die Definition der Transitionsbereitschaft von K impliziert die Transitionsbereitschaft jeder Teilmenge K_1 von K. Für die Nachfolgebelegung b_1 von K_1 für b_0 ist K_2 transitionsbereit, da $K = K_1 \cup K_2$ für b_0 transitionsbereit war. Da $K_1 \cap K_2 = \emptyset$, ist die Summe der Effekte von K_1 und K_2 die Summe der Effekte von K. ❑

Im folgenden ordnen wir Petri-Netzen Prozesse als Abläufe zu. Für diese Prozesse verwenden wir als Menge der Aktionen die Menge der Transitionen des Petri-Netzes. Ein Petri-Netz besitzt in der Regel eine große Anzahl unterschiedlicher Prozesse als Abläufe. Ausgehend von einer Anfangsbelegung erzeugt ein Petri-Netz einen Ablauf (läuft ein Prozeß auf einem Petri-Netz ab), indem wir transitionsbereite Mengen (von Transitionen, beziehungsweise die dazugehörigen Aktionen) ausführen und zu den Nachfolgebelegungen übergehen.

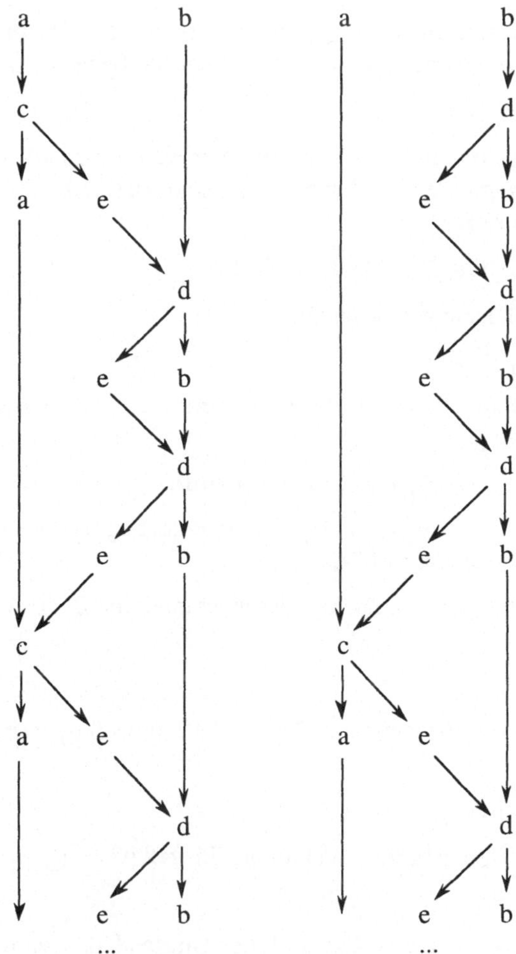

Abb. 1.20. Zwei Abläufe des Netzes aus Abb. 1.17

Zum Netz $N = (T_0, P_0, R)$ betrachten wir Prozesse $p = (E_0, \leq_0, \alpha)$ mit einer Markierung der Ereignisse durch Aktionen:

$$\alpha: E_0 \to T_0 .$$

Für eine (Anfangs-)Belegung b_0 und ein Petri-Netz $N = (T_0, P_0, R)$ heißt eine endliche Aktionsstruktur $p = (E_0, \leq_0, \alpha)$ ein *Ablauf des Petri-Netzes mit Endbelegung* b_1, falls p einem Verhalten des Netzes mit Anfangsbelegung b_0 entspricht. Wir schreiben dann

$$b_0 \xrightarrow{p} b_1 .$$

Definition (Induktive Definition der Abläufe eine Petri-Netzes). Die Relation

$$b_0 \xrightarrow{p} b_1$$

zwischen Belegungen b_0, b_1 und Prozessen p definieren wir für ein gegebenes Netz induktiv wie folgt:

(1) Der leere Prozeß ist immer Ablauf und ändert die Belegung nicht. Somit gilt für den leeren Prozeß p und jede Belegung b folgende Beziehung:

$$b \xrightarrow{p} b .$$

(2) Sei $p = (E_0, \leq_0, \alpha)$ ein Prozeß mit trivialer Kausalitätsordnung, in der unterschiedliche Ereignisse kausal unabhängig sind. Das heißt, für den Prozeß p gilt die folgende Aussage:

$$\forall\, e, d \in E_0: e \leq_0 d \Leftrightarrow e = d .$$

Dann gilt für Belegungen b_0 und b_1

$$b_0 \xrightarrow{p} b_1$$

genau dann, wenn alle Ereignisse in p unterschiedlich markiert sind und somit folgende Formel gilt:

$$\forall\, e, d \in E_0: e \neq d \Rightarrow \alpha(e) \neq \alpha(d),$$

und die Menge $K = \{\alpha(e): e \in E_0\}$ für die Belegung b_0 transitionsbereit ist und zur Nachfolgebelegung b_1 führt.

(3) Für jeden Prozeß $p = (E_0, \leq_0, \alpha_0)$, der nicht unter die Bedingungen (1) oder (2) fällt, gilt:

$$b_0 \xrightarrow{p} b_2$$

genau dann, wenn für jeden nichtleeren Präfixprozeß $p_1 = (E_1, \leq_1, \alpha_1)$ mit der Eigenschaft

$$p_1 \sqsubseteq p \wedge p_1 \neq p$$

eine Belegung b_1 existiert, so daß für den Prozeß $p2 = p|_{E_0 \backslash E_1}$ gilt:

$$b_0 \xrightarrow{p_1} b_1 \wedge b_1 \xrightarrow{p_2} b_2 .$$ ❑

Diese Definition berücksichtigt in Punkt (2) den Umstand, daß wir die Transitionen in einem Petri-Netz nur als sequentielle Einheiten verstehen. Parallele Ereignisse sind stets mit unterschiedlichen Transitionen markiert.

Für jeden endlichen Prozeß p und jede Belegung b_0 ist durch

$$b_0 \xrightarrow{p} b_1$$

die Nachfolgebelegung b_1 eindeutig bestimmt. Sie ergibt sich als einfache Bilanz der auftretenden Aktionen beziehungsweise Transitionen bezüglich ihrer Ein- und Ausgabeplätze.

Beispiel (Abläufe eines Netzes). Für das Netz in Abb. 1.17 erhalten wir beispielsweise die in Abb. 1.20 gegebenen Abläufe. Der Prozeß p mit dem in Abb. 1.21 gegebenen Aktionsgraph ist kein Ablauf des Netzes, da für das Präfix p1 ⊑ p, wobei p1 genau die beiden mit a und b markierten Ereignisse enthalte, eine Belegung erreicht wird, die unter die Bedingung (2) fällt, wobei die Aktionenmenge {c, e} aber nicht transitionsbereit ist. ❑

a ⟶ c

b ⟶ e

Abb. 1.21. Aktionsstruktur, die kein Ablauf des Netzes aus Abb. 1.17 ist

Aus der obigen Definition der Abläufe eines Netzes ergibt sich unmittelbar folgendes Lemma, das die Adäquatheit der Definition belegt.

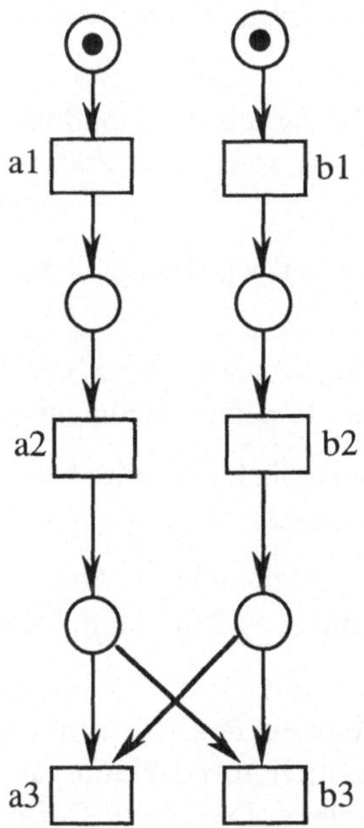

Abb. 1.22. Petri-Netz mit Konflikt

Lemma: Gilt für den Prozeß $p = (E_0, \leq_0, \alpha)$ und die Belegungen b_0 und b_1 die Aussage

$b_0 \xrightarrow{p} b_1,$

so gilt für jedes Präfix p_1 des Prozesses p mit Ereignismenge E_1 folgende Aussage. Für jede Menge von Ereignissen E_2, die minimal bezüglich $\leq_0$ in $E_0 \backslash E_1$ ist, gilt: Die Menge $\{\alpha(e): e \in E_2\}$ ist transitionsbereit.

Beweis: Der Teilprozeß von p, der nur aus den Ereignissen aus E_2 besteht, ist für die Belegung b_1 ein Ablauf. ❑

Beispiel (Abläufe eines Netzes). Gegeben sei das in Abb. 1.22 dargestellte Netz mit der eingezeichneten Anfangsbelegung. Wir erhalten als Abläufe beispielsweise die durch die Aktionsdiagramme in Abb. 1.23 beschriebenen Prozesse, sowie deren Präfixe und Sequentialisierungen. Die Transitionen a3 und b3 sind im Konflikt, da in jedem Ablauf entweder a3 oder b3 auftritt. ❑

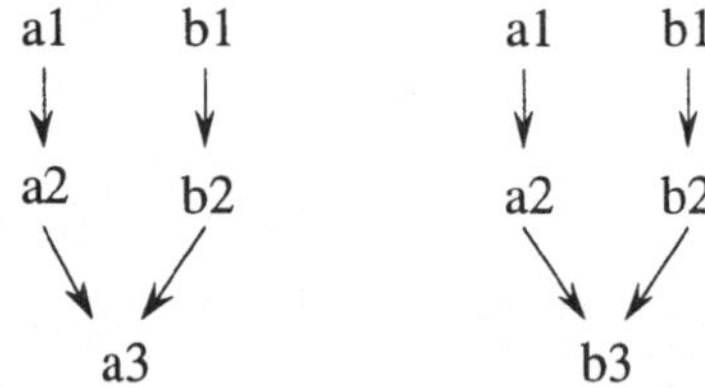

Abb. 1.23. Zwei Abläufe für das Netz aus Abb. 1.22

Wie das folgende Lemma zeigt, ist in einem Petri-Netz jedes Präfix eines Ablaufs selbst wieder ein Ablauf.

Lemma (Abgeschlossenheit bezüglich Präfixbildung). Ist der Prozeß p Ablauf des Netzes N mit Anfangsbelegung b_0, so ist jeder Präfixprozeß $p_1 \sqsubseteq p$ Ablauf von N mit Anfangsbelegung b_0.

Beweis: Laut Definition des Ablaufbegriffs für Petri-Netze ist p Ablauf, wenn jedes Präfix von p Ablauf ist. ❑

Eine Aktionsstruktur $p = (E_0, \leq_0, \alpha)$ heißt ein *vollständiger Ablauf eines Petri-Netzes* N mit Belegung b_0, falls eine der folgenden Bedingungen gilt:

(1) Die Ereignismenge E_0 ist unendlich und jedes endliche Präfix von p ist Ablauf des Netzes N mit Anfangsbelegung b_0.

(2) Die Ereignismenge E_0 ist endlich und p ist Ablauf des Netzes N für die Anfangsbelegung b_0 mit Endbelegung b_1 und für die Belegung b_1 existiert keine nichtleere transitionsbereite Menge.

Nach dieser Definition beschreibt ein Petri-Netz für jede gegebene Anfangsbelegung Mengen von Prozessen, nämlich die Abläufe und als Teilmenge davon die vollständigen Abläufe des Netzes. Die obige Definition berücksichtigt keinerlei Fairneßannahmen für Petri-Netze: In einem unendlichen Ablauf tritt eine Transition unter Umständen niemals auf, obwohl sie ständig (für alle über Präfixe des Prozesses erreichbaren Belegungen) transitionsbereit ist.

Zwei Netze mit Anfangsbelegungen heißen *(ablauf-)äquivalent*, wenn sie die gleichen Mengen vollständiger Abläufe besitzen.

Lemma (Sequentialisierung von Prozessen). Ist p Ablauf eines Petri-Netzes N mit Anfangsbelegung b, so ist jede Sequentialisierung von p auch Ablauf von N mit Anfangsbelegung b.

Beweis: Jede Sequentialisierung kann nach dem Sequentialisierungslemma für transitionsbereite Mengen durch die Sequentialisierung gewisser transitionsbereiter Mengen erfolgen. ❑

Die Umkehrung des Lemmas gilt nicht. Aus der Menge der sequentiellen Abläufe eines Petri-Netzes können wir nicht auf die Menge der nichtsequentiellen Abläufe schließen. Dies zeigt, daß die Interleaving-Sicht des Verhaltens von Petri-Netzen, bei der wir nur sequentielle Abläufe betrachten, die Parallelität eines Netzes nicht wiedergibt.

Ein unendlicher Ablauf $p = (E_0, \leq_0, \alpha)$ eines Petri-Netzes N mit Anfangsbelegung b heißt *unfair* für die Transition a, wenn die folgenden beiden Bedingungen gelten:

(1) Die Menge $\{e \in E_0: \alpha(e) = a\}$ der mit der Aktion a markierten Ereignisse ist endlich.

(2) Die Menge der endlichen Präfixprozesse $p_1 \sqsubseteq p$, wobei $p_1 = (E_1, \leq_1, \alpha_1)$ mit

$$\{e \in E_0 : \alpha(e) = a\} = \{e \in E_1 : \alpha_1(e) = a\}$$

und

$$b_0 \xrightarrow{p_1} b_1,$$

wobei die Transition a in b_1 transitionsbereit ist, ist unendlich.

In einem für die Aktion a unfairen unendlichen Ablauf eines Petri-Netzes tritt die Transition a nur endlich oft auf, obwohl sie unendlich oft transitionsbereit ist. Generell heißt ein Ablauf fair, wenn er bezüglich keiner Transition unfair ist.

Der hier beschriebene Fairneßbegriff ist nur eine Variante unter vielen Begriffen ähnlicher Art, auf deren Unterschiede wir jedoch nicht weiter eingehen wollen.

Lemma (Abgeschlossenheit der Ablaufmengen von Netzen in Bezug auf unendliche Präfixe). Ist p ein unendlicher Prozeß und ein Ablauf des Netzes N für die Anfangsbelegung b_0, so ist jedes unendliche Präfix $p_1 \sqsubseteq p$ unendlicher Ablauf des Netzes N für die Anfangsbelegung b_0.

Beweis: Jedes endliche Präfix $p_2 \sqsubseteq p_1$ ist wegen der Transitivität der Präfixordnung $\sqsubseteq$ auch Präfix von p und deshalb auch Ablauf von N für die Anfangsbelegung b_0. ❑

Das Lemma zeigt, daß wir bei der Definition des Ablaufs von Netzen keine Fairneßannahmen einbezogen haben.

Für ein gegebenes Netz und eine gegebene Anfangsbelegung b_0 heißt die Belegung b_1 *erreichbar*, falls ein Prozeß p existiert mit

$$b_0 \xrightarrow{p} b_1.$$

Im allgemeinen besitzt ein Petri-Netz eine Vielzahl unterschiedlicher Abläufe. Bei der Erzeugung von Abläufen für Netze bleiben gewisse Freiheitsgrade („Auswahlmöglichkeiten"), welche Transitionen als nächstes schalten sollen. Der erzeugte Ablauf ist somit ein Resultat der Struktur des Petri-Netzes, seiner Anfangsbelegung und der Auswahlentscheidungen. Wir sprechen bei Auswahlmöglichkeiten in Systemabläufen auch von *Nichtdeterminismus*.

Wir können zwei Arten von Nichtdeterminismus für die Auswahl von Abläufen in Petri-Netzen unterscheiden:

(1) Transitionen sind im Konflikt (sie haben gemeinsame Ein- oder Ausgabeplätze, die so markiert sind, daß nur eine Teilmenge der Transitionsmenge schalten kann),

(2) Die Ordnung auf den Ereignissen kann durch willkürliche Sequentialisierung spezieller gewählt werden.

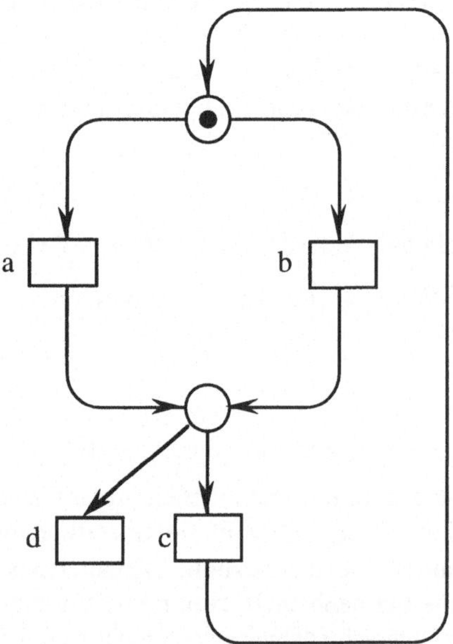

Abb. 1.24. Petri-Netz

Für ein gegebenes Petri-Netz, das das Verhalten eines verteilten Systems oder bestimmte Aspekte eines solchen modelliert, sind wir häufig an der Frage interessiert, welche der folgenden Eigenschaften das Netz mit einer bestimmten Anfangsbelegung aufweist:

1. Welche Eigenschaften haben die erreichbaren Belegungen? Ist die Menge der erreichbaren Belegungen endlich?
2. Ist für bestimmte Transitionen ausgeschlossen, daß eine Belegung erreicht wird, in der diese Transitionen gleichzeitig transitionsbereit sind („gegenseitiger Ausschluß")?
3. Kann eine Belegung erreicht werden, für die keine Transition mehr transitionsbereit ist („Verklemmung", engl. deadlock)?

4. Kann eine Belegung erreicht werden, so daß ausgehend von dieser keine Belegung mehr erreichbar ist, in der eine bestimmte Transition transitionsbereit ist („lokale Verklemmung", fehlende „Lebendigkeit", engl. livelock)?
5. Existieren (faire oder unfaire) unendliche Abläufe, in denen eine der Transitionen niemals auftritt (engl. starvation)?

Wir demonstrieren die Untersuchung der aufgeführten Eigenschaften an einem einfachen Beispiel.

Beispiel (Eigenschaften eines Netzes). Wir betrachten das in Abb. 1.24 gegebene natürlichzahlige Netz mit der eingezeichneten Belegung. Jede Belegung des Netzes entspricht einem Paar natürlicher Zahlen. Die Anfangsbelegung ist (1, 0). Die Menge der erreichbaren Belegungen ist gegeben durch:

$$\{(1, 0), (0, 1), (0, 0)\} .$$

Wir erhalten das in Abb. 1.25 dargestellte Übergangsdiagramm für die erreichbaren Belegungen.

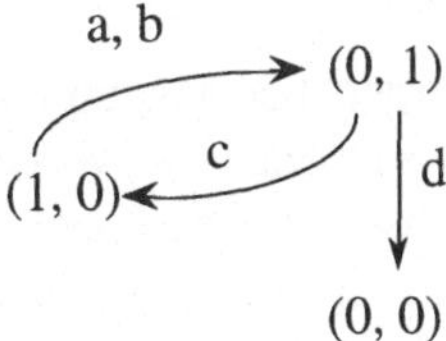

Abb. 1.25. Zustandsübergangsdiagramm für das Petri-Netz aus Abb. 1.24

Es kann unter anderem die Belegung (0, 0) erreicht werden, die eine Verklemmung darstellt. Es existiert ein unendlicher Ablauf für das Netz, in dem die Transition a und ein unendlicher Prozeß, in dem die Transition b nicht auftritt. ❑

Für ein Netz N und eine Anfangsbelegung b können wir die Menge der erreichbaren Belegungen zu einer Zustandsmenge zusammenfassen, für die die Transitionen über die Schaltregeln als Aktionen gedeutet werden können. Es entsteht ein Zustandsautomat. Petri-Netze definieren demnach Zustandsautomaten. Beim Übergang vom Netz zum entsprechenden Zustandsautomaten geht jedoch keine Betrachtung der Nebenläufigkeit ein.

Neben den oben erwähnten gibt es eine Fülle weiterer wichtiger Eigenschaften von Petri-Netzen und Techniken für deren Analyse. Hierfür sei auf die einschlägige Literatur verwiesen. Eine umfassende Übersicht enthält beispielsweise [Reisig 86].

1.2.2 Prozeßalgebren

Die Ausführung eines Algorithmus oder eines Programmes stellt einen Prozeß dar. In Teil I haben wir Programme als Mittel zur Beschreibung von Algorithmen kennengelernt, die die Berechnung eines Wertes zum Ziel haben. Daß Programme auch Prozesse beschreiben, zeigen wir nun zunächst an einer sehr einfachen Sprache.

Mengen von Prozessen können zur Modellierung des Verhaltens diskreter Systeme herangezogen werden. Solche Mengen lassen sich auch durch programmiersprachliche Terme beschreiben. Dies soll anhand einer einfachen Beispielsprache demonstriert werden. Die verwendete Notation für Programme, die allgemeine Prozesse beschreiben, lehnt sich an die Sprache CSP („Communicating Sequential Processes") an, die etwa ab 1976 von C. A. R. Hoare zur Beschreibung kommunizierender Systeme entwickelt wurde.

Wir verwenden programmiersprachliche Terme, genannt Agenten, für die Repräsentation von Systemen. Wir betrachten folgende BNF-Syntax der Sprache der Agenten:

‹agent› ::= **skip** |
‹action› |
‹agent› ; ‹agent› |
‹agent› **or** ‹agent› |
‹agent› || ‹agent› |
‹agent id› |
‹agent id› :: ‹agent›

Hier bezeichne ‹action› eine als vorgegeben angenommene Sprache zur Beschreibung einzelner Aktionen und ‹agent id› eine ebenfalls vorgegebene Menge von Identifikatoren für Agenten. Wir klammern Agententerme nach Bedarf. Da die Terme Prozesse beschreiben und mit ihren Verknüpfungen eine Algebra bilden, sprechen wir auch von einer *Prozeßalgebra.*

Mit dieser einfachen Sprache der Agenten lassen sich wie durch Petri-Netze Mengen von Prozessen beschreiben. Wieder heißen diese Mengen die Abläufe der Agenten. Beispielsweise kann der Agent

skip

nur den leeren Prozeß ausführen.

Der Agent, der genau aus der Angabe der Aktion a besteht, besitzt als Abläufe die Menge von Prozessen, die genau ein Ereignis besitzen, das mit der Aktion a markiert ist. Der Agent

$t_1 ; t_2$

entspricht der sequentiellen Komposition der durch die Agenten t_1 und t_2 beschriebenen Prozesse. Der Agent

t_1 **or** t_2

besitzt als Menge von Prozessen die Vereinigung der durch die Agenten t_1 und t_2 beschriebenen Mengen von Prozessen. Der Agent

$t_1 \| t_2$

beschreibt die Menge von Prozessen, die wir durch die parallele Komposition der durch die Agenten t_1 und t_2 beschriebenen Prozesse erhalten.

Sei t ein Agententerm, in dem der Agentenidentifikator x frei vorkommt. Der Agent

x :: t

entspricht dem („Aufruf" des) Agenten x, der durch die rekursive Deklaration x = t charakterisiert ist. Man beachte, daß durch rekursiv definierte Agenten Mengen unendlicher Prozesse spezifiziert werden können.

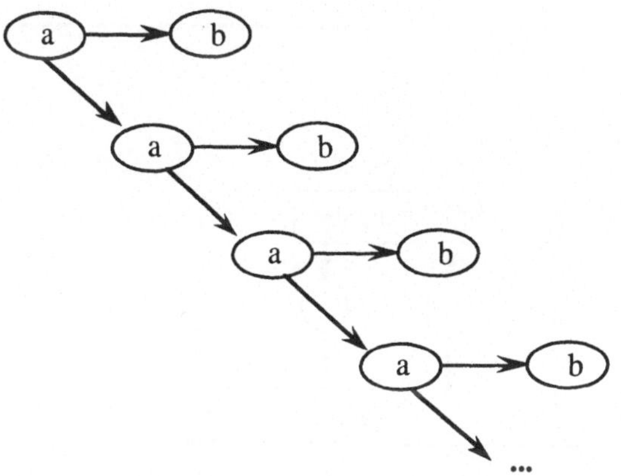

Abb. 1.26. Unendlicher Prozeß des rekursiven Agenten x:: a; (b || x)

Beispiel (Rekursiv definierter Agent). Folgende Agenten sind rekursiv definiert:

ampel :: (rot; gelb; grün; ampel) ,

x :: a; (b || x) .

Der erste Agent entspricht dem durch die rekursive Gleichung

ampel = (rot; gelb; grün; ampel)

definierten Agenten. Entsprechend gilt für den zweiten Agenten:

x = a; (b || x).

Mehrfaches Einsetzen der rechten Seiten der Gleichungen für den Identifikator ampel, beziehungsweise für den Identifikator x, liefert die Agenten:

rot; gelb; grün; rot; gelb; grün; ampel

beziehungsweise:

a; (b || (a; (b || x))) .

Durch unbeschränktes Wiederholen des Einsetzens erhalten wir die „unendlichen" Agenten

rot; gelb; grün; rot; gelb; grün; …

beziehungsweise

a; (b || (a; (b || (a; (b || …)…)

die dem unendlichen Prozeß

rot → gelb → grün → rot → …

beziehungsweise dem in Abb. 1.26 angegebenen Prozeß entsprechen. ❑

Durch ein weiteres Beispiel verdeutlichen wir den Zusammenhang zwischen Netzen und Agenten .

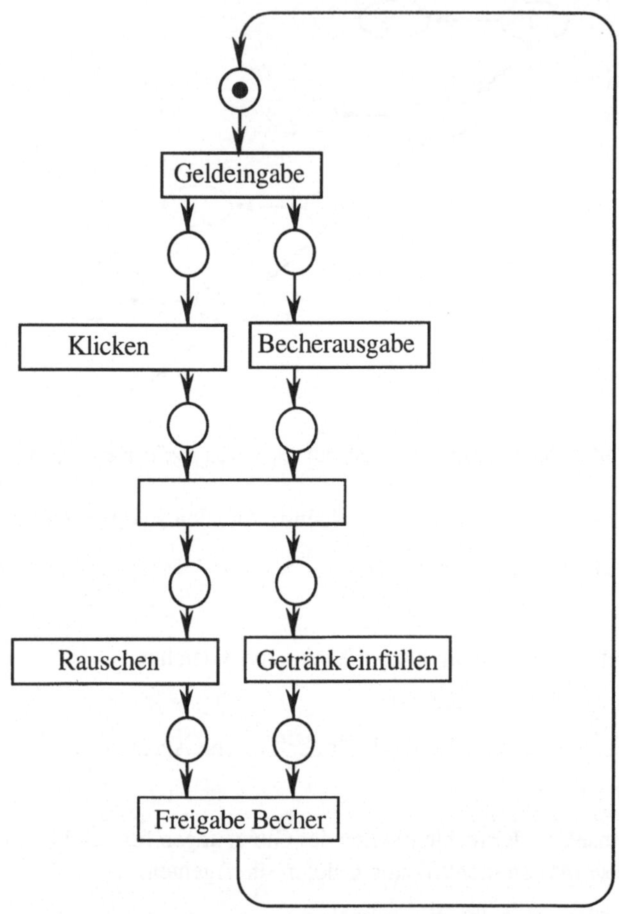

Abb. 1.27. Petri-Netz-Darstellung des Getränkeautomaten

Beispiel (Getränkeautomat in Agenten- und Netzdarstellung). Ein Getränkeautomat läßt sich durch einen Agenten wie folgt beschreiben:

Automat :: Geldeingabe;
(Klicken || Becherausgabe);
(Rauschen || Getränk_einfüllen);
Freigabe_Becher;
Automat .

Der Getränkeautomat kann auch als Petri-Netz (genauer Stellen-/Transitionsnetz) dargestellt werden. Diese Darstellung ist in Abb. 1.27 gegeben. In diesem Beispiel verwenden wir eine unbenannte Hilfstransition, um das Verhalten eines Agenten durch das Petri-Netz auszudrücken. ❑

Für jeden Term t der syntaktischen Einheit ‹agent› und jede Aktionsstruktur

$$p = (E_0, \leq_0, \alpha)$$

können wir, ähnlich wie für die Belegungen von Petri-Netzen, festlegen, ob die Aktionsstruktur p einen möglichen Ablauf des Agenten t darstellt. Dies kann formal durch die Definition einer Relation (ähnlich zu der Übergangsrelation zwischen den Zuständen eines Petri-Netzes):

$$t_1 \xrightarrow{p} t_2$$

geschehen, die besagt, daß der Agent t_1 den Prozeß p ausführen kann und sich danach wie Agent t_2 verhält.

Diese Relation, die festlegt, welche Abläufe für einen Agenten möglich sind und zu welchen Agenten sie führen, wird wieder induktiv wie folgt definiert:

(1) Jeder Agent kann den leeren Prozeß ausführen. Für den leeren Prozeß p0 und beliebige Agenten t definieren wir entsprechend:

$$t \xrightarrow{p0} t\,.$$

(2) Der Agent a, der genau aus der Aktion a besteht, kann einen Prozeß ausführen, der genau ein Ereignis enthält, das mit der Aktion a markiert ist. Wir definieren:

$$a \xrightarrow{p} \textbf{skip} \qquad \text{wobei } p = (\{e\}, \leq_1, \alpha) \text{ mit } \alpha(e) = a, \text{ e beliebig.}$$

(3) Seien p, p_0, p_1 und p_2 beliebige Prozesse. Der Agent t_1 **or** t_2 zeigt nichtdeterministisch ein Verhalten des Agenten t_1 oder des Agenten t_2. Wir definieren:

$$t_1 \xrightarrow{p} t_3 \Rightarrow t_1 \textbf{ or } t_2 \xrightarrow{p} t_3$$
$$t_2 \xrightarrow{p} t_3 \Rightarrow t_1 \textbf{ or } t_2 \xrightarrow{p} t_3$$

Der Agent t_1 ; t_2 verhält sich, wie der Agent t_1 und, falls t_1 durch dieses Verhalten in **skip** überführt wird, anschließend so wie der Agent t_2. Dementsprechend definieren wir folgende zwei Regeln für die sequentielle Komposition von Agenten:

$$t_1 \xrightarrow{p} t_3 \Rightarrow t_1; t_2 \xrightarrow{p} t_3; t_2$$

$$t_1 \xrightarrow{p_1} \textbf{skip} \wedge t_2 \xrightarrow{p_2} t_3 \wedge \text{isseq}(p, p_1, p_2) \Rightarrow t_1; t_2 \xrightarrow{p} t_3\,.$$

Das Prädikat isseq zur Charakterisierung der sequentiellen Komposition von Prozessen haben wir bereits im Abschnitt 1.1.4 eingeführt.

Das Verhalten des Agenten $t_1 \parallel t_2$ setzt sich parallel aus den Verhalten von t_1 und t_2 zusammen. Führt das Verhalten für beide Agenten auf **skip**, so führt es auch für $t_1 \parallel t_2$ auf **skip**. Mit anderen Worten, der Agent $t_1 \parallel t_2$ terminiert, wenn sowohl der Agent t_1 als auch t_2 terminieren. Dementsprechend definieren wir:

$$t_1 \xrightarrow{p_1} r_1 \wedge t_2 \xrightarrow{p_2} r_2 \wedge \text{ispar}(p, p_1, p_2, \varnothing) \Rightarrow t_1 \parallel t_2 \xrightarrow{p} r_1 \parallel r_2$$
$$t_1 \xrightarrow{p_1} \textbf{skip} \wedge t_2 \xrightarrow{p_2} \textbf{skip} \wedge \text{ispar}(p, p_1, p_2, \varnothing) \Rightarrow t_1 \parallel t_2 \xrightarrow{p} \textbf{skip}$$

Das Prädikat ispar zur Charakterisierung der parallelen Komposition haben wir bereits im Abschnitt 1.1.4 eingeführt.

(4) Für beliebige Prozesse p definieren wir durch folgende Regel die Abläufe für rekursive Agenten:

$$t[x::\ t/x] \xrightarrow{p} t_0 \Rightarrow x::\ t \xrightarrow{p} t_0 .$$

Dabei repräsentiert

$$t[t_1/x]$$

den Agenten, den wir aus t erhalten, indem wir alle freien Vorkommnisse des Identifikators x im Term t durch den Term t_1 ersetzen.

Die letzte Regel zeigt, daß rekursiv definierte Agenten beliebig entfaltet werden dürfen.

Nun können wir über die definierte Relation jedem Agenten eine Menge von Prozessen zuordnen. Ein Prozeß p heißt (unvollständiger) Ablauf eines Agenten t_0, falls ein Agent t_1 existiert mit

$$t_0 \xrightarrow{p} t_1 .$$

Wieder gilt, daß die Menge der Abläufe bezüglich der Präfixbildung abgeschlossen ist.

Lemma (Zerlegungssatz). Gilt für Agenten t_0, t_2 und den endlichen Prozeß p die Aussage

$$t_0 \xrightarrow{p} t_2,$$

so existiert für jedes Präfix $p_1 \sqsubseteq p$ ein Agent t_1 mit

$$t_0 \xrightarrow{p_1} t_1 \quad \text{und} \quad t_1 \xrightarrow{p_2} t_2$$

mit $p_2 = p|_{E_0 \setminus E_1}$, wobei E_0 die Ereignismenge des Prozesses p und E_1 die Ereignismenge des Prozesses p_1 sei.

Beweis: Induktion über die Anzahl der Ereignisse in p_1. ❑

Der Zerlegungssatz besagt, daß die durch Prozesse bewirkten Übergänge auch in aufeinanderfolgende Übergänge zerlegt werden können, wobei diese aufeinanderfolgenden Übergänge durch Teilprozesse des Ausgangsprozesses bewirkt werden. Es gilt auch die Umkehrung.

Satz (Zusammenfügen von Prozessen). Gilt für Agenten t_1, t_2, t_3 und Prozesse p_0, p_1 die Aussage:

$$t_1 \xrightarrow{p_0} t_2 \wedge t_2 \xrightarrow{p_1} t_3 ,$$

so existiert ein Prozeß p_2 mit

$$t_1 \xrightarrow{p_2} t_3$$

Beweis: Induktion über die Strukturen der Agenten. ❑

Ein Agent t_0 heißt *terminal*, falls für beliebige Agenten t_1 die Aussage

$$t_0 \xrightarrow{p} t_1$$

nur für den leeren Prozeß p gilt. Ein terminaler Agent kann nur noch Übergänge mit dem leeren Prozeß, also keine Aktionen mehr durchführen.

Ein Prozeß p heißt *vollständiger Ablauf* des Agenten t_0, falls für einen terminalen Agenten t_1 gilt

$$t_0 \xrightarrow{p} t_1,$$

oder der Prozeß p unendlich ist und jedes Präfix $p_1 \sqsubseteq p$ Ablauf ist.

Zwei Agenten heißen *äquivalent* wenn sie die gleichen Mengen vollständiger Abläufe besitzen.

Wir können zur Analyse von Agenten ähnliche Fragen stellen wie für Petri-Netze. Dazu ersetzen wir dazu das Konzept eines Petri-Netzes mit Belegung durch das Konzept des Agenten. Einem Agenten entspricht somit bei Netzen das Paar (N, b), wobei N das Netz und b seine Belegung darstellt. Bei Netzen wird nur eine Übergangsrelation auf Belegungen betrachtet, da die Übergänge das Netz unverändert lassen.

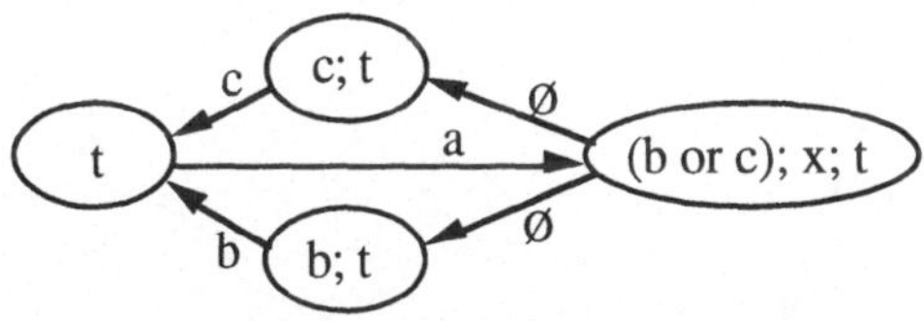

Abb. 1.28. Übergangsdiagramm für den Agenten t

Für einen Agenten t_0 heißt der Agent t_1 *erreichbar,* falls ein Prozeß p existiert mit

$$t_0 \xrightarrow{p} t_1 .$$

Für einen Agenten, der ein verteiltes System oder bestimmte Aspekte eines solchen modelliert, sind wir unter anderem an folgenden Fragen interessiert:

1. Welche Eigenschaften hat die Menge der erreichbaren Agenten? Ist diese Menge endlich?
2. Ist für gewisse Aktionen ausgeschlossen, daß ein Prozeß erzeugt wird, in dem diese Aktionen gleichzeitig stattfinden („gegenseitiger Ausschluß")?
3. Kann durch einen Prozeß ein Agent (verschieden von **skip**) erreicht werden, für den nur noch triviale Übergänge möglich sind („Verklemmung")?
4. Kann ein Agent (verschieden von **skip**) erreicht werden, so daß von diesem ausgehend kein Agent mehr erreichbar ist, in dem eine bestimmte Aktion stattfinden kann („lokale Verklemmung", fehlende „Lebendigkeit")?
5. Existieren unendliche Prozesse, in denen eine der Aktionen niemals auftritt („Fairneß")?

Beispiele für Agenten mit Verklemmungen werden wir im nächsten Abschnitt kennenlernen.

Wir demonstrieren die Untersuchung der aufgeführten Eigenschaften an einem einfachen Beispiel.

Beispiel (Eigenschaften eines Agenten). Wir betrachten den Agenten

x :: a ; (b **or** c) ; x .

Die Menge der von diesem Term durch Übergänge erreichbaren Agenten (modulo des Auffaltens der Rekursion) ist durch den folgenden Term gegeben (sei t die Abkürzung für den Term x :: a; (b **or** c); x):

{ t, ((b **or** c) ; t), (b ; t), (c ; t) } .

Wir erhalten für den Agenten t das in Abb. 1.28 angegebene Übergangsdiagramm (sei dabei ø der leere Prozeß). Da wir keine Fairneßannahmen für Agenten unterstellt haben, existiert für den Agenten t ein unendlicher Prozeß, in dem die Aktion b nicht auftritt. ❑

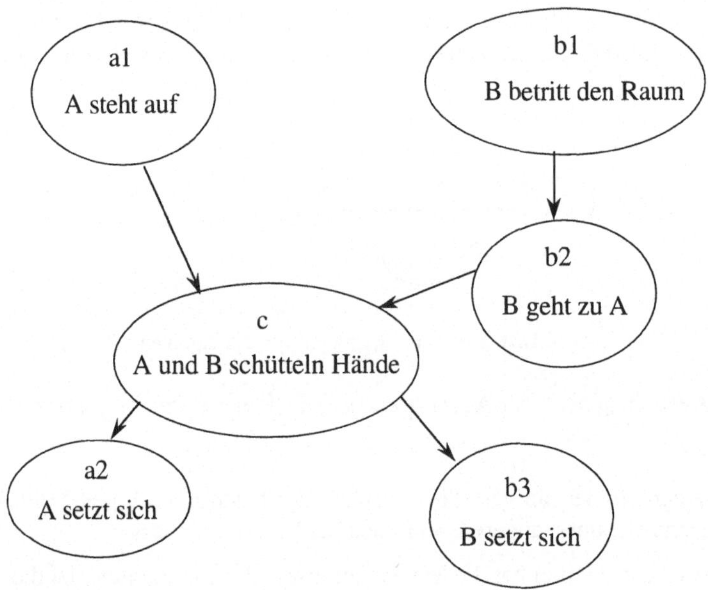

Abb. 1.29. Prozeß des Händeschüttelns

Man beachte, daß wir bei dieser einfachen Darstellung von Agenten bewußt auf eine ausführliche Behandlung der Fragen der Terminierung der Aktionen und der Agenten verzichtet haben. Gerade im Zusammenhang mit Fairneß treten hier schwierige Fragestellungen auf.

1.2.3 Synchronisation und Koordination von Agenten

Bei der parallelen Komposition von Agenten haben wir bisher keinerlei Einschränkungen über die Ordnungsbeziehung zwischen den Ereignissen der Agenten gemacht. Häufig wollen wir jedoch ausdrücken, daß zwischen den Ereignismengen der Prozesse parallel ablaufender Agenten gewisse Beziehungen bestehen sollen. Dann sprechen wir von der *Koordination* oder der *Synchronisation* paralleler Prozesse. Zu diesem Zweck führen wir neben der bereits vorgestellten unkoordinierten parallelen Komposition von Agenten im weiteren einen Kompositionsoperator ein, der eine Koordination der parallel ablaufenden Agenten erlaubt.

Koordination ist insbesondere erforderlich, um bei parallel ablaufenden Prozessen Konflikte ausschließen zu können.

Beispiel (Koordinierter paralleler Prozeß). Das Händeschütteln zweier Personen kann, wie in Abb. 1.29 dargestellt, als paralleler Prozeß beschrieben werden. Das Händeschütteln wird dabei durch die gemeinsame Aktion der beiden parallel ablaufenden Prozesse koordiniert, die das Verhalten der Personen A und B modellieren. ❑

Seien $p_1 = (E_1, \leq_1, \alpha_1)$ und $p_2 = (E_2, \leq_2, \alpha_2)$ parallel ablaufende Prozesse. Die Elemente der Menge der Ereignisse $K = E_1 \cap E_2$ heißen die *gemeinsamen Ereignisse* der Prozesse p_1 und p_2. Die Aktionen, mit denen gemeinsame Ereignisse markiert sind, heißen *synchron*. Naturgemäß fordern wir, daß für die Kausalordnungen koordiniert ablaufender paralleler Prozesse p_1 und p_2 die Kausalordnungen auf den gemeinsamen Ereignissen zusammenfallen:

$$\leq_1|_{K\times K} = \leq_2|_{K\times K} .$$

Sei S eine Teilmenge der Menge der Aktionen A. Einen Prozeß $p_0 = (E_0, \leq_0, \alpha_0)$ können wir aus den Prozessen p_1 und p_2 zusammensetzen, indem wir die mit Aktionen aus S markierten Ereignisse als gemeinsame Ereignisse festlegen. Wir sprechen von gemeinsamen Aktionen (engl. rendezvous, handshake). Dann gilt:

$$\text{ispar}(p_0, p_1, p_2, S) .$$

Wir könnten auch andere Kennzeichen als die Zusammenfassung der entsprechenden Aktionen zu einer Synchronisationsmenge S verwenden, um festzulegen, welche Ereignisse paralleler Prozesse gemeinsam sein sollen. Wir beschränken uns jedoch zunächst auf diesen einfachen Fall. Wie wir später sehen werden, können auch Sende- und Empfangsaktionen, die zu dem Ereignis einer Kommunikationsaktion gehören, als Aktionen betrachtet werden, die als Markierungen gemeinsamer Ereignisse der beiden beteiligten Prozesse auftreten. Darauf werden wir später im Zusammenhang mit Programmiersprachen zur Beschreibung parallel ablaufender Systeme zurückkommen.

Aus Gründen der Einfachheit betrachten wir in diesem Abschnitt nur folgenden Spezialfall zur Festlegung gemeinsamer Ereignisse. Die Menge der Aktionen A wird in zwei disjunkte Teilmengen U und S zerlegt:

- in U sind die unkoordiniert ausführbaren Aktionen,
- in S sind die nur synchron (koordiniert) ausführbaren Aktionen.

Die Einbeziehung einer parallelen Komposition von Agenten, die bezüglich der mit gewissen Aktionen markierten Ereignisse synchron ablaufen sollen, wirft neuartige Fragen und Probleme auf. Was geschieht, wenn die parallel ablaufenden Agenten beide darauf beharren, *verschiedene* (nicht miteinander komponierbare) Aktionen synchron auszuführen? In diesem Fall kann kein Ereignis stattfinden (keine Aktion durchgeführt werden), da für jedes Paar von synchronen Aktionen die Bereitschaft beider Agenten erforderlich wäre. Wir sprechen hier auch von einer *Verklemmung*.

Neben der bisher behandelten einfachen, unsynchronisierten parallelen Komposition von Agenten sind wir daran interessiert, Agenten synchron parallel zu komponieren. Dies kann mittels der synchronen parallelen Komposition $\|_S$ geschehen. S bezeichnet dabei die Menge der Aktionen, die synchron von den parallel ablaufenden Prozessen auszuführen sind.

Beispiel (Händeschütteln). Seien die Aktionen wie im obigen Beispiel. Wir definieren den Prozeß des Händeschüttelns, wie er in Abbildung 1.29 gegeben ist, durch den Agenten:

$$(a1; c; a2) \|_{\{c\}} (b1; b2; c; b3) .$$

Durch die parallele Komposition $\|_{\{c\}}$ wird die Aktion c synchron und alle übrigen Aktionen werden asynchron ausgeführt. ❑

Die genaue Bedeutung der synchronen parallelen Komposition in Beziehung auf die Abläufe eines Prozesses ist durch die folgenden Regeln gegeben:

$$t_1 \xrightarrow{p_1} r_1 \wedge t_2 \xrightarrow{p_2} r_2 \wedge \text{ispar}(p, p_1, p_2, S) \Rightarrow t_1 \|_S t_2 \xrightarrow{p} r_1 \|_S r_2,$$

$$t_1 \xrightarrow{p_1} \textbf{skip} \wedge t_2 \xrightarrow{p_2} \textbf{skip} \wedge \text{ispar}(p, p_1, p_2, S) \Rightarrow t_1 \|_S t_2 \xrightarrow{p} \textbf{skip} .$$

Diese Regeln sind eine Verallgemeinerung der bereits behandelten Regeln für die unsynchronisierte parallele Komposition. Hier gilt, daß ein Prozeß Ablauf des Agenten $t_1 \|_S t_2$ ist, falls er durch parallele Komposition aus Abläufen von t_1 und t_2 entsteht. Dabei sind in der parallelen Komposition dieser Prozesse die gemeinsamen Ereignisse mit Aktionen aus S markiert. Man beachte, daß nach dieser Definition Agenten existieren, die verschieden von **skip**, aber trotzdem terminal sind, und somit außer dem leeren keinen Prozeß mehr ausführen können. Wir sagen, daß sich solche Agenten in einer *Verklemmung* befinden.

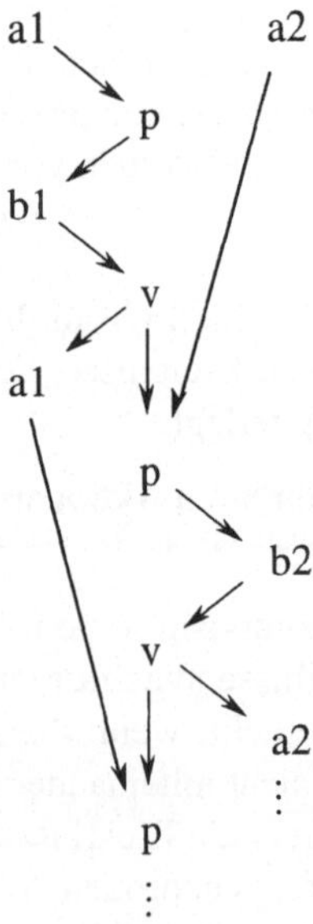

Abb. 1.30. Prozeß mit gegenseitigem Ausschluß der Aktionen b1 und b2

Beispiel (Verklemmung). Der Agent

$a ; b \parallel_{\{a,b\}} b ; a$

befindet sich in einer Verklemmung, da er weder die Aktion a noch die Aktion b ausführen kann. ❑

Neben der Synchronisation von Prozessen beziehungsweise gewisser Aktionen über gemeinsamen Ereignissen ist ein weiteres Ziel für die Koordination parallel ablaufender Aktionen der „gegenseitige Ausschluß“. Gewisse Aktionenfolgen des einen Agenten sollen ablaufen, ohne daß parallel gewisse Aktionen des anderen Agenten stattfinden. Beispielsweise sind Konflikte zwischen Aktionen zu vermeiden. Durch die synchrone parallele Komposition

$t_1 \parallel_S t_2$

wird ein Prozeß erzeugt, der (falls keine Verklemmung auftritt) gewisse Sequentialisierungen von Abläufen von t_1 und t_2 als Teilprozesse enthält. Es entstehen weitere kausale Beziehungen zwischen Ereignissen in den beiden Teilprozessen. Dies können wir für die Sicherstellung des gegenseitigen Ausschlusses einsetzen.

Beispiel (Gegenseitiger Ausschluß durch Paare synchronisierender Aktionen). Gegeben seien die folgenden drei Agenten:

$t_1 = x1 :: a1 ; p ; b1 ; v ; x1$

$t_2 = x2 :: a2 ; p ; b2 ; v ; x2$

$k = y :: p ; v ; y .$

Wir nehmen an, die Aktionen b1 und b2 seien konfliktträchtig und sollen deshalb nicht parallel ausgeführt werden. Für den Agenten

$t_1 \parallel t_2$

ist der durch den folgenden Aktionsgraphen gegebene Ablauf möglich:

$$a1 \rightarrow p \rightarrow b1 \rightarrow v \rightarrow a1 \rightarrow p \rightarrow b1 \rightarrow v \rightarrow \ldots$$

$$a2 \rightarrow p \rightarrow b2 \rightarrow v \rightarrow a2 \rightarrow p \rightarrow b2 \rightarrow v \rightarrow \ldots$$

Dieser Prozeß enthält Paare von parallelen Ereignissen, die mit den konfliktträchtigen Aktionen b1 und b2 markiert sind. In dem Agenten

$(t_1 \parallel t_2) \parallel_{\{v, p\}} k$

wird dieser Ablauf ausgeschlossen; ein möglicher Ablauf ist in Abb. 1.30 angegeben. Man beachte, daß jede Ausführung der p- und v-Aktionen des Agenten k mit einer der p- und v-Aktionen entweder des Agenten t_1 oder des Agenten t_2 zusammenfällt, daß aber die p- und v-Aktionen in den Prozessen t_1 und t_2 keine gemeinsamen Ereignisse markieren.

In allen Abläufen des modifizierten Agenten gibt es kein Paar paralleler Ereignisse mehr, die mit den Aktionen b1 und b2 markiert sind. In Petri-Netz-Notation stellt sich unser Beispiel wie in Abb. 1.31 gegeben dar. Hier wurde im Petri-Netz die Hilfstransition c zur Sicherstellung des gegenseitigen Ausschlusses eingeführt. ❑

Die im Beispiel für Agenten beschriebene Technik zur Sicherstellung des wechselseitigen Ausschlusses läßt sich allgemein einsetzen. Sei a eine Aktion im Konflikt mit sich selbst, die in den Agenten t_1 und t_2 beliebig oft auftritt. In den Agenten t_1 und t_2 ersetzen wir die Aktion a durch den Agententerm

p ; a ; v ,

wobei p und v bisher nicht in t_1 oder t_2 enthaltene Aktionen seien. Wir erhalten Agenten t_1' und t_2'. Der Agent c :: p; v; c zwingt in jedem Ablauf des Agenten

$(t_1' \parallel t_2') \parallel_{\{p, v\}} c :: p; v; c$

jeweils einen der beiden Agenten t_1' oder t_2' mit der Durchführung von p; a; v zu warten, bis der Agent c :: p; v; c wieder für ein mit der Aktion p markiertes Ereignis bereit ist. Wir erhalten Abläufe der in Abb. 1.32 angegebenen Form.

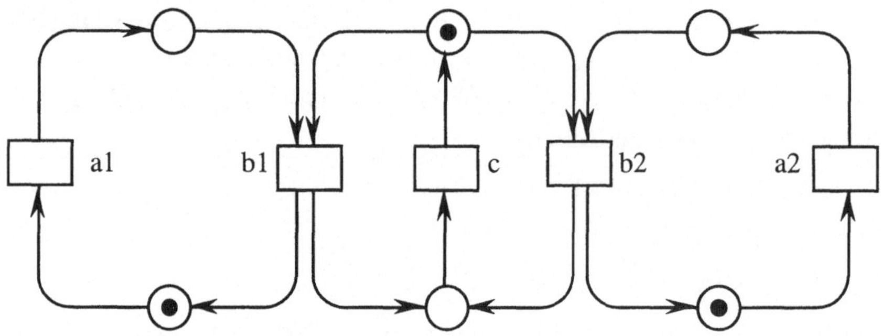

Abb. 1.31. Petri-Netz für gegenseitigen Ausschluß von b1 und b2

Die Ereignisse, die mit der Aktion a markiert sind, sind in den durch den Agenten

$(t_1' \parallel t_2') \parallel_{\{p, v\}} c :: p; v; c$

beschriebenen Abläufen sämtlich linear geordnet. Allerdings entstehen bei dieser Vorgehensweise zur Sicherstellung des gegenseitigen Ausschlusses Agenten, die möglicherweise zusätzliche Verklemmungen aufweisen, falls beispielsweise in den Agenten t_1 oder t_2 in parallelen Kompositionen die Aktion a synchron ausgeführt werden soll.

Lemma (Gegenseitiger Ausschluß). Für beliebige Agenten t, in denen die Aktion a stets in der Form p; a; v auftritt und ansonsten die Aktionen p und v nicht auftreten, gilt: Jeder vom Agenten t' der Form

$t' = (t \parallel_{\{p, v\}} c :: p; v; c)$

erzeugte Prozeß enthält kein Paar von parallelen Ereignissen, die mit der Aktion a markiert sind.

Beweis: Sei p' ein vom Agenten t' erzeugter Prozeß. Die Ereignisse, die mit den Aktionen p oder v markiert sind, bilden einen sequentiellen Teilprozeß, in dem sich p und v abwechseln. Jedem mit a markierten Ereignis e kann in eineindeutiger Weise eine natürliche Zahl $n_v(e)$ beziehungsweise $n_p(e)$, die Anzahl der Ereignisse, die kausal sind für e und die mit v beziehungsweise mit p markiert sind, zugeordnet werden. Jedem mit a markierten Ereignis e kann eineindeutig ein mit p markiertes Ereignis

$er_p(e)$, das kausal ist für e, und ein mit v markiertes Ereignis $er_v(e)$, für das e kausal ist, zugeordnet werden.

Induktion über die Anzahl der Ereignisse zeigt, daß $n_p(e) = n_p(er_p(e))$ und $n_v(e) = n_v(er_v(e))$ gelten. Die Transitivität der Kausalitätsrelation ergibt, daß die mit der Aktion a markierten Ereignisse ebenfalls einen sequentiellen Teilprozeß bilden. ❑

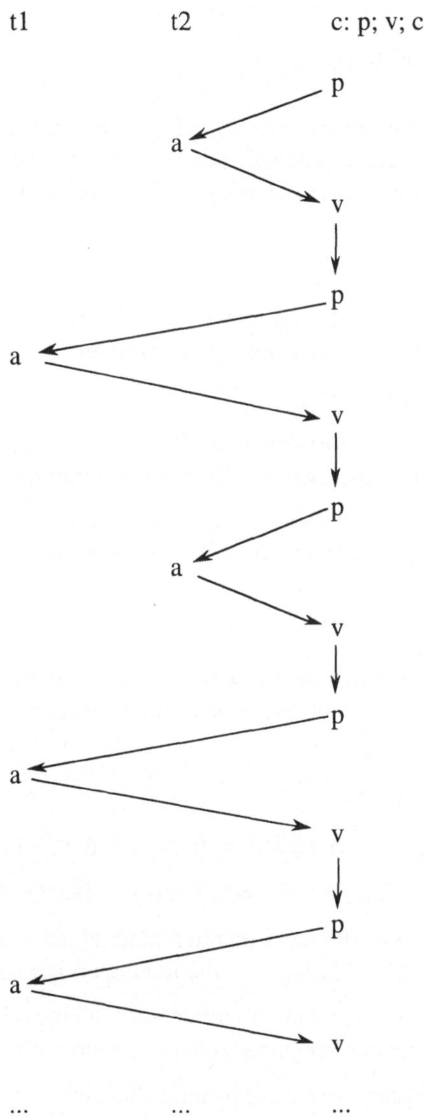

Abb. 1.32. Gegenseitiger Ausschluß durch p- und v-Aktionen

Man beachte, daß durch die Sicherstellung des gegenseitigen Ausschlusses durch die zusätzliche Einführung von koordinierenden Aktionen mit neuen Verklemmungen gerechnet werden muß. Deshalb sind in der Regel umfangreiche Analysen nötig, um solche unerwünschten Nebeneffekte auszuschließen.

Wir werden die Frage des gegenseitigen Ausschlusses im Abschnitt über Programmiersprachen zur Beschreibung verteilter Systeme noch einmal ausführlich aufgreifen.

1.2.4 Prädikate über Prozessen

Neben Netzen und Agententermen können wir Mengen von Prozessen auch über die Angabe von Eigenschaften durch prädikatenlogische Ausdrücke charakterisieren. Wir behandeln nur Beispiele für sehr einfache Prädikate. Sei der Prozeß $p = (E_0, \leq_0, \alpha)$ gegeben; durch den Term

$$\#(a, p)$$

bezeichnen wir die Anzahl der Ereignisse in dem Prozeß p, die mit der Aktion a markiert sind. #(a, p) wird durch folgende Formel definiert:

$$\#(a, p) = |\{ e \in E_0 : \alpha(e) = a \}| .$$

Man beachte, daß für unendliche Prozesse der Wert von #(a, p) unendlich sein kann. Mit Hilfe dieser Funktion können wir Prädikate bilden und damit Mengen von Prozessen beschreiben.

Beispiel (Prozeßmengen durch Prädikate). Wir betrachten folgende Menge A von Aktionen:

$$A = \{a, b, c, d\} .$$

Eine Menge von endlichen Prozessen $p = (E_0, \leq_0, \alpha)$ läßt sich durch ein Prädikat Q(p) charakterisieren. Q(p) sei durch folgende Formel gegeben:

(1) $0 \leq \#(a, p) - \#(c, p) \leq 1 \land$

(2) $0 \leq \#(b, p) - \#(d, p) \leq 1 \land$

(3) $\forall e, e' \in E_0 : \alpha(e) = c \land \alpha(e') = d \Rightarrow (e \leq_0 e' \lor e' \leq_0 e)$.

In Worten ausgedrückt gilt: Ein Prozeß p erfüllt das Prädikat Q, wenn

(1) die Anzahl der Ereignisse, die mit a markiert sind, gleich oder höchstens um eins größer ist als die Anzahl der Ereignisse, die mit c markiert sind,

(2) die Anzahl der Ereignisse, die mit b markiert sind, gleich oder höchstens um eins größer ist als die Anzahl der Ereignisse, die mit d markiert sind,

(3) mit c und d markierte Ereignisse nicht parallel ablaufen. ❑

Häufig fordern wir für ein System, daß seine Prozesse gewisse *Invarianten* erfüllen. Invarianten haben wir bereits im Zusammenhang mit **while**-Programmen in Teil 1 kennengelernt. Für einen Prozeß p heißt ein Prädikat Q eine Invariante, falls für alle (endlichen) Prozesse p_1 folgende Formel gilt:

$$p_1 \sqsubseteq p \Rightarrow Q(p_1) .$$

Invarianten charakterisieren gewissermaßen bestimmte Eigenschaften aller erreichbaren Zustände in einem System. Sie sind besonders nützlich zur Charakterisierung von Eigenschaften unendlicher Prozesse.

Beispiel (Invariante eines unendlichen Prozesses). Jeder Prozeß des Agenten

$$((x :: a; c; x) \parallel (y :: b; d; y)) \parallel_{\{c, d\}} z :: ((c; z)\ \mathbf{or}\ (d; z))$$

besitzt das Prädikat Q aus obigem Beispiel als Invariante. ❑

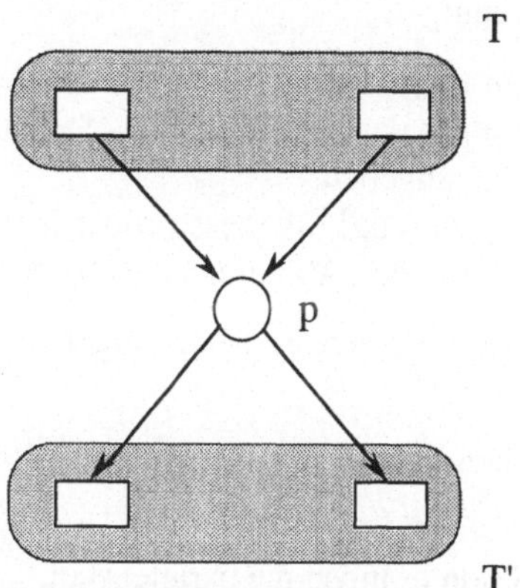

Abb. 1.33. Ausschnitt aus einem Petri-Netz, der den Platz p, die Menge seiner Eingabetransitionen T und die Menge seiner Ausgabetransitionen T' zeigt

Es existiert eine Reihe von Prozeßeigenschaften Q, die stets Invarianten sind, falls sie nur für den gegebenen Prozeß zutreffen. Genau für diese Prädikate Q gilt folgende Aussage:

$$Q(p) \wedge p_1 \sqsubseteq p \Rightarrow Q(p_1)\ .$$

Ein Beispiel für Invarianten ist der gegenseitiger Ausschluß der Aktionen a und b:

$$\forall\ e, d \in E_0\colon \alpha(e) = a \wedge \alpha(d) = b \Rightarrow (e \leq_0 d \vee d \leq_0 e)$$

Ein weiteres Beispiel stellt die einfache Kausalität zwischen Aktionen a und c dar. Das folgende Prädikat drückt aus, daß die Aktion c nur stattfindet, wenn zuvor eine Aktion a stattgefunden hat:

$$\forall\ e \in E_0\colon \alpha(e) = c \Rightarrow \exists\ e_1 \in E_0\colon e_1 \leq_0 e \wedge \alpha(e_1) = a\ .$$

Sei a eine Aktion. Ein Beispiel für ein Prädikat Q, das niemals Invariante ist, ist durch folgende Formel gegeben:

$$Q(p) \equiv (\#(a, p) = 1)\ .$$

Eine wichtige Aufgabe in der Systemanalyse ist es, für Prozeßbeschreibungen durch Netze oder Agenten zu beweisen, daß alle durch sie beschriebenen (vollständigen) Prozesse gewisse Prädikate erfüllen.

Man beachte, daß wir Petri-Netze (genauer Stellen-/Transitionsnetze) beispielsweise unmittelbar als graphische Kurzschreibweise für bestimmte Prädikate über Prozessen auffassen können. Sei s ein Platz in einem Petri-Netz mit der Menge T von

Eingangstransitionen und der Menge T' von Ausgangstransitionen. Abb. 1.33 zeigt diesen Ausschnitt. Bei Anfangsbelegung b(s) entspricht diesem Ausschnitt aus dem Petri-Netz die folgende Invariante für die Abläufe p des Netzes:

$$\sum \{\#(a, p): a \in T'\} \leq b(s) + \sum \{\#(a, p): a \in T\} .$$

Die Konjunktion über alle diese Invarianten für jeden Platz ergibt eine Invariante, die die Menge der Abläufe eines Netzes eindeutig charakterisiert.

Die durch Prädikate beschriebenen Eigenschaften von Prozessen lassen sich in folgende zwei Klassen einteilen:

- *Sicherheitseigenschaften* (engl. safety properties) stellen sicher, daß gewisse unerwünschte Aktionsmuster in den Abläufen eines Systems nicht auftreten und lassen sich durch Invarianten angeben.
- *Lebendigkeitseigenschaften* (engl. liveness properties) garantieren, daß gewisse erwünschte Aktionsmuster in den Abläufen eines Systems schließlich auftreten.

In der Regel stellen Prädikate für Prozesse Mischungen aus Sicherheits- und Lebendigkeitseigenschaften dar.

Beispiel (Sicherheit und Lebendigkeit). Klassische Sicherheitseigenschaften sind beispielsweise:

- die Aktion a und die Aktion b finden nie parallel statt,
- eine Aktion b findet nur nach einer Aktion a statt.

Eine klassische Lebendigkeitseigenschaft ist beispielsweise:

- Nach einer Aktion a (genauer, nach einem mit a markierten Ereignis) folgt stets kausal schließlich eine Aktion b. ❑

Lebendigkeitsaussagen für Prozesse lassen sich nach folgendem Schema definieren. Für gegebene Prädikate Q und R, die Mengen von Prozessen beschreiben, definieren wir ein Prädikat

[Q **leads_to** R],

das für den Prozeß p erfüllt ist, wenn folgende Formel gilt:

$$\forall p_1: p_1 \sqsubseteq p \wedge Q(p_1) \Rightarrow \exists p_2: p_1 \sqsubseteq p_2 \sqsubseteq p \wedge R(p_2) .$$

Ein Beispiel für ein solches Prädikat ist durch folgende Formel gegeben:

[#(a, p) = n **leads_to** #(a, p) = n+1].

Durch diese Formel wird ausgesagt, daß der Prozeß p unendlich viele mit der Aktion a markierte Ereignisse enthält.

Sicherheitsaussagen beziehen sich im Zusammenhang mit Petri-Netzen oder Agenten immer auf beliebige, möglicherweise unvollständige Abläufe, Lebendigkeitsbedingungen beziehen sich auf vollständige Abläufe. Man beachte, daß sowohl für Netze wie für Agenten gilt, daß jeder Ablauf Präfix eines vollständigen Ablaufes ist.

1.3 Programmiersprachen zur Beschreibung kommunizierender Systeme

Für verteilte Systeme sind Aktionen von besonderer Bedeutung, die dem Austausch von Informationen, insbesondere der Kommunikation und Koordination, zwischen verteilt und parallel ablaufenden Systemkomponenten dienen. Bereits synchronisierende Aktionen können als Formen des Informationsaustausches über die „Kontrollzustände" der beteiligten Prozesse aufgefaßt werden. Programmiersprachen für die Beschreibung von Prozessen enthalten insbesondere Anweisungen für den Nachrichtenaustausch zwischen parallel ablaufenden Programmen.

1.3.1 Kommunikation durch Nachrichtenaustausch

Der Austausch von Nachrichten zwischen zwei Komponenten in einem parallel ablaufenden System kann prinzipiell durch zwei komplementäre Aktionen erfolgen: Senden und Empfangen. An einem Sende-/Empfangsvorgang können viele Partner beteiligt sein. So kann beispielsweise ein Sender in einem Schritt eine Nachricht an viele Empfänger gleichzeitig senden (engl. broadcasting). Häufig beschränken wir uns jedoch auf Systeme, bei denen für jede im System versandte Nachricht genau ein Sender und (höchstens) ein Empfänger existieren.

Ein wichtiger Aspekt beim Austausch von Nachrichten ist das Konzept der *Adressierung* des Empfängers. Beim Absenden einer Nachricht muß gegebenenfalls der Empfänger oder der Kreis der möglichen Empfänger spezifiziert werden. Analog kann beim Empfangen der gewünschte Sender oder der Kreis der Sender spezifiziert werden. Beim Versuch eine Nachricht zu empfangen (genauer, bei der Anfrage, ob eine Nachricht vorliegt), muß der Sender oder der Kreis der möglichen Sender genannt werden. Es existieren sehr unterschiedliche Techniken für die Adressierung von Nachrichten. Beispielsweise können Namen (Marken) der parallel ablaufenden Programme zur Adressierung verwendet werden.

Ein Nachrichtenübertragungsmedium, das zur Herstellung einer Verbindung zwischen dem Sender und dem Empfänger dient, nennen wir einen *Kanal*. Durch Kanäle kann eine Nachricht an einen Empfänger adressiert werden. Kanäle für den Austausch von Nachrichten der Sorte **m** deklarieren wir ähnlich wie Programmvariable durch die Vereinbarung:

channel m c

Der Sender nennt in der Sendeaktion nicht den Namen des Empfängers, sondern nur den Kanalnamen. Analoges gilt für den Empfänger. In einer prozeduralen („imperativen", „zuweisungsorientierten") Sprache drücken wir Sendeaktionen über den Kanal c durch die Anweisung

send E **on** c

aus. Dabei sei E ein beliebiger Ausdruck der Sorte **m** und c der Name des Kanals. Analog drücken wir die Empfangsaktion aus durch die Anweisung

receive x **on** c .

Dabei ist x Identifikator für eine Programmvariable der Sorte **m** und c wiederum der Name des Kanals. Ist zum Zeitpunkt der gewünschten Ausführung einer Empfangsaktion keine gesendete Information verfügbar, so *wartet* der Prozeß, bis eine Nachricht vorliegt. Erfolgt das Senden nie, so terminiert die Empfangsaktion nicht. Dies entspricht einer lokalen Verklemmung.

Wir erweitern die Syntax zur Formulierung prozeduraler Programme, wie sie in Teil I beschrieben wurde, um die parallele Komposition ||, die Vereinbarung von Kanälen, die Sende- und die Empfangsanweisungen. Es entsteht eine erweiterte prozedurale Sprache, die zur Formulierung parallel ablaufender, Nachrichten austauschender Programme verwendet werden kann.

Beispiel (Erzeuger/Verbraucher). Das folgende Programmschema besteht aus zwei parallel ablaufenden sequentiellen Programmen, von denen das zweite Nachrichten an das erste sendet. Das Symbol ⟦ steht für **parbegin** und damit für den Beginn eines Abschnitts, der aus einer Anzahl von parallel ablaufenden Anweisungen besteht. Diese Anweisungen werden durch || getrennt. Der Abschnitt wird durch das Symbol ⟧, das für **parend** steht, abgeschlossen. Dieses Symbol markiert das Ende des Abschnitts, der aus den parallelen Anweisungen besteht.

```
⌈ channel m c;

  var m x, var m z := x0, z0;

  ⟦ while ¬b(x) do   receive x on c;
                     consume(x)
    od
  ||
    while ¬b(z) do   produce_next(z);
                     send z on c
    od                                      ⟧  ⌋
```

Hier seien consume und produce_next vorgegebene Prozeduren und b eine Boolesche Funktion. Beispielsweise erhalten wir aus obigem Schema ein paralleles Programm zur Berechnung der Fakultätsfunktion, indem wir folgende konkrete Prozeduren wählen:

consume(x) ≡ **if** $x \neq 0$ **then** r := x∗r **fi** ,

produce_next(z) ≡ z := z–1 ,

b(x) ≡ (x = 0) .

Zusätzlich sei r eine Programmvariable, die mit 1 vorbesetzt ist, und es gelte

$$x_0 = z_0 = n+1.$$

Nach Ausführung des Programms gilt dann r = n!. ❑

Grundsätzlich werden zwei Verfahren bei der Nachrichtenübermittlung zwischen einem Sender und einem Empfänger unterschieden:

(1) *Implizites Puffern* oder *nichtblockierendes Senden*: Der sendebereite Senderprozeß braucht nicht zu warten, bis ein Empfängerprozeß empfangsbereit ist und

die Nachricht in Empfang nimmt. Die Nachricht wird sofort gesendet und notfalls zwischengespeichert, der Senderprozeß setzt seinen Ablauf fort. Die entsprechenden Ereignisse des Sendens und Empfangens stehen in einem kausalen Zusammenhang. Senden ist kausal für Empfangen.

(2) *Rendezvous („handshake"):* Der Senderprozeß wartet, bis ein Empfängerprozeß empfangsbereit ist und die Nachricht in Empfang nimmt. Der Austausch der Information findet in einem Ereignis statt, dann setzen beide Prozesse ihren Ablauf fort. Der Nachrichtenaustausch entspricht einem gemeinsamen Ereignis.

Im Fall (1) sprechen wir von *asynchroner* und im Fall (2) von *synchroner* Übertragung. Die sorgfältige Unterscheidung der beiden Konzepte ist notwendig, da kommunizierende Programme unterschiedliches Verhalten zeigen können, je nachdem, welches Kommunikationskonzept unterstellt wird.

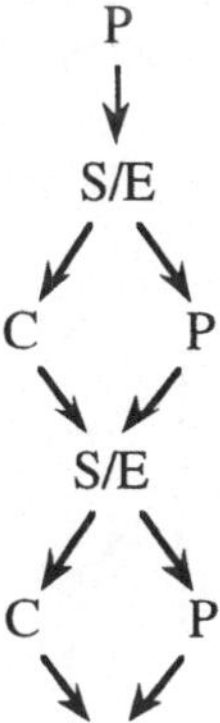

Abb. 1.34. Erzeuger-/Verbraucherprozeß mit synchronem Senden/Empfangen

Zur Diskussion der unterschiedlichen Konzepte für den Nachrichtenaustausch führen wir zwei syntaktische Formen ein. Wir benutzen im weiteren die Anweisungen

send E **on** c

beziehungsweise

receive x **on** c

für die asynchrone Nachrichtenübermittlung mit implizitem Puffern und schreiben

E **!** c

für die synchrone Sendeaktion und

x **?** c

für die synchrone Empfangsaktion beim Nachrichtenaustausch durch Handshake.

Mit dieser Konvention liest sich nun unser Erzeuger-/Verbraucher-Beispiel in der Handshake-Notation wie folgt:

```
⌈ channel m c;
  var m x, var m z := x0, z0;
  ⌈⌈ while ¬b(x) do   x ? c;
                      consume(x)
     od
  ||
     while ¬b(z) do   produce_next(z);
                      z ! c
     od                               ⌋⌋  ⌋
```

Für das Erzeuger-/Verbraucher-Problem erlaubt die Handshake-Interpretation im wesentlichen nur einen Ablauf der in Abb. 1.34 angegebenen Form (C steht für die Aktion consume(x), P steht für die Aktion produce_next(z), S/E steht für die gemeinsame Aktion des Nachrichtenaustauschs z **!** c/x **?** c).

Implizites Puffern läßt weitaus mehr Parallelität in Abläufen zu als synchroner Nachrichtenaustausch. Für das Erzeuger-/Verbraucher-Beispiel erhalten wir den in Abb. 1.35 angegebenen Prozeß.

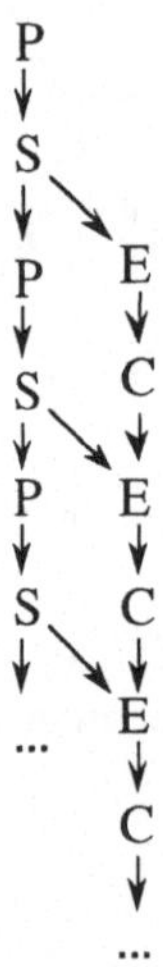

Abb. 1.35. Erzeuger-/Verbraucherprozeß mit asynchronem Nachrichtenaustausch

Die einzige Einschränkung in der parallelen Abarbeitung zwischen den beiden sequentiellen Prozessen ist hier, daß ein Wert nicht empfangen werden kann, bevor er gesendet wurde. Die Sendeaktion ist jeweils kausale Voraussetzung für die zugehörige Empfangsaktion.

Gehen wir von einem Programm, das Nachrichten durch implizites Puffern austauscht, zu einem Programm über, das Nachrichten in gemeinsamen Aktionen austauscht, so erhalten wir folgende Beziehung zwischen den Programmen: Sei P ein paralleles Programm, das im Modus des impliziten Pufferns geschrieben ist, und P' das gleiche Programm, das jedoch alle Sende-/Empfangsaktionen im Handshake-Modus enthält, dann gilt:

(1) Jeder verklemmungsfreie Ablauf von P' ist Sequentialisierung eines Ablaufs von P, wobei Sende- und Empfangsaktionen zu einer Aktion zusammengefaßt werden.

(2) Gewisse Abläufe von P und deren Sequentialisierungen sind als Abläufe von P' ausgeschlossen.

(3) P' kann möglicherweise zu Verklemmungen führen, die für P ausgeschlossen sind.

Implizites Puffern führt weniger oft zu Verklemmungen, erfordert aber in der Regel mehr Speicherplatz für die Zwischenspeicherung von Nachrichten.

Beispiel (Synchrone und asynchrone Kommunikation). Wir betrachten die folgenden beiden Programme:

(1) ⟦ 1 ! c1; x ? c2 || 2 ! c2; y ? c1 ⟧

(2) ⟦ **send** 1 **on** c1; **receive** x **on** c2 || **send** 2 **on** c2; **receive** y **on** c1 ⟧

Programm (1) führt auf eine Verklemmung, da beide Prozesse auf Empfänger warten, wohingegen Programm (2) verklemmungsfrei ist. ❑

Beim Modus des impliziten Pufferns kann ein System paralleler Programme terminieren, obwohl nicht alle gesendeten Nachrichten empfangen wurden. Für den Handshake-Modus gilt dies nicht. Welches der beiden Verfahren für den Nachrichtenaustausch besser geeignet ist, hängt von der jeweiligen Anwendung ab.

Durch das Kanalkonzept wird für Sende- und Empfangsaktionen von vornherein keine eindeutige Beziehung zwischen Sender und Empfänger festgelegt. Sender und Empfänger wenden sich an Kanäle. Welcher Empfänger welche Nachricht schließlich bekommt, ist durch das Programm im Fall mehrerer gleichzeitiger Sendeoperationen und mehrerer empfangsbereiter Empfänger nicht vorbestimmt. Wir sprechen wieder von Nichtdeterminismus.

Beispiel (Nichtdeterminismus beim Senden/Empfangen). Im folgenden Programm

⌈ **var nat** x1, x2 := 0, 0;

channel nat c;

⟦ **send** 1 **on** c || **send** 2 **on** c || **receive** x1 **on** c || **receive** x2 **on** c ⟧ ⌋

ist nicht festgelegt, ob nach der Ausführung ein Zustand erreicht wird, für den die Aussage

$(x1 = 1 \wedge x2 = 2)$

gilt, oder ein Zustand, für den die Aussage

$(x1 = 2 \wedge x2 = 1)$

gilt. ❑

Nichtdeterminismus entsteht typischerweise beim Nachrichtenaustausch, wenn mehrere Sender oder Empfänger parallel über einen Kanal Nachrichten austauschen wollen. Ein Kanal führt auf eine Sequentialisierung des Nachrichtenaustausches und damit auf eine möglicherweise nichtdeterministische Reihung.

1.3.2 Gemeinsame Programmvariable und gemeinsamer Speicher

Keinerlei Konflikte bei der parallelen Ausführung von Programmen entstehen, wenn die parallel ablaufenden Programme ausschließlich verschiedene Programmvariable verwenden, oder zumindest die Bernsteinbedingung erfüllen. Ein System von parallel ablaufenden Programmen erfüllt die Bernsteinbedingung, falls eine Programmvariable, die in einem der parallel ablaufenden Programme auf der linken Seite einer Zuweisung auftritt, in keinem anderen der parallel ablaufenden Programme auftritt. Allerdings können Programme, die die Bernsteinbedingung erfüllen und keine Sende-/Empfangsanweisungen verwenden, keine Nachrichten austauschen. Eines der einfachsten und in der Praxis gebräuchlichsten Konzepte für den wechselseitigen Informationsaustausch zwischen parallel ablaufenden, prozeduralen Programmen stellen Programmvariable dar, auf die diese Programme wechselseitig zugreifen.

Tritt in zwei parallel ablaufenden Programmteilen eine Programmvariable in mindestens einem Programmteil auf der linken Seite einer Zuweisung und auch in dem anderen Programm auf, so ist die Bernsteinbedingung nicht erfüllt. Wir sprechen von einer *gemeinsamen Programmvariablen*. Hierbei können Konflikte beim parallelen Zugriff auf eine gemeinsame Programmvariable entstehen. Konflikte beim lesenden oder schreibenden Zugriff auf gemeinsame Variablen können wir mit Hilfe des gegenseitigen Ausschlusses durch bewachte, kritische Bereiche vermeiden. Im folgenden werden Sprachkonzepte eingeführt, die gegenseitigen Ausschluß garantieren.

Um den Zugriff auf gemeinsame Programmvariable aus parallel ablaufenden Programmen zu ermöglichen, aber gleichzeitige Zugriffe auf ein und dieselbe Programmvariable zu verhindern beziehungsweise zu koordinieren, verwenden wir (abgeschirmte) *bewachte, kritische Bereiche*. Sei E ein Boolescher Ausdruck und sei S eine Anweisung oder eine Folge von Anweisungen. Wir schreiben einen bewachten, kritischen Bereich in der Form

await E **then** S **endwait**,

um auszudrücken, daß die Anweisung S nur unter der Bedingung E und unter gegenseitigem Ausschluß anderer bewachter, kritischer Bereiche ausgeführt werden soll. Wir nennen dann die Bedingung E *Wächter* (engl. guard) und die Anweisung S den *kritischen Bereich* (engl. critical region).

Der obige bewachte, kritische Bereich wird wie folgt ausgeführt. Es wird gewartet, bis ein Zustand erreicht wird, in dem der Ausdruck E den Wert **true** liefert und kein dazu parallel ablaufendes Programm gerade einen bewachten kritischen Bereich ausführt (gegenseitiger Ausschluß). Die Ausführung des kritischen Bereichs besteht dann in der Ausführung der Anweisung S, wobei parallel ablaufende Programme mit ihrem Eintritt in einen kritischen Bereich warten müssen, bis die Ausführung der Anweisung S abgeschlossen ist. Tritt ein Zustand, in dem E den Wert **true** liefert, nie ein, so terminiert die Ausführung des bewachten kritischen Bereichs nicht. Es entsteht eine lokale Verklemmung. Die Aktionen der Ausführung der bewachten kritischen Bereiche entsprechen also in den Abläufen der Programme nie parallelen Ereignissen. Die Sicherstellung des gegenseitigen Ausschlusses erfordert bei der Ausführung der Programme einen übergeordneten Koordinierungsprozeß.

Beispiel (Parallele Berechnung der Fakultät). Das folgende Programm berechnet die Fakultät n! durch zwei parallele Programme mit den gemeinsamen Programmvariablen taken und z. Dabei dient die Programmvariable z zum Austausch der Nachrichtenwerte und taken als Hilfsmittel zur Koordination des Nachrichtenaustausches.

```
var bool taken, var nat y, var nat x, var nat z := true, 1, n, 0;
⟦ while n > 0 do     await taken then taken, z := false, n endwait;
                     n := n–1
  od
‖
  while x > 1 do     await ¬taken then taken, x := true, z endwait;
                     y := y*x
  od                                                              ⟧
```

Nach Ausführung des Programms gilt die Aussage y = n!. ❑

Durch kritische Bereiche können gleichzeitige, kollidierende Zugriffe auf gemeinsame Variable vermieden werden. Allerdings ist die Reihenfolge der Ausführung der Zuweisungen und somit auch das Resultat des Programmablaufs nicht immer eindeutig festgelegt. Die Programme sind in der Regel *nichtdeterministisch.*

Beispiel (Nichtdeterminismus in parallelen Programmen mit kritischen Bereichen). Das Programm

⟦ **await true then** z := 1 **endwait** ‖ **await true then** z := 2 **endwait** ⟧

erlaubt die Ausführung

await true then z := 1 **endwait**; **await true then** z := 2 **endwait**

mit dem Endzustand z = 2, sowie die Ausführung

await true then z := 2 **endwait**; **await true then** z := 1 **endwait**

mit dem Endzustand z = 1. ❑

Auch Senden und Empfangen mit implizitem Puffern läßt sich durch gemeinsame Programmvariable beschreiben (wir verwenden die Sorte und Funktionen der Rechenstruktur *Schlange* (engl. queue, vgl. Teil I). Wir definieren, daß

channel m c	für	**var queue m** c := emptyqueue,
send E **on** c	für	**await true then** c := stock(c, E) **endwait**,
receive v **on** c	für	**await** ¬isempty(c) **then** v, c := first(c), rest(c) **endwait**,

stehen. Dies zeigt, daß gepuffertes Senden/Empfangen auch als Gebrauch einer besonderen Rechenstruktur (nämlich der Struktur Schlange) in Form einer gemeinsamen Variablen verstanden werden kann.

Besondere gemeinsame Variablen sind *Semaphore*. Sie dienen ausschließlich der Synchronisation parallel ablaufender Programme. Wir unterscheiden ganzzahlige Semaphore und Boolesche Semaphore. Ein ganzzahliges Semaphor s wird durch folgende Deklaration vereinbart:

sema nat x := n.

Dies ist bis auf folgende Einschränkung für die Verwendung gleichwertig zur Vereinbarung einer Programmvariablen der Sorte **nat**. Für ein Semaphor s erlauben wir jedoch nur die Prozeduraufrufe P(s) und V(s) und keinerlei andere Zuweisungen oder Abfragen. Die Prozeduren P und V sind wie folgt definiert:

proc P = (**sema nat** x) : **await** x > 0 **then** x := x – 1 **endwait**,

proc V = (**sema nat** x) : **await true then** x := x + 1 **endwait**.

Semaphore werden insbesondere verwendet, um den gegenseitigen Ausschluß zu gewährleisten.

Beispiel (Erzeuger-/Verbraucher koordiniert durch Semaphore). Das folgende Programm erfüllt die Bernsteinbedingung nicht (sei b eine beliebige Boolesche Funktion):

```
⌈ sema nat s1, s2 := 0, 1;
  var m x, y, z := x0, y0, z0;
  ⟦ while ¬b(x) do   P(s1);
                     x := y;
                     V(s2);
                     consume(x)
    od
  ∥
    while ¬b(z) do   produce_next(z);
                     P(s2);
                     y := z;
                     V(s1)
    od                          ⟧    ⌋
```

Die Programmvariable y wird im ersten Programm gelesen und im zweiten Programm geschrieben. Durch die Semaphore ist der gleichzeitige Zugriff auf die gemeinsame Programmvariable y ausgeschlossen. ❑

Bei kritischen Bereichen ist der gegenseitige Ausschluß durch eine einfache syntaktische Bedingung (gemeinsame Programmvariable treten nur in bewachten kritischen Bereichen auf) überprüfbar. Im Gegensatz dazu kann bei undiszipliniertem Gebrauch von Semaphoren die Sicherstellung des gegenseitigen Ausschlusses von komplexen logischen Beziehungen des Programms abhängen. Dann stellt die Überprüfung des gegenseitigen Ausschlusses für den Zugriff auf gemeinsame Programmvariable eine unter Umständen schwierig zu beantwortende semantische Frage dar.

Boolesche Semaphore werden durch die Deklaration

sema bool s := b

vereinbart und durch folgende Prozeduren verändert:

proc P = (**sema bool** s) : **await** s **then** s := **false endwait**,

proc V = (**sema bool** s) : **await true then** s := **true endwait**.

Bei der Verwendung von Semaphoren in nichtterminierenden Programmen stellt sich wieder die Frage nach der Fairneß der Ausführung der Operationen auf Semaphoren. Bei V-Operationen können wir ohne Einschränkungen fordern, daß jeder Aufruf erfolgreich terminiert. Dies gilt nicht für P-Operationen. Aufrufe von P-Operationen können zu Wartesituationen führen, falls der Wert des betreffenden Semaphors 0 beziehungsweise **false** ist. Warten gleichzeitig mehrere P-Aufrufe eines Semaphors, so wird nach Ausführung eines V-Aufrufs ein P-Aufruf fortgesetzt. Die Auswahl des fortzusetzenden Aufrufs erfolgt nichtdeterministisch. Dabei kann es beim Fehlen von Fairneßannahmen passieren, daß ein bestimmter P-Aufruf nie fortgesetzt wird, obwohl ständig V-Aufrufe ausgeführt werden, da stets andere wartende P-Aufrufe für die Fortsetzung ausgewählt werden. Wir sprechen vom *Aushungern* eines Aufrufs (engl. starvation) beziehungsweise des dazugehörigen Programms. Aushungern liegt vor, wenn ein Aufruf beziehungsweise ein Programm unendlich lange warten muß, obwohl immer wieder Möglichkeiten auftreten, das Programm fortzusetzen. Tritt in einem (unendlichen) Ablauf kein Aushungern auf, so heißt der Ablauf fair. Im Fall der Semaphore lassen sich faire Abläufe über die Einführung von Warteschlangen realisieren. Wir kommen darauf im nächsten Kapitel zurück.

Statt bewachten kritischen Bereichen finden auch *Monitore* (Hoare 1972, Brinch-Hansen 1972) Verwendung, um den Zugriff auf gemeinsame Programmvariable zu koordinieren. Ein Monitor ähnelt eine Klasse in der objektorientierten Programmierung (siehe Teil I). Durch einen Monitor wird speziell der Zugriff auf eine Familie gemeinsamer Variablen geregelt. Ein Monitor umfaßt („kapselt“) eine Anzahl von Funktionen, Prozeduren und Programmvariablen. Die Prozeduren sind nach außen verfügbar („sichtbar“) und können von parallel ablaufenden Programmen aufgerufen werden. Grundregel ist: In einem Monitor kann zu einem Zeitpunkt höchstens ein Prozeduraufruf aktiv sein. Der Monitor gewährleistet gegenseitigen Ausschluß. Statt Semaphoren werden hierbei zur Koordination sogenannte *Signale* verwendet. Sie ähneln stark Booleschen Semaphoren. Signale ermöglichen uns, im Sinne des Nachrichtenaustauschs auf bestimmte einfache Nachrichten zu warten.

Beispiel (Erzeuger-/Verbraucher durch Monitor). Der nachfolgend angegebene Monitor regelt den Zugriff auf die Programmvariable q durch die nach außen verfügbaren Prozeduren send und receive:

```
monitor EV =
   ⌈   var queue m q; signal nonempty;
       proc send = (m x) : ⌈ q := stock(q, x); nonempty.signal ⌋;
       proc receive = (var m y):
              ⌈   if isempty(q) then nonempty.wait fi;
                  q, y := rest(q), first(q)               ⌋;
       q := emptyqueue;                                         ⌋;
```

```
var m x, z := x0, z0;
⟦ while ¬b(x) do    EV.receive(x);
                     consume(x)
  od
|| while ¬b(z) do    produce_next(z);
                     EV.send(z)
  od                                    ⟧
```

Das Signal nonempty entspricht dabei einer Booleschen Variablen, wobei

nonempty.signal für nonempty := **true**

nonempty.wait für nonempty := **false**; **await** nonempty **then nop endwait**

steht. Man beachte, daß der gegenseitige Ausschluß des Zugriffs auf die im Monitor vereinbarten Variablen durch das Monitorkonzept gewährleistet ist. Es wird bei Monitoren nämlich vorausgesetzt, daß jede der Prozeduren unter gegenseitigem Ausschluß ausgeführt wird, bis entweder die Prozedur erfolgreich abgeschlossen ist oder eine Wartesituation an einem Signal auftritt. ❑

Neben den beschriebenen existiert noch eine Vielzahl von mehr oder weniger ausgefeilten Vorschlägen für Sprachelemente für die Kommunikation und Synchronisation von Anweisungen in parallel ablaufenden Programmen. Sie stellen jedoch im allgemeinen Variationen der behandelten Konzepte dar.

1.3.3 Sprachmittel für parallele Abläufe

Die textuelle Notation von Programmen ist (im Gegensatz zu graphischen Darstellungen wie Datenflußdiagrammen oder Petri-Netzen) inhärent sequentiell. Trotz dieser Sequentialität der Notation lassen sich textuell parallele Abläufe beschreiben. Eine Möglichkeit bietet die bereits in den Beispielen verwendete parallele Komposition von Programmen. Für Programme P1 und P2 repräsentiert

⟦ P1 || P2 ⟧

ein Programm, das als Ausführung den parallelen Ablauf des Programms P1 neben dem des Programms P2 besitzt. Man findet dafür auch die Syntax

parbegin P1 **par** P2 **parend** .

Da die parallele Komposition assoziativ ist, schreiben wir oft

$⟦ P_1 \parallel \ldots \parallel P_n ⟧$

statt

$⟦P_1 \parallel ⟦P_2 \parallel \ldots ⟦P_{n-1} \parallel P_n ⟧ \ldots ⟧ ⟧$.

Durch rekursive Aufrufe von Prozeduren, die parallele Kompositionen enthalten, lassen sich Systeme mit beliebig vielen parallel ablaufenden Programmen formulieren (unbeschränkte Parallelität).

Neben dieser strukturierten (klammerorientierten) Möglichkeit, parallele Abläufe zu definieren, finden wir in gewissen Programmiersprachen Anweisungen, die es erlauben, dynamisch eine Familie von parallel ablaufenden Prozessen zu kreieren. Dazu verwenden wir eine spezielle Anweisung, die dem Aufruf einer Prozedur ähnelt. Nur wird bei der Ausführung des Aufrufs nicht auf die Beendigung der Ausführung der Prozedur gewartet. Vielmehr wird nach dem Beginn der Ausführung der Prozedur parallel dazu die Ausführung des „Hauptprogramms" fortgesetzt. Wir sprechen von einer *Aufspaltung* (engl. fork) des Kontrollflusses. Natürlich muß dann dafür Sorge getragen werden, daß parallel ablaufende, durch Aufspaltungen erzeugte Ausführungen wieder zusammengeführt werden können (Aufsammlung, engl. join).

Beispiel (Kreieren von parallelen Prozessen). Sei p eine Anweisung und x ein Identifikator für einen Prozeß (eine neue Instanz der Ausführung eines Programms). Die Anweisung

start p **name** x

erzeugt einen Prozeß entsprechend der durch p gegebenen Anweisung. Der Prozeß trägt einen individuellen, über x verfügbaren Namen. Durch Setzen des Booleschen Ausdrucks

terminated x

auf **true** wird angezeigt, daß der Prozeß, der durch x bezeichnet ist, bereits beendet ist. Solange der Prozeß läuft, liefert der Boolesche Ausdruck **false**. Durch

terminate x

wird der durch x bezeichnete Prozeß (und alle durch ihn initiierten Prozesse) beendet. Um Bezeichnungen (Variable) für eigenständig ablaufende Programmeinheiten einzuführen, verwenden wir die Vereinbarung

process x .

Dadurch wird die Variable x deklariert, an die später durch

start ... **name** x

eine Referenz auf einen Programmablauf zugewiesen werden kann.

Ein Programm, das ein parallel zu seinem eigenen Ablauf arbeitendes Programm startet (der entstehende Prozeß wird mit x bezeichnet), läßt sich mit Hilfe der eingeführten Anweisungen wie folgt formulieren:

```
⌈ process x ;
  proc p =: ... ;                          {Prozedurdeklaration}
                 ...
  start p name x ;           {Start eines parallel ablaufenden Prozesses}
                 ...
  if terminated x  then ...    {Aufsammlung falls Prozeß nicht terminiert}
                   else terminate x
  fi;              ...                          ⌋                  □
```

Wir können graphische Darstellungen für parallele Abläufe (parallele Ablaufdiagramme) verwenden. In einem Ablaufdiagramm symbolisieren wir durch

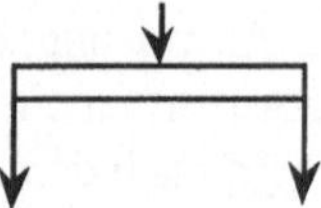

eine Aufspaltung des Kontrollflusses in zwei parallele Kontrollflüsse und durch

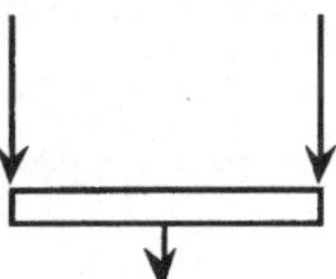

eine Sammlung von zwei parallelen Kontrollflüssen zu einem Kontrollfluß. Bei der Sammlung wird der Kontrollfluß erst fortgesetzt, wenn für beide Zweige der Kontrollfluß fortsetzungsbereit ist. Diese Symbole lassen sich auf Aufspaltungen und Sammlungen mit n Kontrollflüssen verallgemeinern.

Abschließend betrachten wir ein etwas ausführlicheres Beispiel für ein parallel ablaufendes Programm. Wir geben Variationen von sequentiell und parallel ablaufenden Programmen zur Lösung einer Problemstellung.

Beispiel (Suchen im Baum). Gegeben sei die Sorte **node** von Knoten und die Sorte **tree** der Binärbäume durch die Vereinbarung

sort tree = empty | cons(**tree** left, **node** root, **tree** right) .

Gegeben sei ein Binärbaum t, in dem geprüft werden soll, ob ein bestimmter Knoten i auftritt. Zu entwickeln ist also eine Prozedur suche mit dem Prozedurkopf

proc suche = (**tree** t, **node** i, **var bool** z),

die die Resultatvariable z auf **true** setzt, falls es in dem Binärbaum t einen mit i markierten Knoten gibt. Sonst wird z auf **false** gesetzt. Ein sequentielles Programm, das die gestellte Aufgabe löst, lautet wie folgt:

```
proc suche = (tree t, node i, var bool z):
    if ¬isempty(t)
    then  if root(t) = i  then  z := true
                          else  var bool zl, zr;
                                suche(left(t), i, zl);
                                suche(right(t), i, zr);
                                z := zl ∨ zr
          fi
    else  z := false
    fi .
```

Ein erstes einfaches Programm, das mit unabhängiger paralleler Suche arbeitet, lautet:

```
proc suche = (tree t, node i, var bool z):
   if ¬isempty(t)
   then if root(t) = i
        then  z := true
        else  var bool zl, zr := false, false;
              ⟦ suche(left(t), i, zl) || suche(right(t), i, zr) ⟧;
              z := zl ∨ zr
        fi
   else  z := false
   fi .
```

Der Aufruf

```
suche(t, i, z)
```

schafft eine Kaskade von parallel ablaufenden Aufrufen der Prozedur suche, für jeden Knoten des Baumes einen. Nachdem alle diese Aufrufe terminiert sind, enthält die Programmvariable z das gesuchte Resultat.

Allerdings wird bei dieser Rechenvorschrift noch parallel weitergesucht, auch wenn bereits ein Knoten gefunden worden ist. Diese Ineffizienz können wir vermeiden, indem wir eine Programmstruktur verwenden, in der zwischen den parallelen Suchprozessen Nachrichten ausgetauscht werden. Verwenden wir die gemeinsame Variable z, die mit **false** initialisiert ist, so erhalten wir die folgende Prozedur:

```
proc suche = (tree t, node i, var bool z)
   if ¬isempty(t)
   then if root(t) = i
        then await true then z := true endwait
        else var bool b;
             await true then b := z endwait;
             if ¬b  then ⟦ suche(left(t), i, z) || suche(right(t), i, z) ⟧
                     else nop
             fi
        fi
   else  nop
   fi .
```

Durch die Vereinbarung und den nachfolgenden Aufruf

```
var bool z := false; suche(t, i, z)
```

wird eine Kaskade von parallel ablaufenden Programmen erzeugt. Nachdem alle diese Programme terminiert sind, enthält die Programmvariable z das gesuchte Resultat. Sobald einer der Prozesse den gesuchten Eintrag i gefunden hat, beenden die anderen Prozesse die Suche. Wir können aber auch ohne gemeinsame Programmvariable, auf die von parallel ablaufenden Programmen geschrieben wird, auskommen. Dies wird mit der folgenden Rechenvorschrift demonstriert, die mit Prozeßkreation arbeitet:

```
proc suche = (tree t, node i, var bool z):
if ¬isempty(t)
then if root(t) ≠ i
     then process pl, pr;
          var bool zl, zr := false, false;
          start suche(left(t), i, zl) name pl;
          start suche(right(t), i, zr) name pr;
          await zl ∨ zr ∨ (terminated pl ∧ terminated pr)
                                          then z := zl ∨ zr endwait;
          if ¬ terminated pl then terminate pl fi;
          if ¬ terminated pr then terminate pr fi
     else z := true
     fi
else z := false
fi .
```

Die Suche in einem Baum t nach dem Knoten i orientiert sich an der Baumstruktur. Es wird ein Baum von Prozessen erzeugt. Findet ein Kindprozeß i den gesuchten Knoten in der Wurzel seines Baums, so wird dieses Ergebnis nach oben gegeben. Andernfalls wird, falls der Baum nicht leer ist, für jeden Teilbaum ein paralleler Prozeß zum Durchsuchen gestartet. ❑

Für die Beschreibung von Systemen parallel ablaufender Prozesse existiert eine Vielzahl häufig schwer durchschaubarer Mechanismen. Sie lassen sich jedoch auf die bisher beschriebenen Konstrukte zurückführen beziehungsweise als Erweiterung davon erklären. Schwierig sind insbesondere die Sicherstellung der Korrektheit in der Entwicklung, die Verifikation und der Nachweis geforderter Eigenschaften für parallel ablaufende Programmsysteme.

Man beachte, daß wir bei der Behandlung von Prozessen auf die Beschreibung quantitativer Zeitaspekte (wie etwa: „es wird 5 Sekunden gewartet") verzichtet haben. Quantitativ zeitkritische Prozesse beziehungsweise Programme, die solche beschreiben, erfordern eigene, aber zu den behandelten Sprachelementen verwandte Konzepte. Solche Programme werden in der *Echtzeitverarbeitung* zur Steuerung von realen Prozessen verwendet. Wir sprechen von *reaktiven Systemen.*

1.3.4 Ein-/Ausgabeströme

Abschließend behandeln wir funktionale Darstellungen interaktiver Programme. Solche Programme können auch als Funktionen auf Strömen von Eingabewerten (Datenströmen) verstanden werden, die Ströme von Ausgabewerten als Resultat erzeugen. Dies erlaubt eine funktionale Modellierung verteilter, kommunizierender Systeme. Diese Auffassung ist sowohl für die Modellierung von Programmen geeignet, die mit einem menschlichen Benutzer interaktiv Daten austauschen, als auch für die Kommunikation zwischen Programmen.

Ein *Datenstrom* (engl. data stream) über einer gegebenen Datenmenge D ist eine endliche oder unendliche Sequenz von Elementen aus D. Wir definieren also wie schon im Abschnitt über Spuren:

$D^{\omega} = D^{*} \cup D^{\infty}$.

Für Ströme verwenden wir die folgenden Grundfunktionen (vgl. Schaltwerksfunktionen in Teil II):

first: $D^{\omega} \to D^{\perp}$,

rest: $D^{\omega} \to D^{\omega}$,

. & . : $D^{\perp} \times D^{\omega} \to D^{\omega}$,

wobei für einen nichtleeren Strom s der Funktionsaufruf first(s) das erste Element des Stroms s liefert. Falls s die leere Sequenz ist, liefert der Funktionsaufruf first(s) den Wert $\perp$. Der Funktionsaufruf rest(s) liefert die Sequenz s ohne das erste Element. Falls s leer ist, liefert der Funktionsaufruf rest(s) die leere Sequenz ε. Für $d \in D$ liefert d & s die Sequenz, die mit d beginnt gefolgt von s. Der Ausdruck $\perp$ & s liefert stets die leere Sequenz. Es gilt also für $d \in D^{\perp}$, $s \in D^{\omega}$:

$$\text{first}(d \,\&\, s) = d,$$

$$\text{rest}(d \,\&\, s) = \begin{cases} \varepsilon & \text{falls } d = \perp \\ s & \text{sonst} \end{cases}$$

$$d \,\&\, s = \begin{cases} \varepsilon & \text{falls } d = \perp \\ \langle d \rangle \circ s & \text{sonst .} \end{cases}$$

Mit Hilfe dieser Grundfunktionen auf Strömen lassen sich Funktionen definieren, die für endliche oder unendliche Ströme als Eingabe endliche oder unendliche Ströme als Ausgabe erzeugen. In programmiersprachlicher Notation schreiben wir

stream m

für die Sorte der Ströme mit der Trägermenge $(M \backslash \{\perp\})^{\omega}$, wobei M die Trägermenge der Sorte **m** bezeichne.

Beispiel (Stromverarbeitende Funktionen).

(1) Die folgende Funktion prüft für einen Strom von Zahlen als Eingabe, ob die Zahlen gerade sind, und erzeugt einen Strom von Booleschen Werten. Die dabei verwendete Boolesche Funktion even liefere **true**, falls ihr Argument gerade ist und sonst **false**; ist das Argument $\perp$, liefert die Funktion even ebenfalls $\perp$, da even als strikt vorausgesetzt wird:

```
fct test = ( stream nat s ) stream bool:
    if even(first(s)) then true & test(rest(s))
                      else false & test(rest(s))
    fi .
```

Eine gleichwertige Funktion erhalten wir durch:

fct test = (**stream nat** s) **stream bool**: even(first(s)) & test(rest(s)) .

(2) Elementweise Multiplikation zweier Ströme

fct smult = (**stream nat** s1, s2) **stream nat**:

(first(s1) * first(s2)) & smult(rest(s1), rest(s2)) .

(3) Den unendlichen Strom aller natürlichen Zahlen ≥ n können wir durch den Aufruf enum(n) generieren. Dabei sei enum wie folgt definiert:

fct enum = (**nat** n) **stream nat**: n & enum(n+1) .

Man beachte, daß die Funktionen test und smult endliche und unendliche Ströme von Daten als Eingabe verarbeiten können. ❑

Unendliche Ströme lassen sich rekursiv definieren. Dies ist durch die Verwendung nichtstrikter Funktionen für den Aufbau von Sequenzen möglich. Die Funktion & ist *rechtsnichtstrikt*. Wir erhalten beispielsweise für den Strom

$1 \& \perp \& \varepsilon$

nicht den leeren Strom als Resultat, sondern den Strom $1 \& \varepsilon$. Die Funktion & ist in folgender Weise *linksstrikt*: Sobald in einem Strom

$d_1 \& d_2 \& d_3 \& d_4 \& \ldots$

eines der d_i den Wert $\perp$ besitzt und damit symbolisch für das Ergebnis einer divergierende Berechnung steht, bricht der Strom an diesem Punkt mit ε ab. Dies modelliert das elementweise interaktive Erzeugen und Verarbeiten eines Stroms von links nach rechts.

Die Menge der Ströme ist durch die Präfixordnung $\sqsubseteq$ partiell geordnet. Diese Ordnung wird mit Hilfe der Konkatenation ∘ definiert:

$s1 \sqsubseteq s2 \Leftrightarrow \exists\, s3 \in D^{\omega}: s2 = s1 \circ s3.$

Es gilt $s1 \sqsubseteq s2$, falls s1 Anfang von s2 ist. Mit dieser Ordnung ist ε das kleinste Element. Die bisher betrachteten Funktionen auf Strömen sind in dieser Ordnung monoton und stetig.

Durch stromverarbeitende Funktionen können Ströme von Datenelementen von links nach rechts verarbeitet werden, solange sie wohldefiniert ($\neq \perp$) sind, und Datenelemente als Resultate ausgegeben werden, solange diese Resultate wohldefiniert sind. Sobald in einem Strom ein nicht wohldefinertes Element auftritt, reißt der Strom ab.

Der leere Strom ε ist das kleinste Element in der Präfixordnung. Er entspricht (analog zu $\perp$ für andere Sorten) dem undefinierten Strom. Da die Funktion & in Bezug auf dieses kleinste Element der Präfixordnung nichtstrikt ist, können wir auch nichttriviale rekursive Deklarationen für Ströme angeben. In der rekursiven Deklaration:

stream nat s = 1 & s

wäre der kleinste Fixpunkt in der obigen Ordnung ε, falls die Funktion & strikt wäre und somit $1 \& \varepsilon = \varepsilon$ gelten würde. Da diese Gleichung nicht gilt, erhalten wir als kleinsten und einzigen Fixpunkt die unendliche Sequenz 1^{∞}, mit first(1^∞) = 1, rest(1^∞) = 1^∞.

Die Berechnung kann des Stroms s nicht in endlicher Zeit abgeschlossen werden, da der Strom s unendlich ist. Jedoch kann der Strom s in einer nichtterminierenden Berechnung immer besser approximiert werden, indem immer mehr seiner Elemente berechnet werden. Insbesondere terminiert jeder der Aufrufe

first(rest(...rest(x)...)),

wenn wir die Auswertung geschickt organisieren (vgl. strikte und nichtstrikte Funktionen und deren Auswertung in Teil I).

Man beachte, daß für die rekursive Deklaration des Stromes s

stream nat s = first(s) & s

der Strom ε Fixpunkt und als kleinstes Element somit auch kleinster Fixpunkt ist.

Beispiel (Erzeuger-/Verbraucher mit Strömen). Mit den beiden im folgenden deklarierten Funktionen läßt sich das Erzeuger-/Verbraucher-Problem beschreiben.

```
fct produce = ( product x ) stream product:
    if last_product(x)  then  x & ε
                        else  x & produce(next_product(x))
    fi

fct consume = ( stream product y, m z ) m:
    if ¬last_product(first(y))  then  consume(rest(y), put_in_box(first(y), z))
                                else  put_in_box(first(y), z)
    fi .
```

Dabei seien put_in_box und next_product vorgegebene Funktionen und last_product ein gegebenes Prädikat. Wir verwenden die Deklarationen

stream product y = produce(x_0)

m b = consume(y, emptybox) .

Diese beiden Gleichungen zur verschränkt rekursiven Deklaration des Stroms y und des Ergebnisses b modellieren die Erzeuger-/Verbrauchersituation. Der Strom y enthält eine Folge von Elementen der Sorte **product**, wie sie durch den Aufruf produce(x_0) erzeugt wird. ❑

Die Flexibilität von stromverarbeitenden Funktionen für die Modellierung interaktiver Systeme wird durch das nächste Beispiel deutlich.

Beispiel (Das Sieb des Eratosthenes). Den unendlichen Strom aller Primzahlen erhalten wir durch den Strom eratosthenes, der wie folgt rekursiv deklariert ist (die Funktion enum sei wie oben definiert):

stream nat eratosthenes = sieb(enum(2)) .

Die Funktion sieb ist gegeben durch die folgende Deklaration:

```
fct sieb = ( stream nat s ) stream nat:
    first(s) & sieb(filter(first(s), s)) .
```

Die Hilfsfunktion filter ist durch folgende Deklaration gegeben (für die Deklaration der Funktion divides, vgl. Teil I der Einführung):

```
fct filter = ( nat n, stream nat s ) stream nat:
    if divides(n, first(s)) then filter(n, rest(s))
                            else first(s) & filter(n, rest(s))
    fi .
```
❑

Das Beispiel zeigt, daß stromverarbeitende Funktionen zur Berechnung unendlicher Datensequenzen verwendet werden können.

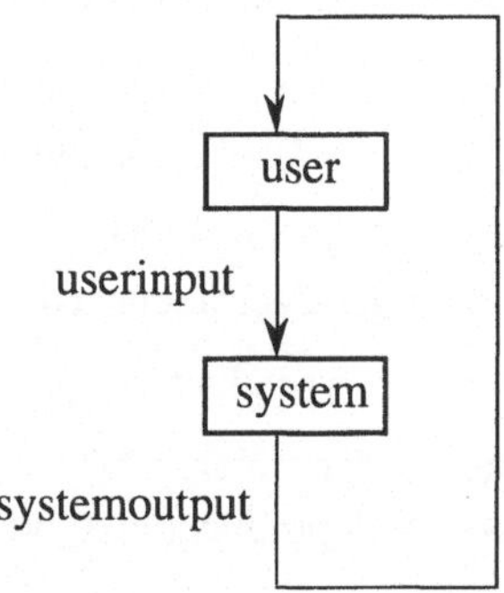

Abb. 1.36. Datenflußdiagramm für das Zusammenwirken von Benutzer und System

Ströme und stromverarbeitende Funktionen können auch verwendet werden, um das Zusammenwirken von Benutzer und Programm zu modellieren. Der Benutzer erzeugt einen Strom von Eingaben für das System. Das System erzeugt einen Strom von Systemausgaben als „Eingabe“ für den Benutzer. Das Verhalten des Benutzers eines Systems und des Systems selbst entspricht den folgenden Funktionen (hier seien die Funktionen enough, ready, newinput, newuserstate, newoutput und newsystemstate, sowie die Sorten **userstate**, **systemstate**, **input** und **output** als geeignet gegeben vorausgesetzt):

```
fct user = ( stream output s, userstate t ) stream input:
    if enough(first(s), t)
    then ε
    else  newinput(first(s), t) & user(rest(s), newuserstate(first(s), t))
    fi

fct system = ( stream input s, systemstate t ) stream output:
    if ready(first(s), t)
    then ε
    else  newoutput(first(s), t) & system(rest(s), newsystemstate(first(s), t))
    fi .
```

Das Zusammenwirken von Benutzer und System definieren wir durch verschränkt rekursive Gleichungen:

```
stream output systemoutput = system(userinput, initial_system_state),
```

stream input userinput = initial_input & user(systemoutput, initial_user_state).

Dieses Zusammenwirken kann graphisch, wie in Abb. 1.36 demonstriert, durch ein Datenflußdiagramm dargestellt werden.

Das Prinzip des bezüglich der Präfixordnung kleinsten Fixpunkts ist gut geeignet, um die Rückkopplung und die wechselseitige Kommunikation zwischen Systemkomponenten zu modellieren. Der kleinste Fixpunkt repräsentiert den kürzesten Strom, der die Fixpunktgleichung erfüllt. Durch die Wahl des kleinsten Fixpunkts wird eine einfache Forderung ausgedrückt: Kein Wert kann empfangen werden, bevor er gesendet wurde. Die Rückkopplung wird dadurch adäquat modelliert. Tritt eine wechselseitige Wartesituation (eine Verklemmung) auf, so bricht der Strom ab.

In ähnlicher Weise wie im Beispiel Benutzer und System können wir funktional das Zusammenwirken von Systemen modellieren und durch Datenflußdiagramme graphisch darstellen. Beispiele für stromverarbeitende Funktionen finden wir auch im Zusammenhang mit Schaltnetzen und Schaltwerken (vgl. Teil II der Einführung).

Abbildungen zwischen Strömen können insbesondere verwendet werden, um das Verhalten von Datenflußknoten zu beschreiben. Ein Datenflußknoten kann graphisch, wie in Abb. 1.37 gezeigt, repräsentiert werden.

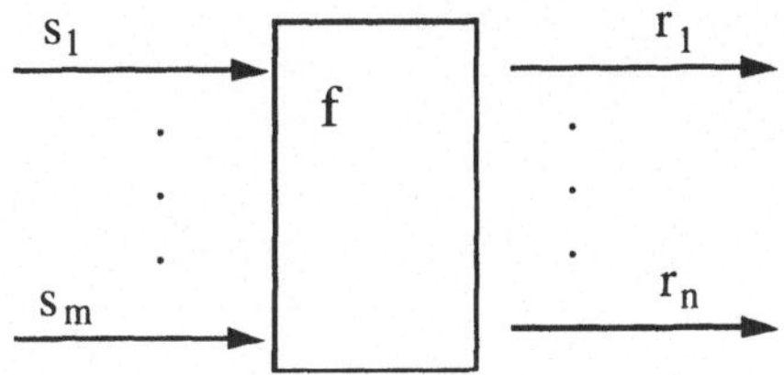

Abb. 1.37. Datenflußknoten mit m Eingängen und n Ausgängen und Sortenangaben für die Nachrichten

Jede Funktion f der Funktionalität

fct f = (**stream** s_1, ..., **stream** s_m) (**stream** r_1, ..., **stream** r_n)

beschreibt ein Verhalten des Datenflußknotens. Durch Verbinden der Pfeile verschiedener Datenflußknoten entstehen Datenflußdiagramme. Ein einfaches Beispiel zeigt Abb. 1.36. Durch Datenflußdiagramme läßt sich der strukturelle Aufbau, die *Architektur* von Systemen anschaulich darstellen.

2. Betriebssysteme und Systemprogrammierung

Unter einer *Rechenanlage* verstehen wir die Gesamtheit der technischen Geräte (die „Hardware") wie Prozessoren, Speicher, Bus und Peripheriegeräte eines technischen, informationsverarbeitenden Systems. Rechenanlagen sind programmgesteuert. Wie wir in Teil II gesehen haben, ist das Programmieren einer Rechenanlage auf Maschinenebene mühsam und fehleranfällig. Deshalb ist eine Rechenanlage ohne spezielle Programmsysteme, die den Betrieb der Anlage unterstützen, für einen Anwender praktisch nutzlos. Die Anwendungsprogrammierung einer Rechenanlage auf der reinen Maschinenebene ist nahezu unmöglich. Erst die Verfügbarkeit spezieller unterstützender Programmsysteme, die es dem Anwendungsprogrammierer gestatten, seine individuellen Anwendungen einfacher zu organisieren und zu realisieren, machen eine Rechenanlage zu einem leistungsfähigen, unmittelbar einsetzbaren Werkzeug. Diese Familie von Programmsystemen nennen wir das *Betriebssystem*. Eine mit einem Betriebssystem ausgestattete Rechenanlage nennen wir ein *Rechensystem*. Für eine Rechenanlage können natürlich verschiedenartige Betriebssysteme geschaffen und zur Verfügung gestellt werden.

Ein Benutzer greift bei einem Rechner mit Betriebssystem nicht unmittelbar auf die Maschinenoperationen zu. Vielmehr richtet er Eingaben an die Programme des Betriebssystems, die dann auf die Maschinenoperationen zugreifen. Unter einem Betriebssystem (im weitesten Sinn) verstehen wir den Komplex von Programmen, dessen Funktionen die Benutzerschnittstelle des betreffenden Rechensystems bestimmen. Der Umfang des Kerns eines einfachen Betriebssystems liegt etwa im Bereich von 100K – 500K Byte Programmcode. Neuere aufwendigere Betriebssysteme können aber einen erheblich höheren Umfang aufweisen.

Ein Betriebssystem realisiert eine *Benutzerschnittstelle*. Aus der Sicht des Benutzers, der zwischen Hardware- und Softwarerealisierung von Systemfunktionen nicht unterscheiden kann und nicht zu unterscheiden braucht, entsteht durch ein Betriebssystem eine neue „virtuelle" Maschine. Je genauer die Benutzerschnittstelle den Bedürfnissen eines Benutzers angepaßt ist, um so einfacher und bequemer ist für ihn die Verwendung des Rechensystems. Besonders für Benutzer, die über keine speziellen Informatikvorkenntnisse verfügen, ist eine „benutzerfreundliche" Schnittstelle Voraussetzung für eine angemessene Verwendung des Rechensystems.

Die dem Benutzer angebotene Schnittstelle muß durch das Betriebssystem auf die vorgegebenen Maschinenfunktionen abgestützt werden. Wir sprechen auch hierbei von einer Schnittstelle, der *Maschinenschnittstelle*. Damit erfüllt ein Betriebssystem eine Brückenfunktion zwischen zwei Schnittstellen, der Benutzerschnittstelle und der

Schnittstelle zur Hardware. Die Charakteristika der Hardware bestimmen ebenso wie die Erfordernisse der Benutzerschnittstelle die innere Struktur und die speziellen Aufgaben des Betriebssystems. Je weiter die Funktionen der Benutzerschnittstelle von den Funktionen der Maschinenschnittstelle entfernt sind, um so aufwendiger wird die Realisierung des Betriebssystems.

Insgesamt ist es für die Gestaltung eines Betriebssystems wichtig, die Anforderungen und die für die vorliegenden Anwendungen vorrangigen Ziele genau zu definieren, um dann auf dieser Basis für ein möglichst gutes Systemverhalten für den Benutzer zu sorgen. Dabei stehen gewisse Zielvorgaben wie Benutzerfreundlichkeit und Effizienz im Konflikt. Hier sind bei der Gestaltung eines Betriebssystems besondere Prioritäten zu setzen, beziehungsweise Kompromisse zu finden, die gegensätzlichen Gesichtspunkten Rechnung tragen. Dies kann auch durch Parameter erreicht werden, die es erlauben, Betriebssysteme an Benutzerwünsche anzupassen.

Der Entwurf und die Implementierung von Betriebssystemen gehören zu den klassischen Aufgabenstellungen der *Systemprogrammierung*. Weitere Aufgaben der Systemprogrammierung betreffen Sprachimplementierungen wie Übersetzer, Interpretierer und allgemeine Programmierumgebungen, sowie gewisse Dienstleistungsprogramme wie Konvertier-, Formatier- und Übertragungsprogramme, Editoren etc. In der Systemprogrammierung wird eine Reihe spezifischer Techniken und Prinzipien eingesetzt, auf die wir am Ende dieses Kapitels kurz eingehen.

2.1 Grundlegende Betriebssystemaspekte

Das Betriebssystem schafft die Schnittstelle für einen bequemen Zugriff auf die Funktionen einer Rechenanlage. Dazu muß ein Betriebssystem abhängig vom Einsatzspektrum des Rechensystems bestimmte Dienste anbieten und unterschiedliche Aufgaben bewältigen.

2.1.1 Aufgaben eines Betriebssystems

Als *Betriebsmittel* eines Rechensystems werden alle Hardware- und Softwarekomponenten eines Rechensystems bezeichnet, die zur Ausführung von Programmen benötigt werden (die Hardwarekomponenten einer Rechenanlage sind ausführlich in Teil II beschrieben). Ein Betriebssystem umfaßt eine Familie von Programmen, welche die Ausführung von Benutzeranweisungen und -programmen unterstützen, beziehungsweise ermöglichen und in diesem Zusammenhang die Benutzung der Betriebsmittel steuern und überwachen. Dabei besteht die Aufgabe eines Betriebssystems insbesondere in der Vergabe der Betriebsmittel unter Optimierung der Anzahl der pro Zeiteinheit ausgeführten Programme.

In einem Rechensystem befinden in jedem Zustand eine Reihe von Programmen, die teilweise ausgeführt sind. Jede Ausführung eines dieser Programme entspricht einem Prozeß im Sinne des vorangegangenen Kapitels. Wir sprechen deshalb im weiteren bei den teilweise ausgeführten Programmen der Benutzer oder des Betriebssystems ebenfalls von Prozessen.

Die Aufgaben des Betriebssystems umfassen die Komplexe der Verwaltung und Zuteilung der Betriebsmittel für

- längerfristige Datenhaltung und -verwaltung (Betriebsmittel Hintergrundspeicher),
- den Ablauf von Benutzerprogrammen (Betriebsmittel Prozessor und Hauptspeicher),
- die Benutzung von Ein-/Ausgabegeräten einschließlich Datenfernübertragungsgeräten (Betriebsmittel E/A-Geräte).

Zur Durchführung dieser Verwaltungsaufgaben müssen in einem Betriebssystem entsprechende Informationen verfügbar sein. Diese Informationen umfassen anwendungsspezifische Informationen, wie Angaben über

- die zugelassenen Benutzer und deren Berechtigungen (Benutzerverwaltung),
- die im System momentan auszuführenden Programme (Prozeßverwaltung),

sowie Informationen über die interne aktuelle Zuordnung von Betriebsmitteln wie

- den Zustand des Prozessors (Prozessorverwaltung),
- die Aufteilung des Hauptspeichers (Hauptspeicherverwaltung) und des Hintergrundspeichers (Hintergrundspeicherverwaltung),
- die Belegung der Ein-/Ausgabegeräte (Geräteverwaltung).

Die Darstellung und Organisation dieser Informationen und die Algorithmen, die auf Grund dieser Informationen die Zuordnung der Betriebsmittel regeln, bestimmen maßgeblich die innere Struktur des Betriebssystems, sowie dessen Leistungsfähigkeit und Zuverlässigkeit. Wieder ist diese Struktur durch die Spezifika der Rechenanlage und der Benutzungsanforderungen mitbestimmt.

Grob können wir Betriebssysteme nach folgenden Charakteristika klassifizieren. Ein wesentliches Kriterium ist, ob an einem Rechensystem zu einem Zeitpunkt nur ein Benutzer oder mehrere Benutzer arbeiten. Wir sprechen von einem *Einplatz-* oder *Mehrplatzrechensystem*. Die *Betriebsart* gibt an, in welcher Weise mit den im System ablaufenden Benutzerprogrammen kommuniziert wird. Wir unterscheiden Stapel-, Dialog- und Prozeßsteuerungsbetrieb.

Daneben ist für die Struktur und die Aufgaben eines Betriebssystems die Anzahl der gleichzeitig im System bearbeiteten Benutzerprogramme charakteristisch. Werden in einem Betriebssystem Benutzerprogramme jeweils strikt hintereinander ausgeführt, so sprechen wir von *Einprogrammbetrieb*. Dabei wird jedes Programm ohne Unterbrechung in einem Berechnungsgang ausgeführt. Diese Betriebsart bietet sich allerdings höchstens für sehr einfach strukturierte Einbenutzersysteme oder Prozeßsteuerungssysteme an.

Aus Gründen der besseren Auslastung der Betriebsmittel und der gleichzeitigen Bedienung mehrerer Benutzer werden durch Betriebssysteme meist mehrere Programme (beziehungsweise Benutzeraufträge) nebeneinander („verzahnt") bearbeitet. Wir sprechen vom *Multiprogrammbetrieb*. Dabei befindet sich jeweils eine größere Anzahl von Programmen zum gleichen Zeitpunkt im System.

Die Betriebssituation eines Rechensystems ergibt sich insbesondere aus der Art der angestrebten Nutzung und aus der Benutzerzahl. Im *Einbenutzerbetrieb* wird das Rechensystem nur von einem Benutzer verwendet. Dann reicht der Einprogrammbetrieb unter Umständen aus. Wird jedoch im Einbenutzerbetrieb gewünscht, daß gewisse Aufträge des Benutzers nebeneinander bearbeitet werden (typisches Beispiel: Drucken als Hintergrundprozeß), so reicht bereits im Einbenutzerbetrieb der Einprogrammbetrieb nicht aus. Im *Mehrbenutzerbetrieb* verwenden mehrere Benutzer nebeneinander ein Rechensystem. Arbeiten diese Benutzer zeitlich nebeneinander im Dialog, so sprechen wir von *Teilnehmersystemen*. Zu seiner Bewältigung ist im allgemeinen ein Mehrprogrammbetrieb erforderlich.

Mehrprogrammbetrieb führt in der Regel auf *Multiplexbetrieb* (engl. time sharing), bei dem das Betriebsmittel Prozessor in kleinen Zeitintervallen immer wieder reihum an die Programme zugewiesen wird. Multiplexbetrieb erfordert eine Buchführung über die arbeitsbereiten Programme. Mit Hilfe dieser Buchführung führt das Betriebssystem die Ablaufsteuerung durch. Die Ablaufsteuerung legt fest, welches der arbeitsbereiten Programme wie lange auf dem Prozessor ausgeführt wird.

Der Multiplexbetrieb macht ein Betriebssystem allerdings erheblich komplexer und wirft eine Reihe spezifischer Fragen und Probleme auf. Insbesondere ist die Betriebsmittelvergabe dann gewissen Einschränkungen unterworfen. Diese ergeben sich zum einen aus physikalischen Schranken wie der Größe des Hauptspeichers und der Rechengeschwindigkeit des Prozessors. Sie bestimmen sich aber auch aus vorgegebenen Anforderungen und spezifischer Einschränkungen der Rechte der Benutzer.

Betriebssysteme für Teilnehmersysteme sind naturgemäß komplexer als Einprogrammbetriebssysteme. Es treten neuartige Anforderungen auf, wie etwa der Wunsch nach Systemunterstützung für die Kommunikation zwischen Benutzern. Häufig vernetzt man mehrere Einplatz- oder Mehrplatzrechensysteme, so daß verteilte Rechnersysteme in der Form von Rechnernetzen entstehen. Dabei kann die Vernetzung erfolgen, indem man auf jedem Rechensystem ein eigenes Betriebssystem installiert, wobei diese Betriebssysteme dann miteinander Nachrichten austauschen, oder indem man ein *verteiltes Betriebssystem* installiert, das einheitlich für alle vernetzten Rechensysteme die Betriebssystemfunktionen wahrnimmt. Im letzteren Fall laufen Betriebssystemteile auf den verschiedenen Rechnern. Die Abwicklung der Betriebssystemfunktionen erfolgt dann durch den Austausch von Aufträgen in Form von Nachrichten. Die Vernetzung wirft neue Fragen im Zusammenhang mit Schutzaspekten, Datensicherung und Kommunikationstechniken (Nachrichtenaustausch) auf.

Neben den Betriebsarten (Stapel-, Dialog- oder Echtzeitbetrieb) und der Benutzerzahl (Ein- oder Mehrbenutzerbetrieb) wirkt sich die Struktur der zur Verfügung stehenden Hardware auf die Gestaltung des Betriebssystems aus. Verfügt eine Rechenanlage über nur einen Prozessor, so sprechen wir von *Einprozessorsystemen* (Monoprozessorsystemen), im anderen Fall von *Mehrprozessorsystemen* (Multiprozessorsystemen). Die im folgenden Beispiel behandelte Rechnerarchitektur ist ein typisches Einprozessorsystem, das mit dem skizzierten Betriebssystem im Multiplexbetrieb verwendet wird. Werden mehrere Prozessoren nebeneinander betrieben, so erfordert dies weitere Vorkehrungen im Betriebssystem zu deren Steuerung und Koordination.

Eine konkrete Betriebssituation eines Betriebssystems ist durch die Menge der Aufgaben gekennzeichnet, an deren Erfüllung das Betriebssystem arbeitet. Die einzelnen Aufgaben sind in der Regel durch Programme beschrieben. Bei der Ausführung dieser Programme sprechen wir wieder von *Prozessen*. Insbesondere unterscheiden wir zwischen Benutzerprozessen und Systemprozessen.

Somit können wir uns einen Teil der Aufgabenstellung eines Betriebssystems wie folgt vorstellen: Im System ist eine Reihe von rechenbereiten Programmen („Benutzeraufträge") vorhanden. Jedes Programm verfügt aktuell über gewisse, ihm bereits zugeteilte Betriebsmittel (Speicherplatz, Prozessor, E/A-Geräte etc.) und hat unter Umständen Bedarf an weiteren Betriebsmitteln, um seine Ausführung fortsetzen zu können. Daneben ist für jedes Programm (jeden Benutzer) ein einschränkender Rahmen für die Betriebsmittel definiert, die von diesem Programm höchstens belegt werden dürfen (beispielsweise Rechenzeit- und Speicherplatzschranken). Das Betriebssystem verwaltet die Betriebsmittel und teilt sie den rechenbereiten Programmen so zu, daß diese Schritt für Schritt weiter abgearbeitet werden können.

Ein wichtiges Ziel bei der Entwicklung eines Betriebssystems muß es sein, die Betriebsmittelvergabe so vorzunehmen, daß stets genügend Reserven existieren, um die im System vorhandenen Aufträge abwickeln zu können. Diese Aufgabe der Ressourcenzuteilung wollen wir an einem anschaulichen Beispiel erläutern.

Beispiel (Der Algorithmus des Bankiers). Eine Bank hat n Kunden und c Einheiten an Kapital. Jeder Kunde i besitzt eine maximale Kreditzusage in Höhe m_i und einen augenblicklichen Kredit der Höhe a_i. Zwischen Kunden und Bank existieren folgende Vereinbarungen:

(1) Die Bank garantiert jedem Kunden i, daß er auf seine Anforderung hin bis zu insgesamt m_i Kapitaleinheiten Kredit erhält (allerdings unter Umständen erst nach einer gewissen Wartezeit).

(2) Jeder Kunde i garantiert, daß er den gewährten Kredit in endlicher Zeit nach und nach bis zu einer vorgegebenen Höhe ($\leq m_i$) anfordert und schließlich vollständig zurückgibt.

Wir wenden uns nun der Frage zu: Wie muß sich die Bank verhalten, um ihre Garantie stets erfüllen, aber den Kundenforderungen so früh wie möglich nachkommen zu können?

Die skizzierte Problemstellung hat spieltheoretischen Charakter. Wir können sie als ein Spiel zwischen Bank und Kunden auffassen, bei dem die Bank verliert, wenn sie ihre Garantie nicht einhalten kann.

Eine Spielstellung (ein „Zustand") der Bank ist durch den Vektor $a = (a_1, ..., a_n)$ der einzelnen, zum gegebenen Zeitpunkt an die n Kunden verliehenen Kapitaleinheiten definiert. Eine Stellung der Bank nennen wir *sicher*, wenn die Bank ihre Garantie unabhängig von der Folge der Einzelanforderungen der Kunden einhalten kann, solange nur die Kunden ihre Garantie einhalten.

Damit die Bank ihre Garantie einhalten kann, darf jede einzelne Kreditzusage das Gesamtkapital der Bank nicht übersteigen. Zu Beginn (vor der Ausgabe des ersten Kredits für $a_i = 0$ für alle i) muß trivialerweise folgende Sicherheitsbedingung gelten:

(0) $\max \{m_i : 1 \leq i \leq n\} \leq c$.

Gilt die Bedingung (0), so ist die Anfangsstellung, mit $a_i = 0$ für alle i, sicher. Die Bank könnte stets genau einem Kunden Kredit geben, bis dieser den Kredit schließlich zurückgezahlt hat. Dies ist aber eine sehr restriktive Strategie. Besser für die Kunden ist sicher eine Vorgehensweise, bei der möglichst viele Kunden möglichst bald ihre Kreditanforderungen erfüllt bekommen. Gilt die Bedingung (0) nicht, so existiert zumindest ein Kunde, der mehr Kapital fordern kann, als die Bank überhaupt besitzt. Die Bank kann ihre Garantie gegenüber diesem Kunden nicht einhalten.

Eine beliebige Stellung a ist sicher, wenn für das Restkapital $r = c - \sum a_i$ der Bank folgende Bedingung gilt: Es existiert ein Kunde k, so daß folgende zwei Aussagen gelten:

(1) $m_k - a_k \leq r$,

(2) die Stellung b mit $b_i = a_i$ für alle $i \neq k$ und $b_k = 0$ ist sicher.

Diese Definition ist rekursiv.

Die Korrektheit dieser Definition ergibt sich aus folgender Überlegung. Existiert ein Kunde k mit den Eigenschaften (1) und (2), so kann die Bank auf Nummer Sicher gehen und vorerst nur noch die Wünsche dieses Kunden erfüllen, bis er sein ganzes Kapital zurückgezahlt hat. Die Stellung ist somit sicher. Der daraus ableitbare Algorithmus terminiert stets, da in jedem Schritt das Kapital eines Kunden auf Null gesetzt wird. So führt die Definition nach maximal n Schritten auf den Fall (0).

Ist eine Stellung der Bank sicher, so führt die Bank eine Auszahlung einer angeforderten Kreditsumme für einen Kunden nur dann durch, wenn diese Auszahlung wieder auf eine sichere Stellung führt.

In der einfachsten Strategie bedient eine Bank stets nur einen Kunden, für dessen Kapitalbedarf ihr Kapital ausreicht, bis dieser sein gesamtes Kapital zurückgezahlt hat. Dies führt aber auf ein unnötig restriktives Verhalten der Bank. Die Bank kann durchaus Kapitalanforderungen unterschiedlicher Kunden befriedigen, solange sie nur die oben beschriebenen Sicherheitsbedingungen einhält. Dann ist sie sicher, daß die gegebene Garantie allen Kunden gegenüber eingehalten werden kann. Ist eine Stellung unsicher, so kann (muß aber nicht) eine Anforderungssituation entstehen, in der die Bank ihre Garantie nicht erfüllen kann. Diese Strategie ist unter Beibehaltung der Sicherheit für die Einhaltung der Garantie in bezug auf eine zügige Erfüllung der Kundenanforderungen am wenigsten restriktiv.

Wird die Sicherheitsbedingung verletzt, so kann eine Verklemmung (engl. auch deadly embrace oder deadlock) entstehen. Bestehen in einer solchen Situation alle Kunden gleichzeitig auf Auszahlung ihres maximalen Kredits, so kann die Bank in keinem Fall der Forderung nachkommen. Die Bank kann ihre Garantie nicht einhalten, die Kunden brauchen ihre Kredite nicht zurückzuzahlen, soweit sie nicht bis zu voller Höhe ausbezahlt sind, es findet keine Aktion mehr statt. Startet die Bank in einer sicheren Stellung (wenn beispielsweise (0) gilt und $a_i = 0$ für alle i), so führt die Einhaltung der Bedingungen (1) und (2) immer wieder auf sichere Stellungen. Die Sicherheit der Stellung ist dann eine Invariante. □

Das Problem des Bankiers entspricht in vereinfachter Form klassischen Aufgabenstellungen bei der Betriebsmittelverwaltung in Betriebssystemen. Bei der Zuteilung von Betriebsmitteln muß sichergestellt sein, daß zu jedem Zeitpunkt genügend Betriebsmittel frei sind, um nach und nach die Bedürfnisse und Anforderungen der einzelnen Benutzeraufträge befriedigen zu können.

Wie bei der Bank im Bankiersalgorithmus muß in einem Betriebssystem bei jeder Anforderung von Betriebsmitteln durch einen Benutzerauftrag eine Entscheidung darüber getroffen werden, ob die Anforderung sofort erfüllt werden kann oder zurückgestellt werden muß, bis ein Systemzustand erreicht wird, in dem sie ohne Verklemmungsgefahr erfüllt werden kann.

Neben dem Ziel, Verklemmungen zu vermeiden, ist ein entscheidendes Betriebsziel die Bearbeitung möglichst vieler anstehender Aufträge pro Zeiteinheit. Die Anzahl der pro Zeiteinheit bearbeiteten Benutzeraufträge nennen wir den *Durchsatz* des Rechensystems. Die Betriebsmittelzuteilung in Betriebssystemen umfaßt folgende Aufgabenkomplexe:

- Zuteilung des Prozessors bei optimalem Durchsatz (mit dem Ziel möglichst hoher Raten von bearbeiteten Aufträgen);
- geschickte Verlagerung von Programmen, Programmteilen und Daten zwischen Haupt- und Hintergrundspeicher um eine optimale Verfügbarkeit von Speicher zu gewährleisten;
- Steuerung der E/A-Geräte.

Eine der wichtigsten internen Aufgaben des Betriebssystems ist die Maximierung des Durchsatzes. Natürlich ist dieser Durchsatz durch die Leistungsfähigkeit der Rechenanlage beschränkt, aber innerhalb dieser Schranken soll das Betriebssystem eine optimale Bearbeitung garantieren. Grundsätzlich können wir die Aufgaben eines Betriebssystems somit auch als Optimierungsproblem definieren.

Man beachte jedoch, daß eine Optimierung des Gesamtdurchsatzes nicht zwangsläufig eine optimale Behandlung des Einzelbenutzers impliziert. Wir werden in die Optimierungszielfunktion sowohl den Gesamtdurchsatz, als auch die Behandlung des Einzelbenutzers einbeziehen. Weitere Anforderungen entstehen bei Dialog- und Echtzeitsystemen (siehe unten), falls rechenbereite Programme nicht zu lange verzögert werden dürfen.

Bei der Gestaltung von Betriebssystemen ist stets folgendes Prinzip zu beachten: Selbst wenn an das Betriebssystem Anforderungen gestellt werden, die im Rahmen der vorgegebenen Hardwarebeschränkungen wie Speichergröße, Rechengeschwindigkeit etc. nicht vollständig erfüllt werden können, sollte ein Betriebssystem nicht mit einem Systemzusammenbruch reagieren, sondern wenigstens den wichtigsten noch durchführbaren Anforderungen nachkommen. Gerade unter Überlast zeigen sich die Stärken und Schwächen eines Betriebssystems.

2.1.2 Betriebsarten

Beim Betrieb von Rechenanlagen können wir hinsichtlich des Zusammenwirkens zwischen Benutzer und Rechensystem folgende Betriebsarten unterscheiden:

- Stapelbetrieb,
- Dialogbetrieb,
- Prozeßsteuerung (Echtzeitbetrieb).

Häufig finden sich diese Betriebsarten im Multiplexbetrieb nebeneinander auf einem Rechensystem. Grob lassen sich diese Betriebsarten wie folgt charakterisieren:

(a) *Stapelbetrieb*
Im Stapelbetrieb werden Ströme von Auftragspaketen verarbeitet. Alle Teile eines Auftragspakets werden vollständig deklariert, bevor es in das System eingegeben wird. Ein Auftragspaket enthält alle Angaben über die Programme und Daten, die zur Ausführung benötigt werden. Anschließend wird das Auftragspaket durch das Rechensystem abgearbeitet, ohne daß der Benutzer noch Einflußmöglichkeiten besitzt. Die Auftragspakete zerfallen in einzelne *Unterabschnitte*. Unter einem Abschnitt verstehen wir eine in einer Programmiersprache abgefaßte Programmeinheit, die Formulierungen von (Einzel-)Aufträgen und unterstützende Angaben (Kontrollanweisungen) für das Betriebssystem enthält. Die Folge von Abschnitten bezeichnen wir als *Abschnittsstrom*.

(b) *Dialogbetrieb*
Im Dialogbetrieb erteilt der Benutzer dem Betriebssystem einen Auftrag nach dem anderen im Dialog. Bei der Abarbeitung der Benutzeraufträge treten in der Regel weitere Dialoge in Form von Ein- und Ausgaben auf. Es findet eine Interaktion zwischen dem Benutzer und ablaufenden Programmen statt. Allgemeiner ausgedrückt interagiert der Benutzer als Teil der Systemumgebung mit dem Betriebssystem und auch dem Benutzerprogramm innerhalb eines Benutzerauftrags statt. Die Auftragserteilung kann in einer programmiersprachlichen Form geschehen, etwa durch das Eingeben von Zeichenfolgen, aber auch durch Menüauswahl (etwa durch Piktogramme). Technisch kann die Eingabe über die Tastatur oder über folgende Einrichtungen erfolgen:

- Lichtgriffel,
- Maus,
- Touchscreen,
- Spracheingabe.

Die Ausgabe im Dialog erfolgt über Plotter, Drucker, Bildschirm, oder über weitere optische und akustische Signale, einschließlich Sprachausgabe.

Im Dialog unterscheiden wir verschiedene Betriebsebenen für das Betriebssystem, wie die Kommandoebene, in der Kommandos direkt an das Betriebssystem abgesetzt werden können, und speziellere Anwendungsebenen, wie Textverarbeitungssysteme, Editoren oder anwendungsorientierte Dialogprogramme. Durch bestimmte Kommandos ist es möglich, sich von einer Ebene zur anderen zu begeben.

Der Dialogbetrieb erfordert eine besondere Gestaltung der Benutzerschnittstelle. Im Idealfall wird dem Benutzer ein müheloser Dialog möglichst ohne den Gebrauch zusätzlicher schriftlicher Anleitungen ermöglicht. Dies erfordert Informationshilfestellungen (Erläuterungen der Systemfunktionen und des momentanen Systemzustands auf Anfrage) und Hilfe bei fehlerhafter Eingabe (Fehlerdiagnose und Fehlerbehandlung). Besondere Bedeutung kommt der einfachen, übersichtlichen Darstellung der erforderlichen Informationen über den momentanen Systemzustand zu. Weiterhin sollten alle Systemfunktionen möglichst gut den Erwartungen und der Intuition des Anwenders entsprechen (engl. principle of least surprise). Dies führt auf das Gebiet der Software-Ergonomie, das die Gestaltung einer möglichst einfachen und verständlichen Benutzerschnittstelle zum Ziel hat.

Der beschränkte Platz zur Darstellung von Informationen auf dem Bildschirm erfordert besondere Techniken, wie die Aufteilung in *Fenster* (engl. windows). Der Bildschirm wird dabei in mehrere Teilflächen unterteilt, die einzelne Informationsausschnitte wiedergeben. Neue Ausschnitte können definiert, alte Fenster überlagert und wieder ausgeblendet oder gelöscht werden.

(c) *Prozeßsteuerung, Echtzeitbetrieb*
Werden durch Rechenanlagen technische Prozesse gesteuert oder überwacht (Verkehrssteuerung und -überwachung, Roboter, automatische Fertigungssysteme etc.), so erfordert dies besondere Betriebstechniken. In der Prozeßsteuerung und -überwachung kommt den Reaktionszeiten des Rechensystems eine besondere Bedeutung zu. Entsprechende Programme beziehungsweise Programmiersprachen müssen zu diesem Zweck zeitabhängige Konstrukte enthalten, um eine Echtzeitbearbeitung zu erlauben. Die Eingabe erfolgt bei der Prozeßsteuerung neben den üblichen Eingabemedien über Sensoren (akustisch, optisch, taktil, etc.) mit Analog/Digitalwandlern. Die Ausgabe erfolgt neben den üblichen Ausgabemedien über Steuergeräte. Häufig werden im Echtzeitbetrieb Rechner ausschließlich für Steuer- und Regelaufgaben eingesetzt. Wir sprechen von *eingebetteten Systemen.* Dabei werden oft spezielle Echtzeitbetriebssysteme eingesetzt.

Nicht alle Rechensysteme sind dafür ausgelegt, von mehreren Benutzern gleichzeitig im Dialog bedient zu werden. Kann ein Rechensystem zu jedem Zeitpunkt von höchstens einem Anwender benutzt werden, so sprechen wir von einem *Einplatzrechensystem* (auch PC, engl. personal computer oder Arbeitsplatzrechner, engl. workstation). Dabei ist im einfachsten Fall immer genau ein Programm im Auswertungsprozeß (Monoprogrammbetrieb).

Eine Sonderstellung bei dialogorientierten Betriebssystemen nehmen die *Transaktionssysteme* ein, die zum Betrieb eines Netzes von Sichtgeräten dienen, die auf einen gemeinsamen Datenbestand zugreifen (Datenbanksysteme, Beispiel: Buchungssysteme von Banken, Flugreservierungssysteme etc.). Bei solchen Betriebssystemen läuft häufig genau ein (umfangreiches) Anwenderprogramm ab, in das oft Betriebssystemfunktionen integriert sind. Die Zahl der verfügbaren Kommandos ist stark eingeschränkt.

Im Dialogbetrieb kann das Betriebssystem auf fehlerhafte Eingaben und Fehlersituationen in Anwenderprogrammen durch eine entsprechende Fehlermeldung an den Benutzer reagieren. Der Benutzer kann dann entscheiden, wie weiter verfahren werden soll und entsprechende Anweisungen in das System eingeben. Dies ist im Stapelbetrieb nicht möglich. Hier muß die gesamte Fehlerbehandlung, ohne Benutzereingriffe, ausschließlich durch das System geschehen. Wichtig sind dabei Ausgaben, die dem Benutzer nach Beendigung der Programmausführung eine eingehende Fehleranalyse erlauben.

Besonders kritisch können Fehler in Anwenderprogrammen für die Prozeßsteuerung sein. Sie können bei Anwendungen, die Risiken für das menschliche Leben beinhalten (Flugüberwachung und -steuerung, militärische Frühwarnsysteme, Überwachung wichtiger Funktionen in Krankenhäusern etc.), zu katastrophalen Unfällen führen. Deshalb ist für diese Anwendungen eine besondere Sorgfalt bei der Programmerstellung erforderlich. Dies schließt Techniken für die Erkennung und Behandlung von Fehlern ein.

Generell gilt, daß Fehler in Betriebssystemen besonders unangenehm und damit kostspielig sind. Sie können das Rechensystem völlig zum Stillstand bringen, den gesamten Rechenbetrieb lahmlegen oder Verluste oder Verfälschung gespeicherter Information verursachen. Die Zuverlässigkeit eines Betriebssystems (und der Übersetzer und Interpretierer für die verwendeten Programmiersprachen) ist Voraussetzung für die Zuverlässigkeit eines Rechensystems, auf dem ein Anwenderprogramm läuft. Alle Sorgfalt bei der Erstellung von Anwenderprogrammen kann vergebens sein, wenn die Systemumgebung unzuverlässig ist.

2.1.3 Ein einfaches Betriebssystem für den Stapelbetrieb

Um die bei der Gestaltung eines Betriebssystems anfallenden Überlegungen genauer erläutern zu können, betrachten wir eine stark vereinfachte Rechenanlage und diskutieren die Anforderungen für ein Betriebssystem. Man beachte, daß in Rechensystemen

- auch die Betriebssystemprogramme eingelesen werden müssen („Systemurstart", Hochfahren des Systems);
- im Wechsel Anwendungsprogramme und Betriebssystemteile ausgeführt werden;
- gewisse Betriebssystemprogramme ohne Eingriff von außen nie terminieren.

Die betrachtete Rechnerkonfiguration hat die in Abb. 2.1 dargestellten Struktur.

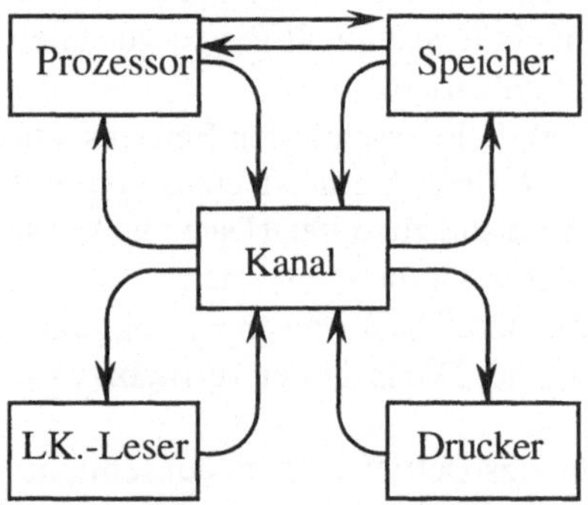

Abb. 2.1. Einfache Rechnerkonfiguration, dargestellt durch kooperierende Programme und deren Kommunikationsbeziehungen

Eine Rechnerkonfiguration bildet ein verteiltes System von kooperierenden Einheiten. Wir können die Hardwareeinheiten aus Abb. 2.1 als ein System von kooperierenden, parallel ablaufenden Programmen modellieren. Der Speicher ist als passiv modelliert. Wir geben kein Programm für den Speicher an, sondern stellen ihn als ein Feld sp von Speicherplätzen dar. Wir haben eine aus heutiger Sicht etwas antiquierte Rechenanlage mit einem Lochkartenleser gewählt, da dies die Funktionen der einzelnen Geräte besonders gut veranschaulicht. Der Lochkartenleser kann auch durch ein anderes Eingabemedium wie etwa ein Diskettenlaufwerk ersetzt werden.

Da der Speicher passiv ist, beschränken wir uns darauf, die Geräte Lochkartenleser, Prozessor und Drucker (und später auch den Kanal) durch zueinander parallel ablaufende Programme zu beschreiben. Dabei werden folgende Koordinationsvariablen (Signale) für die Synchronisation der Geräte verwendet:

l_free gibt an, ob das Leseregister frei ist und somit beschrieben werden darf,

d_free gibt an, ob das Druckregister frei ist und somit beschrieben werden darf.

Darüber hinaus setzen wir die gemeinsamen Programmvariablen l_register und d_register voraus, die der Kommunikation zwischen Drucker und Leser zum einen und dem Prozessor zum anderen dienen.

Das Verhalten des Lochkartenlesers wird durch die Prozedur reader modelliert, die ein nichtterminierendes Programm definiert, das parallel zu den anderen Geräten abläuft:

```
proc reader =:
⌈  var string lochkarte;
   while true do
        readnext(lochkarte);
        await l_free then l_register, l_free := lochkarte, false endwait
   od                                                                  ⌋
```

Das Verhalten des Druckers wird durch die Prozedur printer, die ebenfalls ein nichtterminierendes Programm ergibt, modelliert:

```
proc printer =:
⌈  var string register;
   while true do
        await ¬d_free then d_free, register := true, d_register endwait;
        print(register)
   od                                                                  ⌋
```

Das Verhalten des Prozessors wird durch die Prozedur processor wiedergegeben, die dem Einlesen eines Programms, seiner Ablage im Speicherabschnitt mit Anfangsadresse AR und Endadresse ER, seiner Ausführung und der Ausgabe seiner Resultate, die im Speicher im Speicherabschnitt AW bis EW abgelegt sind.

```
proc processor =:
⌈  var nat k; var string sr;

   while p_active do
        for k := AR to ER do
             await ¬l_free then l_free, sr := true, l_register endwait;
             sp[k] := sr
        od;

        „führe Programm im Speicherabschnitt AR bis ER aus und lege das
        Resultat im Speicherabschnitt von AW bis EW ab"
```

```
        for k := AW to EW do
                sr := sp[k];
                await d_free then d_free, d_register := false, sr endwait
        od
    od                                                                    ⌋
```

Der Speicher sp entspricht einer globalen Variablen der Sorte **array string**. Die Programmvariablen d_free, l_free, l_register und d_register werden als gemeinsame Variablen verwendet. Stark vereinfachend nehmen wir an, daß jedes Programm die gleiche Länge hat und im Speicher von AR bis ER abgelegt wird und daß nach Ausführung des jeweiligen Programms eine feste Anzahl von Inhalten von Zellen im Speicherbereich AW bis EW auszudrucken ist. Die globale Variable p_active kann zum Anhalten des Prozessors dienen.

Wir erhalten das folgende parallele Programmsystem, welches das Zusammenspiel der Geräte in einem Rechensystem modelliert:

```
⌈ [0 : n] array string sp; var string d_register, l_register;
  var bool d_free, l_free, p_active := true, true, true;
  ⟦ processor || reader || printer ⟧                      ⌋
```

Diese Modellierung eines Rechensystems stellt natürlich eine überaus starke Vereinfachung dar. Trotzdem wird die grundsätzliche Struktur eines Betriebssystems bereits in groben Zügen deutlich.

Etwas realistischer ist es, zusätzlich einen einfachen Spezialprozessor in der Form von E/A-Kanälen einzuführen, der im Auftrag des Prozessors den Transport zwischen dem Speicher und den Peripheriegeräten vornimmt. Durch die Einführung von E/A-Kanälen wird der Prozessor entlastet, da er nun nicht jeden Transport eines Zeichens oder eines Wortes im einzelnen zu steuern braucht. Die Erteilung von Aufträgen an den Kanal wird durch die folgende Rechenvorschriften processor modelliert. Die Wirkungsweise eines Kanals wird durch die nachstehend angegebene Rechenvorschrift channel beschrieben. Die gemeinsame Programmvariablen c_active dient zur Koordination der Auftragserteilung des Prozessors an den Kanal.

```
proc processor =:
  ⌈ while p_active do
        await ¬c_active then
                c_active, job, aa, ea := true, "read", AR, ER
        endwait;
        await ¬c_active then nop endwait;

        „Rechne Programm im Speicherabschnitt AR bis ER“

        await ¬c_active then
                c_active, job, aa, ea := true, "write", AW, EW
        endwait;
        await ¬c_active then nop endwait
    od                                                                    ⌋
```

```
proc channel =:
⌈ var string s, sr; var nat k, i, j;
  while p_active do
     await c_active then s, k, i := job, aa, ea endwait;
     if s = "read"
     then  for j := k to i do
                await ¬l_free then l_free, sr := true, l_register endwait;
                sp[j] := sr
           od
     else  for j := k to i do
                sr := sp[j];
                await d_free then d_free, d_register := false, sr endwait
           od
     fi;
     await true then c_active := false endwait
  od                                                                    ⌋
```

Die Prozeduren channel und processor arbeiten parallel. In dieser Darstellung ist der durch ein Programm dargestellte Kanal eine aktive Komponente, die Aufträge vom Prozessor erhält und selbständig ausführt. Die Aktionen des Prozessors und des Kanals laufen parallel ab. Während der Kanal Aufträge bearbeitet, könnte der Prozessor sich anderen Aufgaben zuwenden. Dazu muß für den Kanal die entsprechende Hardware vorgesehen sein.

Wir wenden uns nun einer einfachen Effizienzbetrachtung zu. Das vorgestellte einfache Betriebssystem nutzt die Betriebsmittel nicht sonderlich geschickt. Der Prozessor wartet jeweils, bis ein erteilter Lese- beziehungsweise Schreibbefehl ausgeführt ist. Gleichzeitiges Schreiben und Lesen ist damit ausgeschlossen. Rechnet der Prozessor ein Benutzerprogramm in einem Speicherabschnitt, so sind die Peripheriegeräte untätig. Keines der drei Betriebsmittel Drucker, Prozessor und Rechner ist optimal eingesetzt. Der daraus entstehende Nachteil wird mit zunehmenden Geschwindigkeitsunterschieden zwischen den beteiligten Hardwarekomponenten größer.

Dieses Beispiel macht, in all seiner Vereinfachung, den typischen Aufbau und die Komplexität von Betriebssystemstrukturen bereits deutlich. Wollen wir effizientere Versionen, so müssen wir in Kauf nehmen, daß die Betriebssystemstrukturen noch komplexer werden.

2.1.4 Ein einfaches Betriebssystem für Multiplexbetrieb

Um die Betriebsmittel eines Rechensystems besser auszunutzen, müssen wir mehrere Benutzerprogramme *gleichzeitig* im System halten und ausführen. In einer effizienteren Version des Betriebssystems können dann Lesen, Rechnen und Drucken verzahnt so erfolgen, daß immer drei Benutzerprogramme gleichzeitig in Bearbeitung sind:

- Programm (1) druckt,
- Programm (2) rechnet,
- Programm (3) wird eingelesen.

Allerdings müssen mindestens drei Programme gleichzeitig im System und damit im Speicher gehalten werden. Dazu unterteilen wir den Speicher in drei Unterabschnitte 0, 1 und 2. Wir verwenden je einen Kanal für die Bearbeitung der Ein- und der Ausgabe. Die Booleschen Variablen cr_active und cp_active dienen zur Koordination der Kanäle. Wir nehmen an, daß beide mit **false** vorbesetzt sind. Die Variablen l_free und d_free dienen wieder der Koordination des Druckers und des Lesers. Allerdings erfolgt diese Koordination über die E/A-Kanäle.

Der Prozessor wird durch die Rechenvorschrift processor beschrieben:

```
proc processor =:
⌈ var nat i := 0;
  await ¬cr_active then
      cr_active, ar, er := true, AR(0), ER(0)
  endwait;
  while p_active do
      i := (i+1) mod 3;
      await ¬cr_active
            then cr_active, ar, er := true, AR(i), ER(i)
      endwait;
      i := (i–1) mod 3;
      „Rechne Programm im Speicherabschnitt i"
      await ¬cp_active
            then cp_active, ap, ep := true, AR(i), ER(i)
      endwait;
      i := (i+1) mod 3
  od                                                    ⌋
```

Der Eingabekanal wird durch die Rechenvorschrift input_channel beschrieben:

```
proc input_channel =:
⌈ var nat k, i;
  while p.active do
      await cr_active then k, i := ar, er endwait;
      for j := k to i do
            await ¬l_free then l_free, sr := true, l_register endwait;
            sp[j] := sr
      od
  await true then cr_active := false endwait
  od                                                    ⌋
```

Der Ausgabekanal wird durch die Rechenvorschrift output_channel beschrieben:

```
proc output_channel =:
⌈ var nat k, i;
  while p.active  do
      await cp_active then k, i := ap, ep endwait;
```

```
        for j := k to i do
              sr := sp[j];
              await d_free then d_free, d_register := false, sr endwait
        od
    await true then cp_active := false endwait
    od                                                                    ┘
```

Lese-, Rechen- und Druckphasen verschiedener Programme werden, in einzelne Schritte zerlegt, nebeneinander ausgeführt. Allerdings ist auch bei dieser Version des Betriebssystems die Auslastung der Betriebsmittel noch sehr schlecht. Es wird keine optimale Ausnutzung der Geräte erreicht. Treten Benutzerprogramme mit sehr unterschiedlichen Eingabe-, Rechen- und Ausgabezeiten auf, so stehen immer wieder andere Geräte still, obwohl später folgende Programme unter Umständen gerade diese Geräte intensiv benutzen.

Deshalb stellen wir nun ein einfaches Betriebssystem vor, das eine bessere Auslastung der Geräte verspricht. Es hält eine größere Zahl von Aufträgen im System, um für alle Geräte Aufträge vorrätig zu haben. Es arbeitet dazu mit drei Warteschlangen:

sq	Schlange der freien Speicherabschnitte,
cq	Schlange der Speicherabschnitte mit rechenbereiten Programmen,
pq	Schlange der Speicherabschnitte mit druckbereiten Programmen.

Jeder Speicherabschnitt wird durch ein Zahlenpaar der Sorte **pair** dargestellt, bestehend aus der *Anfangsadresse* und der *Endadresse*. Wir greifen auf die Anfangsadresse durch den Selektor s1 und auf die Endadresse durch den Selektor s2 zu. Die Programmvariable store enthält die Warteschlange aller freien Speicherabschnitte. Die Booleschen Programmvariablen rjob und pjob dienen zur Steuerung der Endbehandlung der Lese- und Druckaufträge. Die Programmvariablen pjob und rjob haben den Wert **false**, falls kein Lese- beziehungsweise Druckauftrag erteilt ist.

```
proc processor =:
┌ var queue pair sq, cq, pq := store, emptyqueue, emptyqueue;
  var bool h;
  var bool pjob, rjob := false, false;
  var string status;
  while p_active
  do  await true then h := cr_active endwait;

  Leseauftragendbehandlung:
      if ¬h ∧ rjob
      then sq, cq, rjob := rest(sq), stock(cq, first(sq)), false
      fi;

  Leseauftragerteilung:
      if ¬h ∧ ¬isemptyqueue(sq)
      then   await true then
                 cr_active, ar, er := true, s1(first(sq)), s2(first(sq)) endwait;
                 rjob := true

      fi;
```

```
Druckauftragendbehandlung:
    await true then h := cp_active endwait;
    if ¬h ∧ pjob
    then sq, pq, pjob := stock(sq, first(pq)), rest(pq), false
    fi;

Druckauftragerteilung:
    if ¬h ∧ ¬isemptyqueue(pq)
    then  await true then
          cp_active, ap, ep := true, s1(first(pq)), s2(first(pq)) endwait;
          pjob := true
    fi;

Programmbearbeitung:
    if ¬isemptyqueue(cq)
    then  „Rechne bis zu i Zeiteinheiten das Programm in first(cq),
          setze status auf print oder compute“
Einordnen_des_Programms_in_Warteschlange:
          if status = print      then cq, pq := rest(cq), stock(pq, first(cq))
          elif status = compute  then cq := stock(rest(cq), first(cq))
                                 else FEHLER
          fi
    fi
od
```

Die Struktur dieses Betriebssystems ist in Abb. 2.2 wiedergegeben.

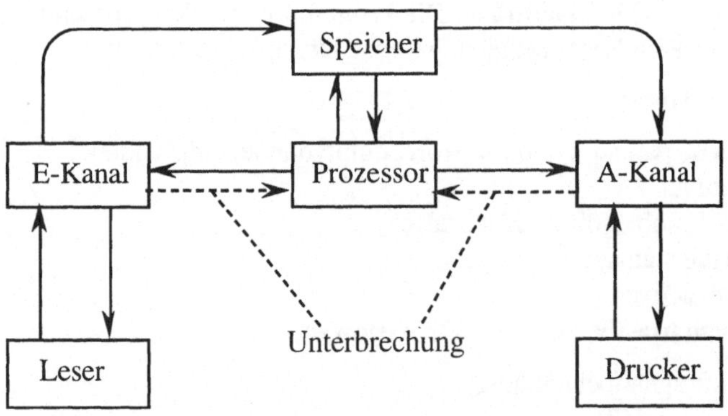

Abb. 2.2. Betriebssystem mit Unterbrechungskonzept

Zu dem durch die obigen Programme dargestellten Betriebssystem sind folgende Bemerkungen zu machen:

(1) Ersetzen wir die stock-Operationen durch andere Operationen der Einreihung in die Warteschlange, so erhalten wir andere Ablaufreihenfolgen. Wir können auch Prioritäten einsetzen, um die Reihenfolge der Prozesse in der Warteschlange festzulegen.

(2) Von der Wahl der Größe der jeweils zu rechnenden Zeiteinheiten hängt es ab, wie lange ein Kanal warten muß, bis er einen neuen Auftrag erhalten kann.

(3) Programmen werden keine festen Speicherabschnitte konstanter Länge zugeteilt.

(4) Durch manuelles Eingreifen (Systemkommandos, vgl. Abschnitt 2.2.1) kann der Operator die Warteschlange manipulieren (beispielsweise gewisse Abschnitte, die Benutzerprogramme enthalten, aus der Schlange der druckwilligen oder rechenwilligen Programme herauslösen und in die Schlange der freien Speicherabschnitte einfügen).

Um eine optimale Auslastung der Geräte zu erreichen, wird in heutigen Betriebssystemen ein Prozessor reihum nacheinander an mehrere Programme vergeben, so daß der Ablauf eines Programmes in eine Folge von Aktivitätsphasen aufgebrochen wird. Bei der Auswahl eines der Programme für die Zuteilung des Prozessors und der Bestimmung des zugebilligten Zeitintervalls gibt es verschiedene Vorgehensweisen. Wir sprechen von *Schedulingstrategien*.

Im Multiplexbetrieb muß durch die Schedulingstrategie festgelegt werden,

- wann die Ausführung eines Programms unterbrochen werden soll,
- nach welcher Strategie eines der wartenden Programme für die Ausführung ausgewählt wird.

Erhält jedes Programm jeweils die gleiche Zeitspanne für eine Aktivitätsphase zugeteilt, so sprechen wir von *Zeitscheibenbetrieb*. Die Prozessorzuteilung kann aber auch durch Signale von peripheren Geräten gesteuert werden. Diese Signale bewirken *Unterbrechungen* der Ausführung von Benutzerprogrammen. Durch diese Organisation der Auftragsbearbeitung wird erreicht, daß jeweils genügend Benutzerprogramme im System gehalten werden, um möglichst alle Geräte ständig auszulasten. Auch die Zuteilung des Prozessors bis zu einem spätesten Zeitpunkt, falls keine Unterbrechung von außen erfolgt, können wir über Unterbrechungssignale modellieren, indem wir die Uhr als eigenständigen Prozeß modellieren und diese wie einen Wecker einstellen, so daß bei ablaufender Zeitscheibe ein Alarmsignal abgesetzt wird.

Bei realistischen Betriebssystemen wird nicht immer nur an der Auswertung eines Programms gearbeitet, sondern es werden reihum nach einer gewissen Vorgehensweise immer wieder kurze Zeitintervalle für die Auswertung der im System vorhandenen rechenbereiten Programme aufgewendet. Dabei sind mehrere rechenbereite, bereits teilweise ausgewertete Benutzerprogramme im Speicher vorhanden. Dies ist besonders günstig bei der interaktiven Benutzung eines Rechensystems durch mehrere Benutzer.

Die Auswahl eines rechenbereiten Programms kann nach gewissen Prioritäten unter Berücksichtigung des Systemzustands erfolgen. Dabei können *statische Prioritäten* verwendet werden, die während der gesamten Programmausführung unverändert bleiben, oder *dynamische Prioritäten*, die sich während der Ausführung nach gewissen Gesichtspunkten ändern. Betriebssysteme arbeiten häufig mit einer Abarbeitungsstrategie über Prioritäten, wobei diese unter Umständen sogar vom Operator direkt beeinflußt werden können.

Befinden sich mehrere Benutzerprogramme im System, so entscheidet die Ablaufsteuerung (engl. scheduler, dispatcher) darüber, welches der Programme zuerst zur

Berechnung ausgewählt wird. Eine einfache Strategie ist es, die Programme in der Reihenfolge ihres Eintretens ins System solange rechnen zu lassen, bis eine Unterbrechung eintritt (beispielsweise durch E/A-Anforderungen der Programme), und sie wieder fortzusetzen, sobald dies möglich ist. Allerdings entspricht diese Vorgehensweise nicht immer den Benutzererwartungen. Häufig wird vielmehr erwartet, daß Programme mit kurzen Ausführungszeiten, die über vorgegebene Zeitschranken durch das Betriebssystem erkannt werden, mit höheren Prioritäten versehen werden.

Die Zeitspanne von der Eingabe eines Auftrags ins System bis zu seiner vollständigen Abarbeitung nennen wir *Verweilzeit*, die durchschnittliche Dauer pro Auftrag *mittlere Verweilzeit.* Während der Verweilzeit eines Auftrags werden einerseits die bereits im System vorhandenen Aufträge abgefertigt, soweit sie noch nicht abgeschlossen sind, andererseits kommen weitere Aufträge hinzu.

Die Leistung (Performanz, engl. performance) eines Rechensystems läßt sich durch statistische Mittel und Angaben beschreiben und bewerten. Sie ist immer im Zusammenhang zu der angenommen Anwendungsbelastung zu sehen. Dazu werden gewisse Kenngrößen definiert, die die Last und die Leistung charakterisieren. Ein einfaches Beispiel ist im folgenden gegeben. Ist α die mittlere Ankunftsrate (Anzahl der neuen Benutzeraufträge pro Zeiteinheit) und T die mittlere Verweilzeit, so ist α T die Anzahl der durchschnittlich im System vorhandenen Aufträge.

Allerdings geben diese Durchschnittswerte nur sehr grobe Aussagen über Bearbeitungszeit, Systembelastung und -verhalten. Um genauere Aussagen über die Eigenschaften eines Betriebssystems bei unterschiedlicher Belastung zu erhalten, werden neben analytischen Betrachtungen auch Simulationen von Betriebssystemmodellen und Messungen eingesetzt. Durch Messungen der Belastungen der einzelnen Systemkomponenten läßt sich ermitteln, welche Teile eines Rechners überlastet sind und somit einen Engpaß bilden. Daraufhin kann versucht werden, das Betriebssystem entsprechend zu modifizieren (seine Parameter anders einzustellen), so daß eine gleichmäßigere Auslastung erreicht wird.

2.2 Benutzerrelevante Aspekte von Betriebssystemen

Für den Benutzer eines Betriebssystems ist eine Reihe von Implementierungsdetails, wie beispielsweise die innere Struktur des Betriebssystems, irrelevant (oder sollte es zumindest sein). Aus der Sicht eines Benutzers sind in einem Betriebssystem gewisse Operationen verfügbar, deren Anwendung zu einer Reihe sichtbarer Effekte führt. Diese bilden die *Benutzerschnittstelle.* Da in der Regel für den Benutzer nur Ein-/Ausgabeaktionen beobachtbar sind, sprechen wir vom *Ein-/Ausgabeverhalten.* Die Menge der verfügbaren Operationen und das Ein-/Ausgabeverhalten eines Betriebssystems bestimmen grundlegend die Benutzersicht.

Klassischerweise bieten Betriebssysteme Benutzern eine Reihe von Diensten an, die unter anderem folgende Leistungen umfassen:

- Rechnerleistung für die Ausführung von Benutzer- und Systemprogrammen,
- Speicherung von Daten und Zugriff auf Datenbestände,
- Übertragung von Nachrichten an andere Benutzer und über Netze an andere Rechensysteme,

- Zugriff auf spezielle Endgeräte (insbesondere Ausgabegeräte).

Das Betriebssystem ermöglicht über die verfügbaren Operationen dem Benutzer den Zugriff auf entsprechende Dienste. Für die Formulierung der Benutzeraufträge an das Betriebssystem werden spezielle Kommandosprachen oder über Menüs oder Ikonen ansteuerbare Kommandos verwendet.

2.2.1 Kommandosprache

Zur Spezifikation von Aufträgen für das Betriebssystem stehen den Benutzern gewisse Operationen zur Verfügung. Diese Operationen werden durch die Eingabe von Anweisungen, die wir ***Kommandos*** nennen, ausgelöst.

Kommandos sind meist in einer einfachen formalen Sprache abgefaßt und enthalten häufig neben den eigentlichen Funktionsaufrufen gewisse Parameter, die dem Betriebssystem zusätzliche Anhaltspunkte über Speicherbedarf, Zeitbedarf, gewünschte Speichermedien und weitere Angaben liefern. In modernen Betriebssystemen wird auf solche Angaben weitgehend verzichtet und somit der Benutzer entlastet. In heutigen dialogorientierten Benutzerschnittstellen werden statt textueller Kommandos Symbole manipuliert, beispielsweise Einträge aus gewissen Menüs ausgewählt oder Ikonen angeklickt, und dadurch entsprechende Betriebssystemkommandos aktiviert.

Typische Betriebssystemkommandos sind Aufträge zum Starten von Programmen (wie Übersetzer, Binder, Benutzerprogramme, Editoren, Fenster etc.) oder gewisser Systemdienste (wie etwa e-mail), Änderungen des Systemzustandes, aber auch Anfragen an das System (über den Zustand gewisser Abschnitte) und Anforderungen von Betriebsmitteln (wie Haupt- und Hintergrundspeicher, Geräte, Dateien). Den Kommandosprachen kommt eine besondere Bedeutung zu, da sie die Benutzerschnittstelle weitgehend prägen. Entsprechend den Betriebsarten sind die Anforderungen sehr unterschiedlich. Häufig wird zusätzlich gefordert, daß Systemkommandos in Benutzerprogramme eingestreut werden dürfen.

Im Stapelbetrieb verwenden wir Benutzerauftragspakete, die aus einer Folge von Kommandos bestehen, die nacheinander vom Betriebssystem abgearbeitet und in entsprechende Operationen umgesetzt werden. Hier muß der Benutzer die Folgen der Kommandos im voraus wie ein Programm planen. Unerwartete Effekte können den Erfolg für die gesamte Folge der verbleibenden Kommandos gefährden. Etwaige Fehler wirken sich oft katastrophal aus.

Im Dialogbetrieb hingegen können syntaktisch fehlerhafte Kommandos interaktiv verbessert werden. Bei unerwarteten Effekten kann die Folge der Kommandos entsprechend geändert werden. Zusätzlich besteht die Möglichkeit, durch umfangreiche Informationen den Benutzer über den Systemzustand und verfügbare Kommandos zu informieren. Der Benutzer hat die Möglichkeit, Teilaufträge zu unterbrechen. Kommandos müssen dabei in benutzerfreundlichen Betriebssystemen nicht immer als Zeichenfolgen eingegeben werden. Über Menüs oder entsprechende Piktogramme und Ikonen werden dem Benutzer die zur Verfügung stehenden Operationen angeboten. Kommandos werden daraus über die Tastatur, Lichtgriffel oder die Maus gewählt. Eine neue Familie von Operationen wird dadurch zugänglich. Wichtig ist es bei dieser Konzeption, das System so zu gestalten, daß Benutzer die Übersicht behalten, welche

Kommandosequenzen möglich sind, um schließlich gewisse beabsichtigte Effekte zu erzielen.

Neuere Kommandosprachen orientieren sich stärker an höheren Programmiersprachen. Sie gestatten auch „Kommandoprozeduren" und flexible Dialogunterstützung. Die Kommandos eines Benutzers werden durch einen *Kommandointerpretierer* bearbeitet. Vereinfacht dargestellt verfügt der Kommandointerpretierer über eine Liste von Kommandonamen. Eine Datei enthält Verweise auf die jeweils auszuführenden Anweisungen.

Typischerweise ist für einen Benutzer in einem gegebenen Zustand seiner Auftragsbearbeitung nicht jede Operation zugänglich. Wir sprechen vom *benutzerspezifischen Systemzustand* oder auch vom *Systemmodus*. Gewisse Kommandos können den Systemmodus verändern und dabei dem Benutzer einen neuen Kommandosatz zugänglich machen. Andere Kommandos lassen den Systemmodus unverändert und bewirken nur Änderungen der benutzerrelevanten Dateien oder Ein- und Ausgaben.

Für die Benutzerfreundlichkeit eines Betriebssystems, insbesondere im Dialogbetrieb, ist es besonders wichtig, dem Benutzer eine klare Vorstellung von der Struktur der Übergänge bei den benutzerspezifischen Systemzuständen zu vermitteln. Im Stapelbetrieb muß dies durch eine entsprechende Dokumentation der Kommandosprache erfolgen. Im Dialogbetrieb kann dies interaktiv durch Hilfsfunktionen und Erklärungskomponenten erfolgen.

Für den Benutzer eines Systems stellen sich im interaktiven Betrieb folgende Fragen:

- Welcher Systemmodus liegt gerade vor?
- Welche Operationen und welche Kommandos sind damit verfügbar?
- Durch welche Kommandofolge habe ich diesen Systemzustand erzeugt?
- Welche Systemzustände kann ich durch welche Folgen von Kommandos erreichen?

Typisch ist dabei, daß das Betriebssystem durch entsprechende Hilfefunktionen dem Benutzer Unterstützung anbietet. Da bei Eingaben leicht Fehler auftreten, wenn beispielsweise die falsche Taste gedrückt oder ein Kommando irrtümlich gewählt wird, sollte der Benutzer durch entsprechende „Echos" über seine eigenen Eingaben informiert werden. Werden Kommandos eingegeben, deren Ausführung schwerwiegende Konsequenzen, wie beispielsweise das Löschen großer Datenbestände, bewirken würde, so sind Rückfragen durch das System mit Hinweisen auf die Konsequenzen angebracht. Erst nach Bestätigung des Kommandos erfolgt die Ausführung.

2.2.2 Benutzerverwaltung

Arbeitet eine Vielzahl von Benutzern mit einem Rechensystem, so ist die Benutzerverwaltung eine wichtige Teilaufgabe des Betriebssystems. Jeder Benutzer erhält ein individuelles Benutzerkennzeichen, das ihm den Zugriff auf das System gestattet. Unter seinem Kennzeichen kann der Benutzer dem System Aufträge erteilen. Die Einrichtung zusätzlicher – häufig vom Benutzer frei gewählter – Kennwörter (Paßwörter) soll die unbefugte Verwendung des Benutzerkennzeichens verhindern. Das Paßwort dient der Authentifizierung des Benutzers. Bei sicherheitskritischen oder datenkritischen Anwendungen kann die Authentifizierung höhere Anforderungen stellen. Dann können speziellere Formen der Prüfung der Zugangsberechtigung eingesetzt werden, wie Chipkarten oder die Erkennung besonderer Merkmale (Stimme, Fingerabdrücke, Unterschrift).

Dem Benutzer wird durch die Benutzerverwaltung ein Rahmen für die Betriebsmittelbenutzung vorgegeben; dieser umfaßt Schranken für

- den Rechenzeitbedarf,
- den temporären Speicherbedarf,
- den Speicherbedarf für langfristige Datenhaltung,
- Zugriff auf besondere Dienste, Programme und Daten,
- Prioritäten,
- Sonderrechtsregelungen.

Im Rahmen der Benutzerverwaltung registriert das Betriebssystem auch den tatsächlichen Verbrauch an Betriebsmitteln durch die einzelnen Benutzer und schafft damit die Grundlage für eine Abrechnung der Kosten für die Nutzung.

2.2.3 Zugriff auf Rechenleistung

Grundsätzlich stehen in Rechensystemen dem Benutzer zwei Formen des Zugriffs auf Rechenleistung zur Verfügung. Er kann selbstentwickelte oder im System verfügbare Programme ausführen lassen.

Selbstentwickelte Programme sind meist in anwendungsorientierten höheren Programmiersprachen verfaßt. Im erweiterten Betriebssystem sind spezielle Programme (wie Übersetzer oder Interpretierer, vgl. Kapitel 3) verfügbar, die die Ausführung der Benutzerprogramme ermöglichen. Diese Programme rechnen wir nicht zum Betriebssystem im engeren Sinn. Sie sind aber typischerweise eng mit Betriebssystemfunktionen verflochten.

2.2.4 Dateiorganisation und -verwaltung

Im Gegensatz zu den historisch ersten Rechenanlagen, bei denen die Nutzung von Rechenleistung im Vordergrund stand, ist bei heutigen Rechnern auch die langfristige Speicherung von Daten eine wesentliche Aufgabe. In Rechensystemen existieren in aller Regel große Datenbestände, auf die im Laufe der Verarbeitung zugegriffen wird, und die zwischen den verschiedenen Speichermedien hin und her zu transportieren sind. Dabei kommt der übersichtlichen, strukturierten Anordnung der Datenbestände besonderes Gewicht zu. Datenbestände fassen wir zu Dateien zusammen. Eine *Datei* ist ein logisch zusammenhängender, längerfristig verfügbarer Datenbestand. Datenbestände, die über den Ablauf eines Programmes, das die Datenbestände aufbaut oder verändert, hinaus Bestand haben, nennen wir *persistent*. Dateien sind persistente Datenbestände mit spezifischen Zugriffsstrukturen.

Bei Dateien unterscheiden wir zwischen ihrer internen Struktur (ihrer internen Darstellung) und ihrer Zugriffsstruktur (den Operationen zum Zugriff auf die Dateiinhalte). Das Betriebssystem muß sowohl die interne Struktur der Dateien schaffen und verwalten, als auch darüber die Zugriffsstruktur realisieren.

Der Zugriff auf (externe) Datenbestände auf Hintergrundspeichern muß vom Betriebssystem unterstützt werden. Dies umfaßt

- die Lokalisierung der Informationseinheiten auf dem Speichermedium,
- den Transport zwischen den verschiedenen Speichern.

Heutige Betriebssysteme gestatten es dem Benutzer, Datenbestände zu Dateien zusammenzufassen, diese mit Namen zu versehen und unter diesem Namen darauf zuzugreifen. Dateien können unter anderem verändert, kopiert, gelöscht und umbenannt werden. Das Betriebssystem realisiert aus Sicht des Benutzers eine Dateienlandschaft. Wir sprechen von einem *Dateisystem.*

Besondere Bedeutung kommt bei der längerfristigen Datenhaltung Schutzaspekten zu. Das Betriebssystem ermöglicht unterschiedliche Zugriffsrechte der verschiedenen Benutzer auf die individuellen Datenbestände und gestattet eine differenzierte Spezifikation dieser Zugriffsrechte für die Benutzer. Die Sicherstellung des Schutzes vor unbefugtem Zugriff ist eine der zentralen Aufgaben von Betriebssystemen.

Dateisysteme sind in aller Regel hierarchisch strukturiert. Häufig sind sie baumartig aufgebaut. Wir sprechen dann vom *Dateibaum.* Der Zugriff auf eine Datei erfolgt über einen Zugriffspfad. Er besteht aus der Folge der Namen, die ausgehend von der Wurzel des Dateibaumes, beziehungsweise der Wurzel der Position des Benutzers im Baum, in Selektionsschritten auf die Datei führen. Im Dateisystem existieren zwei Arten von Dateien: Dateien, die einfache Datenbestände enthalten (Blätter des Dateibaums) und *Verwaltungsdateien* (engl. directories), die zur Verwaltung von Datenbeständen dienen (interne Knoten). Prinzipiell können beide Dateiarten gleichartig aufgebaut sein, lediglich ihr Gebrauch ist unterschiedlich (vgl. die Betriebssysteme UNIX und DCL).

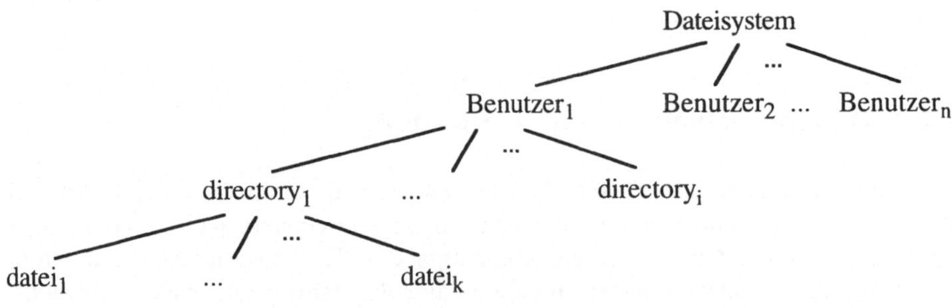

Abb. 2.3. Dateibaum

Beispiel (Struktur eines Dateisystems). Abb. 2.3 stellt ein Dateisystem und seine Gliederung dar. ❑

Die Schaffung neuer Dateien, die Anmeldung existierender Dateien zum Lesen und Schreiben, das Kopieren von Dateiinhalten und das Löschen von Dateien erfolgt über spezielle Systemkommandos. Das Beschreiben und Ändern von Dateien im Dialog erfolgt meist durch Editoren, die über Kommandos als Systemdienste verfügbar sind.

In modernen Betriebssystemen braucht eine Reihe der genannten Kommandos nicht mehr explizit angegeben zu werden. Stattdessen werden diese Kommandos vom Betriebssystem implizit bei der Abarbeitung gewisser Benutzerkommandos ausgeführt.

Besondere Bedeutung für den Benutzer hat die Frage der Sicherung verschiedener Versionen seiner Dateien. Wir sprechen von *Datensicherung* und *Versionskontrolle*. Hierbei ist es die Aufgabe des Betriebssystems (im Rahmen gewisser Effizienzeinschränkungen) dem Benutzer weitgehende Möglichkeiten anzubieten, auf alte Versionen geänderter Dateien zurückgreifen zu können, und den Benutzer möglichst vor dem Verlust eines Teils seiner Datenbestände zu schützen.

2.2.5 Übertragungsdienste

Arbeiten an einem Rechensystem interaktiv mehrere Benutzer und/oder ist der Rechner über Leitungen mit anderen Rechnern verbunden, so besteht bei vielen Anwendungen der Wunsch nach Nachrichtenübertragung zwischen verschiedenen Benutzern. Dabei ist es oft unerheblich, ob die verschiedenen Benutzer in räumlicher Nähe, beispielsweise im gleichen Gebäude, untergebracht sind oder große Entfernungen dazwischen liegen. Es wird ein Netz gebildet, das eine Reihe von Ein-/Ausgabestationen durch ein Nachrichtenübermittlungssystem miteinander verbindet.

Aus Benutzersicht bietet das System Nachrichtenübertragungsdienste an. Der Benutzer erteilt durch ein Kommando einen Übertragungsauftrag an das System. Das Kommando erhält als Parameter die Angabe des Empfängers (Netzadresse), die zu übertragende Nachricht und gegebenenfalls zusätzliche Angaben über Verbindungswege. Die Nachricht wird in einer Reihe von Einzelübertragungsschritten an den Empfänger weitergereicht. Ist die Übermittlung aus gewissen Gründen unmöglich, so wird dem Sender eine Fehlermeldung übermittelt. Erreicht die Nachricht den Empfänger, so erhält der Sender in manchen Systemen eine Bestätigung. Ist der Benutzer, für den die Nachricht bestimmt ist, zum Zeitpunkt des Eintreffens der Nachricht mit dem System im Dialog, so wird ihm eine Meldung auf den Bildschirm eingespielt, daß eine Nachricht für ihn eingetroffen ist. Er kann die Nachricht auf Wunsch abrufen. Ist der Adressat zum Zeitpunkt des Eintreffens der Nachricht nicht im Dialog mit dem System, so wird die Nachricht vom Betriebssystem zwischengespeichert. Zu Beginn des nächsten Dialogs wird dem Benutzer das Vorliegen der Nachricht mitgeteilt. Er kann sie dann abrufen.

Im Zusammenhang mit Nachrichtenübermittlungssystemen sind Adressierungs-, Schutz- und Datensicherungsaspekte von besonderer Bedeutung. Nachrichten sollten nicht verlorengehen und nicht unbefugt empfangen oder gelesen werden.

2.2.6 Zuverlässigkeit und Schutzaspekte

Betriebssysteme sind naturgemäß äußerst komplexe Programmeinheiten. Deshalb enthalten gerade sie häufig Programmierfehler. Darüber hinaus können extreme Belastungssituationen, Eingabefehler und schließlich Hardwarefehler zu Betriebssystemausfällen führen. Jedoch sind gerade Ausfälle von Betriebssystemen besonders unangenehm. Einmal können Betriebssystemausfälle zum kostspieligen Verlust gespeicherter (eingegebener oder berechneter) Information führen. Zum anderen geht teure Rechenzeit verloren. Insbesondere können bei der Betriebsart Prozeßsteuerung durch Betriebssystemausfälle große Folgekosten und Folgeschäden entstehen.

Dementsprechend ist die Zuverlässigkeit und Betriebssicherheit von Betriebssystemen ein entscheidender Gesichtspunkt. Auch unter extremen Betriebsbedingungen, bei fehlerhafter Handhabung und beim Auftreten von Maschinenfehlern müssen Betriebssysteme möglichst unempfindlich reagieren. Wir sprechen dann von *robusten* oder genauer von *fehlertoleranten* Systemen.

Betriebssysteme überwachen und steuern die Eingabe, die Speicherung, den Transport und die Ausgabe und Verarbeitung großer Mengen von Daten der verschiedenen Benutzer. Dabei muß vermieden werden, daß Benutzer unbefugt – sei es unbeabsichtigt, sei es vorsätzlich – auf Datenbestände zugreifen, diese verfälschen, zerstören, lesen oder kopieren. Wir sprechen von *Datenschutz* und *Datensicherung*.

Selbst die ausgeklügeltsten Schutzvorrichtungen sind nicht völlig sicher gegen Einbruch durch Spezialisten von außen und gegen Mißbrauch durch versierte Systemprogrammierer. Diese Problematik muß beim Betrieb von Rechensystemen und der Gestaltung von Betriebssystemen bedacht werden. Klassische Methoden des Datenschutzes sind unter anderem

- Sperrmechanismen,
- Paßwörter,
- Verschlüsselung von Daten (kryptographische Methoden, vgl. BAUER 1993).

Der Schutzaspekt betrifft allerdings nicht nur Datenbestände, sondern ist viel allgemeiner zu verstehen: Es muß auch sichergestellt sein, daß Benutzer nicht auf Betriebsmittel zugreifen, die ihnen nicht zustehen, und nicht in unzulässiger Weise Betriebsabläufe stören und verändern. Das Problem des Datenschutzes verschärft sich, da insbesondere über Rechnernetze der Zugang zu einer großen Zahl von Rechnern technisch möglich ist.

2.3 Betriebsmittelzuteilung

Betriebssystemen obliegt die Aufgabe der Zuteilung der Betriebsmittel. Dabei muß einerseits darauf geachtet werden, daß jedes der Betriebsmittel optimal ausgelastet und eingesetzt wird, und zum anderen, daß die Benutzerprogramme die erforderlichen Betriebsmittel innerhalb angemessener Wartephasen zugeteilt bekommen.

2.3.1 Prozessorvergabe

Im Multiplexbetrieb sind in einem Rechensystem mehrere rechenbereite Programme gleichzeitig vorhanden. Es ist Aufgabe des Betriebssystems, die Vergabe des Prozessors an die einzelnen Programme zu regeln.

Grundsätzlich unterscheiden wir folgende Strategien für die Zuteilung des Prozessor an eines der rechenbereiten Programme:

- LIFO (last-in-first-out, das Kellerprinzip): Die zuletzt unterbrochenen Programme mit höchster Priorität werden zuerst fortgesetzt.
- FIFO (first-in-first-out, das Prinzip der Warteschlange): Die am längsten auf ihre Fortsetzung wartenden Programme (gegebenenfalls mit höchster Priorität) werden zuerst fortgesetzt.
- Mischformen von LIFO- und FIFO-Strategien.

Zur Steuerung der Vergabe wird im Betriebssystem eine Buchführung angelegt, die entsprechende Angaben über die rechenbereiten Prozesse enthält. Eine Möglichkeit, diese Buchführung aufzubauen, besteht im Anlegen von Warteschlangen, in die rechenbereite Programme eingetragen werden. Häufig werden Prioritäten für die Aufträge vergeben, oder es wird mit mehreren Warteschlangen gearbeitet. Die Priorität eines Auftrags kann sich während seiner Ausführungszeit ändern.

Die Dauer der Aktivierungsphase eines Programmes kann durch eine der folgenden Vorgehensweisen bestimmt sein:

- unbeschränkte Ausführung,
- Zeitscheibenverfahren,
- Unterbrechungskonzept.

Werden Programme nicht in einem Zug ausgeführt, sondern wird die Ausführung in viele Aktivitätsphasen aufgebrochen, so sind besondere Vorkehrungen nötig, um die Informationen abzuspeichern, die erforderlich sind, um den Auswertungsprozeß für unterbrochene Programme später wieder aufzunehmen. Die Gesamtmenge aller Informationen (den Programmcode, die Dateien, die Angaben über Betriebsmittel), die die Fortsetzung eines Auswertungsprozesses festlegen, nennen wir *Prozeßpräskription*. Die Prozeßpräskription wird bei der Unterbrechung des Programms im Speicher abgelegt, so daß ein rechenbereites Programm durch die Adresse der ihm entsprechenden Prozeßpräskription identifiziert werden kann. In der Warteschlange brauchen somit nur diese Adressen eingetragen werden.

Viele der in einem System vorhandenen verschiedenen Benutzerprogramme können prinzipiell zeitlich nebeneinander auf parallel arbeitenden Prozessoren ausgeführt werden. Wenn nur ein Prozessor in einem System vorhanden ist, werden die Programme nur scheinbar parallel, tatsächlich aber sequentiell und zeitlich verzahnt ausgeführt. Wir sprechen von *quasi-paralleler Verarbeitung* (auch Quasisimultanbetrieb).

2.3.2 Hauptspeicherverwaltung

Eines der teuersten und knappsten Betriebsmittel im Rechner ist der Hauptspeicher. Zwar sind die Preise für Hauptspeicherbausteine stark zurückgegangen, und es stehen infolge der Techniken der Höchstintegration Hauptspeicher mit immer höherer Kapazität zur Verfügung. Trotzdem ist die geschickte Vergabe des Speichers an die rechenbereiten Programme eine entscheidende Voraussetzung für ein Betriebssystem mit guten Performanzeigenschaften. Es ist Aufgabe des Betriebssystems, die Zuteilung und Nutzung des Hauptspeichers zuverlässig sicherzustellen. Dies umfaßt folgende Aufgaben:

(1) Die Aufteilung des Hauptspeichers in Abschnitte und deren Zuteilung an die einzelnen Benutzerprogramme, so daß rechenbereite Programme in die Lage versetzt werden, ihre Abarbeitung fortzusetzen.

(2) Den Schutz der einzelnen Speicherabschnitte vor unberechtigtem Zugriff durch andere Benutzerprogramme.

Wir betrachten eine einfache Aufgabenstellung im folgenden Beispiel, das dazu dient, die wesentlichen Probleme der Hauptspeicherverwaltung zu verdeutlichen.

Beispiel (Speicherverwaltung in vereinfachter Form). Gegeben sei ein Feld

var [1 : n] **array** **m** h .

Dieses Feld soll benutzt werden, um die Inhalte von k Sequenzen, die im folgenden Segmente (vgl. Abschnitt 2.4.3) genannt werden, der Länge l_i, $1 \leq i \leq k$, zu repräsentieren. Es sei dabei $\sum l_i \leq n$. Die Anzahl k der Segmente kann sich dynamisch während der Ausführung ändern, sei aber beschränkt durch n. Folgende Prozeduren sind dazu zu implementieren:

proc kreiere = (**var nat** i): ⌈ k := k+1; i := k; „lege neues Segment auf h an"⌋,

proc lese = (**nat** i, **nat** j, **var m** x):

"lies im i-ten Segment j-tes Element, und weise es x zu",

proc erweitere = (**nat** i, **m** x):

„erweitere das i-te Segment um ein Element, und besetze es mit x",

proc länge = (**nat** i, **var nat** j): „weise j die Länge des i-ten Segments zu",

proc lösche =: ⌈ „lösche k-tes Segment"; k := k–1 ⌋. □

Wie bei der Realisierung der Aufgabe aus dem Beispiel treten bei der Verwaltung des Hauptspeichers folgende Probleme auf:

(1) Die durch die verschiedenen Prozeßpräskriptionen benötigten Speicherbereiche sind ungleichmäßig groß und können sich während der Ausführung der Programme im Umfang verändern.

(2) Der Hauptspeicher reicht häufig für die Aufnahme aller Daten der Anwendungsprogramme nicht aus.

(3) Inhaltlich zusammengehörige Datenbestände sollten organisatorisch zusammengefaßt werden.

Gängige Techniken der Speicherverwaltung, die diese Probleme weitgehend lösen, sind

- *Segmentierung*,
- *Seitenaustauschverfahren*.

Durch die Techniken der *Segmentierung* wird der Hauptspeicher in viele Teilabschnitte zerlegt. Eine Prozeßpräskription kann mehrere Segmente umfassen. Segmente werden über *Deskriptoren* verwaltet.

Häufig ist der physikalische Hauptspeicher nicht groß genug, um alle im System benötigten Segmente gleichzeitig aufzunehmen. Deshalb unterteilen wir den Hauptspeicher in Abschnitte gleicher Größe, die wir *Kacheln* nennen. Die Segmente werden dann auf einen bedeutend größeren „fiktiven" Speicher, den virtuellen Adreßraum, abgebildet, der in Abschnitte gleicher Größe unterteilt ist, die *Seiten* genannt werden. Ein Teil der Seiten wird in Kacheln im Hauptspeicher gehalten, die restlichen Seiten liegen auf Hintergrundspeichern. Wenn nötig, werden Seiten aus dem Hintergrundspeicher in den Hauptspeicher verlagert und umgekehrt. Eine genauere Beschreibung der Segmentierungstechnik und des Seitenaustauschverfahrens erfolgt im Abschnitt über Implementierungstechniken der Systemprogrammierung.

2.3.3 Zuteilung der Ein-/Ausgabegeräte

Im Gegensatz zum Prozessor (der Zentraleinheit) entnehmen E/A-Geräte ihre Anweisungen meist nicht aktiv aus dem Hauptspeicher. Diese Geräte verfügen in der Regel über einen E/A-Prozessor mit Befehlsregistern, in die von außerhalb (durch die Zentraleinheit) die Anweisungen gespeichert werden. Ist eine Anweisungsfolge im Befehlsregister des Gerätes abgespeichert, so wird ein besonderes Register (ein „Flag") „gesetzt". Durch diese Aktion wird das E/A-Gerät aktiviert und die gespeicherte Anweisungsfolge (autonom) durch das Gerät ausgeführt. Danach wird (durch das Setzen eines Registers) die Beendigung des Auftrages signalisiert. Das Gerät wird wieder inaktiv.

Technisch wird dies realisiert, indem der Speicher wie mit dem Prozessor auch mit weiteren Funktionseinheiten, den *E/A-Kanälen*, über Leitungen verbunden ist. Ebenso wie der Prozessor arbeiten die E/A-Kanäle selbständig mit dem Speicher, nachdem im E/A-Startbefehl die Kanal- und Gerätenummer angegeben wurde. Nach Beendigung des E/A-Auftrags meldet sich der E/A-Kanal beim Prozessor zurück. Der Prozessor kann erneut einen Auftrag erteilen.

Gewisse E/A-Geräte können von mehreren Benutzern gleichzeitig genutzt werden, andere stehen über gewisse Zeitspannen ausschließlich einem Benutzer zur Verfügung. Diese Charakteristik von E/A-Geräten bestimmt wesentlich ihre Einbindung in die Abläufe des Betriebssystems.

2.3.4 Betriebsmittelvergabe im Mehrprogrammbetrieb

Die verschiedenen Betriebsmittel in einem Rechensystem können nicht unabhängig voneinander vergeben werden. Vielmehr stehen die einzelnen Betriebsmittelanforderungen in vielfältigen Beziehungen zueinander.

Man beachte, daß Benutzerprogramme sehr unterschiedliche Anforderungen an das Rechensystem stellen:

- *rechenintensive Programme* belegen vor allem den Prozessor;
- *speicherintensive Programme* belegen vor allem Haupt- und Plattenspeicher;
- *E/A-intensive Programme* belegen vor allem E/A-Geräte;

- *verwaltungsintensive Programme* belegen vor allem Systemdienste und damit entsprechend Kanäle, Speicher und Prozessor.

Beim Mehrprogrammbetrieb ergeben sich zusätzliche Anforderungen an das Betriebssystem:

- Verzögerung bei der Ausführung einzelner Programme zur Auflösung von Konflikten in Betriebsmittelanforderungen,
- faire Zuteilung von Betriebsmitteln,
- Minimierung des Organisationsaufwands,
- Minimierung der Umschaltzeiten bei Unterbrechungen,
- Regelung der Zugriffsrechte auf Datenbestände.

Im Mehrprogrammbetrieb können folgende technische Probleme auftreten:

- Werden zu viele Benutzerprogramme gleichzeitig im System bearbeitet, so kann die gegenseitige Verdrängung der Programme aus dem Speicher nahezu zum Stillstand des Systems führen (wir sprechen anschaulich von *Seitenflattern*).
- Werden zu wenige Benutzerprogramme gleichzeitig im System bearbeitet, so sind gewisse Geräte unter Umständen nicht voll ausgelastet.

Ein gutes Betriebssystem funktioniert auch noch unter hoher Belastung und unter Überlast. Ein Betriebssystem darf bei der Erfüllung seiner Verwaltungsaufgaben nicht zuviele Betriebsmittel (Rechenzeit, Speicherplatz) selbst verbrauchen.

2.3.5 Betriebsmittelzuteilung im Dialogbetrieb

Der Dialogbetrieb führt, verglichen mit dem Stapelbetrieb, auf zusätzliche Anforderungen an Betriebssysteme und die Betriebsmittelzuteilung. Im Dialogbetrieb ist es Aufgabe des Betriebssystems, jeden Benutzer innerhalb zumutbarer Antwortzeiten zu bedienen. Insbesondere hat das Betriebssystem den gesamten E/A-Verkehr zu regeln. Dies betrifft den Verkehr zwischen dem Speicher und den E/A-Geräten.

Im Dialogbetrieb arbeiten die Benutzer an Sichtgeräten. Grundsätzlich kann ein Sichtgerät im Dialogbetrieb in einer der folgenden beiden Betriebsarten arbeiten:

- *halbduplex*: es wird abwechselnd ein- oder ausgegeben,
- *vollduplex*: es wird gleichzeitig ein- und ausgegeben.

Im quasisimultanen Mehrprogrammbetrieb mit einfachen Sichtgeräten bewirkt jedes eingegebene oder auszugebende Zeichen oder Wort eine Unterbrechung. Dies kann zu einer erheblichen Belastung des Prozessors führen. Werden leistungsfähigere Sichtgeräte oder Kanäle eingesetzt, so kann der Prozessor erheblich entlastet werden.

Im Dialogbetrieb hat das Betriebssystem zusätzlich zu seinen klassischen Funktionen folgende Aufgaben:

- Aufsammeln der eingegebenen Zeichen zu Zeichenfolgen und Zusammenfügen dieser Zeichenfolgen zu Kommandos,
- Zuordnen der Ein-/Ausgabe zu den einzelnen Benutzerprogrammen und den Sichtgeräten,

- Ausgabe von Information am Bildschirm als Echo der Eingabe und als echte Ausgabe,
- Verwaltung der dialogspezifischen Benutzerdaten.

Die Kopplung von Sichtgeräteingabe, Kanalwerk und Prozessor kann in vielfältiger Weise erfolgen. Kurze Reaktionszeiten bewirken eine stärkere Belastung des Prozessors. Dies kann durch das Vorschalten spezieller E/A-Prozessoren teilweise vermieden werden.

2.4 Techniken der Systemprogrammierung

Die *Systemprogrammierung* ist die Lehre von dem Entwurf, der Realisierung und den Eigenschaften des Komplexes von Programmen für ein Rechensystem, welcher die Annahme und Bearbeitung von Aufträgen unter gewissen, im Einzelfall näher festzulegenden Optimalitätsgesichtspunkten organisiert und zum Teil selbst durchführt. Mögliche Optimalitätsgesichtspunkte sind dabei:

- Zuverlässigkeit,
- Komfort der Benutzerschnittstelle,
- Antwortzeiten,
- Beherrschbarkeit der Auftragssituation,
- Änderungsfreundlichkeit,
- Robustheit.

Typische Aufgaben der Systemprogrammierung liegen in der Gestaltung von Betriebssystemen und in der Realisierung von Systemprogrammen, die nicht zu Betriebssystemen im engeren Sinn gehören. Dazu zählt beispielsweise die Kommunikationssoftware, die beim Aufbau von Rechnernetzen benötigt wird.

Dienstleistungsprogramme wie Editoren, Interpretierer und Übersetzerprogramme werden heute nicht als Bestandteile des Betriebssystems im engeren Sinne angesehen. Ihre Erstellung kann ebenfalls zum Arbeitsfeld des Systemprogrammierers gerechnet werden. Aufgabenbereiche und Grobstrukturen von Betriebssystemen sind in den vorangegangenen Abschnitten bereits behandelt worden. Wir wenden uns nun einer Reihe besonders wichtiger Einzelkonzepte zu, wie sie in heutigen Betriebssystemen auftreten.

2.4.1 Das Unterbrechungskonzept

Das Ziel der optimalen Ausnutzung und Auslastung aller Geräte eines Rechensystems legt Mehrprogrammtechniken nahe. Dazu werden die Ausführungsphasen eines jeden Programmes in viele einzelne Teile aufgebrochen. Dies bedeutet, daß die Ausführung der Programme in der Regel mehrfach unterbrochen wird. Wir sprechen vom *Unterbrechungskonzept*. Für die Unterbrechung der Ausführung eines Benutzerprogrammes gibt es mehrere Gründe:

- Die zugeteilte Prozessorzeit ist aufgebraucht.

- Geräte oder Dateien, die momentan nicht zur Verfügung stehen, werden für die Programmausführung benötigt.
- Ein E/A-Gerät meldet sich beim Prozessor zurück.
- Der Operator (oder Benutzer) unterbricht die Ausführung.
- Ein Fehler tritt auf.

Wird die Unterbrechung der Ausführung eines Benutzerprogrammes durch ein externes Ereignis ausgelöst, dann sprechen wir von einem *Eingriff*, sonst von einem *Alarm*. Im Falle eines Eingriffs wird die aktuelle Ausführung eines Benutzerprogramms unterbrochen, weil ein externes Ereignis wie etwa die Rückmeldung eines E/A-Gerätes oder ein Kommando des Operators vorliegt.

Neben den bereits angeführten Unterbrechungsgründen kann eine Vielzahl von Fehlerfällen zu Unterbrechungen führen. Beispiele sind Speicherschutzalarm (unzulässige Bitsequenz im Adreßteil eines Befehls), Operationsalarm (unzulässige Bitsequenz im Operationsteil eines Befehls), Maschinenalarm (Hardwarefehler).

Beispiel (Prozessor mit Unterbrechungskonzept). Schematisch könnte der Befehlszyklus für einen Prozessor mit Unterbrechungskonzept wie folgt aussehen:

```
while true do
    Hochzählen des Befehlszählers;
    Berechnung der absoluten Befehlsadresse;
    Speicherschutzüberprüfung (gegebenenfalls Speicherschutzalarm);
    falls Unterbrechung, Unterbrechungsbehandlung;
    Berechnung der absoluten Operandenadressen;
    Speicherschutzüberprüfung (gegebenenfalls Speicherschutzalarm);
    Befehlsüberprüfung (gegebenenfalls Operationsalarm);
    Befehlsausführung
od
```

In diesem Beispiel können sowohl Eingriffe, als auch interne Ereignisse (wie etwa Fehlersituationen während der Befehlsausführung, beispielsweise Division durch Null) auftreten, die einen Abbruch der Ausführung des gerade ablaufenden Programms erzwingen. ❑

Das Auftreten eines Eingriffs oder Alarms führt zum Abbruch des momentan im Prozessor ausgeführten Programms. Natürlich kann die Ausführung, oder genauer der Befehlszyklus, nicht an beliebiger Stelle unterbrochen werden, sondern nur an solchen Stellen, die ein späteres Fortsetzen des unterbrochenen Programms ohne weiteres möglich machen. Beim Eintreten der Unterbrechung müssen alle Informationen über den Programmzustand (darunter alle relevanten Registerinhalte) gerettet werden, die benötigt werden, um später eine korrekte Fortsetzung zu gestatten. Eine konkrete Repräsentation für die Prozeßpräskriptionen muß abgespeichert werden.

Die Familie der relevanten Registerinhalte nennen wir den *(Prozessor-)Status* des Benutzerprogramms. Der Status ist Bestandteil der Prozeßpräskription. Das Retten des Status durch Abspeichern, sowie die Durchführung der entsprechenden Verwaltungsaktionen (Eintragen des unterbrochenen Auftrags in dafür bestimmte Warteschlangen) bilden den ersten Teil der Unterbrechungsbehandlung.

Nach Abspeicherung des Status des unterbrochenen Programms wird ein Betriebssystemprogramm gestartet, das entsprechend der Unterbrechungsursache die notwendigen organisatorischen Maßnahmen trifft. Es kann nicht ausgeschlossen werden, daß während der Durchführung dieser Maßnahmen ein weiterer Eingriff oder Alarm auftritt und somit eine weitere Unterbrechung erforderlich wird. Es ist jedoch nicht sinnvoll oder zumindest fehleranfällig, die Unterbrechungsbehandlung selbst zu unterbrechen. Deshalb führen wir das Konzept der *Unterbrechungssperre* ein. Technisch heißt das beispielsweise, daß bei der Ausführung von Betriebssystemprogrammen ein spezielles Bit gesetzt wird, so daß ein Eingriff keine sofortige Unterbrechung erzeugt. Die Unterbrechungsinformation wird zwischengespeichert („gepuffert") und erst berücksichtigt, wenn die Unterbrechungssperre freigegeben wird. In komplexeren Betriebssystemen können Hierarchien verschiedenartiger Unterbrechungssperren existieren, die nur gewisse Eingriffe zurückstellen, von anderen aber durchbrochen werden können.

Das Setzen der Unterbrechungssperre muß, wie eine Reihe anderer Befehle (etwa das Setzen gewisser Register oder der Uhr des Rechners etc.), ein *privilegierter Befehl* sein. Privilegierte Befehle müssen den Systemprogrammen und den Operatoren vorbehalten bleiben und stehen dem Normalbenutzer nicht zur Verfügung. Dadurch wird sichergestellt, daß Normalbenutzer weder unbeabsichtigt noch beabsichtigt in unzulässiger Weise auf das Systemverhalten einwirken können. Wäre es dem Benutzer erlaubt, die Unterbrechungssperre zu setzen, so könnte er beispielsweise in unerwünschter Weise das Betriebsmittel Prozessor ausschließlich für sich reservieren.

In Rechensystemen mit Unterbrechungskonzept unterscheiden wir somit zwei Ausführungsmodi:

- Vom *Normalmodus* sprechen wir in den Phasen der Ausführung von Benutzer- und Systemprogrammen im weiteren Sinn. Es sind keine privilegierten Befehle zugelassen, und die Programme arbeiten mit virtueller Adressierung (vgl. die folgenden Abschnitte).
- Vom *Systemmodus* sprechen wir bei der Ausführung von Betriebssystemprogrammen im engeren Sinn. Dabei sind privilegierte Befehle zugelassen. Es ist eine Adressierung des physikalischen Speichers zulässig.

Wir unterscheiden zwischen dem Systemmodus mit und dem Systemmodus ohne Unterbrechungssperre.

Wir erläutern das Unterbrechungskonzept am Beispiel der fiktiven Rechenmaschine MI, die bereits in Teil II eingeführt wurde. In der MI werden Systemdienste durch Zahlen identifiziert und durch *Systemaufrufe* aktiviert. Dies erfolgt durch den Befehl

CHMK n (ohne Kennung; „change modus to kernel").

Die Rückkehr aus einem Systemaufruf erfolgt durch den Befehl

REI (ohne Kennung, ohne Adresse; „return from interrupt").

Wie Benutzerprogramme verfügt das System über einen speziellen Keller, genannt Systemkeller. Der Befehl **CHMK** n speichert die für eine spätere Fortsetzung des ausgeführten Programms mindestens erforderliche Informationen in den Systemkeller. Es werden folgende drei Werte in der genannten Reihenfolge abgespeichert:

- die Kennzahl (die Adresse) n für den auszuführenden Systemdienst,
- der aktuelle Wert des Befehlszählers,
- der aktuelle Wert des Programmstatusregisters PSW.

Anschließend wird der Systemmodus der aktuelle Arbeitsmodus, und das Register PSW wird entsprechend besetzt. Der Befehlszähler wird auf die Anfangsadresse des angesprochenen Systemdiensts eingestellt.

REI ist ein privilegierter Befehl und stellt die alten Werte für den Befehlszähler und das Statusregister PSW wieder her und setzt den Keller zurück.

Die Durchführung eines Systemaufrufs (die Adresse n kennzeichnet den angeforderten Systemdienst) erfolgt bei der MI nach folgendem Schema:

(1) *Systemaufruf im Programm*:	Bereitstellen der Parameter im Keller;
	CHMK n ;
	Nach Rückkehr: Löschen der Parameter;
(2) *Systemunterprogramm*:	PCB retten;
	den durch n codierten Systemdienst ausführen;
	Auswählen eines fortsetzbaren Prozesses;
	Laden des PCB;
	REI

Hier bezeichnet PCB den Prozeßkontrollblock (engl. process control block), der einen wesentlichen Teil der Prozeßpräskription darstellt und den wir im folgenden genauer erläutern.

Der Programmzustand besteht aus der Zusammenfassung aller charakteristischen Größen, die für die Programmausführung bedeutsam sind. Man beachte, daß wir alle für die Programmausführung relevanten Registerinhalte bis auf die Zeit wiederherstellen können.

Der Programmzustand eines Prozesses wird durch die Belegung der Register des Prozessors beschrieben, solange das Programm aktuell ausgeführt wird. Ist die Programmausführung unterbrochen und wird das Programm *inaktiv*, so wird der Programmzustand im Prozeßkontrollblock (PCB) festgehalten. Der Prozeßkontrollblock umfaßt folgende Informationen:

- Kellerpegel SP im Systemmodus,
- Kellerpegel SP im Benutzermodus,
- Registerinhalte (R0, ..., R15),
- Prozeßstatuswort PSW,
- Anfangsadresse und Länge (Anzahl Seiten) der Seitentabelle des Speicherbereichs für das Benutzerprogramm,
- Anfangsadresse und Länge der Seitentabelle des Speicherbereichs für den Benutzerkeller.

Die genauere Bedeutung der Seitentabelle werden wir im Zusammenhang mit der Technik der virtuellen Adressierung erläutern.

Für ein Programm in aktiver Ausführung steht die Adresse seines Prozeßkontrollblocks (PCB) in einem speziellen Register (genannt PCBADR). Im Prozeßstatuswort PSW stehen unter anderem folgende Informationen:

CM (Bit 6, 7) Current mode **OO** entspricht Systemmodus,

LL entspricht Benutzermodus,

PM (Bit 8, 9) Previous mode,

N (Bit 28) Negativbedingungsanzeige,

Z (Bit 29) Nullbedingungsanzeige,

V (Bit 30) Überlaufbedingungsanzeige,

C (Bit 31) Übertragsbedingungsanzeige (carry flag),

IV (Bit 26) Schalter für Integer-Überlaufanzeige.

Ist das IV-Bit nicht gesetzt, so erfolgt bei Überlauf der Arithmetik eine Unterbrechung. Andernfalls wird lediglich das Bit V gesetzt.

Zum Retten bestimmter Registerinhalte sind privilegierte Befehle vorgesehen. Die Befehle

SPPCB

und

LPCB

benötigen keinen Operanden und bewirken das Abspeichern des PCB in den Speicher beziehungsweise das Laden des PCB aus dem Speicher, wobei der Wert im Register PCBADR als Anfangsadresse dient.

2.4.2 Koordination und Synchronisation

In Multiprogramm- und Multiprozeßsystemen ist häufig die Koordination der Abläufe gewisser Programmabschnitte erforderlich. Diese Koordination kann über Semaphore erfolgen (vgl. Abschnitt 1.3.2). Auf Hardwareebene stehen jedoch häufig nur primitivere Koordinationsmechanismen zur Verfügung, auf die die Realisierung von Semaphoren abgestützt werden muß.

Adressen	Speicherinhalte
. . .	. . .
β	$b_0\ b_1\ b_2\ b_3\ b_4 \ldots b_\alpha \ldots$
. . .	. . .

Abb. 2.4. Speicherstruktur für JBSSI-Befehl

In der MI steht für die Koordination und Synchronisation folgender Befehl zur Verfügung:

JBSSI („jump on bit set and set interlocked“) .

Dieser Befehl wird unteilbar (ununterbrechbar) ausgeführt. d.h. seine Ausführung kann nicht unterbrochen werden. Der Befehl verwendet drei Operanden:

JBSSI α, β, γ .

Mit Hilfe dieser Operanden wird ein Bit in einem Bitfeld, wie in Abb. 2.4 dargestellt, adressiert.
Dabei seien

β, γ Operandenspezifikationen (Speicheradressen),
α die Relativadresse des Bits (Bitzahl) in dem durch die Adresse β gekennzeichneten Byte.

Die Ausführung des Befehls **JBSSI** α, β, γ bewirkt folgende Zustandsänderung für die MI:

- Setzen des Befehlszählers auf den durch γ spezifizierten Wert, falls das durch α und β gekennzeichnete Bit den Wert **L** hat.
- Setzen dieses Bits auf **L**.

Der Befehl führt also in jedem Fall auf einen Zustand, in dem das angesprochene Bit den Wert **L** hat. Falls das Bit vor Ausführung des Befehls bereits diesen Wert hat, wird der Befehlszähler entsprechend gesetzt. Wir sprechen bei dieser Art von Befehlen auch von „test and set"-Befehlen.

Der Befehl

JBCCI („jump on bit cleared and clear interlocked")

wirkt völlig analog zum Befehl **JBSSI**, bis auf die Tatsache, daß der Befehlszähler auf γ gesetzt wird, falls das angesprochene Bit den Wert **O** hat. Das Bit wird in jedem Fall auf **O** gesetzt. Durch die beiden angegebenen Befehle lassen sich Semaphore realisieren.

Die Befehle **JBSSI** und **JBCCI** lassen sich in programmiersprachlicher Notation wie folgt darstellen. Sei dabei b das durch α und β bestimmte Bit. Der Befehl **JBSSI** entspricht folgender Anweisung:

await true then if b = **L then goto** γ **else** b := **L fi endwait**

Der Befehl **JBCCI** entspricht folgender Anweisung:

await true then if b = **O then goto** γ **else** b := **O fi endwait** .

Mit Hilfe des Befehls **JBSSI** können wir insbesondere Wiederholungsanweisungen der Form

γ: **await true then if** b = **L then goto** γ **else** b := **L fi endwait**

programmieren. Diese werden als „*busy waiting*" bezeichnet. Sie erlauben, ein Programm in einem Wartezustand zu halten. Die Technik des busy waiting ist nicht fair. Wenn viele Programme gleichzeitig solche Schleifen ausführen, kommen möglicherweise gewisse Prozesse nie zum Zug („starvation" aufgrund fehlender Fairneß).

Ein weiteres klassisches Beispiel für primitive Koordinationsmechanismen auf Maschinenebene sind Befehle, die in einer einzigen, unteilbaren, privilegierten Aktion die Inhalte gewisser Speicherzellen beziehungsweise Register vertauschen. Dabei wird in Multiprozessorsystemen auf Hardwareebene sichergestellt, daß jeweils genau ein Prozessor zu einem Zeitpunkt solch einen Tausch ausführen darf.

Für Betriebssysteme läßt sich insbesondere das Konzept der Semaphore verwenden. Allerdings arbeiten wir dann in der Regel mit Warteschlangen und realisieren Semaphoroperationen über Systemaufrufe, die bei gesetzter Unterbrechungssperre ausgeführt werden.

Beispiel (Realisierung von Semaphoren mit Hilfe der Synchronisationsbefehle und des Systemaufrufbefehls). Wir realisieren das natürlichzahlige Semaphor s in der MI durch eine natürlichzahlige Variable s und durch die Boolesche Variable b. Sei s mit 1 und b mit **L** initialisiert.

```
proc P = ( var bool b, var nat s ):
  ⌈ a: await true then if b = O then goto a else b := O fi endwait;
       if s > 0
       then   s := s–1;
              await true then if b = L   then goto fehler
                                         else b := L
              fi endwait
       else   await true then if b = L   then goto fehler
                                         else b := L
              fi endwait;
              goto a
       fi                                ⌋

proc V = ( var bool b, var nat s ):
  ⌈ a: await true then if b = O then goto a else b := O fi endwait;
       s := s+1;
       await true then if b = L then goto fehler else b := L fi endwait   ⌋
```
□

Diese Realisierung von Semaphoren durch Programmvariablen ist nicht fair. Gewisse Prozesse können unendlich lange in den Warteschleifen bleiben.

Für eine faire Realisierung bieten sich Warteschlangen an. Wir realisieren das Semaphor s in der MI durch eine Variable s nach folgendem Schema:

P(s) wird simuliert durch **CHMK**:
Das System versetzt den Prozeß in einen Wartezustand, falls s = 0; sonst setzt das System den Wert von s herunter und fährt mit der Ausführung des Prozesses fort.

V(s) wird simuliert durch **CHMK**:
Das System weckt den nächsten wartenden Prozeß auf, falls die Warteschlange nicht leer ist, sonst wird die Variable s um eins erhöht.

Man beachte, daß hier P beziehungsweise V nicht mehr einfache Prozeduraufrufe sind, sondern Betriebssystemroutinen, die auf interne Implementierungsdetails zugreifen und Identifikatoren für Programme benutzen. Insbesondere wird ein Programm, das P aufruft, gegebenenfalls unterbrochen und in eine Warteschlange eingereiht. Die

Prozeduren P und V müssen unter Unterbrechungssperre ausgeführt werden und enthalten privilegierte Befehle. □

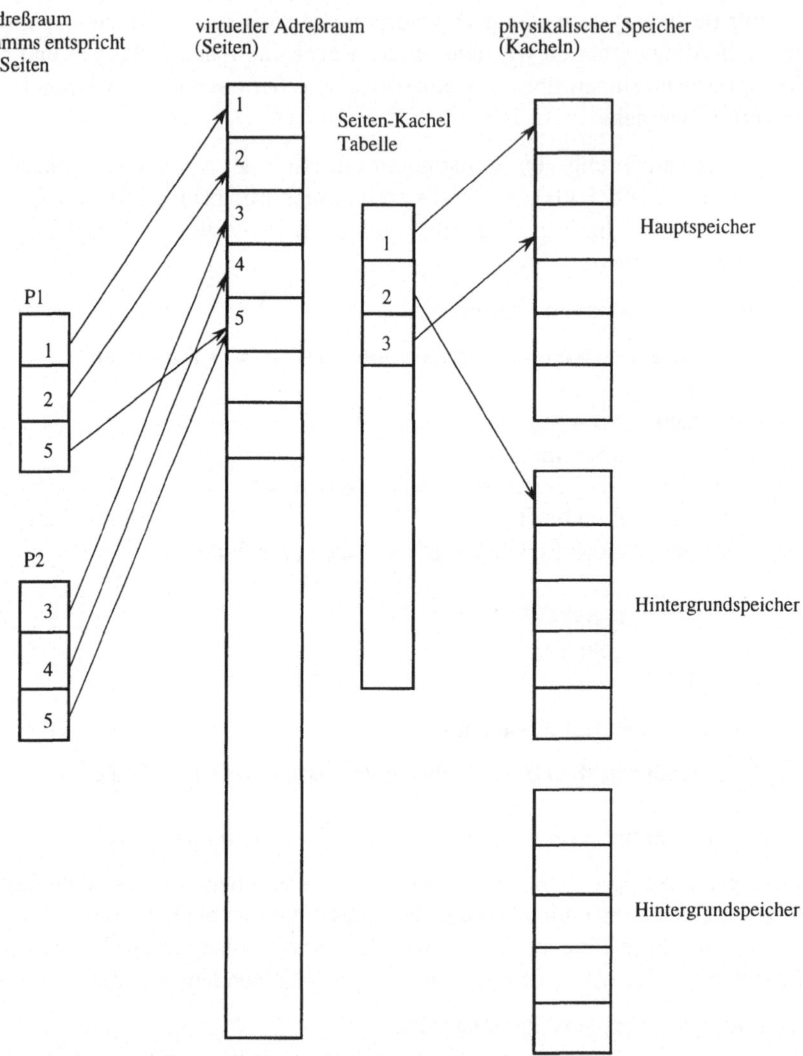

Abb. 2.5. Organisation des virtuellen Speichers

Die Realisierung von Semaphoren durch die beschriebenen Befehle stellt ein typisches Beispiel für die Systemprogrammierung dar, bei der nichtpriviligierte Befehle und Aufrufe von Systemdiensten gemischt werden.

2.4.3 Segmentierung

Die Gesamtmenge der Speicherzellen (der Adressen) auf die ein Benutzer während der Ausführung seines Auftrags (exklusiv) zugreifen kann, nennen wir den *Benutzeradreßraum*. Häufig wird der Adreßraum einer Rechenanlage in *Segmente* unterteilt, in denen (inhaltlich, beziehungsweise organisatorisch zusammengehörige) Speicherzellen zusammengefaßt sind. Segmente können über Bezeichnungen identifiziert werden. Sie besitzen Anfangsadressen. Speicherplätze in Segmenten werden über relative Adressierung mit Hilfe der Anfangsadresse angesteuert. Die Längen der Segmente (die Anzahl ihrer Speicherplätze) können unterschiedlich sein und sich auch dynamisch ändern. Man beachte, daß Segmente im Hauptspeicher physikalisch nicht notwendigerweise zusammenhängend dargestellt werden und nicht alle Segmente gleichzeitig im Hauptspeicher verfügbar sein müssen. Allgemein gelten für viele Betriebssysteme folgende Aussagen:

- Der Adreßraum einer Prozeßpräskription besteht aus einer Familie von Segmenten (deren Anzahl sich ändern kann).
- Für jedes Programmstück und jeden Datenbereich wird ein Segment angelegt (unter Einschluß der Daten für die Regelung der Zugriffsrechte und -eigenschaften).
- Die Inhalte von Segmenten werden über das Paar (B, β), bestehend aus der Segmentbezeichnung B und der Relativadresse β, angesteuert.
- Programmstücke in eigenen Segmenten sind als Unterprogramme organisiert.

Durch die Technik der Segmentierung werden in Betriebssystemen *virtuelle Adreßräume* geschaffen. Der Programmierer braucht nicht länger in technisch (physikalisch) vorgegebenen Speicherstrukturen zu denken und zu programmieren, sondern organisiert sein Programm in Segmenten. Die Abbildung vom virtuellen auf den physikalischen Adreßraum leistet das Betriebssystem.

Beispiel (Implementierung der Segmentierung). Eine Implementierung der Segmenttechnik könnte wie folgt aufgebaut werden. Für jeden Benutzerabschnitt wird eine *Segmenttabelle* angelegt. Das Betriebssystem verwaltet ein *Segmenttabellenregister*, das die Adressen der Segmenttabellen der einzelnen Abschnitte enthält. Die Segmenttabelle enthält (numerierte) Segmente eines Benutzerabschnittes und ihre Abbildung auf Anfangsadressen im physikalischen Speicher. Somit besteht die Adresse eines Segments aus Segmenttabellennummer, Segmentnummer und relativer Adresse. ❑

Die Segmentierung bietet folgende entscheidende Vorteile:

- einfache Zugriffsstruktur für den Benutzer,
- übersichtliche Organisation der Zugriffsrechte.

Allerdings wird durch die Segmentierung das Problem der beschränkten Speicherkapazität nicht entschärft. Dazu verwendet man die Idee des virtuellen Speichers, die wir im folgenden Abschnitt besprechen.

2.4.4 Seitenaustauschverfahren

Trotz Halbleiterspeichern und Hochintegration reicht der im Hauptspeicher vorhandene Platz in vielen Betriebssituationen nicht aus, um alle in der Maschine vorhandenen Programme und ihre Daten aufzunehmen. Deshalb hält man nur einen Teil dieser Informationen direkt im Hauptspeicher und legt den übrigen Teil in Hintergrundspeichern ab.

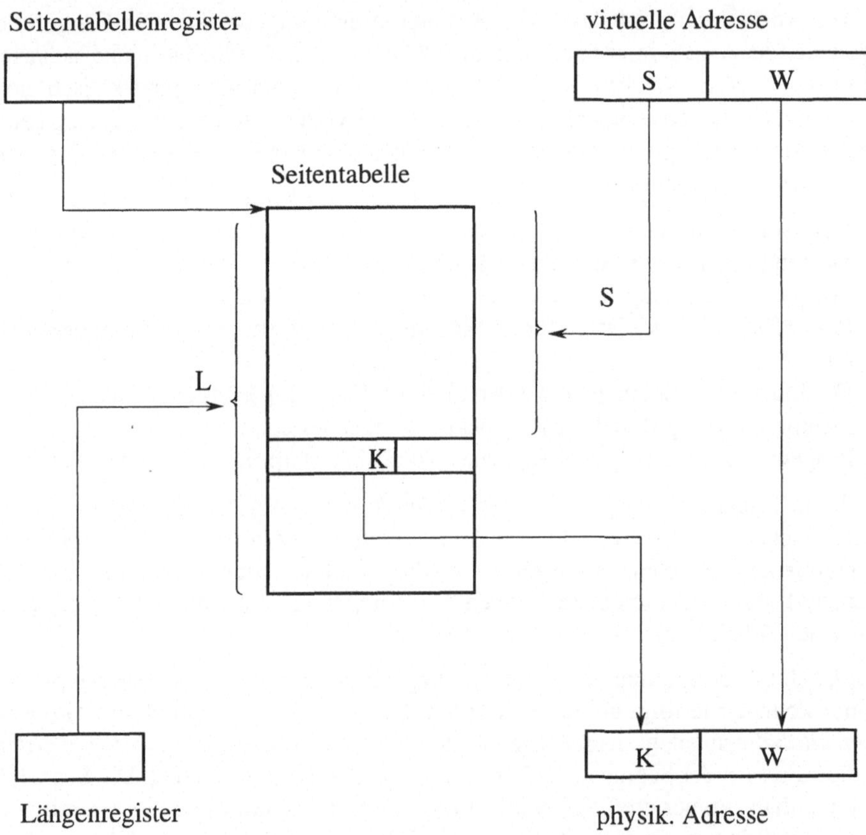

Abb. 2.6. Ansteuerung physikalischer Adressen durch virtuelle Adressen

Eine verbreitete Technik geht von einem viel größeren fiktiven, *virtuellen* Hauptspeicher aus, als physisch tatsächlich vorhanden. Dieser wird in eine Reihe von gleichgroßen Teilen (*Seiten*, engl. *pages*) zerschnitten, und nur eine beschränkte Teilmenge der Seiten wird im physikalischen Hauptspeicher gehalten. Soll auf eine nicht im Hauptspeicher vorhandene Seite lesend oder schreibend zugegriffen werden, so wird diese Seite vom Hintergrundspeicher in den Hauptspeicher transportiert. Im Gegenzug wird notfalls eine andere Seite aus dem Hauptspeicher auf den Hintergrundspeicher ausgelagert. Wir sprechen auch hier vom *virtuellen Speicher* und speziell vom *Seitenaustauschverfahren* (engl. *paging*).

Bei diesem Verfahren wird der physikalische Hauptspeicher in eine Anzahl gleichgroßer Stücke („*Kacheln*") unterteilt, die jeweils eine Seite des virtuellen Speichers aufnehmen können. Der virtuelle Adreßraum eines Programms entspricht hierbei einer Anzahl von Seiten. Der physikalische Hauptspeicher und die diversen Hintergrundspeicher entsprechen einer Anzahl von Kacheln. Die Zuordnung von Seitennummern zu Kachelnummern wird durch die *Seitentabelle* (auch *Seiten-Kachel-Tabelle* genannt) angegeben.

Eine virtuelle Adresse besteht dann aus Seiten- und Wortnummer (der relativen Adresse in der Seite), eine physikalische Adresse (im Hauptspeicher) aus Kachel- und Wortnummer. Ist die gewünschte Seite nicht im Hauptspeicher (ist keine Kachelnummer in der Seitentabelle vorhanden) sondern im Hintergrundspeicher, so wird sie in den Hauptspeicher transportiert und in eine Kachel geschrieben. Falls erforderlich, wird eine andere Seite ausgelagert, um diese Kachel frei zu machen. Die Ansteuerung der Speicherzellen kann dann wie in Abb. 2.6 dargestellt vorgenommen werden.

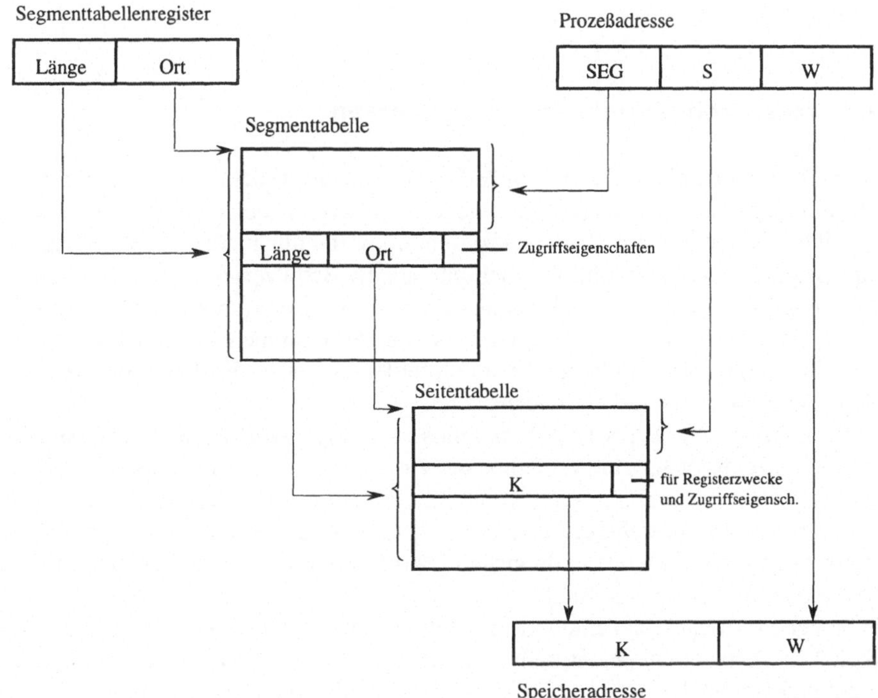

Abb. 2.7. Kombination von Seitenaustauschverfahren und Segmentierung

Wichtiger Bestandteil des Seitenaustauschverfahrens ist die *Strategie* des Seitenaustausches. Darunter verstehen wir die Regelung der Frage, wann welche Seiten in den Hauptspeicher verlagert und umgekehrt in den Hintergrundspeicher ausgelagert werden. Man kann bemüht sein, fast den ganzen Adreßraum eines Abschnitts im Hauptspeicher zu halten, oder im anderen Extrem nur einige wenige Seiten pro Abschnitt. Wird eine ungeschickte Strategie gewählt, so kann dies zu *Seitenflattern* (engl. thrashing) führen. Dann werden zu viele Transportbefehle ausgeführt, und die Seitenaustauschrate ist so hoch, daß Kanäle und Hintergrundspeicher nicht Schritt halten können. Die Ausführungszeiten für die Programme werden zu hoch.

Das Prinzip des virtuellen Speichers hat für die Verwaltung des Hauptspeichers folgende Vorteile:

- Durch die Speicherzerstückelung kann eine flexible Vergabe und Erweiterung des zugewiesenen Speichers ohne Umspeicherung im Hauptspeicher erfolgen.
- Es entsteht ein größerer (virtueller) Adreßraum als physikalisch vorhanden.
- Es wird eine Speicherüberlagerung möglich. Dadurch wird die Ausführbarkeit von Abschnitten unterstützt, deren Programme und Daten nicht vollständig im Speicher stehen.
- Gemeinsame Speicherabschnitte sind einfach handhabbar.

Seitenaustauschverfahren dienen der Organisation der Zuteilung des Betriebsmittels Hauptspeicher. Der Organisation des Adreßraums eines Abschnitts dienen Segmentierungstechniken. Die Kombination von Segmentierung und Seitenadressierung wird in Abb. 2.7 dargestellt.

2.4.5 Verschiebbarkeit von Programmen

Beim Mehrprogrammbetrieb kann ein Auftrag mehrfach aus dem Hauptspeicher in den Hintergrundspeicher ausgelagert und wieder zurückverschoben werden. Dabei wäre es umständlich, zu fordern, daß das Programm jeweils die gleiche absolute Lage im Hauptspeicher einnehmen soll. Folglich müssen die Benutzerprogramme so gestaltet sein, daß sie im Speicher verschiebbar sind (vgl. relative Adressierung in Teil II). Man arbeitet grundsätzlich mit relativ adressierten Programmen, die in Segmenten abgelegt sind. Segmente sind Intervalle im virtuellen Speicher, die durch ihre *Anfangsadresse* und *Endadresse* gekennzeichnet sind.

Die beschriebene Adressiertechnik läßt sich einfach hardwareseitig unterstützen. Wir sehen zwei Register zur Aufnahme der Anfangs- und der Endadresse vor. Diese Register nennen wir *Basisregister* und *Endregister*. Bei der Ausführung des Programms wird im Befehlszyklus relativ zum Basisregister adressiert (dynamische Fixierung) und mit Hilfe des Endregisters geprüft, ob das zulässige Speicherintervall eingehalten wird (Speicherschutz).

Das Setzen von Basis- und Endregister ist ein privilegierter Befehl, der dem System vorbehalten bleiben muß (andernfalls kann der Speicherschutz umgangen werden). Im Systemmodus muß der Speicherschutz zumindest teilweise ausgeschaltet werden, um den Systemprogrammen den Zugriff auf die benötigten Informationen zu ermöglichen (absolute Adressierung). Es existieren damit unterschiedliche Adreßmodi.

2.4.6 Simultane Benutzbarkeit von Unterprogrammen

Gewisse Programmteile (abgespeichert in bestimmten Segmenten) werden im Multiplexbetrieb von mehreren Abschnitten verwendet. Es wäre ineffizient und aufwendig, wenn alle diese Abschnitte Kopien des entsprechenden Codes besitzen würden. Deshalb stellt man solche Codeabschnitte in speziellen Speicherbereichen zur „simultanen"

Benutzung zur Verfügung. Sollen Unterprogramme simultan benutzbar sein, so erfordert dies besondere Vorkehrungen.

Ein Programmstück, das im Durchschnitt von Adreßräumen die korrekte Ausführung ohne Maßnahmen zum gegenseitigen Ausschluß garantiert, heißt *simultan benutzbar* (eintrittsinvariant, unterbrechungsinvariant, engl. reentrant). Technisch heißt das, daß programmspezifische Daten und Adressen nur über Leitadressenversorgung angesteuert werden und diese Leitadressenversorgung gewissen Konventionen genügt. Demnach sind bei simultan benutzbaren Programmen folgende Anforderungen zu berücksichtigen:

- Innerhalb des Segments, das das simultan benutzbare Programm enthält, darf nicht abgespeichert werden.
- Alle Speicherzellen, die während der Ausführung des Unterprogramms geändert werden, werden über das Translationsregister angesteuert und liegen in einem vom aufrufenden Programm exklusiv bereitgestellten Bereich.
- Der Speicherschutz ist eingeschränkt.
- Das Laden des Translationsregisters ist ein privilegierter Befehl.
- Die Ansteuerung der Parameter und Hilfszellen hat nach festen Regeln (vgl. Parameterversorgung in Teil II) zu geschehen.

Diese Anforderungen können hardwareseitig unterstützt werden, beispielsweise durch Einführung spezieller Register (vgl. Translationsregister in [Seegmüller 76]), oder durch eine entsprechende Programmierdisziplin erreicht werden.

2.4.7 Steuerung von E/A-Geräten

Die Zuteilung von Geräten durch ein Betriebssystem ist bestimmt durch die E/A-Anforderungen der Benutzerprogramme. Im E/A-Verkehr werden Daten vom Eingabegerät über eine Steuereinheit durch einen Kanal in den Hauptspeicher übertragen. Die Ausgabe erfolgt analog in der umgekehrten Richtung.

Hintergrundspeicher und E/A-Geräte arbeiten elektromechanisch und sind so im Gegensatz zu Prozessor und Hauptspeicher, die rein elektronisch arbeiten, bedeutend langsamer. Deshalb arbeiten der Prozessor und diese Geräte *asynchron* und sind über Kanäle verbunden. hardwaretechnisch ist ein Kanal eine einfache, programmierbare Hardwareeinheit, die einfache Kanalprogramme ausführen kann. Ein Kanalprogramm besteht aus einer Folge von Befehlen, die den über den Kanal fließenden Datenverkehr steuern.

Benutzerprozesse
Speicherverwaltung und Dateisystem
Gerätetreiber (Plattenspeicher, Sichtgeräte, Zeitgeber, ...) und Systemtabellenverwaltung
Prozeßverwaltung

Abb. 2.8. Betriebssystemschichten

Ebenso wie der Prozessor arbeiten also die Kanäle selbständig mit dem Speicher. Wir sagen deswegen, daß in einem solchen System mehrere aktive Komponenten oder Interpretierwerke vorhanden sind. Kanäle können auf eine der folgenden zwei Weisen betrieben werden:

- Durch Unterbrechung: Kanäle unterbrechen die Ausführung von Benutzerprogrammen, um vom Prozessor neue Aufträge zu erhalten (engl. interrupt).
- Durch wiederholtes Abfragen: Der Prozessor fragt periodisch die Kanäle ab, um gegebenenfalls neue Aufträge zu erhalten (engl. polling).

Die verschiedenen Betriebssituationen eines Systems für Mehrprogrammbetrieb lassen sich wieder als Zustandsübergangssystem beschreiben.

2.5 Betriebssystemstrukturen

Dieser Abschnitt gibt einen kurzen abschließenden Überblick über die Strukturierung von Betriebssystemen.

2.5.1 Betriebssystemstrukturierung

Betriebssysteme sind umfangreiche und komplexe Programmstrukturen. Es empfiehlt sich ein sorgfältig strukturierter Aufbau. Dazu unterteilen wir ein Betriebssystem typischerweise in Schichten. Abb. 2.8. zeigt ein Schichtenmodell eines Betriebssystems. Die untersten zwei Schichten werden oft als *Betriebssystemkern* bezeichnet und in einem Programm zusammengefaßt.

Tabelle 2.1. Einige gebräuchliche Betriebssysteme

Bezeichnung	Hersteller	Anwendung
OS/360	IBM	Großrechnerbetriebssystem für Mehrprogrammbetrieb
BS2000	Siemens	Großrechnerbetriebssystem für Mehrprogrammbetrieb
VMS	DEC	Großrechnerbetriebssystem für Mehrprogrammbetrieb
UNIX	Bell Labs	Time-Sharing-Betriebssystem für Arbeitsplatzrechner
MS-DOS	Microsoft	PC-Betriebssystem
Windows	Microsoft	PC-Betriebssystem
Windows NT	Microsoft	netzwerkfähiges PC-Betriebssystem
MAC-OS	Apple	PC-Betriebssystem

Es gibt eine Vielzahl von Betriebssystemen. Diese Vielfalt ist zum einen durch die unterschiedlichen Anwendungsgebiete, Betriebsarten und Rechenanlagen bedingt. Darüber hinaus bestimmen Herstellerinteressen und kommerzielle Aspekte die Auswahl der in der Praxis eingesetzten Betriebssysteme. Tabelle 2.1 listet einige gebräuchliche Betriebssysteme auf.

Bedingt durch die Rahmenerfordernisse an Effizienz, Geräteauslastung und Benutzerfreundlichkeit wird bereits in Systemen mit Stapelbetrieb, aber stärker noch in

Systemen mit Dialog- oder für Echtzeitbetrieb eine Vielzahl verschiedenartiger Aufgaben zeitlich verzahnt beziehungsweise nebeneinander ausgeführt. Auf Maschinenebene bedeutet das lediglich, daß immer wieder neue Fragmente von Maschinenbefehlssequenzen ausgeführt werden. In Monoprozessorsystemen läuft stets ein *sequentielles* Programm ab.

Aus der Sicht des Entwurfs von Betriebssystemen ist es jedoch wichtig, die einzelnen Aufgabenkomplexe als eigenständige Vorgänge zu begreifen. Dies führt auf eine *prozeßorientierte* Sicht von Betriebssystemen.

2.5.2 Prozeßorientierte Betriebssystemstrukturen

Am einfachsten scheint es, die Auftragserteilung in Betriebssystemen in Form eines Prozeduraufrufs zu programmieren. Dies bedeutet jedoch strenggenommen, daß der Auftraggeber unmittelbar auf die Beendigung des Auftrages wartet. Soll der Auftraggeber nicht warten, sondern in der Zwischenzeit anderweitige Dinge ausführen, so muß der Prozeduraufruf in zwei Kommunikationsaktionen aufgebrochen werden:

(1) Die Auftragserteilung (einschließlich Parameterübergabe),
(2) die Rückmeldung bei vollzogenem Auftrag (einschließlich Übergabe von Resultaten).

Es ist deshalb nur konsequent, Betriebssysteme nicht durch ein sequentielles Programmsystem zu modellieren, bei dem die Auftragserteilung durch Prozeduraufrufe geschieht, sondern als ein System von parallel ablaufenden Programmen (Systemprozesse).

Auch bei der Modellierung der Konsole des Operators ist eine solche prozeßorientierte Sicht von Betriebssystemen hilfreich. Die Konsole des Operators dient als E/A-Gerät und kann vom Standpunkt der Systemprogrammierung als eigenständiger Prozeß begriffen werden. Dabei kommt den Eingaben über die Operatorkonsole natürlich ganz besondere Bedeutung zu. Diese Eingaben greifen steuernd in den Systemablauf ein und beeinflussen das Systemverhalten entscheidend. Beispiele für solche Eingriffe des Operators sind:

- Ausschalten des Rechners, Drücken des Stop- oder Reset-Knopfes,
- vorzeitiges Beenden gewisser Benutzerprogramme,
- vorzeitiges Beenden gewisser Teilaufträge,
- Auswechseln von Speichermedien (Platten, Bänder),
- Benutzerverwaltung,
- Ändern des Betriebssystemzustandes,
- Ändern von Systemdaten (beispielsweise von Prioritäten).

In einer prozeßorientierten Sicht modellieren wir ein Betriebssystem als eine Familie von ablaufenden Programmen, die eigenständig Aufgaben verfolgen und miteinander kommunizieren. Deshalb ist es zweckmäßig, einen *Betriebssystemkern* zu schaffen, der eine Anzahl grundlegender Prozesse enthält, die entsprechende Systemfunktionen realisieren. Das komplette Betriebssystem kann durch schritt- und schichtweise Erweiterung des Kerns geschaffen werden. Für eine Übertragung des Betriebssystems auf andere Rechensysteme ist primär nur die Implementierung des Kerns erforderlich.

Abschließend fassen wir zusammen: Ein Betriebssystem dient folgenden übergeordneten Betriebszielen, die in teilweisem Gegensatz zueinander stehen:

- Benutzerfreundlichkeit (einfache klare Systemstrukturen), Anpassung an Nutzungsanforderungen,
- Effizienz, hoher Durchsatz, kurze Antwort- und Verweilzeiten, gute Auslastung der Betriebsmittel,
- Datenschutz und -sicherheit,
- Zuverlässigkeit,
- Portierbarkeit.

Der Entwurf angemessener Betriebssystemkonzepte, sowie ihre Weiterentwicklung und Anpassung an neuartige Betriebssituationen ist eine der Kernaufgaben der Informatik.

3. Interpretation und Übersetzung von Programmen

Unter der Bezeichnung „Programmiersprache" finden wir sogenannte „höhere", „problemorientierte" Programmiersprachen ebenso wie strukturarme Maschinensprachen. Höhere Programmiersprachen sind weitgehend unabhängig von der Struktur der Rechenanlagen. Sie sind im Vergleich zu Maschinensprachen bedeutend besser für die übersichtliche Formulierung komplexer Algorithmen und die strukturierte Darstellung von Informationen durch Datenstrukturen geeignet. Programme in maschinenorientierten Sprachen sind auf die Maschinenstruktur abgestimmt. Sie bestehen aus Kommandos, die direkt von der Maschine ausgeführt werden können. Programme in problemorientierten Programmiersprachen hingegen müssen in der Regel zur Ausführung auf einer Rechenanlage entweder in eine entsprechende Maschinensprache *übersetzt* werden oder es muß ein Maschinenprogramm geschaffen werden, das Programme in der höheren Sprache als Eingabe nimmt, die entsprechenden Aktionen zur Ausführung anstößt und somit das Programm *interpretiert.*

Wir gehen im folgenden davon aus, daß wir Programme einer gegebenen Programmiersprache, die wir *Quellsprache* nennen, verarbeiten wollen. Ein *Übersetzer* (engl. *compiler*) ist ein Programm, das aus Programmen der Quellsprache Programme in der *Zielsprache* erzeugt. Die Zielsprache ist häufig eine maschinennahe Sprache. Dabei fordern wir, daß die Übersetzung die Bedeutung des Programms erhält und das erzeugte Programm die gleiche Wirkung wie das gegebene Quellprogramm hat. Wir haben es bei der Übersetzung genaugenommen sogar mit drei Programmiersprachen zu tun. In der Quellsprache ist das Programm geschrieben, das dem Übersetzer als Eingabe dient. Der Übersetzer erzeugt ein Programm in der Zielsprache. Er ist selbst ein in einer Programmiersprache, die wir *Basissprache* nennen, verfaßtes Programm.

Statt ein Programm zu übersetzen, können wir es auch auf einer Rechenanlage interpretieren. Eine Rechenanlage RA besitzt eine Maschinensprache MS, mit der sie programmiert werden kann. Programme, die in der Maschinensprache MS geschrieben sind, können auf der Rechenanlage RA unmittelbar ausgeführt werden. Um ein Programm in einer Programmiersprache L unmittelbar ausführen zu können, benötigen wir also eine Rechenanlage, die die Sprache L als Maschinensprache besitzt. Für anwendungsorientierte Sprachen ist es jedoch schwierig, eine solche Rechenanlage zu konstruieren. Stattdessen verwenden wir Programme, die Programme der Quellsprache L als Eingabe nehmen und diese auf einer Rechenanlage ausführen. Programme, die solch eine Ausführung vornehmen, heißen *Interpretierer* (engl. *interpreter*). Ein Interpretierer nimmt ebenfalls Programme als Eingabe. Wieder nennen wir die Sprache, in der diese Programme geschrieben sind, Quellsprache. Ein

Interpretierer führt das Quellprogramm aus. Er erzeugt somit im Gegensatz zum Übersetzer kein Programm als Resultat, sondern stößt die Aktionen an, die durch das Quellprogramm vorgegeben sind. Ein Interpretierer ist selbst in einer Programmiersprache geschrieben, die wir wieder seine Basissprache nennen. Die Basissprache kann eine Maschinensprache sein. Dann ist der Interpretierer unmittelbar auf einer entsprechenden Anlage ausführbar und erweitert die Rechenanlage zu einem Rechensystem, das Programme der Quellsprache ausführen kann. Ein Interpretierer kann aber auch selbst übersetzt oder interpretiert werden.

Übersetzer und Interpretierer sind in der Regel komplizierte Programme, die Programme der Quellsprache in der Form von Texten als Eingabe nehmen, deren innere Struktur analysieren und dabei die syntaktische Korrektheit überprüfen (syntaktische Behandlung) und die Programme in eine andere Sprache (Zielsprache) übersetzen, oder die Programme durch entsprechende Aktionen ausführen. Wir verwenden zur Beschreibung von Übersetzern und Interpretierern ein Phasenmodell, das den Verarbeitungsvorgang eines Übersetzers oder Interpretierers in einzelne Phasen aufteilt.

Das Phasenmodell für die syntaktische Behandlung ist in Abb. 3.1 dargestellt. Angegeben sind dabei die einzelnen Verarbeitungsschritte, symbolisiert durch Pfeile, und die jeweiligen Ein- und Ausgaben. Eine ausführliche Erläuterung der auftretenden Begriffe erfolgt in den weiteren Abschnitten.

Syntaktische Behandlung:

Quellprogramm

↓ *Lexikalische Analyse durch „Scanner"*

Symbol- und Konstantentabelle, Indexliste

↓ *Syntaxanalyse durch „Parser"*

Syntaxbaum

↓ *Attributierung und Prüfung der Kontextbedingungen*

Syntaxbaum mit Attributen

Abb. 3.1. Phasenmodell für die syntaktische Behandlung eines Programms

In der syntaktischen Behandlung wird ein Quellprogramm auf grammatikalische Korrektheit überprüft und aus dem Quellprogramm eine baumartige Interndarstellung erzeugt. Dieser Baum wird auf die Einhaltung einer Reihe zusätzlicher Regeln, genannt Kontextbedingungen, die für das Quellprogramm gefordert werden, abgeprüft und dazu mit Attributen versehen. Attribute sind Werte, die den Knoten im Syntaxbaum zugeordnet werden. In der Literatur werden die Kontextbedingungen auch als *statische Semantik* bezeichnet.

Durch einen Übersetzer wird in der semantischen Behandlung aus dem attributierten Baum, unter Umständen in einer Reihe von Zwischenschritten und wiederum unter Verwendung von Attributierungstechniken, ein Zielprogramm erzeugt. Die Struktur des Teils eines Übersetzers für die semantische Behandlung ausgehend vom Syntaxbaum wird in Abb. 3.2 dargestellt.

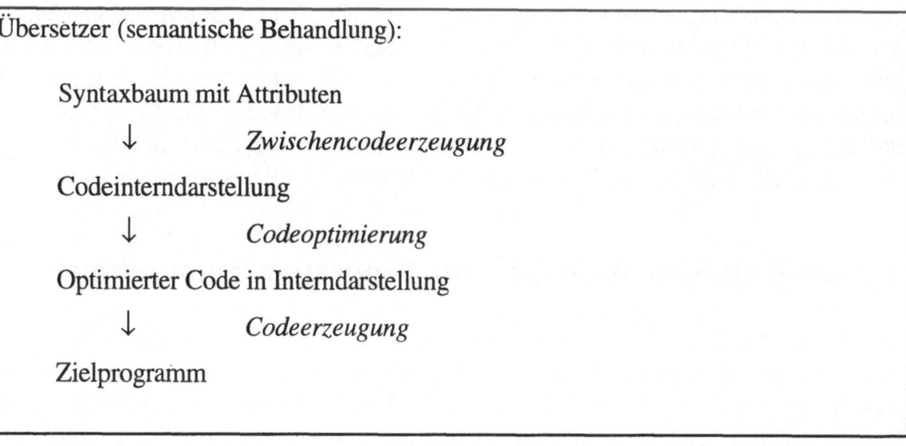

Abb. 3.2. Phasenmodell für die Übersetzung

Die Optimierungsphase kann dabei weggelassen werden. Es ist auch eine der Übersetzung nachgestellte Optimierung des Zielprogramms denkbar.

Die Struktur des Teils eines Interpretierers für die semantische Behandlung von Quellprogrammen wird in Abb. 3.3 dargestellt.

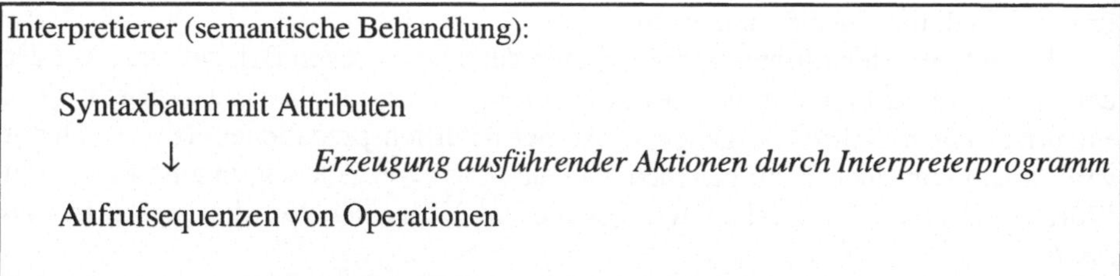

Abb. 3.3. Phasenmodell für die Interpretation

Übersetzer und Interpretierer können auch völlig anders als oben beschrieben strukturiert werden, indem wir die einzelnen Phasen der syntaktischen Behandlung beziehungsweise der Übersetzung und Interpretation verschmelzen. Dies ist insbesondere dann nötig, wenn die syntaktische und/oder semantische Analyse begonnen werden soll, obwohl erst Teile des Quellprogramms vorliegen (Stichwort „inkrementelle Übersetzung"). Dann entstehen die entsprechenden Programmzwischenformen nie explizit. Trotzdem sind sie als gedankliche Hilfen nützlich. Interpretation und Übersetzung können auch kombiniert werden, indem wir beispielsweise in eine Zwischensprache übersetzen und diese dann interpretieren.

Bei der Übersetzung und der Interpretation werden Programme in der Quellsprache selbst zu Eingabedaten. Dies bedeutet, daß die Repräsentation von Programmen, ihre syntaktische Struktur und ihre semantische Interpretation präzise beschrieben sein müssen.

Eine Programmiersprache ist bestimmt durch ihre Syntax und Semantik. Im Übersetzungs- beziehungsweise Interpretationsvorgang wird ein Programm, verstanden als syntaktisches Objekt, als Eingabe genommen und entsprechend seiner Semantik in eine andere Sprache oder in Aktionen („einen Ausführungsprozeß") umgesetzt. Im folgenden wird schrittweise ein einheitlicher formaler Rahmen für die syntaktische und semantische Darstellung von Programmiersprachen eingeführt, mit dessen Hilfe die prinzipielle Struktur von Übersetzern und Interpretierern beschrieben wird.

3.1 Lexikalische Analyse von Programmiersprachen

Die konkrete äußere Form von Programmen einer Programmiersprache legen wir durch syntaktische Regeln, beispielsweise BNF (siehe Teil I), fest. Diese definieren eine formale Sprache, eine Menge von Zeichenfolgen über einem Zeichenvorrat. Gegeben sei ein Zeichenvorrat V, eine endliche Menge V von Zeichen. Eine formale Sprache ist gegeben durch eine Teilmenge

$$L \subseteq V^*$$

der Menge V* der Wörter über dem Zeichenvorrat V. Wie auch natürlichsprachliche Texte sind Programme Zeichenfolgen mit einer festgelegten, inneren syntaktischen Struktur. Diese Struktur wird durch die syntaktischen Regeln beschrieben. In der syntaktischen Behandlung wird diese Struktur eines Programms auf Korrektheit überprüft. Die Struktur der Regeln führt auf eine strukturierte Darstellung eines Programms durch einen Syntaxbaum.

Wir unterscheiden folgende zwei Stufen der syntaktischen Behandlung. Auf der untersten Stufe gruppieren wir gewisse Teilfolgen von Zeichen zu Wörtern. Dies entspricht der üblichen Vorgehensweise bei natürlichsprachlichen Texten. Damit verwandeln wir einen Text, gegeben als eine Folge von Zeichen, in eine Folge von Wörtern. Technisch sprechen wir bei diesem Übergang von der *lexikalischen Analyse*.

Im Anschluß an die lexikalische Analyse wird der Folge von Wörtern eine grammatikalische Struktur zugeordnet. Wir sprechen von einem *Zerteilungsvorgang* (engl. parse). Durch den Zerteilungsvorgang wird die Folge von Wörtern in einem Baum angeordnet, der den grammatikalischen Aufbau des Textes wiedergibt.

Zunächst besprechen wir die lexikalische Analyse. Programme sind als Zeichenfolgen gegeben. In diesen Zeichenfolgen sind manche Zeichen ohne eigentliche semantische Bedeutung (wie in vielen Programmiersprachen gewisse Trenn- oder Formatierzeichen, wie zum Beispiel Zeilenumbrüche). Gewisse Zeichenfolgen bilden Wörter, die selbst für ein Symbol stehen (wie die Schlüsselwörter **if**, **then**, **else**, etc.). Die Beseitigung der Zufälligkeit der Aufschreibung und die Zusammenfassung gewisser zusammengehöriger Teilfolgen zu Worten und Symbolen geschieht in der Phase der lexikalischen Analyse eines Programms.

3.1.1 Die Vorgruppierabbildung

Bei der lexikalischen Analyse eines Textes, gegeben als Element einer formalen Sprache, werden gewisse Zeichenfolgen

$w \in V^*$

zu Wörtern zusammengefaßt und somit gewissermaßen als „ein Zeichen" aufgefaßt. Dabei betrachten wir eine Menge von Wörtern

$T \subseteq V^*$,

die wiederum selbst einen Zeichenvorrat darstellt. Wir nennen T die Sprache der *Symbole*. Den Übergang von Zeichenfolgen zu Folgen von Wörtern nennen wir *Vorgruppierung*. In der Vorgruppierung werden bestimmte Zeichenfolgen zu Symbolen zusammengefaßt und andere Zeichen, wie etwa Trennzeichen, eliminiert.

Eine Programmiersprache enthält typischerweise folgende Klassen von Symbolen:

- *Schlüsselwörter*: Schlüsselwörter einer Programmiersprache sind eine endliche Menge von Wörtern, die jeweils ein bestimmtes „Zeichen" (Symbol) repräsentieren (Beispiel: **if**, **then**, **else**, etc.). Auch bestimmte Einzelzeichen („Sonderzeichen") wie der Doppelpunkt oder der Strichpunkt oder Zeichenkombinationen wie der Zuweisungsoperator „:=" fallen in diese Klasse. Schlüsselwörter werden der besseren Lesbarkeit halber oft durch Unterstreichen oder Fettdruck hervorgehoben.
- *Zeichengruppen* (auch Bezeichner genannt): Teilwörter einer bestimmten einfachen syntaktischen Bauart dienen in der Regel als Identifikatoren für Variable, Funktionen und Konstanten zur Darstellung von Zahlen, Strings etc.

Daneben existieren

- *Trennzeichen*: Bestimmte Zeichen werden verwendet, um die Schlüsselwörter und/oder Identifikatoren, bzw. Zeichengruppen zu begrenzen und voneinander zu trennen.

Zusätzlich gibt es gewisse syntaktische Regeln, um Kommentareinschübe vom Programmtext abzuheben.

In der konkreten Aufschreibung von Programmen finden häufig Trennzeichen wie etwa Leerzeichen (engl. blank) oder Zeilenvorschub (engl. carriage return) Verwendung. Trennzeichen tragen – neben der pragmatischen Unterstützung der Lesbarkeit von Programmen – insoweit Bedeutung, als sie Anfang und Ende der zusammengehörigen Zeichenfolgen (Wörter) begrenzen. In der Regel können Wörter, die ausschließlich aus Trennzeichen zusammengesetzt sind, durch ein einzelnes Trennzeichen (manchmal gar durch das leere Wort) ersetzt werden, ohne daß sich die Bedeutung eines Programms ändert.

Für die Ausführung eines Programms in der Maschine sind diese Zufälligkeiten in der Aufschreibung bedeutungslos. In einem ersten Schritt zur Erkennung der Struktur eines Programms werden diese Zufälligkeiten der Aufschreibung (Trennzeichen, Zeilenvorschübe etc.) beseitigt und ein Programm als Folge von Symbolen dargestellt.

Die Menge T der Symbole einer Programmiersprache hat im allgemeinen folgende Eigenschaften:

- sie zerfällt in disjunkte Mengen von Symbolklassen T_i (wie Schlüsselwörter, Identifikatoren, Konstantenbezeichnungen etc.),
- jede Klasse hat einen so einfachen Aufbau, daß durch einen endlichen Automaten (vgl. Teil II) für ein vorgegebenes Wort die Zugehörigkeit zu der Klasse T_i ermittelt werden kann.

In der Vorgruppierung wird durch eine partielle Abbildung:

scan: $V^* \to T^*$

die Menge der Zeichenfolgen auf Symbolfolgen abgebildet. Die Abbildung ist partiell, wenn nicht jede Zeichenfolge in eine Symbolfolge umgesetzt werden kann.

Zur Beschreibung der Eigenschaften der Vorgruppierabbildung scan führen wir die Menge der Abbildungen (in umgekehrter Richtung)

flatten: $L_T \to L$

ein, wobei $L_T \subseteq T^*$ die formale Sprache der Programme als Symbolfolgen und $L \subseteq V^*$ die formale Sprache der Programme in zufälliger Aufschreibung sei. Sei $S \subseteq V$ die Menge der Trennzeichen. Den Zusammenhang zwischen der strukturierten Darstellung eines Programmes als Folge von Teilwörtern und der konkreten Aufschreibung beschreiben wir durch die Abbildungen flatten. Über der Menge T der Symbole betrachten wir eine Sprache $L_T \subseteq T^*$ und die Abbildungen flatten, die folgende Aussage erfüllt (dies entspricht dem Übergang von der Symbolfolge zu einer Mixfix-Notation):

$$\forall\, t_1, ..., t_n \in T: \exists\, z_0, ..., z_n \in S^*:$$
$$\text{flatten}(\langle t_1 \ldots t_n \rangle) = z_0 \circ t_1 \circ z_1 \circ t_2 \circ \ldots \circ z_{n-1} \circ t_n \circ z_n \,.$$

Dabei können die z_i Folgen gewisser Trennzeichen oder (abhängig von der Struktur der Programmiersprache) auch das leere Wort darstellen. Es gibt im allgemeinen viele Funktionen flatten mit den oben geforderten Eigenschaften, entsprechend den für eine Programmiersprache zugelassenen Zufälligkeiten der Aufschreibung.

Beispiel (Bedingte Ausdrücke). Wir können beispielsweise die Abbildung flatten für Sequenzen von Zeichenfolgen wie folgt definieren (wir schreiben für Zeichenfolgen „xyz" statt ‹xyz›):

flatten(‹„**if**" „max" „>" „0" „**then**" „xmax" „**else**" „xmin" „**fi**"›) =

‹ **if** max > 0 **then** xmax **else** xmin **fi** › ❑

Tatsächlich sind wir jedoch bei der lexikalischen Analyse von Programmen nicht an den Funktionen flatten interessiert, die im Zusammenhang mit einer strukturierten Ausgabe von Programmen („pretty print") von Bedeutung sein könnte, sondern an ihrer Umkehrabbildung. Eine partielle Abbildung:

scan: $V^* \to T^*$

mit der Eigenschaft

(*) scan(flatten(w)) = w   für alle $w \in L_T$ und alle Abbildungen flatten heißt *Vorgruppierabbildung* (engl. *scanner*) für die Sprache L.

Man beachte, daß für Sprachen L und L_T viele verschiedene Abbildungen flatten existieren können, für die die Abbildung scan die Gleichung (*) erfüllt. Die Abbildung scan ist jedoch in der Regel eindeutig. Die Abbildung scan ist nur auf der Sprache L und nicht auf der Menge V* definiert. Wir können scan deshalb als totale Abbildung

$$\text{scan}: L \to L_T,$$

aber auch als partiell definierte Abbildung auf V* betrachten. Diese Betrachtung von scan als partielle Funktion ist in der Praxis notwendig, da wir nicht ausschließen können, daß, vom Standpunkt der Vorgruppierung aus gesehen, syntaktisch falsche Zeichenfolgen als Eingabe für den Scanner auftreten. Für solche Zeichenfolgen soll der Scanner Fehlermeldungen erzeugen. Damit ist scan doch eine totale Abbildung, die entweder eine Symbolfolge oder Fehlermeldungen erzeugt.

In der Regel ist die Anzahl der in einem Programm in konkreter Aufschreibung aufeinanderfolgenden Trennzeichen für seine Bedeutung unerheblich (ein Trennzeichen ist so gut wie viele Trennzeichen), solange mindestens ein Trennzeichen auftritt. Mathematisch formuliert, existiert eine Menge $S \subseteq V$ von Trennzeichen, so daß folgende Gesetze für die Abbildung scan gelten:

(0)	$\text{scan}(\varepsilon) = \varepsilon$	
(1)	$\text{scan}(w1 \circ s \circ w2) = \text{scan}(w1) \circ \text{scan}(w2)$	für $s \in S^+$, $w1, w2 \in T$
(2)	$\text{scan}(w) = \langle w \rangle$	für $w \in T$.

Das Gesetz (1) zeigt eine der wichtigen Eigenschaften, die wir für die Abbildung scan voraussetzen. Sind die Trennfugen bekannt, so läßt sich das Argument der Abbildung scan in Teile zerlegen, die unabhängig voneinander durch scan behandelt werden können. Dies weist auf die einfache Struktur der Abbildung scan hin, die wir auch bei der Erstellung des Programms für den Scanner nutzen können.

Beispiel (Die scan-Abbildung für eine einfache Sprache). Verwenden wir das Leerzeichen ∴ und das Zeilenvorschubzeichen ↵ als Trennzeichen, so definieren wir für das Alphabet $A = \{a, b, c, ..., x, y, z\}$ mit $∴, ↵ \notin A$ und $T = A^+$ eine Abbildung

$$\text{scan}: (A \cup \{ ∴, ↵\})^* \to (A^+)^*$$

vermöge der Gesetze (mit $w1, w2 \in (A \cup \{ ∴, ↵ \}^*)$:

$$\text{scan}(\varepsilon) = \varepsilon,$$

$$\zeta \in \{ ∴, ↵ \}^+ \Rightarrow \text{scan}(w1 \circ \zeta \circ w2) = \text{scan}(w1) \circ \text{scan}(w2),$$

$$w \in A^+ \Rightarrow \text{scan}(w) = \langle w \rangle.$$

Dann gilt beispielsweise

$$\text{scan}(\langle \text{aber}∴\text{bitte}∴\text{nicht} \rangle) = \langle\langle \text{aber} \rangle \langle \text{bitte} \rangle \langle \text{nicht} \rangle\rangle. \quad ⌋$$

Werden die Schlüsselwörter und Bezeichnungen entsprechend gewählt, etwa so, daß sie der Fano-Bedingung (vgl. Teil II, 1.1.3) genügen, so können wir ganz ohne Trennzeichen auskommen.

Beispiel (Code mit Fano-Bedingung: Die scan-Abbildung ohne Trennzeichen). Sei der Codebaum aus Abb. 3.4 gegeben.

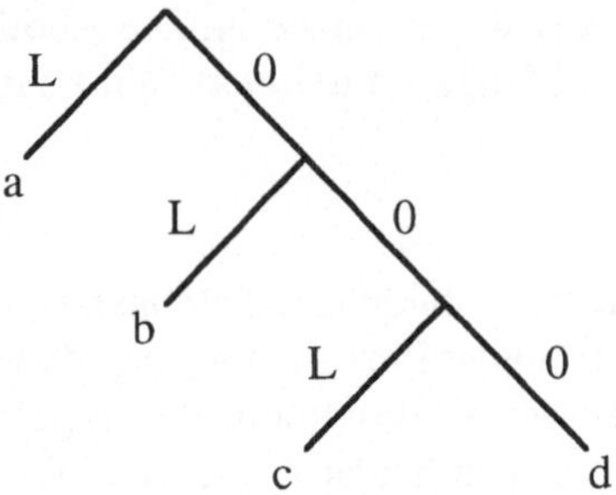

Abb. 3.4. Codebaum

Wir definieren hier lediglich eine Abbildung

flatten: {‹L›, ‹OL›, ‹OOO›, ‹OOL›}* → {L, O}*

die ganz ohne Trennzeichen auskommt, durch (für $w_1, ..., w_n \in$ {‹L›, ‹OL›, ‹OOO›, ‹OOL›})

flatten(‹$w_1 \dots w_n$›) = $w_1 \circ \dots \circ w_n$

Weiter definieren wir die Abbildung

scan : {L, O}* → {‹L›, ‹OL›, ‹OOO›, ‹OOL›}*

durch

scan(‹L› ∘ w) = ‹‹L›› ∘ scan(w),

scan(‹OL› ∘ w) = ‹‹OL›› ∘ scan(w),

scan(‹OOO› ∘ w) = ‹‹OOO›› ∘ scan(w),

scan(‹OOL› ∘ w) = ‹‹OOL›› ∘ scan(w).

Die Abbildung scan ist die Umkehrabbildung der Abbildung flatten. Diese Abbildung existiert, obwohl keine Trennzeichen verwendet werden, wie wir aus der Erfüllung der Fano-Bedingung durch die Menge der Symbole sofort sehen. ❑

In heutigen Programmiersprachen sind bei der lexikalischen Analyse von Programmen häufig die Fano-Bedingung und die Verwendung von Trennzeichen kombiniert. Aus dem Beispiel ergibt sich, daß für bestimmte Symbole keine Trennzeichen erforderlich sind. Dies wird beispielsweise durch die folgende Regel für scan ermöglicht (erfülle T die Fano-Bedingung und sei w1 ∘ w ∘ w2 in L):

(3) scan(w1 ∘ w ∘ w2) = scan(w1) ∘ scan(w) ∘ scan(w2)

für $w \in T$ mit $w \circ v \notin T$ für alle $v \in V^+$.

Die lexikalische Struktur von Programmen läßt sich durch die sorgfältige Wahl von BNF-Regeln exakt angeben. Häufig ist jedoch bei der Angabe der Syntax einer Sprache durch BNF-Regeln nicht eindeutig festgelegt, an welchen Positionen unbedingt Trennzeichen stehen müssen, und wo dies nicht erforderlich ist. Diese Festlegung wird oft pragmatisch getroffen. Trennzeichen sind immer notwendig, wenn ihr Fehlen zu Mehrdeutigkeiten führen würde.

Den Vorgang der Umformung eines gegebenen konkreten Programms $w \in L$ in eine Folge von Wörtern $scan(w) \in L_T$ nennen wir lexikalische Analyse. Programme, die diese Umformung vornehmen, heißen *Vorgruppierer* (engl. *scanner*). Bei der Behandlung von Programmen als Ein-/Ausgabeobjekte sind wir nicht an einer unstrukturierten Folge von Zeichen oder Wörtern interessiert. Vielmehr möchten wir die Struktur der Programme erkennen können. Der Vorgruppierer liefert eine erste stärker strukturorientierte Darstellung eines Programms.

Aus Effizienzgründen erzeugen Scanner in der Praxis nicht wirklich eine Darstellung der lexikalischen Struktur durch eine Folge $w \in L_T$ von Wörtern über V^*, sondern eine Tabelle und eine Folge von sogenannten Symbolen (Schlüsseln, Indizes etc.), die jeweils für die Wörter aus T stehen. Jedes Symbol bezeichnet einen Eintrag in der Tabelle, unter dem das dem Symbol entsprechende Wort gefunden werden kann. Dies wird im folgenden Abschnitt am Beispiel einer einfachen funktionalen Programmiersprache detailliert erläutert.

Bei der lexikalischen Analyse sind zwei Aufgabenstellungen zu bewältigen:

- es ist festzustellen, ob die vorliegende Zeichenfolge den syntaktischen Regeln für die Symbole genügt,
- gegebenenfalls ist die Symboltabelle zu erstellen.

Insbesondere sind wir aus Gründen der Effizienz und der Einfachheit der Verarbeitung natürlich an einer Vorgruppierung interessiert, die durch einfaches Durchlaufen des Programmtextes von links nach rechts vorgenommen werden kann. Dabei können wir in der Regel voraussetzen, daß die zulässigen Symbole eine bestimmte Länge nicht überschreiten.

Technisch werden zur Vorgruppierung meist abstrakte Maschinen beziehungsweise Programme in der Form der bereits in Teil II behandelten endlichen Automaten verwendet. Diese entsprechen Programmen, die Zeichenfolgen zeichenweise von links nach rechts einlesen und bei jedem gelesenen Zeichen in einen möglicherweise neuen Zustand übergehen. Dabei ist die Anzahl aller möglichen Zustände endlich. Diese Betrachtungsweise ergibt klare Strukturen für die Programme, welche die lexikalische Analyse vornehmen. Wir werden auf endliche Automaten im Zusammenhang mit der Klassifizierung formaler Sprachen unter dem Stichwort *reguläre Sprachen* in Teil IV zurückkommen.

Da scan eine partielle Abbildung ist, wird für Vorgruppierprogramme, die die Abbildung scan realisieren, eine *Fehlerbehandlung* nötig. In der Praxis wird für diese Fehlerbehandlung oft ein höherer Programmieraufwand betrieben als für die eigentliche Vorgruppierung.

3.1.2 Ein ausführlicheres Beispiel: AS

In diesem Abschnitt stellen wir eine einfache funktionale Programmiersprache vor. Sie dient als ein ausführliches Beispiel, an dem die wichtigsten Aspekte der syntaktischen Behandlung, der Interpretation und Übersetzung von Programmiersprachen demonstriert werden können. Die verwendete einfache Quellsprache AS ist sehr ähnlich zu der applikativen Sprache, die wir bereits in Teil I kennengelernt haben. Die Syntax von AS wird in erweiterter BNF beschrieben. Wir beginnen mit einem Beispiel:

Beispiel (AS-Programm). Ein einfaches AS-Programm zur Berechnung der ganzzahligen Division und der Modulofunktion ist im folgenden gegeben:

```
input       a, b
functions   div(x, y) =   if x < y  then 0
                                    else div(x–y, y)+1 fi,

            mod(x, y) =   if x < y  then x
                                    else mod(x–y, y) fi

output      div(a, b), mod(a, b)
end
```
❑

Ein AS-Programm ist immer von der obigen einfachen Struktur. Es enthält eine Liste von Identifikatoren für die Eingabewerte, eine Liste von Funktionsdefinitionen und eine Liste von Ausdrücken, deren Werte zu berechnen sind.

Ein AS-Programm nimmt ein n-Tupel von Zahlen als Eingabe und erzeugt ein m-Tupel als Ausgabe. In erweiterter BNF-Schreibweise läßt sich die Syntax von AS wie folgt angeben:

‹program› ::= **input** ‹par list›
functions ‹dekl list›
output ‹exp list›
end

Die in einem AS-Programm auftretenden Listenstrukturen sind durch folgende BNF-Regeln definiert:

‹par list› ::= ‹id› {, ‹id›}*

‹exp list› ::= ‹exp› {, ‹exp›}*

‹dekl list› ::= ‹dekl› {, ‹dekl›}*

Wir legen fest, daß in AS Identifikatoren aus maximal 10 Zeichen bestehen. Ein Identifikator hat demnach die durch nachstehende BNF-Regel angegebene Form:

‹id› ::= [‹Buchstabe›]$_1^{10}$

Hierbei drückt die Notation [ ]$_j^i$ aus, daß die in der Klammer angegebenen syntaktische Einheiten j- bis i-mal wiederholt werden können. Schlüsselwörter (wie zum Beispiel **input**, **if** etc.) sind als Identifikatoren unzulässig. Weiter definieren wir:

‹Buchstabe› ::= a | ... | z

Eine Funktionsdeklaration schreiben wir in der durch folgende BNF-Regel definierten Form:

‹dekl› ::= ‹id› (‹par list›) = ‹exp›

Ausdrücke sind durch nachstehende BNF-Regel definiert:

‹exp› ::= ‹Zahl›
| ‹id›
| ‹id› (‹exp list›)
| (‹exp›)
| – ‹exp›
| ‹exp› [+ | ∗ | / | –] ‹exp›
| **if** ‹exp› [= | < | ≤] ‹exp› **then** ‹exp› **else** ‹exp› **fi**

Eine Zahl in AS wird als maximal zehnstellig angenommen. Dies wird durch nachfolgende BNF-Regel festgelegt:

‹Zahl› :: = $[\,0 \mid \dots \mid 9\,]_1^{10}$

Ein gegebenes AS-Programm kann durch einen Term der Form

‹program› : ‹input›

auf ein Tupel von Eingabewerten angewendet werden, wobei die Eingabe folgender syntaktischer Regel genügt:

‹input› ::= ‹Zahl› {, ‹Zahl› }*

In der syntaktischen Beschreibung der Sprache AS haben wir bisher nichts darüber gesagt, an welchen Positionen Trennzeichen unbedingt erforderlich sind. Trennzeichen sind in der Syntax nicht explizit eingeführt. Eine einfache Überlegung zeigt, daß für AS-Programme das Aufeinanderfolgen von Identifikatoren und Schlüsselwörtern kritisch ist. Wir fordern deshalb, daß Schlüsselwörter und Identifikatoren durch Trennzeichen (Leerzeichen oder Zeilenvorschübe) getrennt sind. Andernfalls werden die Zeichenfolgen als ein Wort gelesen. Wir wenden uns nun der lexikalischen Analyse von AS zu.

3.1.3 Lexikalische Analyse von AS

Ein AS-Programm besteht in seiner konkreten Aufschreibung aus einer Folge von Zeichen. Beim Vorgang der lexikalischen Analyse werden Zeichen zu Wörtern gruppiert und dabei Trennzeichen ausgesondert. Ferner wird geprüft, ob die auftretenden Zeichenfolgen auch den syntaktischen Anforderungen an die Schlüsselwörter genügen. In der Praxis ist es günstig, während des Vorgangs der lexikalischen Analyse gleichzeitig Tabellen über die auftretenden Konstanten und Identifikatoren zu erstellen. Wir sprechen von Konstanten- und Symboltabellen.

Wir geben zuerst die Rechenstruktur Tabelle an, die die Sorte **table** der Tabellen und die Sorte **index** von Schlüsseln, sowie die typischen Operationen dafür spezifiziert. Eine Tabelle enthält eine Reihe von Symbolen. Jedem Symbol in der Tabelle ist ein Index zugeordnet. Das Symbol kann aus der Tabelle unter diesem Index abgerufen werden.

Als gegebene „primitive Sorte" setzen wir hier die Sorte **symbol** voraus. Diese Sorte könnte aus einer Menge von Schlüsselworten oder einer einfachen formalen Sprache bestehen.

fct emptytable = **table**, erzeugt leere Tabelle,

fct put = (**table**, **symbol**) **table**, legt Symbol in Tabelle ab,

fct key = (**table**, **symbol**) **index**, liefert Index zu Symbol aus Tabelle,

fct get = (**table**, **index**) **symbol**, liefert Symbol zu Index aus Tabelle.

fct isentry = (**table**, **symbol**) **bool**. prüft, ob Symbol in Tabelle eingetragen

Die Bedeutung der Funktionen wird durch die folgenden Gleichungen exakt beschrieben (seien s und s' von der Sorte **symbol** und t von der Sorte **table**):

isentry(emptytable, s) = **false**,

$$\text{isentry(put(t, s), s')} = \begin{cases} \textbf{true} & \text{falls s = s'} \\ \text{isentry(t, s')} & \text{sonst} \end{cases}$$

get(t, key(t, s)) = s, falls isentry(t, s) = **true**,

key(put(t, s'), s) = key(t, s), falls isentry(t, s) = **true**.

Dabei nehmen wir an, daß für die erzeugten Indizes und die Tabellen folgende Gesetze gelten:

key(t, s) = undefiniert, falls isentry(t, s) = **false**,

put(t, s) = t, falls isentry(t, s) = **true**.

Bewußt verzichten wir darauf, genau zu spezifizieren, was passiert, wenn mit einem Index aus einer gegebenen Tabelle auf eine andere Tabelle zugegriffen wird. Eine solche Operationsanwendung wird als unzulässig angesehen.

Sei **char** die Sorte der Einzelzeichen. Wir verwenden im weiteren die Sorte **string** als Abkürzung für **seq char**. Für die lexikalische Analyse werden die Prädikate

fct ziffer, bust, trenn, sonder = (**string**) **bool**

vorausgesetzt, für die wir folgende Festlegungen treffen:

ziffer(s) ⇔ first(s) ∈ {0, ..., 9},

bust(s) ⇔ first(s) ∈ {a, ..., z},

trenn(s) ⇔ first(s) ist ein Trennzeichen (Leerzeichen, Zeilenvorschub),

sonder(s) ⇔ first(s) ∈ {„(", „)", „,", „+", „–", „*", „/", „:", „<", „≤", „="}.

Für alle diese Prädikate gilt nach obigen Regeln, daß sie **false** ergeben, falls s = ε gilt.

In Programmen der Quellsprache AS die treten folgenden Klassen von Symbolen auf:

- Identifikatoren der syntaktischen Einheit ‹id›,
- Schlüsselwörter (ohne spezielle syntaktische Einheiten),
- Konstanten der syntaktischen Einheit ‹zahl›,
- Operationssymbole und Sonderzeichen.

Wir entwickeln nun ein Programm, das eine Zeichenfolge als Eingabe nimmt und feststellt, ob diese aus einer Folge von Symbolen besteht, und dann als Ergebnis eine Symboltabelle und eine Indexliste erzeugt. Die Aufgabe des Vorgruppierers besteht im

Erkennen von Zeichengruppen und dem Eintragen der erkannten Zeichengruppen in Tabellen. Dabei wird die Zeichenfolge zeichenweise von links nach rechts eingelesen, und sobald eine Zeichengruppe erkannt wurde, wird diese in die Tabelle eingetragen.

Allerdings können in einer Eingabe Zeichenfolgen auftreten, die keiner zulässigen Zeichenkombination der Syntax entsprechen. Dann liegt eine im Sinne des Vorgruppierers fehlerhafte Eingabe vor. Bei fehlerhaften Eingaben bieten sich folgende unterschiedliche Vorgehensweisen für die Gestaltung des Vorgruppierers an: Bei Auftreten eines Fehlers in der Eingabesequenz

- bricht der Vorgruppierer den Vorgruppiervorgang ab und erzeugt eine Fehlermeldung;
- erzeugt der Vorgruppierer eine Fehlermeldung. Dann wird durch Überspringen einzelner Zeichen versucht, die Vorgruppierung wieder aufzunehmen.

Im zweiten Fall können gewisse weitere Fehler im Aufbau von Schlüsselwörtern und Symbolen erkannt werden. Ein geschicktes *Wiederaufnehmen* des Vorgruppiervorgangs, nachdem ein Fehler erkannt ist, erfordert umfangreiche Überlegungen. Wir werden auf eine Fehlerbehandlung völlig verzichten und im Fehlerfall nur allgemein einen Fehler anzeigen und abbrechen. Für einen praktischen Einsatz ist natürlich eine detaillierte Fehlerdiagnose und ein Wiederaufsetzen zur Fortsetzung der lexikalischen Analyse unabdingbar.

Die Erkennung von Symbolen bei der Durchführung der lexikalischen Analyse kann übersichtlich durch endliche Automaten dargestellt werden. Ein endlicher Automat besteht aus einer endlichen Menge von Zuständen und einer Übergangsrelation. Durch die Übergangsrelation wird jedem Zustand und jedem Zeichen eine Menge von möglichen Nachfolgezuständen zugeordnet.

Ein *deterministischer endlicher Automat* $A = (S, T, s_0, Z, \delta)$ ist gegeben durch

- eine endliche Menge S von Zuständen,
- eine endliche Menge T von Eingabezeichen,
- einen Anfangszustand $s_0 \in S$,
- eine Menge $Z \subseteq S$ von Endzuständen,
- eine partielle Übergangsfunktion $\delta: S \times T \to S$.

Ein endlicher Automat läßt sich durch einen kantenmarkierten Graphen über der Menge der Zustände darstellen. Es existiert eine mit $a \in T$ markierte Kante von s_1 nach s_2, falls gilt .

$$s_2 = \delta(s_1, a).$$

Diesen Graphen nennen wir *Transitionsgraphen* oder *Zustandsübergangsgraphen.* Gilt für einen Zustand $s_f \in S$:

$$\forall t \in T: \delta(s_f, t) = s_f,$$

so heißt s_f ein *Fangzustand.* Partielle Automaten lassen sich durch Einfügen von Fangzuständen in totale Automaten verwandeln („totalisieren"). Dadurch kann eine Fehlerbehandlung erfolgen.

Ein Algorithmus, der für eine gegebene formale Sprache über einer Zeichenmenge T für ein beliebiges Wort $w \in T^*$ feststellt, ob das Wort Element der Sprache ist, heißt *Erkennungsalgorithmus*. Endliche Automaten lassen sich zur Definition und zum Erkennen formaler Sprachen verwenden.

Um die durch einen deterministischen Automaten beschriebene formale Sprache zu charakterisieren, erweitern wir die Übergangsfunktion δ zu einer Übergangsfunktion δ^* auf Zuständen für jedes Wort aus T*. Wir definieren die partielle Übergangsfunktion

$$\delta^*: S \times T^* \rightarrow S .$$

Durch sie wird für Wörter $w \in T^*$ ein Übergang durch die folgenden Gleichungen spezifiziert (sei $a \in T$, $s \in S$):

$$\delta^*(s, \varepsilon) = s,$$

$$\delta^*(s, \langle a \rangle \circ w) = \delta^*(\delta(s, a), w).$$

Die durch einen Automaten A akzeptierte formale Sprache L(A) ist durch die folgende Festlegung gegeben:

$$L(A) =_{def} \{w \in T^*: \delta^*(s_0, w) \in Z\} .$$

Aus der BNF-Beschreibung der Symbole der Sprache AS läßt sich ein endlicher Automat für das Erkennen von Schlüsselwörtern, Identifikatoren und Zahlen in AS ableiten (siehe Abb. 3.5). Aus dem Automaten können wir dann schematisch das Programm zur lexikalischen Analyse der Sprache gewinnen.

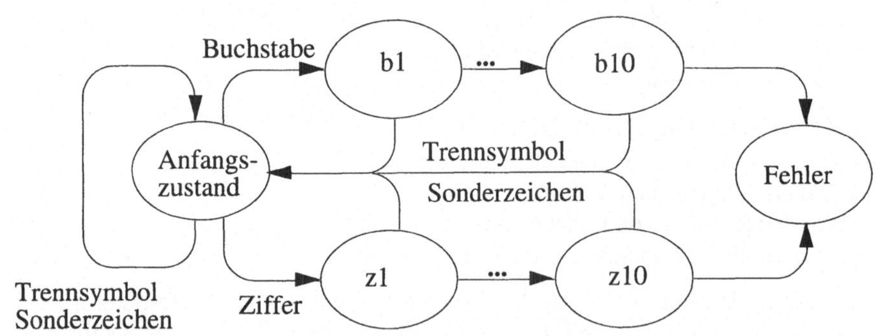

Abb. 3.5. Übergangsautomat

Die in der lexikalischen Analyse gruppierten Wörter werden in die Symboltabelle eingetragen. Folgende Eigenschaften der Rechenstruktur **table** sind bei der Erstellung des Programms für die lexikalische Analyse bedeutsam:

(1) Der Index zu einem Eintrag wird genau zum Zeitpunkt des Eintrags bestimmt.
(2) Unterschiedliche Symbole besitzen in einer Tabelle unterschiedliche Einträge.
(3) Jedes in einer Tabelle enthaltene Symbol besitzt genau einen Index.

Wir formulieren ein zuweisungsorientiertes Programm für die lexikalische Analyse von AS-Programmen. Die Prozedur lex nimmt die lexikalische Analyse vor. lex arbeitet auf vier globalen Parametern mit folgender Bedeutung:

s steht für den String, der das Quellprogramm darstellt (Eingabe),
t bezeichnet die erzeugte Tabelle (Resultat),
si bezeichnet die erzeugte Indexsequenz (Resultat),
fa bezeichnet eine Fehleranzeige (Resultat).

Wir setzen voraus, daß ein AS-Programm als String s gegeben ist und folgende initialisierenden Deklarationen existieren:

```
var string s := ...                 „Eingabeprogramm“
var table t := emptytable           „Symboltabelle” und „Konstantentabelle”
var string z := emptyseq            „Hilfsvariable für gelesenes Teilwort”
var seq index si := emptyseq        „erzeugte Indexsequenz”
var bool fa := false                „Fehleranzeige”
```

Zur Bearbeitung dieser Programmvariablen führen wir die folgenden Hilfsprozeduren ein. Die Prozedur move löscht das erste Element im betrachteten Programmstring und hängt es am Ende der Hilfsvariablen z an:

```
proc move =: if s ≠ ε then z, s := z ∘ ‹first(s)›, rest(s) fi
```

Die Prozedur enter trägt den Inhalt der Hilfsvariable z in die Tabelle t ein und hängt den entstehenden Schlüssel an die Sequenz si an.

```
proc enter =: ⌈ t := put(t, z);  si, z := si ∘ ‹key(t, z)›, ε ⌋
```

Die Prozedur fehlerabbruch setzt die Fehleranzeige und bewirkt den Abbruch des Vorgruppierers durch Anspringen einer (nicht weiter erläuterten) Fehlerbehandlung.

```
proc fehlerabbruch =: ⌈ fa := true; goto fehlerbehandlung ⌋
```

Durch einen Aufruf der Prozedur lex kann der Vorgang der lexikalischen Analyse angestoßen werden. Darauf abgestützt definieren wir den Scanner:

```
proc lex =:

    if s ≠ ε   then  if    trenn(s)   then  s := rest(s); lex
                     elif  ziffer(s)  then  move; scanzahl(1)
                     elif  bust(s)    then  move; scanwort(1)
                     elif  sonder(s)  then  move; enter; lex
                                      else  fehlerabbruch
                     fi
    fi
```

Die von lex aufgerufenen Hilfsprozeduren dienen der Erkennung einer Zahl oder eines Wortes. Sie werden nachstehend beschrieben:

```
proc scanzahl = ( nat n ):

    if ziffer(s)  then  if n < 10  then  move;  scanzahl(n+1)
                                   else  fehlerabbruch
                        fi
                  else  enter; lex
    fi
```

Da eine Zahl maximal zehn Ziffern aufweisen darf, führt die Prozedur scanzahl auf eine Fehleranzeige, falls im Programm mehr als zehn Ziffern unmittelbar aufeinanderfolgen. Auch für Identifikatoren fordern wir, daß sie maximal die Länge zehn haben.

```
proc scanwort = ( nat n ):
    if bust(s)
    then  if n < 10  then  move;
                           scanwort(n+1)
                     else  fehlerabbruch
          fi
    else  enter; lex
    fi
```

Der Vorgang des Lesens eines Wortes wird nicht abgebrochen, sobald ein Schlüsselwort erkannt ist. Daraus ergibt sich, daß Identifikatoren auch Schlüsselwörter als Anfang besitzen dürfen.

Der Aufbau der Programme für die lexikalische Analyse zeigt die typische Struktur endlicher Automaten. Es handelt sich um eine einfache repetitive Rekursion. Jeder Zustand wird durch eine rekursive Prozedur dargestellt. Diese Darstellung läßt sich schematisch in ein iteratives Programm umsetzen, indem wir die rekursiv aufgerufenen Prozeduren (den Kontrollzustand) in einer Variablen speichern. Dazu führen wir eine Sorte zur Darstellung der Zustände ein:

```
sort init_state = { init },
sort state = initial( init_state ) | zahl( nat  z) | wort( nat  w).
```

Mit Hilfe dieser Sorten können wir lex wie folgt umschreiben:

```
proc lex =:
⌈ var state v := initial(init);
  while s ≠ ε do
      if v in initial   then   if trenn(s)     then   s := rest(s)
                               elif ziffer(s)  then   move; v := zahl(1)
                               elif bust(s)    then   move; v := wort(1)
                                               else   move; enter
                               fi
      elif v in zahl    then   if ziffer(s)
                               then     if z(v) < 10
                                        then  move; v := zahl(z(v)+1)
                                        else  fehlerabbruch
                                        fi
                               else     enter; v := initial(init)
                               fi
```

```
        elif v in wort   then   if bust(s)
                                then   if w(v) < 10
                                       then  move; v := wort(w(v)+1)
                                       else  fehlerabbruch
                                       fi
                                else   enter; v := initial(init)
                                fi
                         else   fehlerabbruch
    od                                                             ┘
```

Jede Inspektion eines Zeichens durch das Programm führt entweder auf eine Fehleranzeige oder auf einen Zustand aus einer endlichen Menge von Zuständen. Beim Versuch, eine Zeichenfolge zu einem Symbol zu gruppieren, wird eine endliche Menge von Zuständen betrachtet. Jeder Zustand charakterisiert eine bestimmte Situation, wie

„es wurden bisher k Buchstaben gelesen"

oder

„es wurden bisher k Ziffern gelesen".

Jede Inspektion eines weiteren Zeichens führt wieder auf einen Zustand, unter Einschluß des Fehlerzustands und des Endzustands, der das erfolgreiche Erkennen eines Symbols anzeigt.

Der Vorgruppierer überprüft nur gewisse einfache syntaktische Regeln für den Aufbau von Zahlen, Identifikatoren und Schlüsselwörtern, faßt entsprechende Teilzeichenfolgen zusammen, trägt sie unter Schlüsseln in die entsprechenden Tabellen ein und baut die Indexsequenz auf. Hierbei haben wir auf eine gezielte Fehlerbehandlung (Fehleranalyse und -diagnose) verzichtet. Lediglich eine Fehleranzeige ist eingebaut. Beim Auftreten eines Fehlers während der lexikalischen Analyse wird diese abgebrochen.

Aus der formalen Syntax der Sprache AS geht nicht klar hervor, wie die Handhabung der Trennzeichen gefordert wird. Die informell angegebene Konvention wird in der Implementierung befolgt. Betrachten wir die Programme zur lexikalischen Analyse, so wird deutlich, an welchen Stellen Trennzeichen notwendig und an welchen Stellen sie lediglich zulässig sind.

Nur die von ihrer Struktur her sehr einfachen formalen Sprachen, wie etwa Kommandosprachen, können durch einfache Konzepte wie endliche Automaten erschöpfend behandelt werden. Schon für die Behandlung von Sprachen mit Klammerstrukturen, wie etwa die der arithmetischen Ausdrücke, sind mächtigere Konzepte erforderlich. Die Vorgruppierung ist die erste Phase der Syntaxbehandlung.

3.2 Zerteilung von Programmen

Durch den Vorgruppierer wird aus einem Programm eine Sequenz von Symbolen erzeugt. Wir wollen jedoch die innere syntaktische, grammatikalische Struktur eines Programmes erkennen und sind deshalb nicht an der sequentiellen Folge der Symbole interessiert, sondern an der Zusammenfassung gewisser Symbolteilfolgen, die von ihrer Bedeutung her zusammengehören. Ein Programm zerfällt dabei in eine Reihe von Programmfragmenten, die selbst wieder weiter zerteilt werden. Es entsteht ein *Zerteilungs-* oder *Parsebaum.*

Beispiel (Zerteilungsbaum). Dem Programmstück

x := x + 1; x := y

wird durch entsprechende BNF-Regeln der in Abb. 3.6 gegebene Zerteilungsbaum zugeordnet.

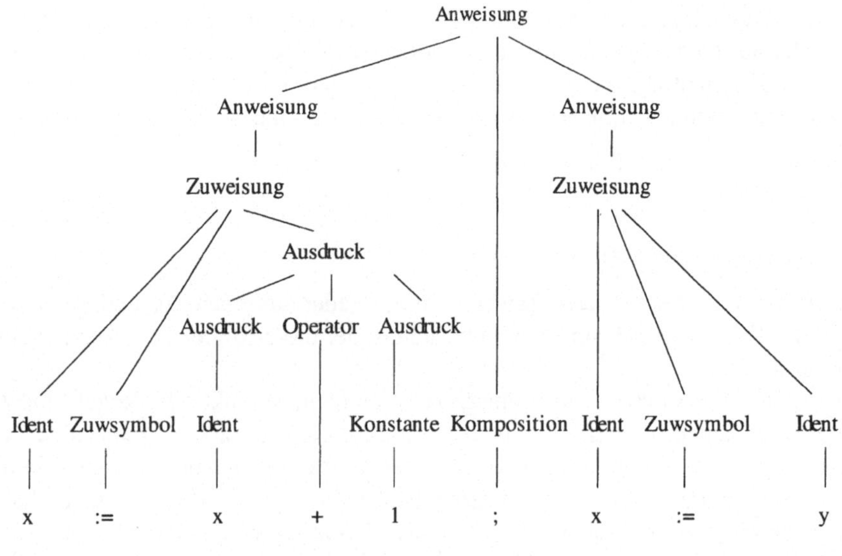

Abb. 3.6. Zerteilbaum

Durch den Zerteilungsbaum wird die innere Struktur des Programmstücks explizit wiedergegeben. ❑

Bei der Zerteilung wird die textuelle Programmstruktur in eine Baumstruktur aufgebrochen. Die Baumstruktur entspricht einem Term in geklammerter Präfixschreibweise. Dabei werden zusammengehörige Programmfragmente zu Teilbäumen zusammengefaßt. Somit wird im Zerteilungsvorgang das Gerüst für die semantische Struktur eines Programmes herausgearbeitet.

3.2.1 Abstrakte Syntax

Wir gehen bei der Behandlung von Programmiersprachen von der Auffassung aus, daß Programmiersprachen Operationen einer „abstrakten" Maschine definieren. Somit können wir uns jede Programmiersprache abstrakt aus einer Menge von Funktionssymbolen (die Bezeichnungen für die Operationen) und einer Menge von Sorten, die den syntaktischen Einheiten der Programmteile entsprechen, aufgebaut denken. Die *abstrakte Syntax* einer Programmiersprache ergibt eine Signatur Σ = (S, F). Die Terme über dieser Signatur stellen Programme in abstrakter Syntax dar. Die textuelle

Aufschreibung von Programmen durch Zeichenfolgen und Schlüsselwörter nennen wir im Gegensatz dazu *konkrete Syntax.*

Beispiel (Abstrakte Syntax einer einfachen zuweisungsorientierten Sprache). Die Syntax einer einfachen zuweisungsorientierten Sprache ist durch folgende BNF-Regeln gegeben:

‹expression› ::= ‹identifier› | 0 | 1 | ‹expression› [+ | – | ∗] ‹expression›

‹statement› ::= **nop** |
abort |
‹identifier› := ‹expression› |
‹statement›; ‹statement› |
if ‹expression› > 0 **then** ‹statement› **fi** |
while ‹expression› > 0 **do** ‹statement› **od**

Programme in dieser Syntax lassen sich in Terme der folgenden Signatur umschreiben. Dazu führen wir für jedes auftretende Nonterminal eine Sorte ein und für jeden Zweig auf der rechten Seite der jeweiligen Regel ein Funktionssymbol.

Die Signatur enthält folgende Sorten, die den Nichtterminalzeichen der BNF-Beschreibung entsprechen:

sort expression, statement, identifier

Die Signatur enthält folgende Funktionssymbole, die den Alternativen in den BNF-Regeln entsprechen:

fct id = (**identifier**) **expression**,

fct null, eins = **expression**,

fct plus, minus, mal = (**expression, expression**) **expression**,

fct nop, abort = **statement**,

fct assignment = (**identifier, expression**) **statement**,

fct comp = (**statement, statement**) **statement**,

fct conditionalgz, whilegz = (**expression, statement**) **statement**.

Das Programm in der konkreten Syntax

while x > 0 **do** x := x–1 **od**

ergibt in abstrakter Syntax den Term

whilegz(id(x), assignment(x, minus(id(x), eins))) ❑

Die Zuordnung einer abstrakten Syntax in Form einer Signatur zu einer Menge von BNF-Regeln zur Beschreibung einer Programmiersprache kann rein schematisch geschehen. Insbesondere können wir die Folge der Symbole, aus denen ein Programm besteht, als textuelle Repräsentation der abstrakten Syntax auffassen.

Der Übergang von der abstrakten zur konkreten Syntax kann – ähnlich zur Abbildung flatten im vorangegangenen Abschnitt – durch eine Abbildung string ausgedrückt werden. Gegeben sei die Signatur

$\Sigma = (S, F)$

mit der Termalgebra W_Σ über der Signatur Σ, die Menge der Symbole T und die formale Sprache L_T der Programme und eine surjektive Abbildung

$$\text{string}: W_\Sigma \to L_T$$

der Form (Mixfix-Notation)

$$\text{string}(f(t_1, ..., t_n)) = w_f^{(0)} \circ \text{string}(t_1) \circ w_f^{(1)} \circ ... \circ \text{string}(t_n) \circ w_f^{(n)} \qquad (*)$$

wobei $w_f^{(i)} \in T^*$.

Jede Gleichung der Form (*) für die Abbildung string entspricht einer BNF-Regel. Um die BNF-Syntax zu erhalten, führen wir für jede Sorte **s** $\in$ S ein Nonterminal ‹s› ein und definieren die BNF-Darstellung durch

$$\langle s\rangle ::= w_f^{(0)} \langle s_1\rangle\, w_f^{(1)} ... \langle s_n\rangle\, w_f^{(n)} \mid ...$$

wobei auf der rechten Seite für jedes Funktionssymbol f der Signatur mit Ergebnissorte **s** und Funktionalität

$$\mathbf{fct}\ f = (\mathbf{s}_1, ..., \mathbf{s}_n)\ \mathbf{s}$$

eine syntaktische Form auftaucht, die sich aus der Gleichung (*) für die Abbildung string ergibt. Eine BNF-Darstellung einer Sprache entspricht der impliziten Angabe einer Signatur Σ und einer Abbildung string. Die Signatur Σ heißt *abstrakte Syntax* der Sprache L_T, deren konkrete Syntax durch die BNF-Regeln definiert wird. Der Term über der Signatur Σ, der einem Programm t $\in L_T$ entspricht, heißt *abstrakte Syntax* des Programms.

Beispiel (Postfixform). Wir betrachten die Signatur Σ = (S, F) mit folgender Menge S von Sorten und der Menge F von Funktionssymbolen:

S = {**expression**}

F = {null, eins, plus, minus, mal} ,

wobei die Funktionssymbole mit den üblichen Funktionalitäten versehen seien. Die Abbildung

$$\text{postfix}: W_\Sigma \to \{1, 0, +, *, -\}^*$$

sei definiert durch die Gleichungen:

$$\text{postfix}(\sigma(t1, t2)) = \text{postfix}(t1) \circ \text{postfix}(t2) \circ \langle op_\sigma\rangle \quad \text{für } \sigma \in \{\text{plus, minus, mal}\}$$

$$\text{postfix}(x) = \langle op_x\rangle \quad \text{für } x \in \{\text{null, eins}\}.$$

Wir erhalten beispielsweise

$$\text{postfix}(\text{plus}(\text{minus}(\text{eins, null}), \text{mal}(\text{null, eins}))) = \langle 1\ 0 - 0\ 1 * +\rangle$$

In der Postfixdarstellung wählen wir für eine n-stellige Funktion

$$w_f^{(i)} = \varepsilon \qquad \text{für } 0 \le i < n$$

und für $w_f^{(n)}$ das entsprechende Operationssymbol. Hierbei entspricht die Abbildung postfix der oben mit string bezeichneten Abbildung. ❑

Die Abbildung string ist im allgemeinen nicht eineindeutig und damit nicht umkehrbar. In der Postfixschreibweise ist die Abbildung string jedoch umkehrbar, wenn nur jedes Operationssymbol eine eindeutige Stelligkeit besitzt. Diese Umkehrbarkeit ist nicht für alle Abbildungen zur string-Darstellung von Ausdrücken gegeben.

Beispiel (Ungeklammerte Infixschreibweise). Definieren wir für die Signatur Σ aus dem obigen Beispiel:

$$\text{infix} : W_\Sigma \to \{1, 0, +, *, -\}^*$$

durch die Gleichungen:

$$\text{infix}(\sigma(t1, t2)) = \text{infix}(t1) \circ \langle op_\sigma \rangle \circ \text{infix}(t2) \qquad \text{für } f \in \{\text{plus, mal, minus}\},$$
$$\text{infix}(x) = \langle op_x \rangle \qquad \text{für } x \in \{\text{null, eins}\},$$

(sei $\langle op_{null} \rangle = 0$, $\langle op_{eins} \rangle = 1$, $\langle op_{plus} \rangle = +$, $\langle op_{minus} \rangle = -$, $\langle op_{mal} \rangle = *$) dann erhalten wir Beispiele für Ausdrücke unterschiedlicher abstrakter Syntax aber gleicher String-darstellung:

$$\begin{aligned} & \text{infix(plus(eins, plus(eins, eins)))} \\ = \; & \langle 1+1+1 \rangle \\ = \; & \text{infix(plus(plus(eins, eins), eins))} \end{aligned}$$

$$\begin{aligned} & \text{infix(mal(null, plus(eins, eins)))} \\ = \; & \langle 0 * 1 + 1 \rangle \\ = \; & \text{infix(plus(mal(null, eins), eins))} \end{aligned}$$

In der ersten Gleichung ist die Tatsache, daß das Urbild nicht eindeutig rekonstruierbar ist, verschmerzbar. In der zweiten Gleichung wird jedoch klar gegen die Konventionen der Mathematik verstoßen.

In der Infixschreibweise wählen wir für zweistellige Funktionssymbole f folgende Schlüsselwörter:

$$w_f^{(0)} = w_f^{(2)} = \varepsilon$$

und für $w_f^{(1)}$ das entsprechende Operationssymbol.

Abhilfe im Sinne der Sicherstellung der Umkehrbarkeit der Funktion string schafft eine geklammerte Infixschreibweise, wie sie durch die Funktion

$$\text{kinfix} : W_\Sigma \to \{1, 0, +, *, -, (,)\}^*$$

mit den Gleichungen

$$\text{kinfix}(f(t1, t2)) = \langle (\rangle \circ \text{kinfix}(t1) \circ \langle op_f \rangle \circ \text{kinfix}(t2) \circ \langle) \rangle$$
$$\text{für } f \in \{\text{plus, mal, minus}\},$$
$$\text{kinfix}(x) = \langle op_x \rangle \qquad \text{für } x \in \{\text{ null, eins }\}$$

gegeben ist. Wir erhalten beispielsweise

$$\text{kinfix(plus(minus(eins, null), mal(null, eins)))} = \langle ((1-0) + (0*1)) \rangle$$

Die Abbildung kinfix ist eindeutig umkehrbar, führt aber auf eine inakzeptabel aufwendige und schwer lesbare Klammerschreibweise. ❑

Jede Abbildung

string: $W_\Sigma \to L_T$

definiert eine konkrete Stringrepräsentation für eine abstrakte Termsprache. Wir sprechen von einer *Tree-to-string-Abbildung*.

Wichtig für die Zerteilung ist die Frage, ob und wie wir aus Stringrepräsentationen die Termstrukturen eindeutig gewinnen können. Eine partielle Abbildung

parse: $L_T \to W_\Sigma$,

für die gilt

parse(string(t)) = t für alle $t \in W_\Sigma$

heißt *Zerteilabbildung* oder auch *String-to-tree-Abbildung*. Man beachte, daß eine Zerteilabbildung nicht wohldefiniert ist, falls die Tree-to-string-Abbildung nicht eindeutig ist.

Beispiel (Zerteilabbildung).

(1) Für die Postfix-Darstellung eines Operatorbaums existiert genau eine Zerteilabbildung.

(2) Für die Infix-Darstellung eines Operatorbaums der Arithmetik existiert keine Zerteilabbildung, da die Tree-to-String-Abbildung infix nicht eindeutig ist. Abhilfe kann geklammerte Infix-Schreibweise schaffen. ❑

Ist die Tree-to-String-Abbildung string nicht eineindeutig, gilt aber, daß beliebige Terme $t1, t2 \in W_\Sigma$ mit gleicher Stringrepräsentation semantisch äquivalent sind (wir schreiben dann $t1 \sim t2$), so können wir die Bedingung für die Abbildung parse abschwächen zu

parse(string(t)) ~ t für alle $t \in W_\Sigma$.

Mit dieser abgeschwächten Bedingung ist die Abbildung parse, falls sie existiert, im allgemeinen nicht eindeutig bestimmt. Es existieren dann viele verschiedene Zerteilabbildungen. Die unterschiedlichen Zerteilbäume entsprechen Termen, die alle semantisch äquivalent sind. Stehen beispielsweise Operationssymbole für assoziative Operationen, so hat die Wahl der Zerteilabbildung keinen Einfluß auf den Wert der Interpretation des entstehenden Terms.

Programme, die die Zerteilabbildung realisieren, heißen *Zerteiler* oder *Parser*.

In der Praxis gehen wir von Quellprogrammen in Stringrepräsentation aus: Wir beschreiben die konkrete Syntax der von der Tree-to-String-Abbildung gegebenen Sprache $L_P \subseteq L_T$, wobei

$$L_P = \{\text{string}(t) : t \in W_\Sigma \} \subseteq L_T$$

gilt, durch BNF-Regeln und suchen davon ausgehend die Signatur Σ und die Zerteilabbildung parse.

Auf Techniken zur Beschreibung formaler Sprachen und den Zusammenhang mit der Zerteilabbildung kommen wir ausführlich im Kapitel „Formale Sprachen" in Teil IV zurück. Wird die Stringdarstellung und damit die Menge der zulässigen String-to-tree-Abbildungen ungünstig gewählt, so kann die Rückgewinnung des Zerteilbaums sehr aufwendig oder gar unmöglich sein. Für eine gegebene abstrakte Syntax gilt: Die geschickte Wahl der konkreten Syntax bedeutet eine entscheidende Voraussetzung für die Erstellung eines effizienten Parsers.

Da parse eine partielle Abbildung ist, sind nicht alle Zeichenfolgen $w \in L_T$, die durch die lexikalische Analyse erzeugt werden, in Terme umsetzbar. Wie der Scanner erfüllt der Parser zwei Aufgaben:

- Er stellt fest, ob die Symbolfolge der syntaktischen Beschreibung entspricht.
- Er erzeugt gegebenenfalls den Zerteilbaum.

Insbesondere erwarten wir, daß der Parser für syntaktisch inkorrekte Symbolfolgen in endlicher Zeit zu der Feststellung kommt, daß die Eingabe syntaktisch inkorrekt ist und entsprechende Hinweise auf einen Fehlerfall ausgibt. Deshalb ist in der Praxis für Parser eine umfangreiche Fehlerbehandlung und -diagnose zwingend erforderlich.

Für die praktische Gestaltung von Programmen, welche die Funktion parse realisieren, muß auch eine programmiersprachliche („interne") Darstellung für die aus der Quellsprache gewonnenen Terme gefunden werden. Wir verwenden dazu Baumstrukturen.

3.2.2 Baumdarstellung von AS-Programmen

Durch die lexikalische Analyse wird eine Sequenz von Indexwerten erzeugt, sowie eine Tabelle, die Konstanten und Symbole enthält. Die Zerteilabbildung erzeugt aus der Sequenz von Indexwerten und der Tabelle Terme, beziehungsweise Zerteilbäume. Wollen wir die Zerteilabbildung durch ein Programm realisieren, dann ist es notwendig, Terme durch Datenstrukturen darzustellen. Es ist naheliegend, baumartige Strukturen zu verwenden. Dabei können wir grundsätzlich zwischen den folgenden zwei Möglichkeiten wählen:

(1) Wir führen für jede syntaktische Einheit eine eigene Sorte ein.
(2) Wir verwenden eine universelle Baumstruktur, die zur Darstellung beliebiger Terme geeignet ist.

Das Vorgehen nach (1) führt für AS-Ausdrücke auf folgende Sortendeklarationen:

sort exp =	const(**int** zahl)	|
	ident(**string** id)	|
	apply(**identifier** op, **parlist** param)	|
	monad(**operator** i1, **exp** e)	|
	dyad(**exp** e1, **operator** i2, **exp** e2)	|
	cond(**exp** c1, **exp** c2, **exp** a1, **exp** a2)	
sort parlist =	**emptylist** |	
	list(**exp** p1, **parlist** rp)	
sort emptylist =	{ emptylist }	
sort operator =	{+, -, *, /}	
sort identifier =	**string** .	

Das Vorgehen nach (2) könnte sich im Fall der Sprache AS auf Sortendeklarationen der folgenden Form stützen, wobei hier bereits berücksichtigt ist, daß Symbole durch Indexwerte dargestellt werden.

sort node = node (**index** k, **list** li)

sort list = list (**node** p, **list** lr) | **emptylist**

sort emptylist = { emptylist }.

Die Sorte **node** ist geeignet, beliebige Baumstrukturen mit endlicher, aber unbeschränkter Anzahl von Teilbäumen zu repräsentieren. Die Abbildung einer Zeichenfolge, die ein AS-Programm darstellt, in solch eine Darstellung ist damit noch nicht eindeutig festgelegt. Die speziell gewählte Darstellung kann graphisch verdeutlicht werden.

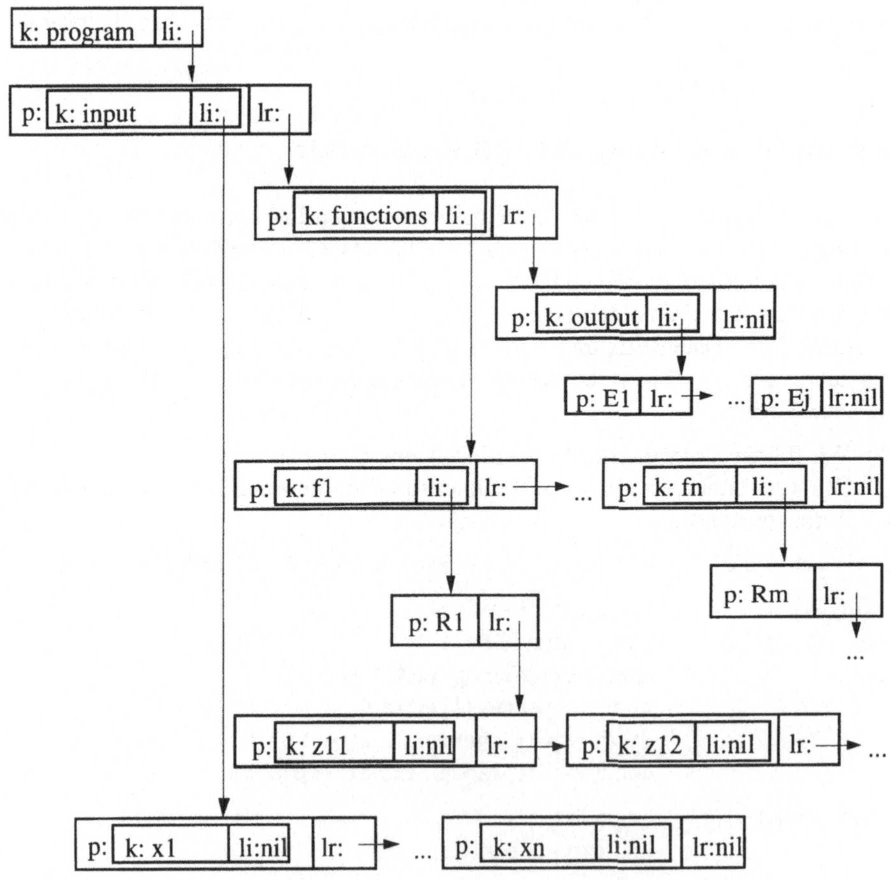

Abb. 3.7. Struktur der Baumdarstellung eines AS-Programms

Sei das folgende Schema für Programme der Beispielsprache AS gegeben:

input $x_1, ..., x_n$

functions $f_1(z_1^1, ..., z_{k1}^1) = R_1,$

...

$f_m(z_1^m, ..., z_{km}^m) = R_m$

output $E_1, ..., E_j$

end.

Dieses Programm wird in die in Abb. 3.7 angegebene Baumstruktur umgewandelt (statt der Indizes schreiben wir die Symbole direkt, statt emptylist „nil"). Diese Umwandlung wird durch die folgende Funktion zum Aufbau des Baums aus den drei Listen il, der Sequenz der Input-Identifikatoren, dl, der Folge der Funktionsdeklarationen und ol, der Folge der Ausgabeausdrücke, durchgeführt:

```
fct create_program = ( list il, list dl, list ol ) node:
        node(  key(t, „program"),
               list( node(  key(t, „input"),      il),
               list( node(  key(t, „functions"),  dl),
               list( node(  key(t, „output"),     ol),
               emptylist))))
```

Die Funktion key liefert dabei den Index zu einem Symbol aus der Tabelle. Für Ausdrücke wählen wir folgende Darstellung: Ein bedingter Ausdruck der Form

if $E_1 < E_2$ **then** E_3 **else** E_4 **fi**

wird zu der in Abb. 3.8 angegebenen Baumdarstellung.

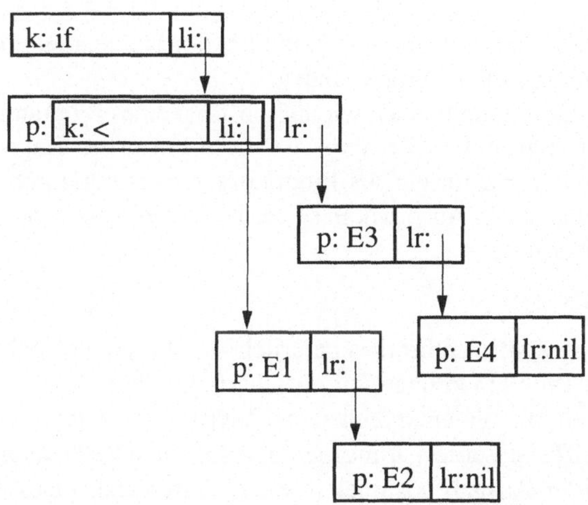

Abb. 3.8. Baumdarstellung eines bedingten Ausdrucks

Diese Umwandlung wird durch die folgende Funktion erledigt (dabei gibt h den Vergleichsoperator an, im obigen Beispiel steht "<" für h):

```
fct create_if = ( index h, node e1, e2, te, ee ) node:
    node(key(t, "if"), list(node(h,
                       list(e1, list(e2, emptylist))),
                       list(te, list(ee, emptylist))))
```

Die Funktionsapplikation

$f(E_1, ..., E_n)$

wird durch den in Abb. 3.9 angegebenen Baum dargestellt.

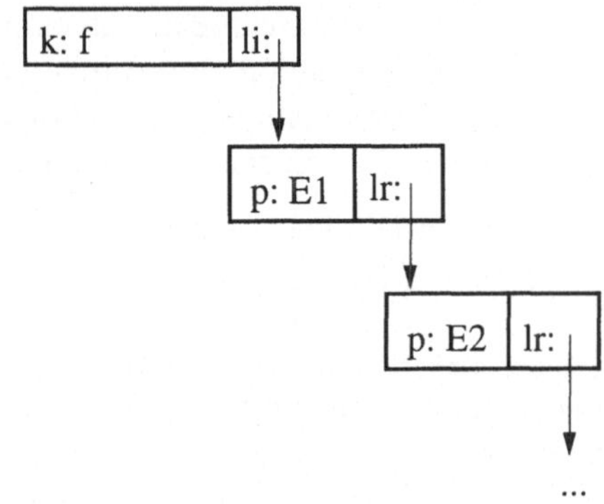

Abb. 3.9. Baumdarstellung der Funktionsapplikation

Der Ausdruck

a∗b+c

wird nach dem gleichen Schema wie eine Funktionsanwendung in die in Abb. 3.10 angegebene Baumdarstellung umgewandelt.

In der Baumdarstellung können wir auf die Teile eines Programmterms strukturiert über Selektoren zugreifen. Allerdings ist diese Form des Zugriffs oft schwer zu durchschauen. Wenn wir für ein AS-Programm, dargestellt durch das Element x der Sorte **node**, auf den ersten Ausdruck in seiner Liste von Ausgabeausdrücken zugreifen wollen, dann müssen wir

p(li(p(lr(lr(li(x))))))

schreiben. In Programmen führt dies natürlich zu sehr undurchsichtigen Zugriffsoperationen. Dieses Problem können wir entschärfen, indem wir eine Reihe von Funktionen deklarieren, die die entsprechenden Zugriffe vornehmen und deren Bezeichnungen die Zugriffe besser lesbar machen. Die folgende Rechenvorschrift erlaubt den Zugriff auf den i-ten Ausgabeausdruck in einem Zerteilbaum eines AS-Programms:

```
fct outexp = ( node x, nat i ) node: getexp(li(p(lr(lr(li(x))))), i)

fct getexp = ( list y, nat i ) node:
    if i = 1  then  p(y)
              else  getexp(lr(y), i–1)
    fi
```

Der Gebrauch entsprechender Hilfsfunktionen verbessert die Lesbarkeit der Programme.

3.2.3 Parsen von AS-Programmen

Wir wenden uns der Erzeugung von Baumdarstellungen aus der Stringdarstellung von AS-Programmen zu. Wir wollen dabei ein Verfahren verwenden, bei dem die Symbolfolge von links nach rechts gelesen und dabei schrittweise der Zerteilbaum aufgebaut wird. Damit gilt für ein Wort $w \in T^*$ von Symbolen, daß ein Zwischenzustand des Zerteilvorgangs durch Wörter $u, v \in T^*$ mit $w = u \circ v$ charakterisiert werden kann, wobei u das bereits gelesene und v das noch zu lesende Wort bezeichnet. Das Wort u nennen wir *Präfix* und v das *Residuum.*

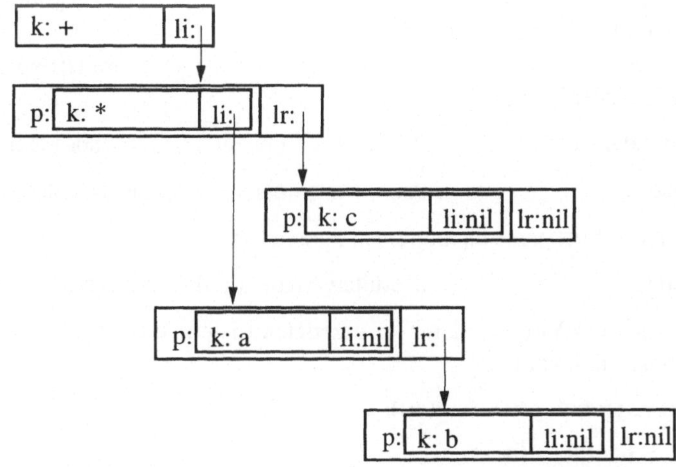

Abb. 3.10. Baumdarstellung eines arithmetischen Ausdrucks

Wir verwenden das Verfahren des *rekursiven Abstiegs* (engl. *recursive descent*) zur Erstellung des Zerteilers. Für jede syntaktische Einheit ‹s› der Quellsprache führen wir eine Zerteilprozedur ein, die für ein gegebenes Wort w den kleinsten Anfangsteil abspaltet, der ein Wort der Sprache darstellt, die wir mit ‹s› verbinden.

Für das Verfahren des rekursiven Abstiegs setzen wir voraus, daß wir es mit einer Sprache in BNF-Syntaxdarstellung zu tun haben. Darüber hinaus nehmen wir an, daß die Wörter der Sprache aufgrund der Struktur der BNF-Beschreibung in besonders einfacher Weise erkannt und zerteilt werden können (nicht jede BNF-Beschreibung der Syntax einer Sprache entspricht diesen Voraussetzungen; wir kommen darauf in Teil IV zurück). Wieder können wir das Erkennungsverfahren durch einen Automaten darstellen. Jedes Präfix entspricht einem Zustand des Automaten. Der Automat entspricht den Syntaxdiagrammen, die sich aus den BNF-Regeln ergeben. Allerdings ist der Automat nicht endlich, da gewisse Nichtterminale rekursiven Aufrufen entsprechen.

In jedem dieser Zustände gilt für das Lesen eines weiteren Symbols (dem ersten Zeichen des Residuums): Wir erwarten ein Symbol aus einer endlichen Menge von Symbolklassen. Jedes gelesene Symbol legt auf Grund der BNF-Regeln fest, welche Klassen von Symbolen im nächsten Schritt erwartet werden und welche syntaktischen Einheiten noch gelesen werden müssen, um das bis dahin gelesene Teilwort zu einem vollständigen Wort der Sprache ergänzen zu können. Tritt ein Symbol auf, das nicht der erwarteten Klasse angehört, so ist das vorliegende Wort w kein Element der durch die BNF-Darstellung beschriebenen Sprache. Es tritt ein Fehlerfall ein.

Gegeben sei die Symbol- und Konstantentabelle t. Ein AS-Programm wird zerteilt durch den Prozeduraufruf parse(r), der auf der Resultatvariablen r den Zerteilbaum erzeugt. Durch diesen Aufruf wird ein Wort am Anfang der Symbolfolge, gegeben durch die Indexliste si und die Tabelle t, abgespalten, soweit es ein Wort der durch die AS-Syntax beschriebenen Sprache ist. Dabei wird der entsprechende Zerteilbaum an r zugewiesen. Andernfalls wird die Fehleranzeige fa gesetzt und auf die Marke fehlerbehandlung gesprungen.

Wie die Prozedur scan arbeiten die Prozedur parse und ihre Hilfsprozeduren auf einer Reihe globaler Variablen:

var seq index si „Vom Vorgruppierer erzeugte Indexsequenz“,

var table t „Vom Vorgruppierer erzeugte Tabelle“.

Die Rechenvorschrift parse hat nur einen Parameter:

var node r „Resultatvariable für den erzeugten Baum“.

Wir setzen die vom Vorgruppierer lex erzeugten Listen und Tabellen und die folgenden Hilfsfunktionen voraus:

fct next =**symbol**: get(t, first(si)),

fct idfk = **bool**: bust(next),

fct zahl = **bool**: ziffer(next),

wobei idfk und zahl angeben, ob ein vorliegendes Symbol der entsprechenden syntaktischen Kategorie angehört. Man beachte, daß wir in unserem Beispiel **symbol** mit der Sorte **string** gleichsetzen. Wir verwenden zusätzlich die folgenden Hilfsprozeduren:

```
proc move_symbol =: si := rest(si)

proc assert = ( symbol u ):
  if next = u  then move_symbol
               else fehlerabbruch
  fi
```

Die Prozedur parse erfüllt die folgende Aussage, formuliert durch Zusicherungen (vgl. Teil I):

$$\{si = string(p) \circ w\}\ parse(r)\ \{r = p \wedge si = w\}\ .$$

Eine zusätzliche Voraussetzung ist, daß t die entsprechende Tabelle zur Schlüsselfolge si ist. Analoge Formulierungen lassen sich für die Hilfsprozeduren angeben.

Die syntaktische Einheit ‹program› ist für AS durch die folgende BNF-Regel beschrieben:

```
‹program› ::=  input      ‹par list›
               functions  ‹dekl list›
               output     ‹exp list›
               end
```

Die Prozedur parse folgt in ihrer Aufrufstruktur eng dieser Syntaxbeschreibung:

```
proc parse = ( var node r ):
  ⌈ var list il, dl, ol;
    assert(„input”);                    {Zerteilen Input-Liste}
    parseparlist(il);
    assert(„functions”);                {Zerteilen Funktionsdeklarationen}
    parsedekllist(dl);
    assert(„output”);                   {Zerteilen Output-Liste}
    parseexplist(ol);
    assert(„end”);
    r := create_program(il, dl, ol)     {Erzeugen Programmbaum}          ⌋
```

Eine Indexliste von Identifikatoren (Parameterliste) wird durch die nachfolgend angegebene Prozedur parseparlist in eine Liste von Bäumen verwandelt. Entsprechend der Syntax wird eine Liste stets durch das Schlüsselwort **functions** abgeschlossen.

Die in einem AS-Programm auftretenden Listenstrukturen sind durch folgende BNF-Regel definiert:

‹par list› ::= ‹id› { , ‹id› }*

Diese Regel läßt sich wie folgt umschreiben:

‹par list› ::= ‹id› { , ‹par list› }

Die Prozedur parseparlist folgt in ihrer Aufrufstruktur eng dieser Regel zur Beschreibung der Syntax:

```
proc parseparlist = ( var list r ):

  if ¬idfk   then  fehlerabbruch
             else  index h = first(si);
                   move_symbol;
                   if next = "," then  move_symbol;
                                       parseparlist(r)
                                 else  r := emptylist
                   fi;
                   r := list(node(h, emptylist), r)
  fi .
```

Eine Liste von Deklarationen wird durch die Prozedur parsedekllist in eine Liste von Bäumen verwandelt. Sie bricht die Liste ab, sobald beim parsen einer Deklaration kein Komma mehr folgt, das anzeigt, daß eine weitere Deklaration folgt. Dann ist nach der Struktur der Syntax das Schlüsselwort **output** das nächste zu erwartende Symbol.

Die in einem AS-Programm auftretenden Folgen von Deklarationen sind durch nachstehende BNF-Regel festgelegt:

‹dekl list› ::= ‹dekl› { , ‹dekl› }*

Die Gestalt einer einzelnen Deklaration wird durch die folgende BNF-Regel beschrieben:

‹dekl› ::= ‹id› (‹par list›) = ‹exp›

Die Prozeduren parsedekllist und parsedecl erzeugen eine Liste, beziehungsweise einen Knoten. Sie folgen in ihrer Aufrufstruktur wieder eng der Beschreibung der Syntax:

```
proc parsedekllist = ( var list r ):
   if ¬idfk then fehlerabbruch
            else var node n;
                 parsedekl(n);
                 if next = ","
                 then  move_symbol;
                       parsedekllist(r)   {restliche Deklarationen lesen}
                 else  r := emptylist
                 fi;
                 r := list( n, r )
      fi ,

proc parsedekl = ( var node r ):
   if ¬idfk then fehlerabbruch
            else var list pl;
                 var node e;
                 index i := first(si);          {Funktionssymbol lesen}
                 move_symbol;
                 assert("(");
                 parseparlist(pl);              {Parameterliste lesen}
                 assert(")");
                 assert("=");
                 parseexp(e);                   {Rechte Seite lesen}
                 r := node(i, list(e, pl))
   fi .
```

Eine Liste von Ausdrücken in der Sprache AS wird durch nachfolgende BNF-Regel beschrieben:

‹exp list› ::= ‹exp› { , ‹exp› }*

Die Prozedur parseexplist erzeugt eine Liste von Knoten, die Ausdrücke repräsentieren. Sie folgt in ihrer Aufrufstruktur eng der Syntaxbeschreibung:

```
proc parseexplist = ( var list r ):
   ⌈ var node h;
     parseexp(h);
```

```
if next = "," then  move_symbol;
                    parseexplist(r)
              else  r := emptylist
fi;
r := list(h, r)
```
┘

Die schwierigste Zerteilaufgabe für Programme der Quellsprache AS ist das Zerteilen der Ausdrücke. Hierbei sind die Vorrangregeln der auftretenden arithmetischen Operatoren zu beachten. Ausdrücke sind in AS durch folgende BNF-Regel definiert:

```
‹exp› ::=  ‹Zahl›                                              |
           ‹id›                                                |
           ‹id› ( ‹exp list› )                                 |
           (‹exp›)                                             |
           – ‹exp›                                             |
           ‹exp› [+ | * | / | – ] ‹exp›                        |
           if ‹exp› [ = | < | ≤ ] ‹exp› then ‹exp› else ‹exp› fi
```

Eine Symbolfolge, die einen Ausdruck darstellt, kann wie folgt von links nach rechts zerteilt werden. Zuerst spalten wir den kleinsten vollständigen Ausdruck von links ab (genannt ‹factor›). Es sind entsprechend den Vorranggregeln bei der Arithmetik drei Möglichkeiten zu unterscheiden:

(1) Der abgespaltene Ausdruck ist bereits der größte Ausdruck, der abspaltbar ist. Dies erkennen wir dadurch, daß das Residuum mit einem Symbol beginnt, das verschieden von +, –, * und / ist.

(2) Das Residuum beginnt mit den Symbolen * oder /. Dann muß der bereits abgespaltene Ausdruck durch "*" beziehungsweise "/" mit dem kleinsten im Residuum abspaltbaren Ausdruck verknüpft werden.

(3) Das Residuum beginnt mit + oder –. Dann wird der abgespaltene Ausdruck durch + beziehungsweise – mit dem kleinsten im Residuum abspaltbaren Ausdruck verknüpft, für den gilt, daß sein Residuum nicht mit * oder / beginnt.

Wir ersetzen die obige BNF-Regel für ‹exp› durch ein System von BNF-Regeln, das die Vorrangregeln wiedergibt:

```
‹exp› ::=     {‹exp› [+ | –]} ‹term›

‹term› ::=    {‹term› [ * | / ]} ‹factor›

‹factor› ::=  ‹Zahl›                                                |
              – ‹factor›                                            |
              (‹exp›)                                               |
              if ‹exp› [ = | < | ≤ ] ‹exp› then ‹exp› else ‹exp› fi |
              ‹id› ( ‹exp list› )                                   |
              ‹id›
```

Die Prozedur parseexp spaltet den größten Ausdruck im Residuum ab. Ein Ausdruck wird durch die Prozedur parseexp in einen Baum verwandelt.

```
proc parseexp = ( var node r ):
⌈ parseterm(r);
  parserexp(r)    ⌋
```

Die Prozedur parserexp(r) zerteilt das Residuum unter Verwendung des Zerteilbaums r für das Präfix.

```
proc parserexp = ( var node r ):
if next = "+" ∨ next = "–"
then  var node rr;
      index i = key(t, next);
      move_symbol;
      parseterm(rr);
      r := node(i, list(r, list(rr, emptylist)));
      parserexp(r)
fi
```

Die Rechenvorschrift parseterm spaltet den größten Ausdruck im Residuum ab, der aus Faktoren besteht, die mit den Operatoren ∗ und / verknüpft sind. Auf diese Weise wird den Vorrangregeln der arithmetischen Operatoren Rechnung getragen.

```
proc parseterm = ( var node r ):
⌈ parsefactor(r);
  parserterm(r)   ⌋
```

Die Prozedur parserterm(r) zerteilt das Residuum für den größten Faktor unter Verwendung des Zerteilbaums r für das Präfix.

```
proc parserterm = ( var node r ):
if next = "∗" ∨ next = "/"
then  var node rr;
      index i = key(t, next);
      move_symbol;
      parsefactor(rr);
      r := node(i, list(r, list(rr, emptylist)));
      parserterm(r)
fi
```

Die Prozedur parsefactor spaltet den kleinsten vollständigen Ausdruck am Anfang von si ab.

```
proc parsefactor = ( var node r ):
    if zahl           then  r := node(first(si), emptylist);
                            move_symbol
    elif next = "–"   then  move_symbol;
                            parsefactor(r);
                            r := node(key( t, "–"), list(r, emptylist))
    elif next = "("   then  move_symbol;
```

```
                              parseexp(r);
                              assert(")")
     elif next = "if"   then  parseif(r)
     elif idfk          then  index h = first(si);
                              move_symbol;
                              if next = "("  then  var list l;
                                                   move_symbol;
                                                   parseexplist(l);
                                                   assert(")");
                                                   r := node(h, l)
                                             else  r := node(h, emptylist)
                              fi
                        else  fehlerabbruch
     fi
```

Um eine bessere Lesbarkeit unsere Rechenvorschriften zu erreichen, führen wir für die Behandlung bedingter Ausdrücke eine eigene Hilfsrechenvorschrift parseif ein. Sie besorgt das Erzeugen der Zerteilbäume für die Ausdrücke, die in einem if-Ausdruck auftreten, und setzt aus ihnen den Zerteilbaum nach den in Abb. 3.8 festgelegten Konventionen zusammen.

```
proc parseif = ( var node r ):
  ⌈ var node e1, e2, te, ee;
    move_symbol;
    parseexp(e1);
    if ¬next ∈ {"<", "=", "≤"}  then  fehlerabbruch
                                else  index h := first(si);
                                      move_symbol;
                                      parseexp(e2);
                                      assert("then");
                                      parseexp(te);
                                      assert("else");
                                      parseexp(ee);
                                      assert("fi");
                                      r := create_if(h, e1, e2, te, ee)
    fi                                                                  ⌋
```

Durch die angegebenen Prozeduren wird eine Interndarstellung für AS-Programme in der Form der entsprechenden Zerteilbäume erzeugt. Es ist für die weitere Verwendung der Interndarstellung wichtig, ihre Konventionen zu kennen, um auf die einzelnen Bestandteile eines AS-Programms gezielt zugreifen zu können.

3.3. Kontextbedingungen

Nicht alle syntaktischen Bedingungen, die wir für die syntaktische Korrektheit eines Programms fordern, um sicherzustellen, daß wir ihm schließlich eine Bedeutung zuordnen können (und es ausführen können), lassen sich einfach in BNF-Notation oder anderen schematischen Mitteln zur Beschreibung formaler Sprachen ausdrücken. Deshalb formulieren wir zusätzlich gewisse Prädikate der Wohlgeformtheit, die von Programmen erfüllt werden müssen. Wir sprechen von *Kontextbedingungen*. In der Literatur findet sich dafür auch der etwas irreführende Begriff der *„statischen" Semantik*.

3.3.1 Kontextbedingungen und Prädikate

Die Sprachen L und L_T, wie sie im vorausgegangenen Abschnitt beschrieben sind, bestimmen die äußere Form von Programmen der Programmiersprache. Nicht alle syntaktisch korrekten Zeichenreihen und die ihnen entsprechenden Terme erfüllen jedoch weitere Bedingungen, die erforderlich sind, um einem Programm eine Bedeutung zu geben und es ausführen zu können. Deshalb führen wir zusätzlich ein Prädikat

$$\text{coco}: W_\Sigma \rightarrow \mathbb{B}$$

auf den Strukturbäumen ein, das angibt, welche Terme (und bei gegebenen Vorgruppier- und Zerteilabbildungen damit auch welche Wörter der Sprache) semantisch sinnvoll sind.

Wir nennen Prädikate und allgemeine Hilfsfunktionen zur Formulierung von Kontextbedingungen *Attribute*. Mit Hilfe der Kontextbedingungen können wir die Menge der syntaktisch wohlgeformten Terme (Programme) kennzeichnen:

$$WF_\Sigma = \{t \in W_\Sigma : \text{coco}(t)\} .$$

Beispiele für Kontextbedingungen, wie sie typischerweise in Programmiersprachen auftreten, sind im folgenden gegeben:

- Es bestehen keine Namenskonflikte zwischen den Identifikatoren.
- Die in Deklarationen angegebenen Sorten der Identifikatoren und Ausdrücke sind mit deren Verwendung verträglich.
- Alle auftretenden Identifikatoren sind in Deklarationen vereinbart.

Zur Attributierung verwenden wir nicht nur Prädikate, sondern auch allgemeine Funktionen, die den Teilbäumen des Zerteilbaums bestimmte Werte zuordnen. Diese Werte sind für die Formulierung der Prädikate oftmals hilfreich. Ein Beispiel bildet die Funktion, die Fragmenten eines Programms die Menge der darin frei auftretenden Identifikatoren zuordnet.

Attribute dienen insbesondere der Überprüfung gewisser Eigenschaften eines Teilterms (eines Programmfragments) in Relation zu seinem Kontext. Als *Kontext* eines Terms (eines Programmfragments) bezeichnen wir den Programmtext, der den Term umgibt. Sei

$$C[t]$$

ein Programm, welches das Programmfragment

$$t$$

als Teilprogramm („Teilterm") enthält. Mit

C[•]

bezeichnen wir die *Programmumgebung* (den Kontext) von t. Der Punkt „•“ in C[•] soll andeuten, daß an dieser Stelle ein Programmfragment eingesetzt werden kann. Fügen wir das Programmfragment t mit dem Kontext C[•] zusammen, so erhalten wir das Programm C[t]. Technisch können wir den Punkt „•“ als ausgezeichneten Identifikator verstehen, für den Terme eingesetzt werden.

Beispiel (Kontext eines Programms). Dem Programm

begin var nat x := 5; x := x*x; x **end**

können wir als abstrakte Syntax den Term

block(vardekl(nat, x, 5), assign(x, mult(x, x)), result(x))

zuordnen. Das Programm enthält die Anweisung

x := x*x

in abstrakter Syntax

assign(x, mult(x, x))

als Teilterm. Dieser Teilterm tritt in der Umgebung (im Kontext)

begin var nat x := 5; • ; x end (*)

mit der abstrakten Syntax

block(vardekl(nat, x, 5), •, result(x))

auf. Hier markieren wir die Einsetzungsstelle für das Programmfragment in seinem Kontext mit dem Punkt •. An dieser Stelle könnten wir beliebige Anweisungen einsetzen. Der Text (*) definiert einen Kontext für Anweisungen. ❑

Sei Σ eine gegebene Signatur, die eine abstrakte Syntax darstellt, W_Σ die Termalgebra über Σ und $W_\Sigma^{\mathbf{s}}$ die Menge der Terme der Sorte **s**.

Formal definieren wir: Ein Kontext der Sorte **s2** für Terme der Sorte **s1** ist eine spezielle Abbildung

$$c: W_\Sigma^{\mathbf{s1}} \to W_\Sigma^{\mathbf{s2}},$$

die sich durch Substitution beschreiben läßt: Für jeden Kontext c und jeden Term t0 existiert ein Term t, in dem ein ausgezeichneter Identifikator • genau einmal auftritt, so daß gilt

$$c[t0] = t[t0/\bullet].$$

Die Menge der Kontexte zu einer Signatur Σ wird ähnlich wie die Menge der Terme über Σ wie folgt induktiv definiert; dabei bezeichnen wir die Menge der Kontexte mit C_Σ. Für jede Sorte **s** gilt:

- Die Identitätsabbildung id : $W_\Sigma^{\mathbf{s}} \to W_\Sigma^{\mathbf{s}}$ ist ein Kontext der Sorte **s** für Terme der Sorte **s** und somit ein Element von C_Σ; wir sprechen vom „leeren“ Kontext.
- Ist $c \in C_\Sigma$ ein Kontext der Sorte $\mathbf{s_k}$ für Terme der Sorte **s** und $f \in F$ ein Funktionssymbol mit folgender Funktionalität

fct $f = (\mathbf{s}_1 \ldots \mathbf{s}_n)\ \mathbf{s}_{n+1}$

und sind $t_i \in W_\Sigma^{\mathbf{s}_i}$ für $1 \le i < k$ und $k < i \le n$ Terme der Sorte $\mathbf{s}_i$, so ist c' definiert durch

$$c'[t] = f(t_1, ..., t_{k-1}, c[t], t_{k+1}, \ldots, t_n)$$

ein Kontext der Sorte $\mathbf{s}_{n+1}$ für Terme der Sorte **s**; es gilt $c' \in C_\Sigma$.

Ein Kontext ist also durch einen Term t gegeben, der den Punkt "•" an genau einer Stelle als Platzhalter (als freien Identifikator) enthält.

Für jeden Term $t0 \in W_\Sigma^{\mathbf{s2}}$ der Sorte **s2** definiert ein Paar (c, t) bestehend aus einem Kontext $c \in C_\Sigma$ der Sorte **s2** für Terme der Sorte **s1**, und einem Term $t \in W_\Sigma^{\mathbf{s1}}$ der Sorte **s1** mit

$$t0 = c[t]$$

eine *Position* im Term t0 (und damit in einem Programm, falls t0 die abstrakte Syntax eines Programms darstellt). Eine Position in einem Programmterm t0 ergibt sich aus einem Teilterm und einem Kontext, die beim Zusammenfügen den Term t0 ergeben.

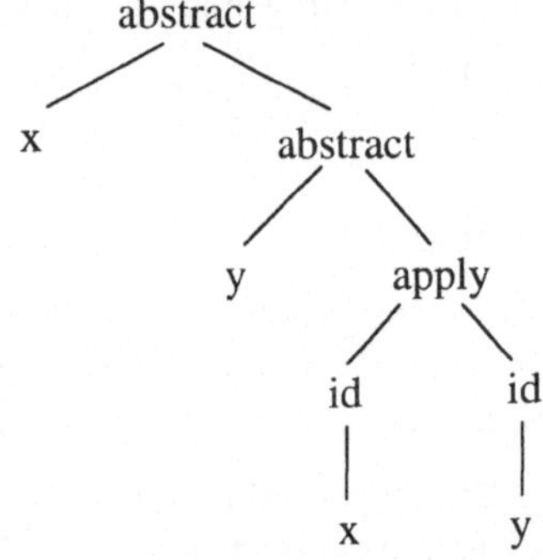

Abb. 3.11. Baumdarstellung des Terms λ x : (λ y : x(y))

Beispiel (Positionen in Termen). Wir betrachten Terme über der Signatur mit den Sorten

sort identifier, **lexp**

und den Funktionssymbolen

fct id = (**identifier**) **lexp**,

fct apply = (**lexp**, **lexp**) **lexp**,

fct abstract = (**identifier**, **lexp**) **lexp**.

Wir schreiben • für den Kontext, der die Identitätsabbildung repräsentiert. Der Term

abstract(x, abstract(y, apply(id(x), id(y))))

liest sich in der in Teil I eingeführten λ-Notation

λ x : (λ y : x(y))

und in Baumdarstellung wie in Abb. 3.11 angegeben.

In diesem Term treten die in Tabelle 3.1 angegebenen Kontexte der Sorte **lexp** für Terme der Sorte **lexp** auf:

Tabelle 3.1. Zerlegung eines Terms in Teilterme und ihre Kontexte

Kontext	Term
•	abstract(x, abstract(y, apply(id(x), id(y))))
abstract(x, •)	abstract(y, apply(id(x), id(y)))
abstract(x, abstract(y, •))	apply(id(x), id(y))
abstract(x, abstract(y, apply(•, id(y))))	id(x)
abstract(x, abstract(y, apply(id(x), •)))	id(y)

Jedes dieser Paare kennzeichnet eine Position im Ausgangsterm. ❑

Ein *Attribut* ist eine Abbildung

$$\text{att}: C_\Sigma \times W_\Sigma \to M,$$

die jeder Position in einem Term, bzw. in einem Programm bestimmte Werte zuordnet. Häufig sind Attribute Prädikate. Dann gilt $M = \mathbb{B}$.

Ein Attribut att heißt *synthetisiert* (engl. synthesized, derived), falls die Abbildung att vom ersten Argument, also vom Kontext, nicht abhängt; ein Attribut att heißt *vererbt* (engl. inherited), falls att nicht vom zweiten Argument, also nicht vom Term und damit höchstens vom Kontext abhängt. Entsprechend definieren wir synthetisierte Attribute auf Termen und vererbte Attribute auf Kontexten.

Häufig kann ein Attribut

$$\text{att}: C_\Sigma \times W_\Sigma \to M,$$

vereinfacht durch eine geeignete Wahl von Mengen A und B berechnet werden, falls Funktionen

$$\varphi: C_\Sigma \to A, \psi: W_\Sigma \to B$$

$$h: A \times B \to M$$

existieren, für die die Gleichung

$$\text{att}(c, t) = h(\varphi(c), \psi(t))$$

gilt. Der Wert $\varphi(c)$ gibt für jeden Kontext c die Information an, die nötig ist, um das Attribut zu berechnen. Der Wert $\psi(t)$ gibt die Information wieder, die aus dem Term t zur Berechnung des Attributs benötigt wird.

Beispiel (Attribute). Wir betrachten wieder die Signatur mit den Sorten

identifier, **lexp**

und den Funktionssymbolen:

fct id = (**identifier**) **lexp**,

fct apply = (**lexp**, **lexp**) **lexp**,

fct abstract = (**identifier**, **lexp**) **lexp** .

Sei ID die Menge der Elemente von der Sorte **identifier**. Wir definieren auf Termen der Sorte **lexp** das Attribut

$$\text{free: } W_{\Sigma}^{\mathbf{lexp}} \to \wp(\text{ID}),$$

das die Menge der freien Identifikatoren in einem Term berechnet, durch die Gleichungen (sei y ein Identifikator und seien t, t1 und t2 Terme):

$$\text{free}(\text{id}(y)) = \{y\},$$

$$\text{free}(\text{apply}(t1, t2)) = \text{free}(t1) \cup \text{free}(t2),$$

$$\text{free}(\text{abstract}(y, t)) = \text{free}(t) \setminus \{y\}.$$

Wir betrachten folgendes Attribut auf Kontexten:

$$\text{bind: } C_{\Sigma} \to \wp(\text{ID}).$$

bind(c) berechnet für einen Kontext c die Menge der Identifikatoren, die durch den Kontext eine Bindung erfahren. Die Identifikatoren, die in einem Term t frei und in bind(c) enthalten sind, sind in c[t] gebunden.

Das Attribut bind wird durch die folgenden Gleichungen definiert (sei c ein Kontext, x ein Identifikator und t1 ein Term):

$$\text{bind}(\bullet) = \emptyset,$$

$$\text{bind}(\text{apply}(c, t1)) = \text{bind}(\text{apply}(t1, c)) = \text{bind}(c),$$

$$\text{bind}(\text{abstract}(x, c)) = \{x\} \cup \text{bind}(c).$$

Wir betrachten weiter das Prädikat closed auf Termen der Sorte **lexp**:

$$\text{closed: } W_{\Sigma}^{\mathbf{lexp}} \to \mathbb{B},$$

das durch die folgende Gleichung definiert ist:

$$\text{closed}(t) = (\text{free}(t) = \emptyset) .$$

Man beachte, daß die Bedingung closed auch durch folgende Gleichung gekennzeichnet werden kann:

$$\text{closed}(t) = \forall\, c \in C_{\Sigma}, t0 \in W_{\Sigma}^{\mathbf{lexp}} : c[t0] = t \Rightarrow \text{free}(t0) \subseteq \text{bind}(c).$$

Die Funktion free ist ein synthetisiertes Attribut, die Funktion bind ist ein vererbtes Attribut. ❑

Kontextbedingungen sind häufig Aussagen über Beziehungen zwischen allen im Programm auftretenden Positionen, dargestellt durch Paare aus Kontexten c und Termen t. Jedes Paar definiert eine Position. Ein Attribut ist eine Funktion auf der Menge der Positionen einer gewissen Sorte. Jeder gegebene Term (jedes Programm) enthält eine Menge solcher Positionen. Für die Wohlgeformtheit eines Programms fordern wir, daß alle vorkommenden Positionen das gegebene Prädikat erfüllen.

Klassische Beispiele für allgemeine Kontextbedingungen sind folgende Programmeigenschaften:

- Auftretende Identifikatoren sind vereinbart.
- Auftretende Identifikatoren werden vereinbarungsgemäß gebraucht.
- Stelligkeiten stimmen überein.
- In Definitionen treten keine Namenskonflikte auf.
- Die Sorten der Ausdrücke sind konform.

Besonders die letzte Kontextbedingung stellt in Sprachen mit Typ- oder Sortenkonzept ein wichtiges Instrument dar. Die Überprüfung der Sortenkorrektheit kann elegant durch Attribute erfolgen. Viele einfache Programmierfehler können so mechanisch gefunden werden.

Typischerweise werden die Sorten (oder Typen) von Ausdrücken durch Attributierung berechnet. Dabei ergeben sich die Sorten der Element- und Funktionsidentifikatoren durch vererbte Attribute aus den Deklarationen und die Sorten der durch Funktionsanwendung entstehenden Ausdrücke durch die folgende Regel:

$$\mathrm{SORT(E)} = \mathbf{s} \wedge \mathrm{SORT(F)} = (\mathbf{s})\ \mathbf{r} \Rightarrow \mathrm{SORT(F(E))} = \mathbf{r}\ .$$

Regeln dieser Art legen die Berechnung der Sortenattribute fest. Die Anwendung solcher Regeln zur Berechnung der Sorten nennen wir *Sorteninferenz* oder *Typinferenz*. Passen die Sorten des Wertebereichs des Funktionsausdrucks mit den Sorten des aktuellen Arguments nicht zusammen, so ist der Ausdruck nicht korrekt typisiert.

In der Praxis werden gewisse Attribute direkt als Komponenten in die Baumdarstellung der Terme abgespeichert. Dann erhält jeder Knoten eine Markierung, die den Wert des Attributs für diesen Knoten angibt. Diese Technik erlaubt eine sehr effiziente Berechnung der Attribute und damit der Kontextkorrektheit.

Da Attribute schematisch über der Term- beziehungsweise Kontextstruktur definiert werden können, gibt es spezielle Formalismen zur Definition der Attribute und der Kontextbedingungen als Teil der BNF-Regeln. Ein häufig verwendeter Formalismus sind *attributierte Grammatiken.* Sie erlauben die gleichzeitige Definition der Syntax in einer BNF-ähnlichen Form und der Attribute.

Beispiel (Attributierte Grammatik für λ-Ausdrücke). Für unser Beispiel der λ-Ausdrücke erhalten wir etwa folgende Form der attributierten BNF-Regeln:

rule ‹lexp›$_0$ ::= ‹identifier›$_0$

attribution free.‹lexp›$_0$:= {‹identifier›}

bind.‹identifier›$_0$:= bind.‹lexp›$_0$

rule ‹lexp›$_0$ ::= ‹lexp›$_1$ (‹lexp›$_2$)

attribution free.‹lexp›$_0$:= free.‹lexp›$_1$ $\cup$ free.‹lexp›$_2$

bind.‹lexp›$_1$:= bind.‹lexp›$_0$

bind.‹lexp›$_2$:= bind.‹lexp›$_0$

rule ‹lexp›$_0$ ::= λ ‹identifier›$_0$: ‹lexp›$_1$

attribution free.‹lexp›$_0$:= free.‹lexp›$_1$ \ {‹identifier›$_0$}

bind.‹lexp›$_1$:= bind.‹lexp›$_0$ $\cup$ {‹identifier›$_0$}

Aus dieser Beschreibung lassen sich die Berechnungsvorschriften (beispielsweise als funktionale Programme) für die Attribute über den Bäumen generieren. ❑

Die Attributierung kann auch eingesetzt werden, um erheblich kompliziertere Konzepte als Kontextbedingungen zu beschreiben. Beispielsweise kann die Codeerzeugung im Rahmen der Übersetzung von Programmiersprachen ebenfalls durch Attributierung beschrieben werden.

3.3.2 Kontextbedingungen für die Programmiersprache AS

Für die Sprache AS sind aufgrund ihrer einfachen Struktur nur einige wenige Kontextbedingungen festzulegen und zu überprüfen. Wir geben im folgenden lediglich einige Beispiele für Attribute für AS-Programme.

Die Rechenvorschrift arity sucht die Deklaration einer Funktion in einem AS-Programm und bestimmt ihre Stelligkeit.

```
fct arity = ( node a, index f ) nat:
⌈ list dl = li(p(lr(li(a))));
  suche(dl, f)                              ⌋
fct suche = ( list dl, index f ) nat:
  if dl = emptylist      then 0
  elif k(p(dl)) = f      then länge(lr(li(p(dl))))
                         else suche(lr(dl), f)
  fi
fct länge = ( list l ) nat:
  if l = emptylist       then 0
                         else 1+länge(lr(l))
  fi .
```

Auf den erzeugten Bäumen lassen sich mit Hilfe dieser und weiterer Rechenvorschriften folgende Kontextbedingungen nachprüfen:

- alle auftretenden Funktions- und Elementidentifikatoren sind definiert,
- es treten keine Namenskonflikte in Parameterlisten oder in den deklarierten Funktionen auf,
- die Stelligkeiten der Funktionen stimmen mit den Stelligkeiten in den Deklarationen überein,
- Identifikatoren treten nicht als Objekt- und Funktionsidentifikatoren auf.

Wir geben nur ein Beispiel für Attribute in AS an und verwenden dazu folgende Rechenvorschriften, die abprüfen, ob in einer Identifikatorenliste alle auftretenden Identifikatoren verschieden sind:

```
fct konflikt = ( list l ) bool: ¬alleindeutig(l, l),
fct alleindeutig = ( list l1, list l ) bool:
   if l1 = empty      then   true
```

```
                   else  eindeutig(k(p(l1)), l) ∧ alleindeutig(lr(l1), l)
    fi,

  fct eindeutig = ( index h, list l ) bool:

    if l = empty       then  false
    elif k(p(l)) = h   then  fehlt(h, lr(l))
                       else  eindeutig(h, lr(l))
    fi,

  fct fehlt = ( index h, list l ) bool:

    if l = empty       then  true
                       else  ¬(k(p(l)) = h) ∧ fehlt(h, lr(l))
    fi.
```

Weitere Prädikate lassen sich in ähnlicher Weise definieren. Dies führt zu einer Funktion coco mit der Funktionalität

fct coco = (**node** r, **table** t) **bool**,

die durch den Aufruf coco(r, t) für einen Zerteilbaum r mit zugehöriger Tabelle t die Kontextbedingungen überprüft.

3.3.3 Syntaktische Analyse von AS

Basierend auf den soweit zur Verfügung stehenden Programmen können wir nun den Gesamtvorgang der syntaktischen Analyse beschreiben. Für die Sprache AS erhalten wir bei folgender Initialisierung der auftretenden Programmvariablen:

fa := false;

t := put(emptytable, "program")

die syntaktische Analyse eines AS-Programms, das durch den String s gegeben ist, durch den Aufruf (t, fa und r sind Resultatparameter):

syntaxanalyse(s, t, fa, r).

Dabei sei die Prozedur syntaxanalyse gegeben durch:

```
proc syntaxanalyse = (string s, var table t, var bool fa, var node r):
⌈  var seq index si := emptyseq;

   ... Prozedurdeklarationen für lex, parse, coco ...

   lex;

   parse(r);

   if ¬ coco(r, t) then fehlerabbruch fi  ⌋
```

Das Resultat der syntaktischen Analyse eines Programms ist – falls kein Fehlerabbruch erfolgt und somit die Fehleranzeige fa **false** ist – ein Zerteilungsbaum, von dem wir sicher sind, daß er den syntaktischen Kontextbedingungen genügt.

3.4 Interpretation von Programmiersprachen

Bisher haben wir uns in diesem Kapitel ausschließlich mit syntaktischen Eigenschaften von Programmen beschäftigt. Nun wollen wir uns der Ausführung von Programmen zuwenden. Dabei müssen naturgemäß semantische Eigenschaften betrachtet werden. Deshalb wird zunächst kurz schematisch auf die Semantik von Programmiersprachen eingegangen.

3.4.1 Semantik

Wie in den vorangegangenen Abschnitten ausführlich dargelegt, ist die abstrakte Syntax einer Programmiersprache durch eine Signatur Σ gegeben. Jedes Programm entspricht damit einem Term über Σ, der die Struktur des Zerteilbaums wiedergibt.

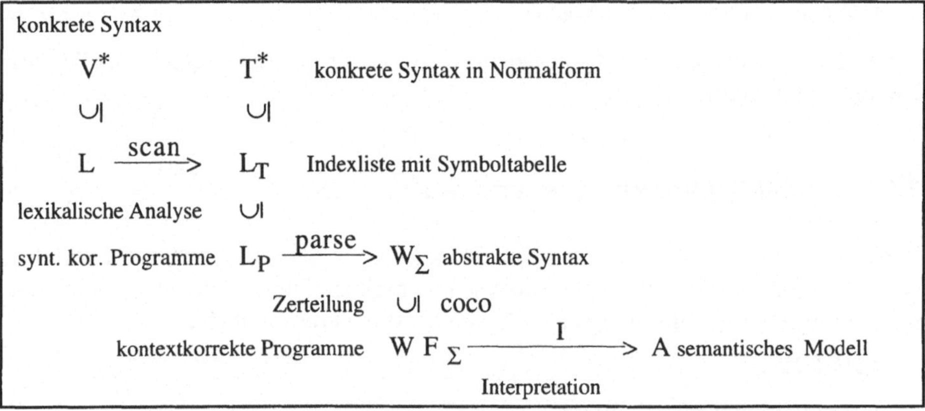

Abb. 3.12. Struktur der syntaktischen und semantischen Behandlung von Sprachen

Geben wir für eine Signatur $\Sigma = (S, F)$ eine Σ-Rechenstruktur A vor, bestehend aus einer Menge von Trägermengen $\mathbf{s}^A$ für jede Sorte $\mathbf{s} \in S$ und einer Familie von partiellen Abbildungen f^A mit Definitionsbereich und Wertebereich entsprechend der Funktionalität von f für jedes Funktionssymbol $f \in F$, so definiert die Familie der (partiellen) Interpretationsabbildungen

$$I: W_\Sigma^s \to s^A$$

eine formale („denotationelle“) Semantik für die Termalgebra W_Σ. Die Interpretationsabbildungen sind eindeutig durch die Rechenstruktur A festgelegt vermöge der Gleichung:

$$I[f(E_1, ..., E_n)] = \begin{cases} f^A(I[E_1], ..., I[E_n]) & \text{falls } I[E_i] \text{ definiert für } i,\ 1 \le i \le n, \\ \text{undefiniert} & \text{sonst .} \end{cases}$$

Durch die syntaktische Behandlung von Programmen wird eine Abbildung von Programmtexten auf Zerteilbäume oder besser auf Terme einer entsprechenden

Termalgebra festgelegt. Durch die Angabe einer Semantik in Form einer Algebra A für die Termalgebra wird eine Semantik für Programme induziert.

Es gibt viele Methoden, die Semantik einer Programmiersprache mit mathematischen Mitteln zu beschreiben. Wir gehen hier nicht näher auf die verschiedenen Methoden ein (vgl. Teil I) und setzen eine gegebene Semantik in der Form einer Rechenstruktur voraus. Damit gehen wir von einer denotationellen Semantik aus: Jedem Programmfragment (jedem Term) wird ein mathematisches Element (beispielsweise eine Funktion) als „Denotation" aus der entsprechenden Trägermenge zugeordnet. Die Semantik eines zusammengesetzten Programmtextes läßt sich aus der Semantik der Teilterme berechnen.

3.4.2 Syntax und Semantik

Abbildung 3.12 gibt eine Übersicht über die verschiedenen Darstellungen und Abbildungen des vorangegangenen Abschnitts zur syntaktischen und semantischen Behandlung von Programmen. Eine Programmiersprache ist durch das Quintupel (L, L_T, Σ, coco, A) und die entsprechenden syntaktischen und semantischen Abbildungen gegeben.

Durch die Verknüpfung der Abbildungen erhalten wir eine semantische Interpretation für konkrete Programme, soweit sie syntaktisch korrekt sind.

Beispiel (Syntaktische und semantische Behandlung eines einfachen Programms). Sei ein Programm in einer zuweisungsorientierten Programmiersprache gegeben. Wir erhalten folgende Zwischenstufen in der syntaktischen und semantischen Behandlung:

while n > 0 **do** n, x := n–1, x∗n **od**

$\downarrow_{\text{scan}}$

‹‹while› ‹n› ‹>› ‹0› ‹do› ‹n› ‹,› ‹x› ‹:=› ‹n› ‹–› ‹1› ‹,› ‹x› ‹∗› ‹n› ‹od››

$\downarrow_{\text{parse}}$

while(gt(id(n),node(0)),assign(list(n,x),list(sub(id(n),node(1)),mult(id(x),id(n)))))

$\downarrow$ I

f

Hierbei bezeichne

$$f: STATE^{\perp} \rightarrow STATE^{\perp},$$

die Abbildung von Zuständen auf Zustände, die durch folgende Gleichung definiert ist:

$$f(\sigma) = \begin{cases} \perp & \text{falls } \sigma = \perp \\ f(\sigma[V_\sigma[n]-1/n,\ V_\sigma[x]*V_\sigma[n]/x]) & \text{falls } V_\sigma[n] > 0 \\ \sigma & \text{sonst .} \end{cases}$$

Hier steht V_σ für die Abbildung, die einem Ausdruck seinen Wert unter der Belegung σ zuordnet. Die Funktion f sei die am wenigsten definierte Lösung der Gleichung (der kleinste Fixpunkt des in der Gleichung auftretenden Funktionals). ❑

Die Semantik, die durch die Interpretation spezifiziert wird, legt insbesondere die Beziehung zwischen der Ein- und der Ausgabe von Programmen fest. Für ein gegebenes Programm liegt damit fest, welche Eingabe zu welcher Ausgabe führt.

3.4.3 Eingabe und Ausgabe

Für eine Programmiersprache sind die Formen der Eingabe und der Ausgabe von besonderer Bedeutung. Genaugenommen sind Eingabe- und Ausgabeobjekte die einzigen Elemente einer Programmiersprache, die der Benutzer eines Programms beobachten kann. Deshalb ist vom Standpunkt des Benutzers eines Programms vor allem – neben Effizienzgesichtspunkten – die durch das Programm realisierte Abbildung von Eingabe auf Ausgabe von Bedeutung. Wir sprechen von *beobachtbarem Verhalten (extensionalem Verhalten)* oder dem *Ein-/Ausgabeverhalten* eines Programms.

Zur Definition des beobachtbaren Verhaltens eines Programms nehmen wir der Einfachheit halber an, daß in unserer Signatur Σ, die die abstrakte Syntax einer Programmiersprache festlegt, zwei spezielle Sorten

input und **output**

existieren, die die Sorten der Ein- und Ausgabeelemente repräsentieren. Man beachte, daß Ein- und Ausgabe, wie die übrigen Elemente einer Programmiersprache, eine konkrete und eine abstrakte Syntax besitzen und daß für sie Kontextbedingungen existieren können. Schließlich setzen wir für die Eingabe und Ausgabe eine Semantik in Form einer Interpretation voraus.

Wir nehmen weiter an, daß in der Signatur Σ neben anderen die ausgezeichnete Sorte **program** existiert und ein Funktionssymbol

fct execute = (**program**, **input**) **output**,

das die Wirkungsweise eines (vollständigen) Programms als Abbildung von Eingabe auf Ausgabe wiedergibt. Häufig ist die Funktion execute nicht explizit Bestandteil einer Programmiersprache, sondern wird implizit über Betriebssystemkommandos aufgerufen und realisiert. Auch Eingabe- und Ausgabeelemente sind oft nicht formal als Bestandteil der Sprache definiert. Wir sprechen dann von der *Pragmatik* der Programmiersprache.

Allerdings hat sich gezeigt, daß die Vernachlässigung einer exakten Festlegung und Definition der Ein- und Ausgabe für Programmiersprachen zu unangenehmen Schwierigkeiten bei der Portierung von Programmen führen kann. Deshalb ist die Ein- und Ausgabe für eine Reihe von Programmiersprachen inzwischen standardisiert.

3.4.4 Interpretierer

Rechnen, Auswerten, Ausführen von Programmen heißt in erster Linie Umformung syntaktischer Repräsentationen. In einem mehr technischen Sinn heißt Rechnen, ein vorliegendes syntaktisches Element, das gewisse Informationen implizit repräsentiert, in eine (meist eindeutige) Normalform zu bringen, die die gleiche Information nunmehr explizit repräsentiert. Man beachte, daß in einem Rechner nie „neue" Information erzeugt werden kann, sondern daß lediglich implizit vorhandene Information durch Umformungen explizit gemacht wird.

Mechanismen oder Algorithmen, die Informationen, die in programmiersprachlicher Form (bestehend aus Programm und Eingabe) gegeben sind, auf Normalform bringen, heißen *Interpreter* oder *Interpretierer*.

Gegeben sei eine Programmiersprache S0 = (L, L_T, Σ, coco, A). Ein Interpretierer ist ein Programm (verfaßt in einer Programmiersprache oder durch eine Hardwareeinheit realisiert), das für eine gegebene Zeichenkette p (jedes syntaktisch korrekte Programm), mit

$$\text{parse}(\text{scan}(p)) \in W^{\textbf{program}}_{\Sigma 1}$$

und eine Zeichenkette i, mit

$$\text{parse}(\text{scan}(i)) \in W^{\textbf{input}}_{\Sigma 1}$$

eine Zeichenkette o ausgibt (falls eine Ausgabe definiert ist), mit

$$\text{parse}(\text{scan}(o)) \in W^{\textbf{output}}_{\Sigma 1},$$

so daß gilt

$$\text{execute}(\text{parse}(\text{scan}(p)), \text{parse}(\text{scan}(i)))^A = \text{parse}(\text{scan}(o))^A$$

Dies macht deutlich, daß ein Interpretierer die Abbildung execute realisiert.

Ein Interpretierprogramm ist in der Regel selbst in einer bestimmten Programmiersprache S1 abgefaßt und interpretiert Programme, die in einer Programmiersprache S0 geschrieben sind. Graphisch symbolisieren wir einen solchen Interpretierer durch das in Abb. 3.13 angegebene Struktogramm.

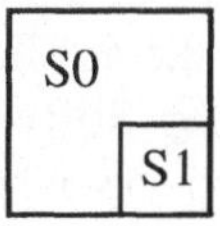

S0
S1

Abb. 3.13. Struktogramm für einen Interpretierer mit Basissprache S1 und Quellsprache S0

Ein solcher Interpretierer erlaubt es uns, Programme, die in der Quellsprache S0 formuliert sind, abgestützt auf eine Implementierung der Basissprache S1 auszuführen. Wir können Interpretierer natürlich hintereinanderschalten.

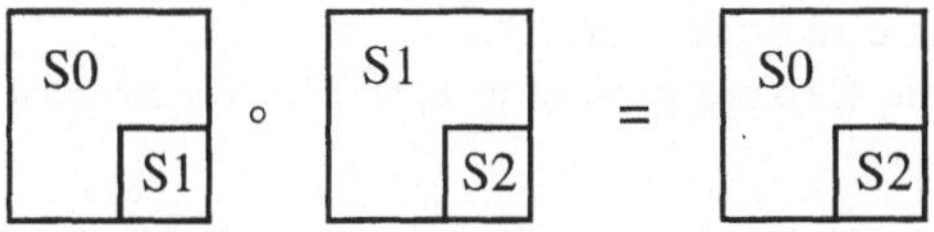

S0 S1 ∘ S1 S2 = S0 S2

Abb. 3.14. Hintereinanderschaltung von Interpretierern

Verfügen wir über einen Interpreter für die Quellsprache S0, geschrieben in S1, und über einen Interpretierer der Quellsprache S1, geschrieben in S2, so können wir diese zu einem Interpretierer von S0, geschrieben in der Basissprache S2, zusammenfügen. Dies ist in Abb. 3.14 dargestellt.

Wir können insbesondere den Interpretierer auch in der Basissprache schreiben, die durch ihn interpretiert wird. Dies wird schematisch in Abb. 3.15 dargestellt.

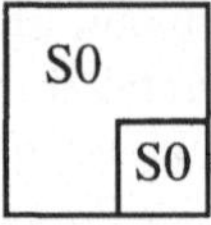

Abb. 3.15. Interpretierer in Basis- und Quellsprache S0

Diese Form eines Interpretierers erscheint im ersten Moment paradox. Was nützt uns ein Interpretierer für die Sprache S0, der selbst in S0 formuliert ist? Durch diese Technik läßt sich jedoch für komplizierte Sprachen ein Interpretierer in S0 angeben, bei dem nur eine Teilsprache von S0 als Basissprache verwendet wird. Wir müssen dann lediglich dieses Interpretierprogramm von Hand in eine verfügbaren Sprache umsetzen, oder die Teilsprache implementieren, um eine Realisierung des Interpretierers für die gesamte Sprache zu erhalten. Wir sprechen von *Bootstrap-Techniken*. Wie dieser Begriff suggeriert, kann die Bootstrap-Technik iteriert eingesetzt werden. Dadurch können schrittweise für immer größere Sprachumfänge Interpretierer realisiert werden.

Man beachte, daß ein Interpretationsvorgang, bei dem aus einem Programm eine Familie von Aktionen erzeugt wird, von unserer Definition ebenfalls erfaßt wird. Auch Prozesse sind mathematische Objekte, die als Ausgabe auftreten können. Genauer gesagt, kann ein Interpretierer eine Folge von Signalen erzeugen, mit denen ein Prozeß gesteuert wird.

Rechenmaschinen können unmittelbar als Interpretierer verstanden werden. Sie interpretieren die Maschinensprache, die auf ihnen verfügbar ist. Damit können wir zwischen einer Hardware- und einer Softwarerealisierung von Interpretierern unterscheiden. Wir geben im folgenden sowohl ein Beispiel für einen Interpretierer in Hardware als auch für einen Interpretierer in Software.

3.4.5 Die Kellermaschine: Ein Beispiel für einen Interpretierer

Als Beispiel für eine interpretierende Maschine und eine Interpretation betrachten wir eine spezielle Kellermaschine. Eine Kellermaschine ist eine Maschinenarchitektur, bei der der Speicher kellerartig organisiert ist.

Wir betrachten die Beispielmaschine KM. Die Kellermaschine KM besitzt die folgenden Register:

var [1 : 2^{n1}] **array int** d	„Datenspeicher", „Keller",
var [1 : 2^{n2}] **array string** i	„Instruktionsspeicher",
var nat z	„Ende besetzter Datenspeicher",
var nat b	„Befehlszähler",

var bool fa „Fehleranzeige",

var seq int ein „Eingabesequenz",

var seq int aus „Ausgabesequenz".

Der Instruktionsspeicher der Maschine KM enthält folgende Elemente:

- Ziffernfolgen (Stringdarstellung von Zahlen),
- Instruktionen, Elemente aus der Menge der Kommandos {add, mult, minus, div, if =, if <, if ≤, goto, load, free, store, count, print, read, stop}.

Die Kellermaschine wird durch eine Maschinensprache KMS programmiert. Die konkrete Syntax von KMS ist durch folgende BNF-Regeln gegeben:

```
‹instruction› ::=   ‹zahl›   |
                    add      |
                    mult     |
                    div      |
                    minus    |
                    if =     |
                    if <     |
                    if ≤     |
                    goto     |
                    load     |
                    free     |
                    store    |
                    count    |
                    print    |
                    read     |
                    stop
```

‹input› ::= { ‹zahl›, }*

‹output› ::= {‹zahl›, }*

‹km_programm› ::= **daten** : ‹input› **programm**: { { ‹zahl› } : ‹instruction›, }*

Es ist zweckmäßig, in einem Programm der Kellermaschine die Instruktionen fortlaufend durchzunumerieren. Dies führt auf Adressen.

Zur Analyse der Syntax der Sprache KMS können wir die gleichen Abbildungen und Techniken anwenden, wie sie im vorangegangenen Abschnitt für AS verwendet werden. Wir verzichten auf eine explizite Behandlung der Syntax. Wir nehmen an, daß ein syntaktisch korrektes KMS-Programm in den Programmspeicher geladen wird und daß die Folge der Eingabezahlen in den Datenspeicher geladen wird.

Die Ausführung eines KMS-Programms ist beschrieben durch das im folgenden angegebene Programm. Hier setzen wir drei gegebene Hilfsfunktionen voraus: Die Funktion

fct intrep = (**string**) **int**

berechnet aus einer Folge von Ziffern die durch diese dargestellte Zahl, die Funktion

fct stringrep = (**int**) **string**

ist die Umkehrung dazu. Die Funktion

fct int = (**string**) **bool**

liefert **true** genau dann, wenn der Eingabestring nur aus (einem Vorzeichen und) Ziffern besteht.

Im Gegensatz zur von-Neumann-Maschine (vgl. die MI), die stets mit einem Akkumulator oder mit mehreren Registern arbeitet, arbeitet die Kellermaschine stets auf dem obersten Kellerelement des Datenspeichers. Das folgende Programm realisiert die Interpretationsfunktion für die Kellermaschine:

```
z := 0; b := 1;

while i[b] ≠ "stop" ∧ ¬fa do
    if i[b] = "minus" ∧ z > 0    then   d[z] := –d[z]; b := b+1
    elif i[b] = "add" ∧ z > 1    then   z := z–1; d[z] := d[z]+d[z+1]; b := b+1
    elif i[b] = "mult" ∧ z > 1   then   z := z–1; d[z] := d[z] ∗ d[z+1]; b := b+1
    elif i[b] = "div" ∧ z > 1    then   z := z–1; d[z] := d[z] / d[z+1]; b := b+1
    elif i[b] = "if=" ∧ z > 2    then   if d[z] = d[z–1]  then  b := d[z–2]
                                                          else  b := b+1
                                        fi;
                                        z := z–3
    elif i[b] = "if<" ∧ z > 2    then   if d[z] < d[z–1]  then  b := d[z–2]
                                                          else  b := b+1
                                        fi;
                                        z := z–3
    elif i[b] = "if≤" ∧ z > 2    then   if d[z] ≤ d[z–1]  then  b := d[z–2]
                                                          else  b := b+1
                                        fi;
                                        z := z–3
    elif i[b] = "goto" ∧ z > 0   then   b := d[z]; z := z–1
    elif i[b] = "load" ∧ z > 0   then   if d[z] ≤ z       then  d[z]:= d[d[z]];
                                                          else  fehler
                                        fi;
                                        b := b+1
    elif i[b] = "free" ∧ z > 0   then   z := z–1; b := b+1
    elif i[b] = "store" ∧ z > 0  then   if d[z] < z       then  d[d[z]] := d[z–1]
                                                          else  fehler
                                        fi;
                                        z := z–1; b := b+1
    elif i[b] = "count"          then   z := z+1; d[z] := z; b := b+1
    elif int(i[b])               then   z := z+1; d[z] := intrep (i[b]); b := b+1
    elif i[b] = "print"          then   aus := aus ∘ ‹d[z]›; b := b+1
    elif i[b] = "read"           then   z := z+1; d[z] := first(ein);
                                        ein := rest(ein); b := b+1
                                 else   fehler
    fi
od
```

Durch das Programm wird die Bedeutung der Sprache KMS festgelegt. Durch den Aufruf der Prozedur fehler wird eine Fehlerbehandlung erreicht und die Fehleranzeige fa auf **true** gesetzt. Allerdings sind nicht alle denkbaren Fehlerfälle berücksichtigt. So fehlen beispielsweise Angaben zu folgenden Fehlersituationen:

- Das Springen auf eine undefinierte Anweisung,
- Das Fehlen von Operanden im Datenspeicher d oder Instruktionsspeicher b und ähnliches,
- Arithmetische Alarme,
- Überlauf des Befehlszählers, beziehungsweise des Datenspeichers.

Abgestützt auf das Konzept der Kellermaschine KM können wir ein KMS–Programm als Maschinenprogramm auffassen.

3.4.6 Ein AS–Interpretierer

In diesem Abschnitt geben wir einen Interpretierer für die funktionale Sprache AS an. Da wir die syntaktische Behandlung von AS bereits vorgenommen haben, können wir ein AS-Programm in der Form eines Zerteilbaums interpretieren.

Wir verwenden dabei folgende Hilfsfunktionen

fct id = (**string** x) **bool**: bust(first(x)),

fct nat = (**string** x) **bool**: ziffer(first(x)),

um zu überprüfen, ob ein mit einem Symbol in der Tabelle verbundener String einen Identifikator oder eine Zahl repräsentiert.

Für die Auswertung von Programmen verwenden wir als Hilfsrechenstrukturen spezielle Elemente der Sorte **env** (für engl. environment), die Belegungen für die in den Programmen verwendeten Identifikatoren beschreiben. Wir geben keine spezielle Datenstruktur für die Darstellung von Belegungen an, sondern führen nur die Rechenstruktur ENV ein.

Die Rechenstruktur ENV der Belegungen stützt sich auf die als gegeben vorausgesetzten Sorten

index, **int**

und definiert die Sorte

env

der Belegungen über die charakteristischen Funktionen

fct emptyenv = **env**,

fct update = (**env**, **index**, **int**) **env**,

fct value = (**env**, **index**) **int** .

Diese Funktionen sind durch folgende Gleichungen charakterisiert:

value(emptyenv, i) = undefiniert

$$\text{value(update(e, i, n), j)} = \begin{cases} \text{n} & \text{falls } i = j \\ \text{value(e, j)} & \text{sonst .} \end{cases}$$

Die Rechenstruktur ENV realisiert Belegungen von Identifikatoren (jeweils repräsentiert durch Elemente der Sorte **index**).

Wir strukturieren unseren Interpretierer in einer Reihe funktionaler Programme. Die Rechenvorschrift interpret führt die syntaktische Analyse durch und stößt den Interpretationsvorgang an.

```
fct interpret = ( string program, string input ) string:
⌈  var string s := program;
   var table t := emptytable;
   var bool fa := false;
   var string i := input;
   var node r;
   var list ip;
   syntaxanalyse(s, t, fa, r);
   if ¬fa  then  syntaxanalyseinput(i, t, fa, ip) fi;
   if ¬fa  then  list lin = li(p(li(r)));
                 list ld = li(p(lr(li(r))));
                 list lo = li(p(lr(lr(li(r)))));
                 env v = upd(emptyenv, lin, ip, ld, t);
                 evallist(lo, v, ld, t)
   fi                                                        ⌋
```

Die Prozedur syntaxanalyseinput arbeitet analog zur Prozedur syntaxanalyse. Sie erzeugt eine Baumdarstellung für die Eingabe. Die Funktion upd schreibt die aktuellen Eingabewerte für die zugehörigen Identifikatoren in das Environment.

```
fct upd = ( env v, list fp, list ap, list l, table t ) env:
    if fp = emptylist  then  v
                       else  update(upd(v, lr(fp), lr(ap),l,t), k(p(fp)),
                                                   eval(p(ap), v, l, t))
    fi .
```

Die Rechenvorschrift definition sucht in der Liste l der Funktionsvereinbarungen die zum Index gehörige Funktionsdeklaration.

```
fct definition = ( index y, list l ) node:
    if k(p(l)) = y   then   p(l)
                     else   definition(y, lr(l))
    fi .
```

Die Rechenvorschrift eval bildet das Kernstück der Interpretation. Sie erhält als Parameter einen Ausdruck e der Sprache AS in Baumdarstellung und die dazugehörigen Angaben wie die Belegung v, die Liste l der Funktionsvereinbarungen und die Schlüsseltabelle t.

```
fct eval = ( node e, env v, list l, table t ) int:
⌈ string x = get(t, k(e));
  if    nat(x)    then  intrep(x)
  elif  x = "*"   then  eval(p(li(e)), v, l, t) * eval(p(lr(li(e))), v, l, t)
  elif  x = "+"   then  eval(p(li(e)), v, l, t) + eval(p(lr(li(e))), v, l, t)
  elif  x = "/"   then  eval(p(li(e)), v, l, t) / eval(p(lr(li(e))), v, l, t)
  elif  x = "–"   then  if lr(li(e)) = emptylist
                        then – eval(p(li(e)), v, l, t)
                        else eval(p(li(e)), v, l, t) – eval(p(lr(li(e))), v, l, t)
  elif  x = "if"  then    int e1 = eval(p(li(p(li(e)))), v, l, t);
                          int e2 = eval(p(lr(li(p(li (e))))), v, l, t);
                          string op = get(t, k(p(li(e))));
                          bool b =  if op = "="    then e1 = e2
                                    elif op = "<"  then e1 < e2
                                    elif op = "≤"  then e1 ≤ e2
                                                   else fehlerabbruch
                                    fi;
                          if b    then eval(p(lr(li(e))), v, l, t)
                                  else eval(p(lr(lr(li(e)))), v, l, t)
                          fi
  elif  id(x)     then    if li(e) = emptylist
                          then    value(v, k(e))
                          else    node d = definition(k(e), l),
                                  eval(p(li(d)), upd(v, lr(li(d)), li(e), l, t), l, t)
                                    { Rumpf          formale      aktuelle
                                                     Parameter    Parameter }
                  else    fehlerabbruch
  fi                                                                          ⌋.
```

In der Rechenvorschrift eval werden die aktuellen Parameter eines Funktionsaufrufs ausgewertet und in die Belegung eingetragen, bevor wir den Rumpf der Funktion auswerten („Wertaufruf“, engl. call-by-value).

Die Rechenvorschrift evallist wertet eine Liste von Ausdrücken aus und liefert als Resultat die Werte der Ausdrücke in Stringdarstellung.

```
fct evallist = (list lo, env v, list l, table t ) string:
  if lo = emptylist
  then    emptystring
  else    stringrep(eval(p(lo), v, l, t)) ∘ "," ∘ evallist(lr(lo), v, l, t))
  fi .
```

Das obige Programm eval arbeitet nach dem Prinzip der dynamischen Bindung. Bei geschachtelten Aufrufen von deklarierten Funktionen werden Identifikatoren der dynamisch zuletzt durchlaufenen Bindung zugeordnet und nicht entsprechend der Aufschreibung „statisch“ gebunden. Im folgenden Programm

```
input      x
functions  f(y) = y+x,
           g(x) = f(x)
output     g(x+x)
end
```

wird als Resultat 4x ausgegeben, da der Identifikator x in der Definition von f dynamisch im Aufruf von g gebunden wird.

Um eine Auswertung nach dem Prinzip der statischen Bindung zu erreichen, führen wir für eval und evallist einen zweiten Parameter u der Sorte **env** ein, der in allen rekursiven Aufrufen unverändert bleibt. Wir ändern nur den initiierenden Aufruf von evallist zu

evallist(lo, v, v, ld, t)

und den Aufruf im **else**-Zweig der Rechenvorschrift eval bei der Auswertung von Identifikatoren ändern wir zu

eval(p(li(d)), upd(u, lr(li(d)), li(e), l, t), u, l, t).

Damit wird eine statische Bindung erreicht. Bei einer komplizierteren Sprache als AS wird ein Keller von Environments benötigt.

Da AS selbst eine applikative Sprache ist und wir den Interpretierer für AS in einem applikativen Programmierstil verfaßt haben, ist der Interpretierer relativ übersichtlich. Ein Interpretierer in einer maschinennahen Sprache (wie beispielsweise der Kellermaschinensprache KMS) wäre um ein vielfaches komplizierter und länger, da Rekursion nicht explizit zur Verfügung steht, und deshalb die Rekursion in AS in komplizierter Weise auf die maschinennahen Konzepte abgebildet werden muß.

3.4.7 Allgemeine Bemerkungen zu Interpretierern

Die Bereitstellung von Interpretierern zur Interpretation von Programmen gegebener Quellsprachen stellt eine der Kernaufgaben der Informatik dar. Der Schwierigkeitsgrad der Aufgabe, einen Interpretierer zu realisieren, hängt einmal von der Komplexität der Quellsprache ab und zum anderen von den Unterschieden zwischen der Basissprache, in der der Interpreter zu schreiben ist, und der Quellsprache.

Um die Korrektheit eines Interpretierers sicherzustellen, sollten wir bei seinem Entwurf von der Semantikdefinition der zu interpretierenden Sprache ausgehen, oder den Interpreter zumindest gegen diese verifizieren. Man beachte, daß die mathematische Definition der Semantik von Programmiersprachen Interpretierprogrammen ähnlich ist.

Eine besondere Stellung nehmen *interaktive, inkrementelle Interpretierer* ein. Für sie ist es nicht erforderlich, das ganze Programm einschließlich der Eingabe erst völlig fertigzustellen und dann zu interpretieren. Vielmehr können wir bei interaktiven Interpretierern das Programm und die Eingabe stückchenweise eingeben und bekommen die eingegebenen Teile – soweit möglich – sofort interpretiert (vgl. die Programmiersprache BASIC, die betont auf inkrementelle Interpretation ausgerichtet ist).

Man geht zunehmend dazu über, Interpretierer für Sprachen anzugeben, die nicht wie klassische auswertungsorientierte Programmiersprachen aussehen. Insbesondere lassen sich gewisse, eher spezifikationsorientierte Sprachen durch aufwendige Suchverfahren interpretieren (vgl. die Programmiersprache PROLOG, die zur Erstellung von Programmen in einer maschinell interpretierbaren Logik dient, siehe Teil IV). Allerdings sind für solche Sprachen gewisse unüberwindliche Schranken durch die Grenzen der Berechenbarkeit und der Komplexität gegeben, die ihren Einsatz für umfangreiche Problemstellungen praktisch unmöglich machen.

3.5 Übersetzung von Programmiersprachen

Wollen wir ein Programm in einer höheren Programmiersprache häufiger, mit immer neuen Eingabedaten ausführen lassen, so ist es oft effizienter, das Programm nicht zu interpretieren, sondern es zuerst in eine möglichst maschinennahe, bereits implementierte Sprache zu übersetzen, und dann das erzeugte Programm auszuführen. Dies erlaubt eine bessere Anpassung des Programms an die Struktur der Zielmaschine und damit eine weitergehende Optimierung. Die Übersetzung kann im Prinzip von Hand ausgeführt werden. Dies ist jedoch sehr zeitraubend und fehleranfällig. Deshalb verwenden wir Übersetzungsprogramme, die *Übersetzer* (engl. compiler) heißen.

3.5.1 Übersetzer

Ein Übersetzer ist ein Programm, das ein gegebenes Programm, geschrieben in einer Programmiersprache S1 (Quellsprache), als Eingabe nimmt, und ein Programm in einer Programmiersprache S2 (Zielsprache) als Resultat erzeugt. Dabei wird gefordert, daß das erzeugte Programm die gleichen Ergebnisse wie das gegebene Programm liefert. Der Vorgang der Übersetzung wird im folgenden genauer beschrieben.

Gegeben seien die Programmiersprachen S1 = (L1, $L1_T$, $\Sigma 1$, coco1, A1) und S2 = (L2, $L2_T$, $\Sigma 2$, coco2, A2) und die dazugehörigen parse- und scan-Abbildungen. Für Zeichenketten i und o, die die Eingabewerte, bzw. die Ausgabewerte repräsentieren, existieren dann Abbildungen parse1, scan1, parse2 und scan2, so daß gilt:

$$\text{parse1}(\text{scan1}(i)) \in W^{\textbf{input}}_{\Sigma 1}$$

$$\text{parse1}(\text{scan1}(o)) \in W^{\textbf{output}}_{\Sigma 1}$$

$$\text{parse2}(\text{scan2}(i)) \in W^{\textbf{input}}_{\Sigma 2}$$

$$\text{parse2}(\text{scan2}(o)) \in W^{\textbf{output}}_{\Sigma 2} \; .$$

Wir fordern, daß bezüglich Input und Output die abstrakte Syntax beider Sprachen übereinstimmt:

$$\text{parse1}(\text{scan1}(i)) = \text{parse2}(\text{scan2}(i))$$

$$\text{parse1}(\text{scan1}(o)) = \text{parse2}(\text{scan2}(o)).$$

Eine Abbildung trans heißt *korrekte Übersetzung* der Sprache S1 in die Sprache S2, falls auf der syntaktischen Ebene mit

$$\text{trans}: \{w \in L1: \text{parse1}(\text{scan1}(w)) \in WF^{\textbf{program}}_{\Sigma 1}\} \rightarrow \{w \in L2: \text{parse2}(\text{scan2}(w)) \in WF^{\textbf{program}}_{\Sigma 2}\}$$

beziehungsweise auf der Ebene der abstrakten Syntax die Abbildung

$$\text{trans}': WF^{\textbf{program}}_{\Sigma 1} \rightarrow WF^{\textbf{program}}_{\Sigma 2}$$

mit folgende Eigenschaften gegeben ist. Für alle Eingabeelemente

$$i \in WF^{\textbf{input}}_{\Sigma 1}$$

und alle Programme

$$p \in WF^{\textbf{program}}_{\Sigma 1}$$

gilt die Aussage (seien exec1 bzw. exec2 die execute-Funktionen zu den betrachteten Sprachen):

$$\text{exec1}(p, i)^{A1} = \text{exec2}(\text{trans}'(p), i)^{A2},$$

Für alle Zeichenketten w in L1 gilt die Aussage:

$$\text{trans}'(\text{parse1}(\text{scan1}(w))) = \text{parse2}(\text{scan2}(\text{trans}(w))) .$$

Dies stellt die zentrale Korrektheitsbedingung für den Übersetzer formuliert in abstrakter beziehungsweise in konkreter Syntax dar. Die Ausführung des Programms der Quellsprache führt dann auf die gleiche Ausgabe wie die Ausführung des übersetzten Programms. Die Übersetzung einer Programmiersprache besteht aus den Schritten des folgenden Phasenmodells:

L1
↓ scan1
T
↓ parse1
$W_{\Sigma 1}$
↓ coco1 – Überprüfung der Kontextkorrektheit
$WF_{\Sigma 1}$
↓ trans – Codeerzeugung
L2

Ein Übersetzer ist ein Programm und damit selbst wieder in einer Programmiersprache geschrieben. Wir verwenden die in Abb. 3.16 angegebene graphische Darstellung für einen Übersetzer, der in der Basissprache S2 geschrieben ist und Programme in der Quellsprache S0 in Programme in der Zielsprache S1 überführt.

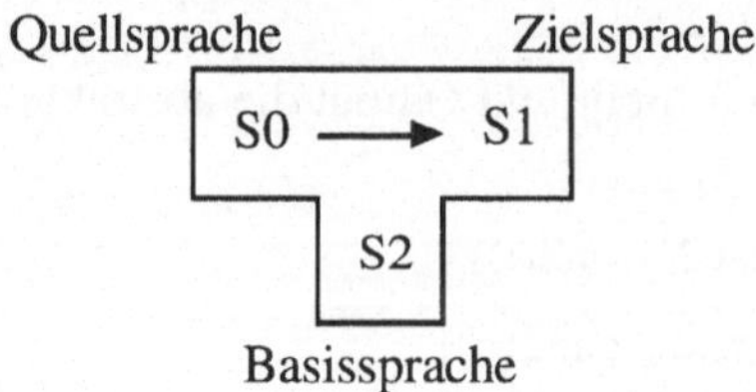

Abb. 3.16. Struktogramm für einen Übersetzer

Ist ein Übersetzer in der Quellsprache S0 selbst geschrieben (bzw. in einer Teilsprache von S0), dann hat er die in Abb. 3.17 gegebene Form. Wird das Übersetzerprogramm von Hand oder durch einen einfachen Übersetzer (für die Teilsprache) in S1 übergeführt, so sprechen wir auch hier von *Bootstrapping*.

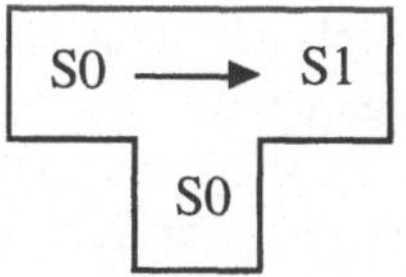

Abb. 3.17. Übersetzer in Bootstrapping-Technik

Übersetzer lassen sich in vielfältiger Weise komponieren. Dies wird in Abb. 3.18 und Abb. 3.19 demonstriert. Übersetzer lassen sich darüber hinaus mit Interpretierern kombinieren. Dies wird in Abb. 3.20 dargestellt.

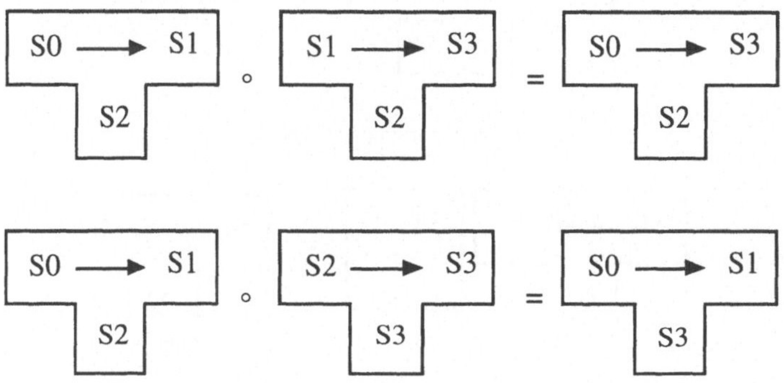

Abb. 3.18. Komposition von Übersetzern

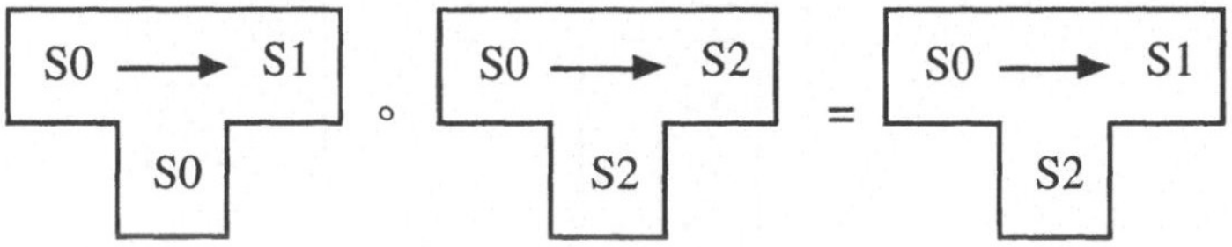

Abb. 3.19. Bootstrapping

Häufig wird in der Praxis bei der Realisierung einer Programmiersprache eine Kombination von Übersetzung und Interpretation gewählt. Das gegebene Programm wird dabei in eine besondere Zwischensprache übersetzt, die dann in Maschinensprache umgesetzt wird.

In der Regel werden bei großen Programmen Teile separat übersetzt und später durch spezielle Bindeprogramme („Binder") zu einem ablauffähigen Programm zusammengebunden.

3.5.2 Übersetzung von AS-Programmen in KMS-Programme

Wir geben einen einfachen Übersetzer für die Programmiersprache AS an, der AS-Programme in KMS-Programme überführt. AS ist also Quellsprache, die Kellermaschinensprache KMS ist die Zielsprache.

Wir verwenden wieder die Rechenstruktur der Environments, in der für jeden Identifikator der Index eingetragen wird, der seiner Adresse im Datenspeicher („Keller") entspricht. Bei der Konzeption eines Übersetzers sind für den zu erzeugenden Zielcode folgende Festlegungen zu treffen:

- die Struktur des zu erzeugenden Zielprogramms,
- die Speichereinteilung, die dieses Zielprogramm bei seiner Ausführung vornimmt.

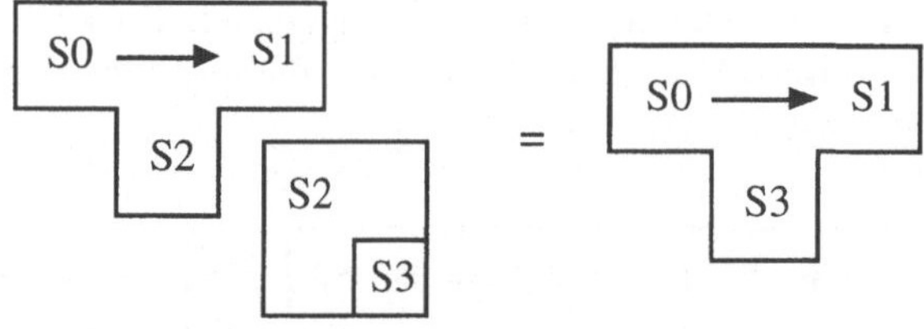

(a) Interpretation eines Übersetzers

(b) Interpretation des Zielprogramms

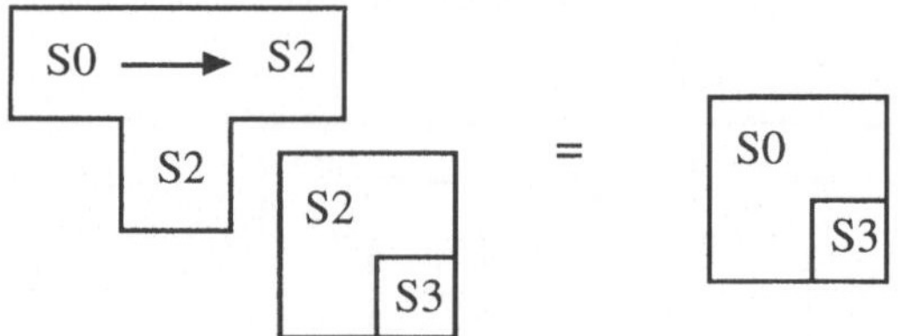

(c) Interpretation durch Übersetzung und Interpretation des Zielprogramms

Abb. 3.20. Kombination von Interpretierern mit Übersetzern

Wir gehen in unserem Beispiel von folgender Speicheraufteilung aus:

Organisation des Datenspeichers d:

1: RR Register für relative Adressierung,
2: Hilfszelle für Resultate von Unterprogrammaufrufen bei Auswertung von Funktionsaufrufen beim Rücksprung,
3: Anfangsadressen der vereinbarten Funktionen,

...
Werte der input-Identifikatoren,
...
Versorgungsblöcke für Unterprogrammaufrufe,
...

Organisation des Instruktionsspeichers i:

Programm für das Einlesen der Werte für die Input-Identifikatoren,
KMS-Programme für die Auswertung der Output-Ausdrücke,
KMS-Programme als Unterprogramme für vereinbarte Funktionen.

Man beachte, daß der Übersetzer nur KMS-Code für die Kellermaschine erzeugt, der den Instruktionsspeicher besetzt. Der Datenspeicher wird während des Ablaufs des erzeugten Programms dynamisch aufgebaut.

Wir verwenden die Hilfsprozedur up zum Eintragen der Instruktionen in den Instruktionsspeicher.

proc up = (**string** s): i[w], w := s, w+1 .

Der Prozeduraufruf compile(s, i, fa) erzeugt aus der auf s abgelegten Zeichenfolge ein KMS-Programm auf dem Feld i, falls die Zeichenfolge ein syntaktisch korrektes AS-Programm darstellt.

```
proc compile = ( var string s, var array string i, var bool fa ):
⌈  ... {Deklaration der benötigten Rechenvorschriften} ...
   var table t ;                              {Symbol- und Konstantentabelle }
   var bool fa := false;                                    { Fehleranzeige }
   var node r;            {Resultatvariable für Programm in Baumdarstellung}
   syntaxanalyse(s, t, fa, r);
   if ¬fa
   then  var nat w := 1;                      {Zeiger auf Ende der Belegung von i}
         var env e := emptyenv;
         up(stringrep(0));                                   {Reservieren RR}
         up(stringrep(0));                 {Reservieren Hilfszelle Resultate UP}
         entdefs(li(p(lr(li(r)))), e, w);
         compileinput(li(p(li(r) )), e, w);
         compileoutput(li(p(lr(lr(li(r))))), t, e, w);
         compiledekls(li(p(lr(li(r)))), t, e, 3, w)
   fi                                                                       ⌋
```

Beim Übersetzungsvorgang verwenden wir eine Programmvariable e der Sorte **env** als Adreßbuch. In e werden die im Programm auftretenden Identifikatoren (beziehungsweise die entsprechenden Indizes) sowie die zugehörigen KMS-Adressen, die in der Speicherorganisation des Übersetzers verwendet werden, eingetragen. Wir setzen dabei für Objekte der Sorte **env** ein weiteres Prädikat

fct isentry = (**index**, **env**) **bool**

voraus, das überprüft, ob in dem Environment e für einen Index i ein Eintrag besteht. Es gilt also:

isentry(i, emptyenv) = false,

isentry(i, update(e, j, n)) = ((i = j) ∨ isentry(i, e)).

Die Prozedur compile ruft die Prozeduren für die Syntaxanalyse und für die Übersetzung der Eingabelisten, der Ausgabelisten und der Funktionsdefinitionen auf.

Die Prozedur entdefs zählt die im AS-Programm auftretenden Funktionsdefinitionen und trägt die entsprechenden Nummern + 2 in die Belegung e ein, da dies die absoluten Adressen sind, unter denen im Datenspeicher der KM die absoluten Adressen der Unterprogramme im Instruktionsspeicher zu finden sind. Letztere werden später durch compiledekls eingetragen (engl. patching, einflicken).

```
proc entdefs = ( list r, var env e, var nat w ):
  if r ≠ emptylist
  then   e := update(e, k(p(r)), w);
         w := w+1;                 {Eintrag erfolgt später durch compiledekls}
         entdefs(lr(r), e, w)
  fi
```

Die Prozedur compileinput erzeugt zu einer Eingabeliste die entsprechenden Instruktionen für die KM, die das Einlesen der Eingabewörter erzeugen. Darüber hinaus werden die Adressen, unter denen die Parameter im Speicher abgelegt werden, in das Adreßbuch e eingetragen.

```
proc compileinput = ( list r, var env e, var nat w ):
  if r ≠ emptylist
  then  e := update(e, k(p(r)), w);   {Absolute Adresse des Eingabeparameters}
        up("read");
        compileinput(lr(r), e, w)
  fi
```

Die Prozedur compileoutput erzeugt aus der Liste von Ausgabeausdrücken die Instruktionen für die Auswertung der Ausdrücke (durch Aufruf von compileexp), die Druckanweisungen und die Anweisungen für die Speicherfreigabe.

```
proc compileoutput = ( list r, table t, var env e, var nat w ):
  if r ≠ emptylist  then  compileexp(p(r), t, e, emptyenv, w);
                          up("print");
                          up("free");
                          compileoutput(lr(r), t, e, w)
                    else  up("stop")
  fi
```

Die Parameterversorgung des Unterprogramms, das den Aufruf einer n-stelligen Funktion auswertet, geschieht nach folgender Konvention:

1: aktuelles RR

2: Resultatzwischenspeicher
...
altes RR
Rücksprungadresse
x_1 Wert des ersten Parameters
x_2 Wert des zweiten Parameters
...
x_n Wert des n-ten Parameters

Nach Abarbeitung des Aufrufs vor dem Rücksprung steht das Resultat im Keller vor dem Wert des n-ten Parameters. Das Resultat wird in Speicherzelle zwei zwischengespeichert. Dann kann die Freigabe der Speicherplätze für die aktuellen Parameter und der Rücksprung erfolgen.

Die Prozedur compiledekls erzeugt die Übersetzung der Funktionsdeklarationen, indem sie die Instruktionen für die Kellermaschine KM in der Form von Unterprogrammen für die Auswertung von Aufrufen von Funktionen aus der Liste der Funktionsdeklarationen generiert.

```
proc compiledekls = ( list r, table t, env e, nat v, var nat w ):

 if r ≠ emptylist then
     var env e0 := emptyenv;
     var nat n := 0;
     i[v] := stringrep(w);                    {Anfangsadr. eintragen; „patching"}
     compilepar(lr(li(p(r))), e0, n);         {formale Par. ins Environment e0}
     compileexp(p(li(p(r))), t, e, e0, w);    {Code für Rumpf erzeugen}
     up(stringrep(2));                        {Abspeichern Resultat in d[2]}
     up("store");
     for j := 1 to n+1 do
     up("free");                              {Freigabe Parameter und Resultat}
     od;
     up("goto");                              {Rücksprung}
     compiledekls(lr(r), t, e, v+1, w)
 fi
```

Die Prozedur compilepar erzeugt ein Environment für die Belegungen der lokalen Identifikatoren (im Falle der Sprache AS sind das die formalen Parameter in Funktionsdeklarationen).

```
proc compilepar = ( list r, var env e0, var nat n ):

 if r ≠ emptylist then  n := n+1;
                        e0 := update(e0, k(p(r)), n);
                        compilepar(lr(r), e0, n)
 fi
```

Der Übersetzer erzeugt für einen Baum (der einen Ausdruck der Sprache AS repräsentiert) durch den Aufruf

compileexp(r, t, e, e0, w)

den KMS-Code c für die Auswertung des Ausdrucks nach folgender Konvention:

- Der KMS-Code c wird in den Instruktionsspeicher beginnend mit der Anfangsadresse w eingetragen. Nach der Rückkehr aus dem Aufruf hat w den Wert des nächsten freien Platzes im Instruktionsspeicher.
- Der generierte Code erzeugt bei Ausführung in einem bestimmten Eingangszustand des Datenspeichers genau einen neuen Eintrag im Datenspeicher, der den Wert des Ausdrucks repräsentiert. Der bei Eintritt in den Code belegte Datenspeicher bleibt bis auf die Register d[1] und d[2] unverändert. Der alte Wert von d[1] wird vor Rückkehr aus compileexp wiederhergestellt.
- Dabei wird vorausgesetzt, daß das Environment e beziehungsweise e0 alle Adressen für die auftretenden Identifikatoren enthält.

Es gilt:

- die Adressen der in e0 angegebenen Identifikatoren werden als relative Adressen zu RR (abgespeichert in d[1]) aufgefaßt,
- die nicht in e0 angegebenen Adressen von Identifikatoren werden als absolute Adressen aufgefaßt,
- die Adressen von Funktionsidentifikatoren werden als indirekte Sprungadressen aufgefaßt, die über d[3], d[4], ... angesteuert werden (Sprungteppich).

Der Prozeduraufruf compileexp erzeugt KMS-Code für die Auswertung des durch r angegebenen Ausdrucks:

```
proc compileexp = ( node r, table t, env e, env e0, var nat w ):
⌈ string g = get(t, k(r));
  if    zahl(g)    then  up(g)
  elif  g = "–"    then  if lr(li(r)) = emptylist
                         then   compileexp(p(li(r)), t, e, e0, w);
                                up("minus")
                         else   compileexp(p(li(r)), t, e, e0, w);
                                compileexp(p(lr(li(r))), t, e, e0, w);
                                up("minus");
                                up("add")
                         fi
  elif  g = "*"    then  compileexp(p(li(r)), t, e, e0, w);
                         compileexp(p(lr(li(r))), t, e, e0, w);
                         up("mult")
  elif  ...
  elif  g = "if"   then  nat h := w;
                         w := w+1;              {Platz lassen für Sprungadresse α}
                         compileexp(p(lr(li(p(li(r))))), t, e, e0, w);
                         compileexp(p(li(p(li(r)))), t, e, e0, w);
                         if get(t, k(p(li(r)))) = "="    then up("if=")
                         elif get(t, k(p(li(r)))) = "<"  then up("if<")
                         elif get(t, k(p(li(r)))) = "≤"  then up("if≤")
                                                         else fehlerabbruch
                         fi;
                         compileexp(p(lr(lr(li(r)))), t, e, e0, w);
```

```
                        w := w+1;                  {Platz lassen für Sprungadresse β}
                        up("goto");
                        i[h] := stringrep(w);      {Abspeichern Ansprungadresse α}
                        compileexp(p(lr(li(r))), t, e, e0, w);
                        i[intrep(i[h]) – 2] := stringrep(w)     {β eintragen}
    elif  idfk(g)  then compileidentifier(r, t, e, e0, w)
                   else fehlerabbruch
    fi
```
┘

Der AS-Ausdruck

if E1 = E2 **then** E3 **else** E4 **fi**

führt zum KMS-Code mit folgendem Aufbau:

```
h:  Sprungadresse α
    Code für die Auswertung von E2
    Code für die Auswertung von E1
    if=
    Code für die Auswertung von E4
    Sprungadresse β
    goto
α:  Code für die Auswertung von E3
β:  ...
```

Die folgende Prozedur erzeugt den Code für die Ansteuerung der Identifikatoren:

proc compileidentifier = (**node** r, **table** t, **env** e, **env** e0, **var nat** w):

```
if li(r) = emptylist
then  if isentry(k(r), e0)                     {relative Adressierung}
      then up(stringrep(1));                   {Laden RR}
           up("load");
           up(stringrep(val(e0, k(r))));       {Laden relative Adresse}
           up("add");                          {Ausrechnen absolute Adresse}
           up("load")                          {Inhalt absolute Adresse laden}
      else                                     {absolute Adressierung}
           up(stringrep(val(e, k(r)));         {Laden der Adresse}
           up("load");                         {Holen des Inhalts}
      fi
else  nat patchRS = w+2;                       {Platz der Rücksprungadresse}
      var nat n := 0;
      up(stringrep(1));                        {altes RR retten}
      up("load"); w := w+1;                    {Platz für Rücksprung (patching)}
      compileexplist(li(r), t, e, e0, w, n);   {Parameterzahl wird ermittelt}
      up("count");
      up(stringrep(n+1));
      up("minus");
      up("add");                               {neues RR laden (auf d[1])}
      up(stringrep(1));
```

```
        up("store");
        up("free");                         {Indirekte Adressierung}
        up(stringrep(val(e, k(r))));        {Adresse der Sprungadresse}
        up("load");                         {Sprung ins Unterprogramm}
        up("goto");
        i[patchRS] = stringrep(w);          {Rückkehradresse abspeichern}
        up(stringrep(1));                   {Ziel des Rücksprungs}
        up("store");                        {RR wiederherstellen (d[1])}
        up("free");
        up(stringrep(2));                   {Resultat laden aus d[2]}
        up("load")
fi

proc compileexplist = ( list r, table t, env e, env e0, var nat w, n ):

    if r ≠ emptylist   then   n := n+1;
                              compileexp(p(r), t, e, e0, w);
                              compileexplist(lr(r), t, e, e0, w, n)
    fi
```

Unser noch verhältnismäßig einfaches Beispiel für einen Übersetzer der Programmiersprache AS macht bereits deutlich, von welcher Komplexität Übersetzerprogramme sind.

3.5.3 Allgemeine Bemerkungen zu Übersetzern

Die Aufgabe eines Übersetzers umfaßt das gesamte Spektrum von der Syntaxanalyse bis zur Zielcodeerzeugung. Die Erledigung dieser Aufgabe braucht nicht zwangsläufig in einer Sequenz von unabhängigen Durchläufen durch die Sequenz von Zeichen beziehungsweise Symbolen und die Bäume zu erfolgen. Vielmehr können wir für gewisse Sprachen alle Schritte des Übersetzungsvorgangs in einem einzigen Durchgang durch den Quellcode erledigen. Wir sprechen dann von einem *Ein-Lauf-Übersetzer* (engl. one-pass-compiler). Die konkrete Syntax einiger Programmiersprachen ist bewußt so angelegt, daß nur ein Übersetzerlauf notwendig ist.

Interpretierer, die den von Übersetzern erzeugten Zwischencode interpretieren, nennen wir *Laufzeitsystem*.

Abschließend wollen wir noch einmal auf den prinzipiellen Unterschied zwischen Übersetzern und Interpretierern eingehen. Seien die Definitionen so wie in den vorangegangenen Abschnitten. Ein Interpretierer realisiert die Abbildung

fct exec1 = (**program1**, **input**) **output** .

Ein Übersetzer realisiert die Abbildung

fct trans = (**program1**) **program2** .

Wir können also ein Programm zuerst übersetzen und dann das Resultat interpretieren, wenn wir über die Interpretationsfunktion

fct exec2 = (**program2**, **input**) **output** .

verfügen. Oder wir interpretieren das Programm direkt. Das Ergebnis sollte für alle Programme p und jede Eingabe i identisch sein:

exec2(trans(p), i) = exec1(p, i) .

Die Korrektheit von Übersetzern wird durch obige Gleichung ausgedrückt. Der Schwierigkeitsgrad des Nachweises der Korrektheit von Übersetzern hängt von der Komplexität der Quellsprache und der Mächtigkeit der Zielsprache ab. So ist der Nachweis für Quellsprachen mit Rekursion bei Übersetzung in Maschinensprachen in der Regel außerordentlich schwierig.

Allerdings ist die Korrektheit von Übersetzern und Interpretierern von fundamentaler Bedeutung: Für verifizierte, korrekte Programme, die durch nichtverifizierte, inkorrekte Übersetzer übersetzt oder durch inkorrekte Interpretierer ausgeführt werden, geht die durch die Verifikation erlangte Sicherheit wieder verloren.

In der Praxis arbeiten wir zumindest im Bereich der Syntaxanalyse häufig mit sogenannten *übersetzererzeugenden Systemen* (Compilergeneratoren). Solche Programmsysteme erhalten als Eingabe Listen, die die Syntax der Quellsprache beschreiben, und Angaben über Kontextregeln in standardisierter Form. Sie erzeugen daraus Syntaxanalysatoren und Parsebaumgeneratoren.

In für den praktischen Einsatz entwickelten Übersetzern nehmen die Teile für Fehlerdiagnose und Fehleranalyse oft einen breiteren Raum ein als die Teile für den eigentlichen Übersetzungsvorgang. Besondere Techniken können es ermöglichen, daß einfache Syntaxfehler korrigiert werden und beim Auftreten von Fehlern der Syntaxanalyseprozeß nicht abgebrochen, sondern für die verbleibenden Programmteile noch durchgeführt wird. Große Programme übersetzen wir zweckmäßigerweise nicht im ganzen, sondern übersetzen einzelne Teile unabhängig („getrennte Übersetzung"). Die übersetzten Teile („Bindeobjekte", „Montageobjekte") werden durch spezielle Programme („Binder", „Montierer") zu einem ablauffähigen System zusammengefügt.

Neuere Programmiersprachen unterstützen durch Modularisierungskonzepte das Konzept der getrennten Übersetzung.

Aus den gegebenen Programmen zur Behandlung von AS läßt sich beispielsweise ein Modula-Programm ableiten, das

- aus AS-Programmen Bäume erzeugt und diese auf Korrektheit überprüft,
- aus den Bäumen KMS-Code generiert,
- den KMS-Code durch den angegebenen KMS-Interpretierer interpretiert.

Dies entspricht dem in Abb. 3.21 angegebenen Vorgehen. Hier steht M für Modula. Es entsteht ein Modula-Interpretierer für AS.

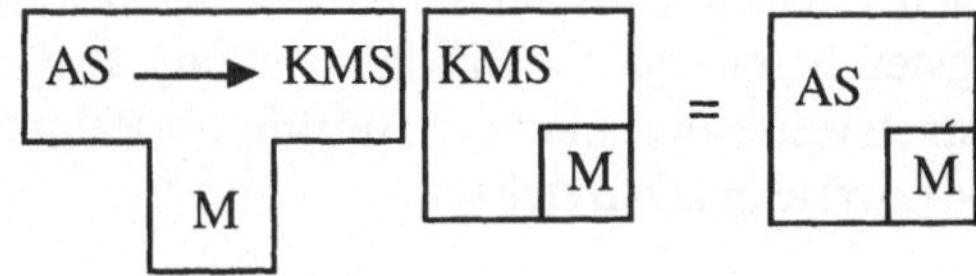

Abb. 3.21. Kombination von Übersetzern und Interpretierern

Die Effizienz des durch die Übersetzung erzeugten Programms hängt von der Effizienz des Quellprogramms und der Qualität des vom Übersetzer erzeugten Codes ab. Der durch einen Übersetzer unmittelbar erzeugte Code ist unter Umständen nicht sehr effizient. Dies kann einmal daran liegen, daß Quell- und Zielsprache sehr verschiedenartig sind, es kann aber auch an nichtfachmännisch entwickelten Quellprogrammen liegen. Die Effizienz kann in der Regel durch eine der eigentlichen Übersetzung nachgestellte Optimierungsphase verbessert werden.

Häufig wird deshalb in der Praxis das durch eine Übersetzung erzeugte Programm einer Optimierung unterworfen. Wir geben abschließend ein Beispiel für eine Optimierung unseres Compilers.

Der Übersetzer von AS nach KMS kann wie folgt optimiert werden:

- Auf die Einführung von Adressen für Funktionsaufrufe auf dem Keller kann verzichtet werden, wenn in einem zweiten Durchlauf die Anfangsadressen für die Funktionen durch "Patching" eingesetzt werden.
- Funktionsaufrufe der repetitiven Form

  $$f(x_1, ..., x_n) = \textbf{if} \ ... \ \textbf{then} \ f(E_1, ..., E_n) \ \textbf{else} \ ... \ \textbf{fi}$$

  können optimiert werden, indem vor dem rekursiven Aufruf die Parameter des alten Aufrufs durch die errechneten Werte $E_1, ..., E_n$ überschrieben werden und die alte Rückkehradresse und die Kennzahl für die relative Adressierung einfach übernommen wird. Dadurch wird der Keller nicht unnötig vergrößert.

Die angeführte Optimierungsmöglichkeit kann durch folgenden Einschub in der Rechenvorschrift compileidentifier abgehandelt werden:

```
if optimieren  then  compileexplist(li(r), t, e e0, w, n);
                     for i := 1 to n
                     do   up("count");
                          up(stringrep(n+1));
                          up("minus");
                          up("add");
                          up("store");
                          up("free");
                          up("free")
                     od
               else  . . .
fi
```

Optimierungsmöglichkeiten für Programme im Rahmen des Übersetzungsvorgangs werden am günstigsten bereits in der Baumdarstellung analysiert und angemerkt. Dabei werden beispielsweise optimierbare Aufrufe im Rahmen der Attributierung durch besondere Indexwerte gekennzeichnet.

Literaturangaben zu Teil III

M. D. ABRAMS, P. G. STEIN: Computer Hardware and Software. Reading, Mass.: Addison-Wesley 1973

A. AHO, R. SETHI, J. D. ULLMAN: Compilers: Principles, Techniques, and Tools. Reading, Mass.: Addison-Wesley 1986

F. ANDRE, D. HERMAN, J. P. VERJUS: Synchronization of Parallel Programs. Oxford: North Oxford Academic 1985

R. L. BACKHOUSE: The Syntax of Programming Languages: Theory and Practice. London: Prentice-Hall International 1979

J. BACON: Concurrent Systems. Reading, Mass.: Addison Wesley 1992

F. L. BAUER, G. GOOS: Informatik 1, 2. Eine einführende Übersicht. Berlin Heidelberg New York: Springer-Verlag, 4. Aufl. 1991, 1992

F. L. BAUER: Kryptographie – Methoden und Maximen. Berlin Heidelberg New York: Springer-Verlag, 2. Aufl. 1994

F. L. BAUER, H. WÖSSNER: Algorithmische Sprache und Programmentwicklung. Berlin Heidelberg New York: Springer-Verlag, 2. Aufl. 1984

M. BROY, B. RUMPE: Übungen zur Einführung in die Informatik. Strukturierte Aufgabensammlung mit Musterlösungen. Springer Lehrbuch. Berlin Heidelberg New York: Springer-Verlag 1998

G. BENGEL: Betriebssysteme: Aufbau, Architektur und Realisierung. Heidelberg: Hüthig 1990

S. H. BOKHARI: Assignment problems in parallel and distributed computing. Boston: Kluwer 1987

A. BODE (Hrsg): RISC-Architekturen. Reihe Informatik, Bd. 60. Mannheim: B.I.-Wissenschaftsverlag 1990

R. BRAUSE: Betriebssysteme: Grundlagen und Konzepte. Berlin Heidelberg New York: Springer-Verlag 1998

T. BRÄUNL: Parallele Programmierung: Eine Einführung. Braunschweig: Vieweg 1993

M. DALCIN: Grundlagen der systemnahen Programmierung. Stuttgart: Teubner 1988

H. M. DEITEL: An Introduction to Operating Systems. Reading, Mass.: Addison-Wesley 1990

C. N. FISCHER R. J. LEBLANC: Crafting a Compiler with C. Redwood City, Calif.: Benjamin/Cummings Publ. 1991

P. B. GALVIN, A. SILBERSCHATZ: Operating System Concepts. 4th ed. Reading, Mass.: Addison-Wesley 1994

W. GILOI: Rechnerarchitektur. Heidelberger Taschenbücher, Bd. 208. Berlin Heidelberg New York: Springer-Verlag 1981, 2. Aufl. 1993

L. GOLDSCHLAGER, A. LISTER: Informatik – Eine moderne Einführung. München Wien: Carl Hanser Verlag, 3. bearb. u. erw. Aufl. 1990

G. GOOS: Vorlesungen über Informatik Band 1: Grundlagen und funktionales Programmieren. Berlin Heidelberg New York: Springer-Verlag 1995

G. GOOS: Vorlesungen über Informatik Band 2: Objektorientiertes Programmieruen und Algorithmen. Berlin Heidelberg New York: Springer-Verlag 1996

D. GRIES: Compiler Construction for Digital Computers. New York: Wiley 1971

A. N. HABERMANN: Introduction to Operating System Design. Chicago: Science Research Associates 1976

A. N. HABERMANN: Entwurf von Betriebssystemen: Eine Einführung. Berlin Heidelberg New York: Springer-Verlag 1981

C. A. R. HOARE: Communicating Sequential Processes. Englewood Cliffs, N.J. Prentice-Hall Int. 1985

C. A. R. HOARE (ed.): Developments in Concurrency and Communication. Reading, Mass.: Addison Wesley 1990

F. HOFMANN: Betriebssysteme: Grundkonzepte und Modellvorstellungen. Stuttgart: Teubner 1991

G. HOTZ: Einführung in die Informatik. Stuttgart: Teubner 1990

L. H. JAMIESON: The characteristics of parallel algorithms. Cambridge, Mass.: MIT Press 1987

E. JESSEN: Architektur digitaler Rechenanlagen. Heidelberger Taschenbücher, Bd. 175. Berlin Heidelberg New York: Springer-Verlag 1975

H. KOPP: Compilerbau: Grundlagen, Methoden, Werkzeuge. München: Carl Hanser 1988

G. J. LIPOVSKI, M. MALEK: Parallel computing: theory and comparisons. New York: Wiley 1987

A. M. LISTER, R. D. EAGER: Fundamentals of Operating Systems. Basingstoke, Hampshire: Macmillan 1989

J. LOECKX, K. MEHLHORN, R. WILHELM: Grundlagen der Programmiersprachen. Stuttgart: Teubner 1986

B. LORHO: Methods and Tools for Compiler Construction: an Advanced Course. Cambridge: Cambridge University Press 1984

E. MENDELSON: Boolesche Algebren und logische Schaltungen – Theorie und Anwendungen. Hamburg: Schaum, McGraw-Hill 1982

H. NOLTEMEIER: Informatik I – Einführung in Algorithmen und Berechenbarkeit. München: Hanser 1981

H. NOLTEMEIER: Informatik III – Einführung in Datenstrukturen. München: Hanser 1988

H. NOLTEMEIER, R. LAUE: Informatik II – Einführung in Rechnerstrukturen und Programmierung. München: Hanser 1991

J.L. PETERSON, A. SILBERSCHATZ, P. GALOIN: Operating System Concepts. Reading, Mass.: Addison-Wesley 1991

W. E. PROEBSTER: Peripherie von Informationsverarbeitungssystemen – Technologie und Anwendung. Berlin Heidelberg New York: Springer-Verlag 1987

W. REISIG: Petrinetze – Eine Einführung. Studienreihe Informatik. Berlin Heidelberg New York: Springer-Verlag, 2. überarbeitete und erw. Auflage 1991

U. REMBOLD, C. BLUME, W. K. EPPLE, M. HAGEMANN, P. LEVI (Hrsg): Einführung in die Informatik für Naturwissenschaftler und Ingenieure. München: Hanser 1991

K. SAMELSON, F. L. BAUER: Sequentielle Formelübersetzung. Elektron. Rechenanlagen **1**, 176–182 (1959). Englische Übersetzung: Sequential Formula Translation. Commun. ACM **3**, 76–83 (1960)

H. SCHECHER: Funktioneller Aufbau digitaler Rechenanlagen. Heidelberger Taschenbücher, Bd. 127. Berlin Heidelberg New York: Springer-Verlag 1973

G. SEEGMÜLLER: Einführung in die Systemprogrammierung. Reihe Informatik, Bd. 11. Mannheim: Bibliographisches Institut 1974

H.-J. SIEGERT: Betriebssysteme: eine Einführung. München: Oldenbourg, 3. verbesserte und aktualisierte Auflage 1991

A. S. TANENBAUM: Betriebssysteme – Entwurf und Realisierung. Teil 1 und Teil 2. München: Hanser und Prentice Hall 1990

A. S. TANENBAUM: Moderne Betriebssysteme. München: Hanser 1995

VAX Hardware Handbook. Digital Equipment Corporation 1982

W. WAITE, G. GOOS: Compiler Construction. Berlin Heidelberg New York: Springer-Verlag 1984

E. H. WALDSCHMIDT, H. K.-G. WALTER: Grundzüge der Informatik I, II. Mannheim: B.I.-Wissenschaftsverlag 1992, 1986

R. WILHELM, D. MAURER: Übersetzerbau: Theorie, Konstruktion, Generierung. Berlin Heidelberg New York: Springer-Verlag, 2. Aufl. 1997

N. WIRTH: Grundlagen und Techniken des Compilerbaus. Bonn: Addison-Wesley 1996

Teil IV Formale Sprachen, Berechenbarkeit, Komplexität, Logikprogrammierung

Dieser Teil IV der Einführung in die Informatik behandelt grundlegende Fragestellungen der theoretischen Informatik, eine Reihe komplexer Algorithmen und effizienter Datenstrukturen sowie einige verbreitete aktuelle Programmierstile. Damit greift Teil IV Probleme, die wir in den Teilen I–III bereits angesprochen haben, systematisch wieder auf. So sind wir im Zusammenhang mit Aufgabenstellungen, Programmen und Algorithmen immer wieder auf grundsätzliche Fragen der Grenzen algorithmischer Behandelbarkeit der Aufgabenstellung und des von Programmen benötigten Aufwandes an Rechenzeit und Speicherplatz gestoßen. Diese Aspekte behandeln wir im folgenden systematisch.

Die dabei abzuhandelnden Fragestellungen der theoretischen Informatik umfassen die Darstellung und Klassifizierung formaler Sprachen in der Chomsky-Hierarchie sowie die Präzisierung der Begriffe Berechenbarkeit und Komplexität. Berechenbar heißt eine Aufgabenstellung, wenn ein Algorithmus existiert, der sie löst. Die Komplexität von Aufgabenstellungen und von Algorithmen gibt an, mit welchem Aufwand eine bestimmte Aufgabe gelöst werden kann beziehungsweise welchen Aufwand die Ausführung eines bestimmten Algorithmus benötigt.

An die ersten drei Kapitel zur theoretischen Informatik schließt ein Kapitel über die Komplexität von Sortieralgorithmen und ausgewählte effiziente Datenstrukturen an. Besonderes Gewicht wird dabei auf Datenstrukturen zur Speicherung großer Datenmengen gelegt. Dazu werden geeignete Baumstrukturen behandelt, ergänzend zur allgemeinen Behandlung von Bäumen in Teil I. Es wird die Streuspeichertechnik (engl. hashing) beschrieben, die ebenfalls die Speicherung und den effizienten Zugriff auf große Datenmengen erlaubt.

Im Anschluß werden noch kurz einige in der Praxis verwendete Beschreibungs- und Programmierstile dargestellt, die jeder Informatiker zumindest kennen sollte. Dies umfaßt die axiomatische Beschreibung von Rechenstrukturen, die Datenmodellierung durch Relationenmodelle und die logische Programmierung. Dazu werden die wichtigsten Begriffe aus dem Gebiet der Datenbanken eingeführt. Für die Datenmodellierung wird die Entitäts/Relationen-Modellierung besprochen (engl. Entity-Relationship-Modeling), die nicht nur für den Entwurf von Datenbanken von großem Interesse ist, sondern heute in der Praxis als eine der wichtigsten Modellierungstechniken im Softwareentwurf weite Verbreitung gefunden hat.

Abschließend wird ein knapper Überblick über die wichtigsten Anwendungen der Informatik gegeben. Insbesondere werden einige Themen der Auswirkung der

Anwendungen der Informatik angesprochen, mit denen sich verantwortungsbewußte Informatiker auseinandersetzen müssen.

Dieser vierte Teil beschließt die Einführung in die Informatik und ergänzt noch eine Reihe von wichtigen Punkten. Wie in den vorangehenden drei Teilen wurde auch hier größter Wert auf saubere Begriffsbildung und genaue mathematische Behandlung der besprochenen Konzepte gelegt.

Die vier Teile der Einführung in die Informatik sind so angelegt, daß Studenten nach ihrem Grundstudium einen umfassenden Überblick über alle Hauptgebiete der Informatik bekommen und die relevanten Begriffe nicht nur gehört, sondern auch grundlegend verstanden haben.

1. Formale Sprachen

Eine Menge von Wörtern über einem Zeichensatz ist eine formale Sprache. In vielen Gebieten der Informatik begegnen uns formale Sprachen. Die exakte Beschreibung formaler Sprachen ist deshalb von Interesse. Wir haben in Teil I zu diesem Zweck bereits die BNF-Schreibweise zur Beschreibung von formalen Sprachen kennengelernt, die wir insbesondere zur Beschreibung der Syntax von Programmiersprachen verwenden. Im vorliegenden Kapitel behandeln wir die theoretischen Grundlagen und verwandte Techniken zur Beschreibung formaler Sprachen systematisch.

Die Syntax einer Programmiersprache ist durch eine formale Sprache festgelegt. Eine Zeichenfolge heißt Programm, wenn sie Element der Sprache ist. Allerdings ist bei der syntaktischen Behandlung von Programmiersprachen nicht nur die Frage von Interesse, ob eine gegebene Zeichenfolge ein syntaktisch korrektes Programm darstellt, sondern auch, wie das Programm durch Vorgruppierer und Zerteiler in eine Baumdarstellung übergeführt werden kann, die die innere Struktur des Programms explizit macht.

Formale Sprachen lassen sich, wie die BNF-Notation zeigt, durch Ableitungsregeln beschreiben, die festlegen, wie die Wörter der Sprache aufgebaut sind. Durch die Regeln wird eine Struktur auf den Wörtern des Sprachschatzes induziert. Diese Struktur wird beim Zerteilvorgang durch den Parser (vgl. Teil III, Kapitel 3) verwendet, um die abstrakte Syntax eines Programms zu spezifizieren.

BNF-Regeln beschreiben die meist unendliche Menge von Wörtern, die eine formale Sprache bilden. Eine Zeichenfolge gehört zum Sprachschatz der BNF-Beschreibung, wenn sie durch Anwendung der Regeln aus dem entsprechenden Nichtterminalzeichen abgeleitet werden kann. Gleichzeitig kann die Regelanwendung zur Erzeugung des Zerteilbaums des Programms verwendet werden. Die Zerteilung ergibt sich aus der Struktur der Regelanwendung.

Die Kompliziertheit des Aufbaus der Wörter einer formalen Sprache läßt sich an der Kompliziertheit beziehungsweise an der Einfachheit der Regeln ermessen, durch die die Sprache beschrieben werden kann. Wie sich zeigt, lassen sich eine Reihe einfacher Klassen von Sprachen über die äußere Form der sie beschreibenden Regeln definieren.

Wir beginnen mit der Einführung einiger grundlegender Konzepte der Relationenalgebra, die nicht nur bei der Behandlung formaler Sprachen nützlich sind. Dann führen wir das Konzept der Grammatiken zur Beschreibung formaler Sprachen ein. Wir legen Klassen von Regeln fest und untersuchen ihre Mächtigkeit bezogen auf die durch sie beschreibbaren formalen Sprachen.

1.1 Relationen und Graphen

Relationen und Graphen sind universelle mathematische Strukturen, die auf der elementaren Mengenlehre aufbauen. Sie finden in vielen Gebieten der Informatik Anwendung. Wir haben Relationen im Zusammenhang mit Algorithmenbegriffen bereits kennengelernt (vgl. Text- und Termersetzungsregeln in Teil I, Prozesse in Teil III). Auch Graphen haben wir bereits mehrfach verwendet (vgl. Ablauf- oder Kontrollflußdiagramme in Teil I, Schaltnetze und Schaltwerke in Teil II, Ereignis- und Aktionsdiagramme in Teil III). Nachfolgend geben wir eine kurze systematische Behandlung der elementaren Begriffe für Relationen und Graphen.

1.1.1 Zweistellige Relationen

Gegeben sei eine Menge M. Eine *zweistellige* (*dyadische, binäre*) *Relation R über der Grundmenge M* ist eine Teilmenge des Kreuzprodukts $M \times M$ der Menge M:

$$R \subseteq M \times M .$$

Die Relation R besteht demnach aus einer Menge von Paaren. Häufig verwenden wir für Relationen auch die Infixnotation und schreiben

$$x \, R \, y \quad \text{für} \quad (x, y) \in R .$$

Man beachte, daß die Teilmenge R alleine *nicht* erkennen läßt, über welcher Grundmenge M die Relation zu betrachten ist. Natürlich ist für jede Menge $\tilde{M}$ mit $M \subseteq \tilde{M}$ die Menge R auch als Relation über $\tilde{M}$ auffaßbar. Deshalb muß bei der Angabe einer Relation stets die Menge festgelegt werden, über der die Relation betrachtet wird.

Auf der Menge der Relationen über einer Grundmenge M können wir einstellige und zweistellige Verknüpfungen einführen. Dadurch wird die Menge der Relationen zu einer Algebra. Wir sprechen deshalb auch von der Relationenalgebra. Auf der Menge der Relationen über einer Grundmenge M verwenden wir folgende Operationen:

Komplement: $R^- = (M \times M) \backslash R = \{(x, y) \in M \times M: (x, y) \notin R\}$,

Konverse Relation: $R^T = \{(x, y) \in M \times M: (y, x) \in R\}$,

Vereinigung: $R_1 \cup R_2 = \{(x, y): (x, y) \in R_1 \vee (x, y) \in R_2\}$,

Durchschnitt: $R_1 \cap R_2 = \{(x, y): (x, y) \in R_1 \wedge (x, y) \in R_2\}$,

Relationenprodukt: $R_1 \circ R_2 = \{(x, z): \exists\, y \in M: (x, y) \in R_1 \wedge (y, z) \in R_2\}$.

Die konverse Relation wird auch *inverse Relation* genannt. Für diese Verknüpfungen von Relationen gilt eine reichhaltige Menge algebraischer Gesetze. Die Komplementbildung und die Bildung der konversen Relation sind involutorisch, Vereinigung, Durchschnitt und Relationenprodukt sind assoziativ.

Relationen sind selbst Mengen und die Menge der Relationen ist somit durch die Mengeninklusion partiell geordnet.

Satz: Das Relationenprodukt ist monoton bezüglich der Inklusionsordnung. Mathematisch ausgedrückt gilt für alle Relationen $R_1, \tilde{R}_1, R_2, \tilde{R}_2 \subseteq M \times M$:

$$R_1 \subseteq \tilde{R}_1 \wedge R_2 \subseteq \tilde{R}_2 \Rightarrow R_1 \circ R_2 \subseteq \tilde{R}_1 \circ \tilde{R}_2$$

Beweis: Es gelte für die Relationen $R_1, \tilde{R}_1, R_2, \tilde{R}_2 \subseteq M \times M$:

$$R_1 \subseteq \tilde{R}_1, R_2 \subseteq \tilde{R}_2,$$

dann gilt für $(x, z) \in R_1 \circ R_2$

$$\exists\, y \in M : (x, y) \in R_1 \wedge (y, z) \in R_2.$$

Da $R_1 \subseteq \tilde{R}_1$, $R_2 \subseteq \tilde{R}_2$ laut Voraussetzung gilt, gilt auch

$$\exists\, y \in M : (x, y) \in \tilde{R}_1 \wedge (y, z) \in \tilde{R}_2$$

und somit $(x, z) \in \tilde{R}_1 \circ \tilde{R}_2$. Dies zeigt $R_1 \circ R_2 \subseteq \tilde{R}_1 \circ \tilde{R}_2$. □

Wir können Relationen durch eine Reihe unterschiedlicher mathematischer Strukturen darstellen:

(1) *Pfeildiagramme* (endliche Graphen) erlauben es, die Strukturen endlicher Relationen graphisch darzustellen: Jedes Element in der Grundmenge M entspricht einem Knoten, jedes Paar in R einer Kante.
(2) *Boolesche Matrizen* (Adjazenzmatrizen, Kreuzchentabellen) stellen Relationen dar, wenn wir die Elemente der Grundmenge durchnumerieren. Der Eintrag a_{ij} in der Adjazenzmatrix A besagt als Wahrheitswert dann, ob (i, j) ein Element der Relation ist und ob in der Graphdarstellung eine Kante vom Knoten i zum Knoten j existiert.
(3) Eine Relation kann mit den üblichen Notationen der Mengenlehre beschrieben werden.
(4) Relationen lassen sich auch durch prädikatenlogische Ausdrücke beschreiben.

Welche Darstellungsform gewählt wird, hängt stark davon ab, wie wir Relationen verwenden wollen. Bestimmte Darstellungsformen (etwa die graphische Darstellung) sind nur für endliche Relationen geeignet.

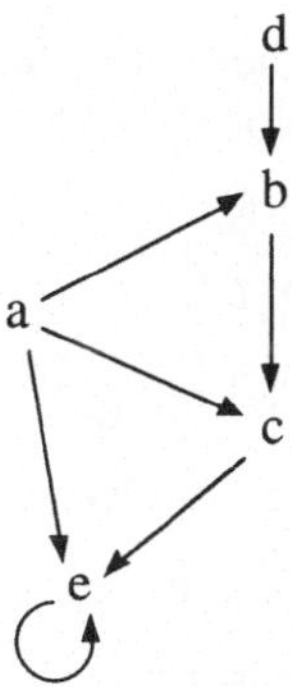

Abb. 1.1. Graphische Darstellung der Relation R

Beispiel (Verschiedene Darstellungen einer Relation).

(1) Graphische Darstellung: Die Abb. 1.1 gibt eine graphische Darstellung einer Relation R über der Grundmenge {a, b, c, d, e} durch einen gerichteten Graph an.

(2) Boolesche Matrix: Die Boolesche Matrix in Abb. 1.2 stellt die Adjazenzmatrix der Relation R dar.

(3) Mengendarstellung: Die Relation R läßt sich direkt als Menge von Paaren angeben:

$$R = \{ (a, b), (a, c), (a, e), (b, c), (c, e), (d, b), (e, e) \} .$$

(4) Prädikatendarstellung: In Infixschreibweise erhalten wir folgende Darstellung durch ein Prädikat. R sei die in der Inklusionsordnung kleinste Relation, die das folgende Prädikat definiert:

$$aRb \wedge aRc \wedge aRe \wedge bRc \wedge cRe \wedge dRb \wedge eRe .$$ ❑

	a	b	c	d	e
a	**O**	**L**	**L**	**O**	**L**
b	**O**	**O**	**L**	**O**	**O**
c	**O**	**O**	**O**	**O**	**L**
d	**O**	**L**	**O**	**O**	**O**
e	**O**	**O**	**O**	**O**	**L**

Abb. 1.2. Adjazenzmatrix der Relation R

Spezielle, besonders elementare Relationen über einer gegebenen Menge M sind nachfolgend angegeben:

(1) die *Nullrelation* $O_M = \emptyset$,

(2) die *vollständige Relation* $L_M = M \times M$,

(3) die *Identitätsrelation* $I_M = \{(x, y) \in M \times M: x = y\}$.

Im folgenden werden einige einfache Eigenschaften angegeben, die es erlauben, Relationen zu klassifizieren. Eine Relation R heißt

- *reflexiv*, falls $I_M \subseteq R$,
- *symmetrisch*, falls $R = R^T$,
- *antisymmetrisch*, falls $R \cap R^T \subseteq I_M$,
- *asymmetrisch*, falls $R \cap R^T = O_M$,
- *transitiv*, falls $R \circ R \subseteq R$,
- *irreflexiv*, falls $I_M \cap R = O_M$ (*schlingenfreier Graph*),
- *linkseindeutig*, falls $R \circ R^T \subseteq I_M$,
- *rechtseindeutig*, falls $R^T \circ R \subseteq I_M$,
- *linkstotal*, falls $I_M \subseteq R \circ R^T$,
- *rechtstotal*, falls $I_M \subseteq R^T \circ R$.

Linkseindeutige Relationen heißen auch *injektiv*, rechtseindeutige Relationen heißen auch *eindeutig*, linkstotale Relationen heißen auch *total*, rechtstotale Relationen auch *surjektiv*. Relationen lassen sich nach ihren Eigenschaften klassifizieren. Tabelle 1.1 gibt einige wichtige Klassen von Relationen an.

Tabelle 1.1. Klassen von Relationen

Relationsarten	Eigenschaften der Relation
Quasiordnung (Präordnung)	transitiv, reflexiv
Striktordnung	transitiv, asymmetrisch
Partielle Ordnung	transitiv, reflexiv, antisymmetrisch
Lineare Ordnung	transitiv, reflexiv, antisymmetrisch, $R \cup R^T = L_M$
Äquivalenzrelation	transitiv, reflexiv, symmetrisch
Partielle Funktion	(rechts)eindeutig
Totale Funktion	(rechts)eindeutig, (links)total

Für Funktionen entspricht das Relationenprodukt der Funktionskomposition. Man beachte, daß bei unserer Definition des Relationenprodukts für Funktionen f und g folgende Definition für das Funktionsprodukt gilt: $(g \circ f)(x) = f(g(x))$.

Für eine gegebene Relation R über der Menge M lassen sich bestimmte Elemente der Menge M nach ihren Eigenschaften charakterisieren. Ein Element $x \in M$ heißt *maximal* in R, wenn gilt:

$$\forall\, y \in M: x\, R\, y \Rightarrow x = y.$$

Ein Element $x \in M$ heißt *größtes Element* in R, wenn

$$\forall\, y \in M: y\, R\, x.$$

Für eine partielle Ordnung sind größte Elemente eindeutig bestimmt, falls sie existieren.

Ein Element heißt *minimal* in R (bzw. *kleinstes Element* in R), wenn x maximal (bzw. größtes Element) in der Relation R^T ist.

Endliche dyadische Relationen R über M nennen wir auch (endliche) *gerichtete Graphen*. Ist die Relation R symmetrisch, so sprechen wir auch von *ungerichteten Graphen*. Die Paare in R nennen wir *Kanten*, die Elemente von M *Knoten*.

Sei S eine Menge von Markierungen. Ist zu einem Graph R eine Abbildung

$$\alpha: M \to S$$

gegeben, so heißt R *knotenmarkiert*, ist eine Abbildung

$$\beta: R \to S$$

gegeben, dann heißt R *kantenmarkiert*. Prozesse (Aktionsstrukturen), wie sie im Kapitel 1.1 von Teil III verwendet wurden, sind ein Beispiel für knotenmarkierte, azyklische Graphen.

1.1.2 Wege in Graphen und Hüllenbildung

Häufig geben wir eine Relation R nicht direkt an, sondern erzeugen sie aus einer weniger umfassenden Relation $\tilde{R} \subseteq R$ durch *Hüllenbildung*. Eine häufig verwendete Hüllenbildung ergibt sich durch iteriertes Anwenden des Relationenprodukts.

Induktiv definieren wir für eine Relation $R \subseteq M \times M$ das i-fache Relationenprodukt R^i wie folgt

$$R^0 = I_M,$$

$$R^{i+1} = R^i \circ R .$$

Anschaulich gesprochen entspricht diese Hüllenbildung der Relation der Wege im Graphen zu R. Eine nichtleere endliche Sequenz $s \in M^+$ von Elementen aus M heißt *endlicher Weg in R* (von s_0 nach s_n der Länge n), wenn für die Sequenz $s = \langle s_0 \ldots s_n \rangle$ folgende Aussage gilt:

$$\forall\, i,\ 1 \le i \le n:\ s_{i-1}\ R\ s_i.$$

Satz: Ein Weg von x nach y der Länge i existiert genau dann, wenn $x\ R^i\ y$.

Beweis: Wir beweisen durch Induktion über n: Es existiert ein Weg der Länge n von x nach y in R, genau wenn $x\ R^i\ y$.

Induktionsanfang $n = 0$: Es existiert ein Weg der Länge 0 von x nach y in R, genau dann, wenn $x\ R^0\ y$. Denn ein Weg der Länge 0 ist einelementig und führt von x nach x.

Induktionsschluß: Sei die Behauptung richtig für n. Es existiert ein Weg $\langle x_0, \ldots, x_{n+1} \rangle$ in R, genau dann, wenn ein Knoten x_n mit folgender Eigenschaft existiert: Es gibt einen Weg $\langle x_0, \ldots, x_n \rangle$ in R und $x_n\ R\ x_{n+1}$. Nach Induktionsvoraussetzung gilt genau dann $x_0\ R^n\ x_n$. Die Definition des iterierten Relationenprodukts ergibt, daß genau dann auch

$$(x_0, x_{n+1}) \in R^n \circ R = R^{n+1} .$$

gilt. □

Eine Folge $\{x_i\}_{i \in \mathbb{N}}$ von Elementen $x_i \in M$ heißt *unendlich fortgesetzter Weg* in R ausgehend von x_0, wenn gilt

$$\forall\, i \in \mathbb{N}:\ x_i\ R\ x_{i+1} .$$

Ist die Relation R eine partielle Ordnung, so heißen unendlich fortgesetzte Wege auch *Ketten*. Eine Relation R heißt *Noethersch*, wenn in R keine unendlich fortgesetzten Wege existieren.

Eine Relation R über M heißt *azyklisch*, wenn für alle $i \in \mathbb{N}^+$ die Relation R^i irreflexiv ist. Trivial erhalten wir den folgenden Satz.

Satz: Jede endliche azyklische Relation ist Noethersch. □

Noethersche Relationen sind stets azyklisch. Eine partielle Ordnung R nennen wir auch Noethersch, wenn $R \backslash I_M$ Noethersch ist.

Beispiel (Noethersche und nicht-Noethersche Relationen).

(1) Nicht-Noethersche Relation: Die Nachfolgerrelation

$$S = \{(x, y) \in \mathbb{N} \times \mathbb{N}: x+1 = y\}$$

auf den natürlichen Zahlen ist nicht-Noethersch. Es existiert ein unendlicher Weg:

$$0 \to 1 \to 2 \to 3 \to 4 \to 5 \to \ldots$$

(2) Nicht-Noethersche Relation: Abb. 1.3 zeigt eine einfache nicht-Noethersche Relation mit Zyklus.

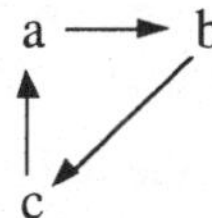

Abb. 1.3. Graph einer einfachen zyklischen Relation

(3) Unendliche Noethersche Relation: Die Vorgängerrelation

$$P = \{(x, y) \in \mathbb{N} \times \mathbb{N}: x = y+1\}$$

auf den natürlichen Zahlen ist Noethersch. Jeder Weg beginnt mit einer Zahl n und hat die Länge n.

$$n \to n-1 \to \ldots \to 2 \to 1 \to 0$$

(4) Wir erweitern die natürlichen Zahlen um ein Element ∞ und betrachten die Relation in Abb. 1.4.

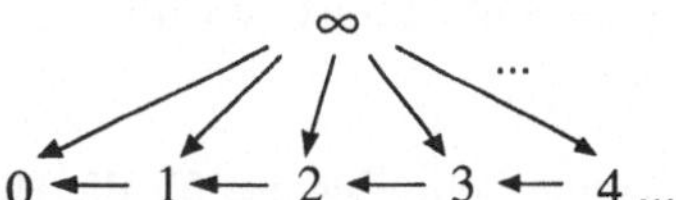

Abb. 1.4. Noethersche Relation auf $\mathbb{N} \cup \{\infty\}$

Auch diese Relation ist Noethersch. Sie besitzt zwar Wege beliebiger Länge von dem Element ∞ nach 0, aber jeder Weg ist endlich. Dieses Beispiel zeigt den Unterschied zwischen unbeschränkt und unendlich. Es existiert kein unendlicher Weg in dieser Relation, die Länge der Wege von ∞ nach 0 ist jedoch nicht durch eine endliche Zahl beschränkt. ❑

Wir betrachten folgende Formen der Hüllenbildung für Relationen:

Reflexive Hülle:

$$R^{refl} = R \cup I_M = \cap \{\tau \subseteq M \times M : R \subseteq \tau \wedge \tau \text{ reflexiv}\}$$

Transitive Hülle:

$$R^+ = \cap \{\tau \subseteq M \times M : R \subseteq \tau \wedge \tau \text{ transitiv}\}$$

Reflexiv transitive Hülle:

$$R^* = \cap \{\tau \subseteq M \times M : R \subseteq \tau \wedge \tau \text{ transitiv und reflexiv}\}$$

Symmetrische Hülle:

$$R^{sym} = R \cup R^T = \cap \{\tau \subseteq M \times M : R \subseteq \tau \wedge \tau \text{ symmetrisch}\}$$

Symmetrisch transitive reflexive Hülle:

$$R^{\otimes} = \cap \{\tau \subseteq M \times M : R \subseteq \tau \wedge \tau \text{ symmetrisch} \wedge \tau \text{ transitiv} \wedge \tau \text{ reflexiv}\}$$

Über die verschiedenen angegebenen Hüllenbildungen erzeugt eine gegebene Relation weitere Relationen mit bestimmten vorgegebenen Eigenschaften. Durch Hüllenbildung können unendliche Relationen oft einfach beschrieben werden.

Beispiel (Hüllenbildung). Gegeben sei die Relation R über der Menge $M = \{a, b, c\}$:

$$R = \{(a, b), (b, c)\} .$$

Wir bilden die reflexive Hülle:

$$R^{refl} = \{(a, a), (a, b), (b, b), (b, c), (c, c)\} .$$

Wir bilden die transitive Hülle:

$$R^+ = \{(a, b), (b, c), (a, c)\} .$$

Wir bilden die reflexiv transitive Hülle:

$$R^* = \{(a, a), (a, b), (b, b), (b, c), (a, c), (c, c)\} .$$

Wir bilden die symmetrische Hülle:

$$R^{sym} = \{(a, b), (b, c), (c, b), (b, a)\} .$$

Wir bilden die symmetrisch transitive reflexive Hülle:

$$R^{\otimes} = L_M .$$ ❑

Häufig verwenden wir folgende Schreibweise für die Hüllenbildung: Sei $\rightarrow$ die Bezeichnung für eine Relation R. Wir schreiben

$\overset{*}{\rightarrow}$ für R^*

$\overset{*}{\leftrightarrow}$ für $R^{\otimes}$

Für die Hüllenbildungen gilt:

$$R^i \subseteq R^+ \quad \text{für alle } i \in \mathbb{N}, i > 0,$$

$$R^+ = R \circ R^* = R^* \circ R,$$

$$R^* = (R^+)^{refl} = R^+ \cup I_M ,$$

$$R^{\otimes} = (R^{sym})^* = (R \cup R^T)^* .$$

Betrachten wir Relationen, die Berechnungsschritten entsprechen (vgl. Berechnungen in Teil I und Zustandsübergänge in Teil III), so sind wir insbesondere an Relationen interessiert, bei denen die Reihenfolge der Anwendung der Berechnungsschritte keinen Einfluß auf das Resultat hat, soweit die Berechnung terminiert. Wir haben dies in Teil I als determinierte Berechnung bezeichnet. Für Relationen führt dies auf den Begriff *Konfluenz*.

Eine Relation $\rightarrow$ heißt *konfluent*, wenn die folgende Formel gilt:

$$\forall\, x, y_1, y_2 \in M: (x \xrightarrow{*} y_1 \wedge x \xrightarrow{*} y_2) \Rightarrow \exists\, z \in M: y_1 \xrightarrow{*} z \wedge y_2 \xrightarrow{*} z\,.$$

Stellen wir die Relation als Graph dar, so steht Konfluenz für die folgende Eigenschaft. Gehen wir von einem Knoten aus verschiedene Wege, so können diese Wege immer wieder zusammengeführt werden. Abb. 1.5 gibt eine graphische Darstellung der Konfluenz.

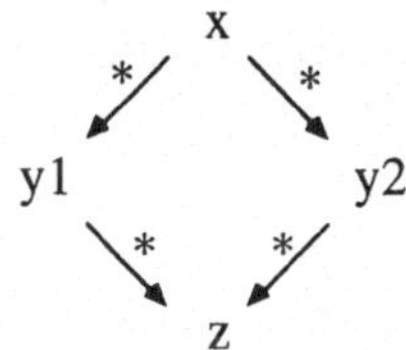

Abb. 1.5. Graphische Darstellung der Konfluenz

In Relationenschreibweise drücken wir Konfluenz erheblich knapper durch folgende Formel aus:

$$R^{T*} \circ R^* \subseteq R^* \circ R^{T*}.$$

Diese Formel besagt, bezogen auf Abb. 1.5, daß wir jeden Punkt y2, den wir ausgehend vom Punkt y1 auf einem Weg in R^T zum Punkt x, gefolgt von einem Weg in R erreichen können, auch ausgehend vom Punkt y1 auf einem Weg in R zum Punkt z, gefolgt von einem Weg in R^T erreichen können.

Das Beispiel der Konfluenz zeigt, daß bei konsequentem Gebrauch der Relationenschreibweise Quantoren in prädikatenlogischen Ausdrücken vermieden werden können und eine sehr kompakte Notation zur Verfügung steht. Ob die Formeln jedoch unbedingt als lesbarer als Formeln der Prädikatenlogik mit Quantoren empfunden werden, hängt stark von den Gewohnheiten des Lesers ab.

Satz: In einer konfluenten Noetherschen Relation $\rightarrow$ hat jedes Element eine eindeutige „Normalform“:

$$\forall\, x \in M: \exists_1\, z \in M: x \xrightarrow{*} z \wedge z \text{ maximal bzgl. } \rightarrow .$$

Hier steht der Existenzquantor $\exists_1$ für die Aussage „es existiert genau ein“. Das Prädikat:

$$\exists_1\, z \in M: p(z)$$

steht also für

$$\exists\, z \in M: p(z) \wedge \forall\, y \in M: p(y) \Rightarrow y = z\,.$$

Beweis: Da die Relation $\rightarrow$ Noethersch ist, existiert für jedes $x \in M$ ein maximales Element $z \in M$, für das gilt:

$$x \xrightarrow{*} z\,.$$

Aus der Konfluenz folgt sofort die Eindeutigkeit von z. ❑

Beispiel (Konfluente Noethersche Relationen).

(1) Wir betrachten eine Relation R über der Menge V^* der Wörter über der Zeichenmenge V mit

$$V = \{p, s\},$$

$$R \subseteq V^* \times V^* .$$

R sei die in der Mengeninklusion kleinste Relation, für die gilt:

$$(x \circ \langle ps \rangle \circ y) \; R \; (x \circ y),$$

$$(x \circ \langle sp \rangle \circ y) \; R \; (x \circ y).$$

Die Relation entspricht den Vereinfachungsgesetzen einer Gruppe, bei der p und s zueinander inverse Elemente sind. Die Relation R ist Noethersch und konfluent. Die maximalen Elemente sind genau die Wörter, die nur das Zeichen s oder nur das Zeichen p enthalten. Dies entspricht einer Darstellung der ganzen Zahlen durch Wörter.

(2) Wir betrachten eine Relation R über Sequenzen von natürlichen Zahlen.

$$R \subseteq \mathbb{N}^* \times \mathbb{N}^*$$

Sei R gegeben durch:

$$R = \{(s_1 \circ \langle n\ n \rangle \circ s_2,\ s_1 \circ \langle n \rangle \circ\ s_2): n \in \mathbb{N} \wedge s_1, s_2 \in \mathbb{N}^*\} \cup$$
$$\{(s_1 \circ \langle n\ m \rangle \circ s_2,\ s_1 \circ \langle m\ n \rangle \circ s_2): n, m \in \mathbb{N} \wedge s_1, s_2 \in \mathbb{N}^*\}$$

Die Relation R ist nicht Noethersch, aber konfluent. Sie führt auf eine Darstellung von Mengen von Zahlen durch Sequenzen. Mehrfach auftretende Elemente können weggelassen werden. Die Reihenfolge der Elemente kann beliebig vertauscht werden.

(3) Sei die Relation

$$R \subseteq \mathbb{N}^* \times \mathbb{N}^*$$

durch

$$R = \{(s_1 \circ \langle n\ m \rangle \circ s_2,\ s_1 \circ \langle m\ n \rangle \circ s_2): n, m \in \mathbb{N} \wedge n > m\ \} .$$

gegeben. R ist Noethersch und konfluent. Die maximalen Elemente in der Relation R sind sortierte Sequenzen. ❑

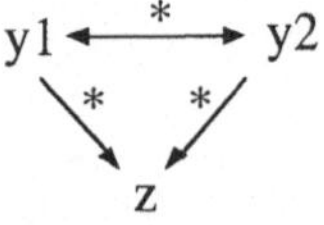

Abb. 1.6. Graphische schematische Darstellung der Church-Rosser-Eigenschaft

Eine Relation $\rightarrow$ hat die *Church-Rosser-Eigenschaft*, wenn die folgende Aussage gilt:

$$\forall\, y_1, y_2 \in M: y_1 \overset{*}{\leftrightarrow} y_2 \Rightarrow \exists\, z \in M: y_1 \overset{*}{\rightarrow} z \wedge y_2 \overset{*}{\rightarrow} z$$

Stellen wir die Relation $\rightarrow$ als Graph dar, so können wir die Church-Rosser-Eigenschaft des Graphen wie folgt charakterisieren: Gibt es zwischen den zwei Knoten y_1

und y_2 einen Weg im Graph $\rightarrow^{sym}$, so gibt es Wege von y_1 und y_2 im Graph $\rightarrow$, die sich in einem Knoten z treffen. Ein Weg im Graph $\rightarrow^{sym}$ entspricht einer Folge von Pfeilen in dem Graphen zur Relation $\rightarrow$, bei der die Pfeile in beliebiger Richtung durchlaufen werden. Dann kann für Knoten y_1, y_2 mit $y_1 \overset{*}{\leftrightarrow} y_2$ immer ein Knoten z gefunden werden, so daß wir das in Abb. 1.6 angegebene Diagramm erhalten.

In Relationenschreibweise läßt sich die Church-Rosser-Eigenschaft wie folgt ausdrücken:

$$(R \cup R^T)^* \subseteq R^* \circ R^{T*} .$$

Satz: Eine Relation ist genau dann konfluent, wenn sie die Church-Rosser-Eigenschaft hat.

Zum Beweis dieses Satzes verwenden wir folgenden Hilfssatz:

Hilfssatz: $R^* \circ R^{T*} \subseteq (R \cup R^T)^*$

Beweis der Hilfssatzes: Wir beweisen den Hilfssatz durch eine einfache Folge von Beweisschritten in der Relationenalgebra. Es gilt:

$$R \subseteq R \cup R^T$$

$$R^T \subseteq R \cup R^T$$

$\Rightarrow$ {Monotonie von *}

$$R^* \subseteq (R \cup R^T)^*$$

$$R^{T*} \subseteq (R \cup R^T)^*$$

$\Rightarrow$ {Monotonie des Relationenprodukts}

$$R^* \circ R^{T*} \subseteq (R \cup R^T)^* \circ (R \cup R^T)^*$$

$\Rightarrow$ {Transitivität der Relation $(R \cup R^T)^*$, Definition von *}

$$R^* \circ R^{T*} \subseteq (R \cup R^T)^* \circ (R \cup R^T)^* \subseteq (R \cup R^T)^*$$

Beweis des Satzes:

(1) Hat eine Relation R die Church-Rosser-Eigenschaft, so gilt:

$$(R^T \cup R)^* \subseteq R^* \circ R^{T*} .$$

Nach unserem Hilfssatz gilt:

$$R^{T*} \circ R^* \subseteq (R^T \cup R)^* = (R \cup R^T)^* \subseteq R^* \circ R^{T*} .$$

Dies liefert die Konfluenz $R^{T*} \circ R^* \subseteq R^* \circ R^{T*}$.

(2) Wir setzen nun die Konfluenz von R voraus. Dann gilt:

$R^{T*} \circ R^* \subseteq R^* \circ R^{T*}$ {Konfluenz}

Wir erhalten folgende Umformungen in der Relationenalgebra:

$(R^* \circ R^{T*}) \circ (R^* \circ R^{T*})$ {Assoziativität des Relationenprodukts}

$= R^* \circ (R^{T*} \circ R^*) \circ R^{T*}$ {Konfluenz}

$\subseteq R^* \circ (R^* \circ R^{T*}) \circ R^{T*}$ {Assoziativität des Relationenprodukts}

$= (R^* \circ R^*) \circ (R^{T*} \circ R^{T*}) \quad \{R^* \circ R^* = R^* \text{ für beliebige } R\}$

$\subseteq R^* \circ R^{T*}$.

Dies zeigt, daß die Relation $R^* \circ R^{T*}$ transitiv ist. Wir erhalten folgende Ableitungen. Es gilt

R {Definition *}

$\subseteq R^*$ {Definition I_M}

$\subseteq R^* \circ I_M$ {$I_M \subseteq R^{T*}$, Monotonie Relationenprodukt}

$\subseteq R^* \circ R^{T*}$

Analog erhalten wir

R^T {Definition *}

$\subseteq R^{T*}$ {Definition I_M}

$\subseteq I_M \circ R^{T*}$ {$I_M \subseteq R^*$, Monotonie Relationenprodukt}

$\subseteq R^* \circ R^{T*}$

Dies zeigt, daß die beiden Aussagen $R \subseteq R^* \circ R^{T*}$ und $R^T \subseteq R^* \circ R^{T*}$ gelten. Dies liefert:

$$R \cup R^T \subseteq R^* \circ R^{T*}$$

Daraus folgt, da die Relation $R^* \circ R^{T*}$ transitiv, symmetrisch und reflexiv ist, unmittelbar der Beweis der Church-Rosser-Eigenschaft:

$$(R^T \cup R)^* \subseteq R^* \circ R^{T*}$$

durch

$$(R \cup R^T)^* \subseteq (R^* \circ R^{T*})^* = R^* \circ R^{T*}$$ ❑

Hat eine Relation $\rightarrow$ die Church-Rosser-Eigenschaft (d. h., ist sie konfluent) und ist sie Noethersch, so können wir die Aussage $x \overset{*}{\leftrightarrow} y$ stets beweisen, indem wir beweisen, daß für ein Element z, das maximal bezüglich der Relation $\overset{*}{\rightarrow}$ ist, die folgende Aussage gilt:

$$x \overset{*}{\rightarrow} z \wedge y \overset{*}{\rightarrow} z .$$

Wir folgen in der Relation $\rightarrow$, ausgehend von x und y, jeweils einem beliebigen, zufällig gewählten Pfad. Da die Relation $\rightarrow$ Noethersch ist, brechen die Pfade ab. Wir vergleichen die maximalen Elemente am Ende der Pfade. Genau, wenn sie identisch sind, gilt sogar:

$$x \overset{*}{\leftrightarrow} y .$$

In der Terminologie einer Text- oder Termersetzungsrelation $\rightarrow$ wenden wir also $\rightarrow$ ausgehend von den Elementen x und y solange wie möglich an. Wir erhalten terminale Elemente, die wir vergleichen. Stimmen sie überein, so gilt $x \overset{*}{\leftrightarrow} y$, andernfalls gilt die Aussage $x \overset{*}{\leftrightarrow} y$ nicht.

Damit besitzen wir für Noethersche, konfluente Ersetzungssysteme ein mechanisches Beweissystem für die $\overset{*}{\leftrightarrow}$-Äquivalenz zweier Elemente, indem wir einen Algorithmus verwenden, der es uns erlaubt, Pfade zu konstruieren . Dies ist insbesondere nützlich, um für eine Familie von Gleichungsaxiomen, wie sie in der Algebra beispielsweise in der Gruppentheorie auftreten, einen Algorithmus zur Entscheidung der Äquivalenz zweier Elemente zu erhalten.

1.2 Grammatiken

Formale Sprachen sind im allgemeinen unendlich und können nicht durch einfaches Auflisten des Sprachumfangs beschrieben werden. Vielmehr müssen endliche Darstellungsformen gefunden werden, die es gestatten,

(1) den Sprachumfang präzise zu charakterisieren,

(2) für eine gegebene Zeichenkette zu entscheiden, ob ein Wort der Sprache vorliegt,

(3) für eine gegebene Zeichenkette mit möglichst geringem Aufwand die Ableitungsstruktur aufzufinden (vgl. abstrakte Syntax und das Zerteilungsproblem in Teil III).

Dies kann erreicht werden, indem wir eine Relation über der Grundmenge der Zeichenfolgen schematisch beschreiben und dann relationenalgebraische Hüllen bilden. Relationen über Zeichenfolgen können damit zur Beschreibung formaler Sprachen dienen.

Wir betrachten im folgenden Relationen über Zeichenfolgen. Sei V eine Menge von Zeichen. Eine *Ersetzungsregel* über der Menge V^* ist ein Paar

$$(x, y) \in V^* \times V^*.$$

Wir schreiben für Ersetzungsregeln

$$x \rightarrow y.$$

Eine Menge von Ersetzungsregeln ist eine Relation über der Grundmenge V^*. Solche Mengen von Ersetzungsregeln haben wir unter dem Stichwort Textersetzungsalgorithmen bereits in Teil I behandelt.

Ist $x \rightarrow y$ eine Ersetzungsregel und sind $w, v \in V^*$ Wörter über V, so nennen wir das Paar

$$(w \circ x \circ v, w \circ y \circ v) \in V^* \times V^*$$

eine *Anwendung der Regel.* Wir schreiben dann

$$w \circ x \circ v \Rightarrow w \circ y \circ v .$$

Die von der Relation $\rightarrow$ durch das Konzept der Anwendung induzierte Relation $\Rightarrow$ über V^* nennen wir auch *algebraische Hülle* oder auch *Halbgruppenhülle.*

Das Paar $(V^*, \Rightarrow)$ heißt auch *Semi-Thue-System.* Ist die erzeugende Relation $\rightarrow$ symmetrisch, so sprechen wir von einem *Thue-System.*

Einen Weg

$$t_1 \Rightarrow t_2 \Rightarrow \ldots \Rightarrow t_n$$

in der Relation $\Rightarrow$ nennen wir auch eine *Ableitung* oder einen *Reduktion(spfad)* für die Relation $\rightarrow$ bzw. für die induzierte Relation $\Rightarrow$. Dies entspricht dem Konzept der Berechnungssequenz für Textersetzungsalgorithmen.

Für jedes Semi-Thue-System $(V^*, \Rightarrow)$ induziert die reflexive, transitive, symmetrische Hülle $\overset{*}{\leftrightarrow}$ eine Äquivalenzrelation auf V^*. Die Äquivalenzklasse für ein Element $w \in V^*$ ist die Menge $\{v \in V^*: w \overset{*}{\leftrightarrow} v\}$. Wir schreiben $[w]$ für diese Menge. Die Äquivalenzklassen in $V^*/\overset{*}{\leftrightarrow}$ bilden mit der elementweisen Konkatenation als Verknüpfung eine Halbgruppe mit neutralem Element $[\varepsilon]$, genannt *Regelgrammatikmonoid.*

Beispiel (Semi-Thue-Systeme).

(1) Sei $V = \{a\}$ und die erzeugende Relation $R \subseteq V^* \times V^*$ durch folgende Ersetzungsregel gegeben:

$$a \rightarrow aaa\ .$$

Dann gelten für Zahlen $m, n \in \mathbb{N}$ folgende Aussagen:

$$(a^n \Rightarrow a^m) \Leftrightarrow n = m - 2 \wedge n > 0\ ,$$
$$(a^n \overset{+}{\Rightarrow} a^m) \Leftrightarrow \exists\, k \in \mathbb{N}: n = m - 2k \wedge k > 0 \wedge n > 0\ ,$$
$$(a^n \overset{*}{\leftrightarrow} a^m) \Leftrightarrow (n \bmod 2 = m \bmod 2 \wedge m > 0 \wedge n > 0) \vee m = n = 0.$$

Die Menge $V^*/\overset{*}{\leftrightarrow}$ der Äquivalenzklassen ist damit dreielementig und besteht aus den Klassen $[\varepsilon]$, $[\langle a\rangle]$, $[\langle aa\rangle]$.,

(2) Sei $V = \{a, \bar{a}, b, \bar{b}\}$ und die erzeugende Relation $\rightarrow$ durch die folgenden Regeln gegeben:

$$a\bar{a} \rightarrow \varepsilon,$$
$$b\bar{b} \rightarrow \varepsilon,$$
$$\bar{a}a \rightarrow \varepsilon,$$
$$\bar{b}b \rightarrow \varepsilon,$$
$$ab \rightarrow ba,$$
$$a\bar{b} \rightarrow \bar{b}a,$$
$$\bar{a}b \rightarrow b\bar{a},$$
$$\bar{a}\bar{b} \rightarrow \bar{b}\bar{a}\ .$$

In diesem Beispiel gilt für die transitive Hülle $\overset{+}{\Rightarrow}$ der durch $\rightarrow$ induzierten algebraischen Hülle $\Rightarrow$: $\overset{+}{\Rightarrow}$ ist nicht Noethersch, aber konfluent. Insbesondere gilt:

$$V^*/\overset{*}{\leftrightarrow} \text{ ist isomorph zu der Menge } \mathbb{Z} \times \mathbb{Z}.$$

Dies wird durch folgendes Klassenvertretersystem deutlich. Für jedes Paar von Zahlen $n, m \in \mathbb{N}$ erhalten wir durch die Mengen

$$[a^n\, b^m]$$
$$[\bar{a}^n\, b^m]$$
$$[a^n\, \bar{b}^m]$$

$[\bar{a}^n \bar{b}^m]$

eine Klasse. Für $n > 0$ und $m > 0$ sind die Klassen verschieden. Für $n = m = 0$ erhalten wir die Klasse zum leeren Wort. Für $n = 0$ und $m > 0$ sowie für $n > 0$ und $m = 0$ stimmen je zwei der Klassen überein. Jedes Wort aus V^* ist aus einer der angegebenen Klassen und somit $\overset{*}{\leftrightarrow}$-äquivalent zu einem der oben verwendeten Repräsentanten der Klassen. Die Klassen lassen sich durch Paare von Zahlen kennzeichnen. ❑

Zu einer Ersetzungsrelation $\rightarrow$ läßt sich neben der algebraischen Hülle $\twoheadrightarrow$ der sequentiellen Ersetzungen auch die Relation $\Rrightarrow$ der *parallelen Ersetzungen* einführen. Sie ist durch die kleinste Relation gegeben, die folgenden Regeln genügt:

$$(w_1 \twoheadrightarrow w_2) \Rightarrow w_1 \Rrightarrow w_2$$

$$(w_1 \Rrightarrow w_2) \wedge (w_3 \Rrightarrow w_4) \Rightarrow (w_1 \circ w_3) \Rrightarrow (w_2 \circ w_4)$$

Die Aussage $w_1 \Rrightarrow w_2$ gilt genau dann, wenn das Wort w_2 aus dem Wort w_1 durch eine Reihe von parallelen Ersetzungen hervorgeht. Dies entspricht der Definition:

$$(w_1 \Rrightarrow w_2) \Leftrightarrow$$

$$\exists\, n > 0: \exists\, x_1, \ldots x_n, y_1, \ldots y_n, z_0, \ldots, z_n \in V^*:$$

$$(\forall\, i, 1 \le i \le n: x_i \rightarrow y_i) \wedge$$

$$w_1 = z_0 \circ x_1 \circ z_1 \circ \ldots \circ z_{n-1} \circ x_n \circ z_n \wedge$$

$$w_2 = z_0 \circ y_1 \circ z_1 \circ \ldots \circ z_{n-1} \circ y_n \circ z_n$$

Gelegentlich verlangen wir zusätzlich, daß die Wörter z_i bezüglich der Relation $\rightarrow$ maximal sind oder, in anderen Worten, daß die Wörter z_i bezüglich $\twoheadrightarrow$ irreduzibel sind. Die so spezifizierte Relation bezeichnen wir mit $\mid\!\Rrightarrow$. Besteht diese Relation zwischen zwei Wörtern, dann wurde eine maximale Anzahl von Ersetzungen in der Relation $\twoheadrightarrow$ vorgenommen.

Es gelten folgende Beziehungen zwischen den unterschiedlichen induzierten Relationen:

$$\mid\!\Rrightarrow \;\subseteq\; \Rrightarrow \;\subseteq\; \overset{*}{\twoheadrightarrow}$$

$$\twoheadrightarrow \;\subseteq\; \Rrightarrow$$

Jede parallele Ersetzung kann durch eine Sequenz von Einzelersetzungen erzeugt werden. Der exakte Beweis erfolgt durch strukturelle Induktion über die Definition der Relation $\Rrightarrow$.

Satz: Es gilt:

(1) $\Rrightarrow^* = \overset{*}{\twoheadrightarrow}$

(2) $\mid\!\Rrightarrow^* \subseteq \Rrightarrow^*$

Die Inklusion (2) ist in bestimmten Fällen strikt.

Beweis: In relationenalgebraischer Notation erhalten wir folgenden Beweis:

(1) $\twoheadrightarrow \subseteq \Rrightarrow$

also $\overset{*}{\twoheadrightarrow} \subseteq \Rrightarrow^*$

$$\Rightarrow \; \subseteq \; \overset{*}{\Longrightarrow}$$

also $\quad \Rightarrow^* \subseteq (\overset{*}{\Longrightarrow})^* = \overset{*}{\Longrightarrow}$

(2) $\quad |\!\Rightarrow \; \subseteq \; \Rightarrow$ also $|\!\Rightarrow^* \subseteq \; \Rightarrow^*$

Die Striktheit der Inklusion für bestimmte Fälle zeigt ein Beispiel. Wir betrachten die Zeichenmenge

$$V = \{a, +, z\}$$

mit den Regeln a+z $\rightarrow$ z und a $\rightarrow$ z. Es gilt

$$a+a \Rightarrow a+z \Rightarrow z,$$

und damit a+a $\Rightarrow^*$ z, aber es gilt nicht

$$a+a \; |\!\Rightarrow^* z,$$

da für die Relation $|\!\Rightarrow$ in dem Wort a+a im ersten Schritt stets beide Vorkommen von a durch z ersetzt werden. ❑

Wir analysieren im folgenden die *Ableitungsstruktur* von Ableitungen der Form

$$t_1 \Rightarrow t_2 \Rightarrow \ldots$$

oder

$$t_1 \Longrightarrow t_2 \Longrightarrow \ldots$$

Die Ableitungsstruktur ergibt sich aus den angewendeten Regeln und den Anwendungsstellen in den Wörtern der Ableitung. Dazu legen wir für Ableitungen (falls dies nicht eindeutig aus der Wortstruktur hervorgeht) Anwendungsstellen und angewandte Regeln durch Kennzeichnung der Anwendungsstellen (etwa durch Unterstreichung und Indizierung) eindeutig fest.

Ableitungen, die sich nur in der Reihenfolge voneinander unabhängiger („überlappungsfreier") Regelanwendungen unterscheiden, bezeichnen wir als *strukturell äquivalent.*

Beispiel (Strukturelle Äquivalenz von Ableitungen). Für das Semi-Thue-System

$$(\{a, +, z\}, \Longrightarrow),$$

wobei die erzeugende Relation $\rightarrow$ durch folgende Regeln definiert sei:

$$a \rightarrow z, \; z+z \rightarrow z,$$

sind die Ableitungen (wir kennzeichnen die Anwendungsstellen der Regeln durch Unterstreichung)

$$\underline{a}+a \Rightarrow z+\underline{a} \Rightarrow \underline{z+z} \Rightarrow z$$

$$a+\underline{a} \Rightarrow \underline{a}+z \Rightarrow \underline{z+z} \Rightarrow z$$

$$\underline{a}+\underline{a} \Rightarrow \underline{z+z} \Rightarrow z$$

strukturell äquivalent. ❑

Für sequentielle Ableitungen bedeutet strukturelle Äquivalenz, daß sie durch Vertauschen der Reihenfolge unabhängiger Regelanwendungen ineinander übergehen. Trivialerweise können wir für parallele Ableitungen immer strukturell äquivalente sequentielle Ableitungen finden, da $\rightrightarrows \subseteq \overset{*}{\Rightarrow}$ gilt. Dies drückt der folgende Satz aus.

Satz: Jede parallele Ableitung zu einer sequentiellen Ableitung ist strukturell äquivalent . ❑

Wir wollen in jeder Klasse strukturell äquivalenter Ableitungen eindeutige Vertreter auszeichnen. Dabei haben wir folgende zwei Möglichkeiten:

(1) Wir zeichnen in jeder Klasse strukturell äquivalenter paralleler Ableitungen denjenigen Vertreter aus, bei dem jede Regel möglichst früh angewendet wird. Die so ausgezeichnete Ableitung in Normalform nennen wir *verzögerungsfreie parallele Ableitung.*

(2) Wir zeichnen in jeder Klasse der strukturell äquivalenter sequentieller Ableitungen die Ableitung aus, in der die Regeln zuerst möglichst weit links angewendet werden. Wir nennen diese Ableitung *Linksnormalform.* Analog definieren wir die *Rechtsnormalform.*

Beispiel (Strukturelle Verschiedenheit von Ableitungen). Für das Semi-Thue-System

$(\{a, +, z\}, \Rightarrow)$

wobei die Relation $\rightarrow$ durch die Regeln

$a \rightarrow z,\ z+z \rightarrow z$

gegeben ist, existieren für das Wort

a+a+a

genau zwei strukturell verschiedene verzögerungsfreie parallele Ableitungen (Anwendungsstellen unterstrichen):

$\underline{a}+\underline{a}+\underline{a} \rightrightarrows z+\underline{z+z} \rightrightarrows \underline{z+z} \rightrightarrows z$

$\underline{a}+\underline{a}+\underline{a} \rightrightarrows \underline{z+z}+z \rightrightarrows \underline{z+z} \rightrightarrows z$ ❑

Beispiel (Linksnormalform von Ableitungen). Seien der Zeichenvorrat V = {a, +, z} und die Relation $\rightarrow$ durch die Regeln

$a \rightarrow z,\ z+z \rightarrow z$

gegeben. Die Ableitung

$\underline{a}+a+a \Rightarrow z+\underline{a}+a \Rightarrow \underline{z+z}+a \Rightarrow z+\underline{a} \Rightarrow \underline{z+z} \Rightarrow z$

ist die Linksnormalform zu den Ableitungen

$a+\underline{a}+a \Rightarrow a+z+\underline{a} \Rightarrow \underline{a}+z+z \Rightarrow \underline{z+z}+z \Rightarrow \underline{z+z} \Rightarrow z$

$a+a+\underline{a} \Rightarrow a+\underline{a}+z \Rightarrow \underline{a}+z+z \Rightarrow \underline{z+z}+z \Rightarrow \underline{z+z} \Rightarrow z$

$a+\underline{a}+a \Rightarrow \underline{a}+z+a \Rightarrow \underline{z+z}+a \Rightarrow z+\underline{a} \Rightarrow \underline{z+z} \Rightarrow z$

$\underline{a}+a+a \Rightarrow z+\underline{a}+a \Rightarrow z+z+\underline{a} \Rightarrow \underline{z+z}+z \Rightarrow \underline{z+z} \Rightarrow z$

$a+a+\underline{a} \Rightarrow \underline{a}+a+z \Rightarrow z+\underline{a}+z \Rightarrow \underline{z+z}+z \Rightarrow \underline{z+z} \Rightarrow z$

$\underline{a}+a+a \Rightarrow z+a+\underline{a} \Rightarrow z+\underline{a}+z \Rightarrow \underline{z+z}+z \Rightarrow \underline{z+z} \Rightarrow z$

Dies sind einige der Pfade durch den Graph, der in Abb. 1.7 gegeben ist, wobei die Linksnormalform hier dem Pfad „ganz links" entspricht.

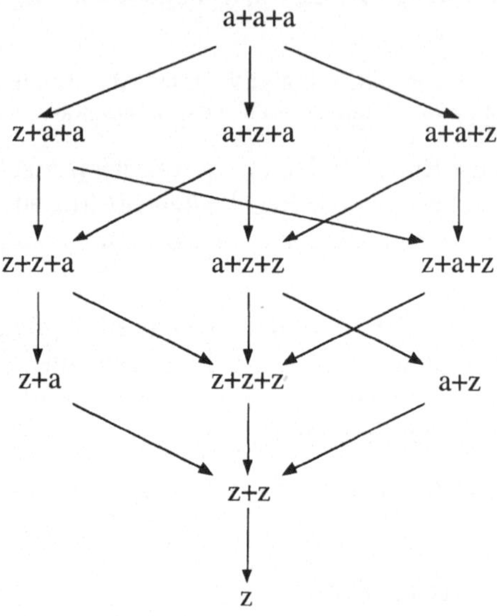

Abb. 1.7. Ableitungsgraph für das Wort a+a+a

Man beachte, daß die verzögerungsfreie parallele Ableitung eine Ableitung kürzester Länge in der jeweiligen Klasse der strukturell äquivalenten Ableitungen ist. Die sequentiellen Ableitungen sind die längsten Ableitungen in der jeweiligen Klasse strukturell äquivalenter Ableitungen.

1.2.1 Reduktive und generative Grammatiken

Formale Sprachen lassen sich durch Regelsysteme auf Wörtern beschreiben. Es werden (endliche) Relationen zwischen Wörtern angegeben, die eine umfassendere Relation durch Hüllenbildung erzeugen. Die so erzeugte Relation spezifiziert eine formale Sprache durch die Menge der von einem Startzeichen aus erreichbaren Wörter.

Eine *Grammatik* G über einer endlichen Zeichenmenge M ist durch ein Tripel (M, $\rightarrow$, Z) gegeben, wobei

- $\rightarrow$ eine endliche Relation über M^* und damit eine endliche Menge von Ersetzungsregeln über der Zeichenmenge M und
- Z ein Zeichen aus M ist.

G heißt auch *Semi-Thue-Grammatik*. Das Zeichen Z heißt das *Axiom* (oder die *Wurzel*) der Grammatik.

Jede Grammatik G beschreibt eine Sprache $L_g(G) \subseteq M^*$ *generativ*. Dies heißt, sie erzeugt eine Sprache, indem Wörter ausgehend vom Axiom abgeleitet werden. Die formale Sprache $L_g(G)$ ist wie folgt spezifiziert:

$L_g(G) = \{w \in M^*: \langle Z\rangle \overset{*}{\rightarrow} w\}$

Dabei ist $\overset{*}{\rightarrow}$ die reflexiv transitive algebraische Hülle von $\rightarrow$. $L_g(G)$ heißt der erzeugte *Sprachschatz* von G, die Elemente $w \in L_g(G)$ heißen die von G erzeugten Wörter.

Dual dazu beschreibt eine Grammatik eine Sprache $L_r(G) \subseteq M^*$ *reduktiv* (akzeptiert oder erkennt eine Sprache). $L_r(G)$ ist wie folgt spezifiziert:

$L_r(G) = \{w \in M^*: w \overset{*}{\rightarrow} \langle Z\rangle\}$

$L_r(G)$ heißt der von der Grammatik G *erkannte Sprachschatz* oder *akzeptierte Sprachschatz*, die Elemente $w \in L_r(G)$ heißen die von G erkannten oder die von G akzeptierten Wörter.

Für eine gegebene Grammatik $G = (M, \rightarrow, Z)$ und ein gegebenes Wort $w \in M^*$ sind wir oft an der Gültigkeit folgender Aussagen interessiert:

(1) $w \in L_g(G)$, das Wort w wird durch die Grammatik G generiert,

(2) $w \in L_r(G)$, das Wort w wird durch die Grammatik G erkannt.

Wir sprechen von einer *reduktiven Grammatik* G um zu betonen, daß wir die Grammatik verwenden, um eine formale Sprache durch die Menge der akzeptierten Wörter zu beschreiben und in analoger Weise von einer *generativen Grammatik*. Die Ableitung eines Worts auf die Wurzel nennen wir dann *Reduktion*.

Eine generative Grammatik heißt *ε-produktionsfrei*, wenn die rechte Seite jeder Ersetzungsregel verschieden vom leeren Wort ε ist. Entsprechend heißt eine reduktive Grammatik *ε-produktionsfrei*, wenn die linke Seite jeder Ersetzungsregel verschieden vom leeren Wort ε ist.

Ist für eine Grammatik $(M, \rightarrow, Z)$ die Zeichenmenge M in die disjunkten Mengen T und N zerlegt, so heißt $G = (T, N, \rightarrow, Z)$ *Chomsky-Grammatik*. Die Zeichen in T heißen *terminal*, die Zeichen in N heißen *nichtterminal*. Durch die Chomsky-Grammatik wird eine formale Sprache über der Zeichenmenge T beschrieben. Die Zeichen in der Menge N dienen dabei nur als Hilfszeichen für die Formulierung der Regeln (vgl. den Gebrauch von Hilfszeichen in Textersetzungsalgorithmen in Teil I). Für eine Chomsky-Grammatik gilt:

T ist eine Menge von (terminalen) Zeichen,
N ist eine Menge von (nichtterminalen) Zeichen (Hilfszeichen, syntaktische Einheiten),
$\rightarrow$ ist eine endliche Menge von Ersetzungsregeln,
Z ist ein ausgezeichnetes Element in N (genannt „Axiom“).

Eine Chomsky-Grammatik G wird auch als *Typ-0-Grammatik* bezeichnet.

Durch die Einteilung der Zeichenmenge in terminale und nichtterminale Zeichen bei einer Chomsky-Grammatik läßt sich deren Sprachschatz etwas anders als bei Semi-Thue-Grammatiken festlegen. Nur Wörter, die aus terminalen Zeichen aufgebaut sind, gehören zum Sprachschatz. Nichtterminale Zeichen dienen lediglich als Hilfszeichen. Der generative Sprachschatz einer Chomsky-Grammatik G ist dementsprechend spezifiziert durch:

$L_g(G) = \{w \in T^*: \langle Z\rangle \overset{*}{\rightarrow} w\}$.

Der reduktive Sprachschatz von G ist gegeben durch:

$$L_r(G) = \{w \in T^*: w \xrightarrow{*} \langle Z \rangle\}.$$

Zu jeder reduktiven Grammatik G = (T, N, →, Z) läßt sich eine duale generative Grammatik $\bar{G}$ = (T, N, $\rightarrow^T$, Z) angeben (wobei $\rightarrow^T$ die zu → konverse Relation bezeichnet) mit

$$L_r(G) = L_g(\bar{G}) .$$

Dies zeigt, daß reduktive und generative Grammatiken zueinander dual sind.

Chomsky-Grammatiken sind mächtiger als reine Semi-Thue-Grammatiken. Es gibt formale Sprachen, die von einer Chomsky-Grammatik akzeptiert werden, für die es aber keine Semi-Thue-Grammatik gibt, die sie akzeptiert.

Beispiel (Nach Salomaa 1973). Gesucht ist eine Grammatik, die genau die Wörter über dem Zeichensatz V = {L} der Form

$$L^{2^k}$$

mit $k \in \mathbb{N}$ akzeptiert. Es existiert keine Semi-Thue-Grammatik, die diese Sprache akzeptiert. Dies läßt sich wie folgt zeigen.

Die Wurzel einer Semi-Thue-Sprache ist Teil der Sprache und somit muß gelten: L ist die Wurzel. Regeln können nur von der Form $L^n \rightarrow L^m$ sein. Eine Regel muß von der Form $L^n \rightarrow L$ sein, mit n > 1. Dann ist L^n im Sprachschatz, aber auch L^{2n-1}, da

$$L^{n-1}L^n \Rightarrow L^{n-1}L \Rightarrow L .$$

Dies zeigt, daß die betrachtete formale Sprache durch eine Semi-Thue-Grammatik nicht akzeptiert wird.

Eine reduktive Chomsky-Grammatik G = (T, N, P, Z), die dies leistet, ist beispielsweise gegeben durch:

N = { Z, A, B, C },

T = { L },

P = { L → A,
ε → B,
AAB → CB,
AAC → CA,
BC → BA,
BAB → Z}

Wir skizzieren die Beweisidee dafür, daß genau die Wörter, die eine Zweierpotenz von Zeichen L enthalten, durch die Grammatik G = (T, N, P, Z) akzeptiert werden.

Wir lassen kurz die Regeln L → A und ε → B außer acht. Auf die Wurzel Z können dann nur Wörter reduziert werden, die mit dem Zeichen B beginnen und enden. Im Inneren dieser Wörter finden sich nur die Zeichen A und C. Wir spezifizieren eine Abbildung

$$f: \{A, C\}^* \rightarrow \mathbb{N}$$

die jedem Wort der Sprache über {A, C} eine Zahl zuordnet, durch die Gleichungen

$$f(\varepsilon) = 0,$$

$$f(\langle A \rangle \circ x) = 1+f(x),$$

$$f(\langle C \rangle \circ x) = 2 * f(x)+2.$$

Für Wörter $x, y \in \{A, C\}^*$ mit

$$\langle B \rangle \circ x \circ \langle B \rangle \Rightarrow \langle B \rangle \circ y \circ \langle B \rangle$$

gilt

$$f(x) \in \{2^n : n \in \mathbb{N}\} \Leftarrow f(y) \in \{2^n : n \in \mathbb{N}\},$$

wie wir unschwer anhand der drei in Frage kommenden Regeln zeigen. Da ‹BAB› das einzige Wort ist, das unmittelbar auf Z reduziert werden kann und bei Hinzunahme der Regeln $L \rightarrow A$ und $\varepsilon \rightarrow B$ aus einem Wort L^n, das nur aus dem einzigen Terminalzeichen L gebildet wird, nur das Wort BA^nB erzeugt werden kann, das auch auf die Wurzel reduziert werden kann, folgt, daß nur Wörter aus $\{L^{2k} : k \in \mathbb{N}\}$ im Sprachschatz sind. Daß alle Wörter aus $\{L^{2k} : k \in \mathbb{N}\}$ im Sprachschatz sind, beweisen wir unschwer durch Induktion über k. Abb. 1.8. zeigt den Baum der Ableitungspfade für die betrachtete Grammatik. ❑

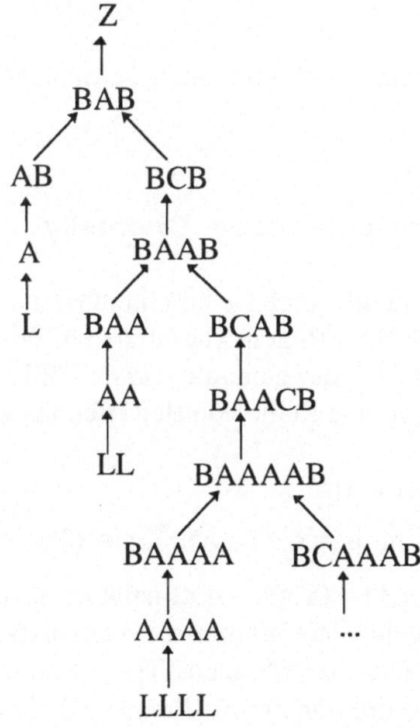

Abb. 1.8. Skizze des Baums der Ableitungspfade

Zwei reduktive (bzw. generative) Grammatiken G_1 und G_2 heißen *äquivalent*, wenn sie den gleichen Sprachschatz akzeptieren (bzw. erzeugen).

Eine reduktive Chomsky-Grammatik (T, N, P, Z) heißt *wortlängenmonoton* oder *nicht verlängernd*, wenn für jede Regel

$$a \to b$$

in der Regelmenge P gilt:

$$a \in (T \cup N)^*, b \in (T \cup N)^+ \text{ und } |a| \geq |b|$$

Insbesondere gilt dann $a \neq \varepsilon$, die Regeln sind ε-produktionsfrei. Gilt sogar $|a| > |b|$, dann heißt die reduktive Grammatik *strikt wortlängenmonoton*. Ist eine reduktive Chomsky-Grammatik wortlängenmonoton, so sind die Längen der Wörter in Reduktionsfolgen schwach monoton fallend.

Eine Ersetzungsregel

$$a \to b$$

heißt *separiert*, wenn $b \in N^+$.

Zu jeder ε-produktionsfreien (für die linke Seite a einer Regel $a \to b$ gilt: $a \neq \varepsilon$) reduktiven Chomsky-Grammatik läßt sich eine äquivalente Chomsky-Grammatik mit separierten Regeln angeben, indem wir für jede nicht separierte Regel

$$a \to b \text{ mit } b \notin N^+$$

neue Nichtterminalzeichen c_i für jedes in b auftretende Terminalzeichen d_i und die Regeln

$$d_i \to c_i$$

einführen und in allen Regeln $a \to b$ konsistent Terminalzeichen d_i durch die Nichtterminalzeichen c_i ersetzen.

1.2.2 Die Sprachhierarchie nach Chomsky

Chomsky-Grammatiken (und die durch sie beschreibbaren formalen Sprachen) lassen sich nach der äußeren Form ihrer Regeln klassifizieren. Wir beschränken uns im folgenden auf den reduktiven Fall, der generative kann völlig analog abgehandelt werden. Im folgenden führen wir eine Reihe von Begriffen zur Klassifizierung von Ersetzungsregeln ein.

Eine Ersetzungsregel der Form

$$u \circ a \circ v \to u \circ \langle b \rangle \circ v, \text{ mit } u, v \in (T \cup N)^*, a \in (T \cup N)^+, b \in N,$$

einer reduktiven Grammatik $G = (T, N, \to, Z)$ heißt *kontextsensitiv*.

Sind alle Ersetzungsregeln einer Grammatik G kontextsensitiv, so heißt G (ε-produktionsfreie) *Chomsky-1-Grammatik* (auch Typ-1-Grammatik), oder auch *kontextsensitive Grammatik*. (ε-produktionsfreie) Chomsky-1-Grammatiken sind trivialerweise wortlängenmonoton.

Eine Regel der Form

$$a \to \langle b \rangle \qquad \text{mit } a \in (N \cup T)^*, b \in N,$$

heißt *kontextfrei*.

Sind alle Regeln einer Chomsky-1-Grammatik G kontextfrei, so heißt G *Chomsky-2-Grammatik* oder *kontextfreie Grammatik* (auch *Typ-2-Grammatik*).

Eine kontextfreie Regel der Form

$m \circ \langle a \rangle \circ n \rightarrow \langle b \rangle$ mit $m, n \in T^+$, $a, b \in N$

heißt *beidseitig linear*. Ist zusätzlich $n = \varepsilon$, so heißt die Regel *rechtslinear*, ist $m = \varepsilon$, so heißt die Regel *linkslinear*. Wir nennen links- oder rechtslineare Regeln auch *einseitig linear*.

Eine Regel der Form

$w \rightarrow \langle b \rangle$ mit $w \in T^+$, $b \in N$,

heißt *terminal*.

Eine Chomsky-2-Grammatik, deren sämtliche Regeln terminal oder linkslinear sind, oder deren sämtliche Regeln terminal oder rechtslinear sind, heißt *Chomsky-3-Grammatik* oder *reguläre Grammatik* (auch *Typ-3-Grammatik*). Reguläre Grammatiken sind ebenso wie die durch sie induzierte Reduktionsrelation wortlängenmonoton.

Durch die eingeführten Grammatiktypen werden auch Klassen formaler Sprachen gebildet. Sei

- REG die Menge der Sprachen, die durch reguläre Grammatiken akzeptiert werden. Wir sprechen von *regulären Sprachen*.
- CFL die Menge der Sprachen, die durch kontextfreie Grammatiken akzeptiert werden. Wir sprechen von *kontextfreien Sprachen*.
- CSL die Menge der Sprachen, die durch kontextsensitive Grammatiken akzeptiert werden. Wir sprechen von *kontextsensitiven Sprachen*.
- C0L die Menge der Sprachen, die durch Chomsky-Grammatiken akzeptiert werden. Wir sprechen von *Chomsky-0-Sprachen*.

Die angegebenen Sprachklassen bilden die Chomsky-Sprachhierarchie. Sie stehen in einer strikten Inklusionsbeziehung.

Satz (Chomsky-Hierarchie). Es gilt

$$\mathrm{REG} \subsetneqq \mathrm{CFL} \subsetneqq \mathrm{CSL} \subsetneqq \mathrm{C0L}$$

Beweis: Die Inklusion folgt sofort aus dem Umstand, daß jede Typ-(i+1)-Grammatik auch eine Typ-i-Grammatik ist (i = 0, 1, 2). Daß die Inklusion strikt ist, zeigen wir später durch Beispiele. ❑

Die Sprachenklassen der Chomsky-Hierarchie entsprechen jeweils bestimmten Konzepten abstrakter Maschinen, die wir nutzen können, um die entsprechenden Sprachen zu beschreiben und zu erkennen. Wir kommen darauf ausführlich zurück.

1.2.3 Strukturgraphen und Strukturbäume

Gegeben sei die Chomsky-Grammatik

$$G = (T, N, \rightarrow, Z) .$$

Für ein Wort

$$w_0 \in T^*$$

legt ein Pfad in der Ableitungsrelation

$w_0 \Rightarrow w_1 \ldots \Rightarrow \langle Z \rangle$

einen *Strukturgraph* (Reduktionsgraph) fest. Der Strukturgraph reflektiert die Struktur der Ableitungsschritte. Er ergibt sich wie folgt.

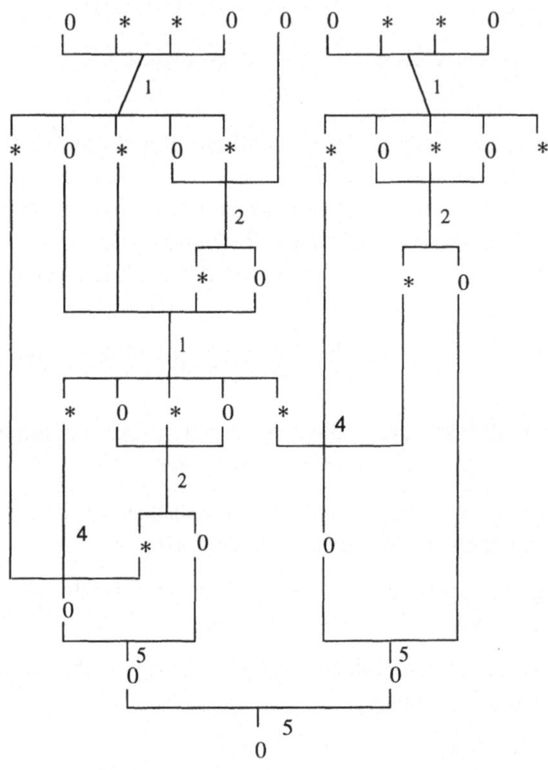

Abb. 1.9. Strukturgraph einer Ableitung

Im Ableitungspfad existieren für jedes Wort w_i und jedes Wort w_{i+1} Zerlegungen der Form

$$w_i = z_0^{(i)} x_1^{(i)} z_1^{(i)} \ldots z_{n_i-1}^{(i)} x_{n_i}^{(i)} z_{n_i}^{(i)},$$

$$w_{i+1} = z_0^{(i)} y_1^{(i)} z_1^{(i)} \ldots z_{n_i-1}^{(i)} y_{n_i}^{(i)} z_{n_i}^{(i)}.$$

so daß gilt (für alle j, $1 \le j \le n_i$):

$$x_j^{(i)} \to y_j^{(i)}.$$

Durch die Markierung der entsprechenden Anwendungsstellen $x_j^{(i)}$ (durch Unterstreichung) und der Stellen $y_j^{(i)}$ (durch Überstreichung) und ihre Verbindung durch eine Kante entsteht der Strukturgraph.

Beispiel (Strukturgraph).

(1) Lebensspiel: Wir betrachten die folgende Semi-Thue-Grammatik

$$G = (\{0, *\}, \to, 0),$$

wobei die Ableitungsrelation $\rightarrow$ durch folgende Regeln gegeben sei:

(1) 0**0 $\rightarrow$ *0*0*

(2) 0*0 $\rightarrow$ *0

(3) 0*0 $\rightarrow$ 0*

(4) *** $\rightarrow$ 0

(5) 00 $\rightarrow$ 0

Ein Beispiel für einen Ableitungsgraph liefert die folgende Ableitung (die Indexwerte geben jeweils die angewandte Regel an):

$$
\begin{array}{ll}
\underline{0 * * 0}_1\ 0\ \underline{0 * * 0}_1 & \Rightarrow \\
* \ 0 * \underline{0 * 0}_2 * \underline{0 * 0}_2 * & \Rightarrow \\
* \ \underline{0 * * 0}_1 * * 0 * & \Rightarrow \\
* * \underline{0 * 0}_2 * * * 0 * & \Rightarrow \\
\underline{* * *}_4\ 0\ \underline{* * *}_4\ 0 * & \Rightarrow \\
\underline{0\,0}_5\ \underline{0\,0}_5 * & \Rightarrow \\
\underline{0\,0}_5 * & \Rightarrow \\
0 * &
\end{array}
$$

Der dazugehörige Ableitungsgraph ist in Abb. 1.9 gegeben.

(2) Einheiten in Gruppen: Gegeben sei die Chomsky-Grammatik

G = ({a, b, **a**, **b**}, {e}, $\rightarrow$, e) .

Wir deuten {a, b, **a**, **b**, e} als Abelsche Gruppe. Wir deuten **a** als invers zu a und **b** als invers zu b. e steht für das neutrale Element. Die Ersetzungsrelation $\rightarrow$ sei durch folgende Regeln gegeben:

aa $\rightarrow$ e,	a**a** $\rightarrow$ e,
bb $\rightarrow$ e,	b**b** $\rightarrow$ e,
ea $\rightarrow$ ae,	ae $\rightarrow$ ea,
e**a** $\rightarrow$ **a**e,	**a**e $\rightarrow$ e**a**,
eb $\rightarrow$ be,	be $\rightarrow$ eb,
e**b** $\rightarrow$ **b**e,	**b**e $\rightarrow$ e**b**,
ab $\rightarrow$ ba,	ba $\rightarrow$ ab,
ba $\rightarrow$ a**b**,	a**b** $\rightarrow$ **b**a,
b**a** $\rightarrow$ **a**b,	**a**b $\rightarrow$ b**a**,
ba $\rightarrow$ **ab**,	**ab** $\rightarrow$ **ba**,
ee $\rightarrow$ e.	

Die ersten vier Regeln legen fest, daß a und **a** sowie b und **b** zueinander invers sind. Die darauffolgenden Regeln entspricht der Kommutativität. Die letzte Regel drückt aus, daß das neutrale Element e zu sich selbst invers ist.

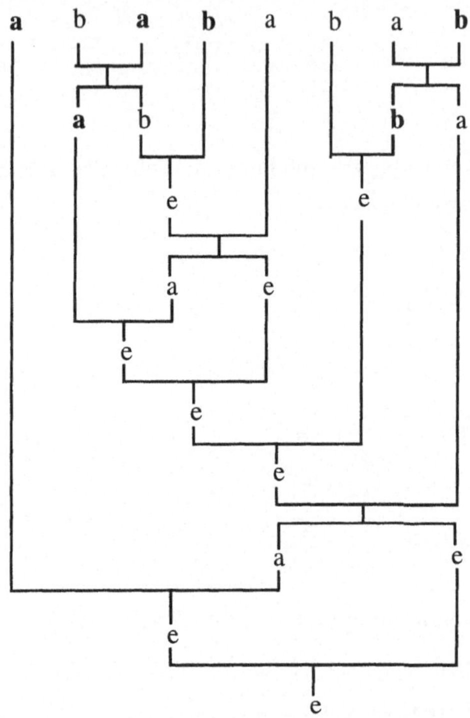

Abb. 1.10. Beispiel für Strukturgraph

Wir erhalten beispielsweise die folgende Ableitung

$\mathbf{a}\ \underline{b\ \mathbf{a}}\ \mathbf{b}\ a\ b\ a\ \mathbf{b} \quad \Rightarrow$

$\mathbf{a}\ \mathbf{a}\ \underline{b\ \mathbf{b}}\ a\ \underline{b\ \mathbf{b}}\ a \quad \Rightarrow$

$\mathbf{a}\ \mathbf{a}\ \underline{e\ a}\ e\ a \quad \Rightarrow$

$\mathbf{a}\ \underline{\mathbf{a}\ a}\ e\ e\ a \quad \Rightarrow$

$\mathbf{a}\ e\ \underline{e\ e}\ a \quad \Rightarrow$

$\mathbf{a}\ \underline{e\ e}\ a \quad \Rightarrow$

$\mathbf{a}\ \underline{e\ a} \quad \Rightarrow$

$\underline{\mathbf{a}\ a}\ e \quad \Rightarrow$

$\underline{e\ e} \quad \Rightarrow$

e

Dieser Ableitung entspricht der Strukturgraph in Abb. 1.10. ❑

Wie die Beispiele zeigen erhalten wir für Grammatiken im allgemeinen komplexe Ableitungsstrukturen für Wörter des Sprachschatzes mit überlappenden Anwendungsstellen. Läßt sich für jeden Ableitungsschritt i im Strukturgraph des Pfades

$$w^0 \Rightarrow \ldots \Rightarrow w^m$$

der Strukturgraph aus den Strukturgraphen von

$$v_k^1 \Rightarrow \ldots \Rightarrow v_k^m$$

zusammensetzen, wobei

$$w^i = z_0^i \, v_1^i \, z_1^i \ldots \, v_{n_i}^i \, z_{n_i}^i$$

dann sprechen wir auch von einem *Strukturbaum*. Für kontextfreie Grammatiken sind die Strukturgraphen stets Strukturbäume.

Besondere Bedeutung haben Strukturbäume für die Repräsentation der Ableitungen für Wörter kontextfreier Sprachen. Für eine kontextfreie Grammatik ist ein Strukturbaum, bzw. ein Ableitungsbaum, wie folgt festgelegt:

- die Wurzel w ist ein Terminal- oder Nichtterminalzeichen.
- die Unterbäume sind linear geordnet. Falls die Menge der Unterbäume nicht leer ist, gilt: Die Wurzeln der Unterbäume ergeben konkateniert (in der Reihenfolge der Ordnung) ein Wort v, so daß gilt:

  $$v \rightarrow \langle w \rangle$$

  Hierbei bezeichnet w die Wurzel des Baumes.

Die Blätter des Strukturbaumes konkateniert ergeben ein Wort. Der Strukturbaum stellt eine Ableitung (genauer, die Äquivalenzklasse strukturell äquivalenter Ableitungen) für dieses Wort dar.

Strukturgraphen sind ein Mittel, um die in diesem Abschnitt beschriebene Normalform der verzögerungsfreien parallelen Ableitung graphisch darzustellen. Ableitungen besitzen genau dann den gleichen Strukturgraph, wenn sie strukturell äquivalent sind.

Eine Grammatik heißt *eindeutig*, wenn für jedes Wort $w \in T^*$ mit

$$w \xrightarrow{*} Z$$

alle Ableitungen, die von w zur Wurzel Z führen, strukturell äquivalent sind.

Allen Ableitungen von Semi-Thue-Systemen lassen sich Strukturgraphen zuordnen, die die Ableitungsstruktur verdeutlichen. Beschränken wir uns auf den Fall der Chomsky-2-Grammatiken, so läßt sich die Struktur der Ableitungen durch Ableitungs- oder Zerteilbäume darstellen.

Für die Wörter einer Chomsky-2-Grammatik $G = (T, N, \rightarrow, Z)$ legen wir Ableitungsbäume induktiv wie folgt fest. Ein Ableitungsbaum enthält in den Blättern nur Terminalzeichen und im Inneren nur Nichtterminalzeichen.

(1) Ist

$$a_1 \ldots a_n \rightarrow b \qquad \text{mit } a_1, \ldots, a_n \in T, b \in N$$

eine Regel, so ist der Strukturbaum in Abb. 1.11 der Ableitungsbaum mit Wurzel b für das Wort $\langle a_1 \ldots a_n \rangle$.

(2) Ist

$$a_1 \dots a_n \to b \qquad \text{mit } a_1, \dots, a_n \in T \cup N,\ b \in N$$

eine Regel in $\to$ und sind für alle $a_i \in N$ Ableitungsbäume t_i gegeben mit Wurzel a_i für die Wörter w_i, so ist der Strukturbaum in Abb. 1.12 ein Ableitungsbaum für das Wort $w_1 \circ \dots \circ w_n$ mit Wurzel b, wobei $w_i = \langle a_i \rangle$.

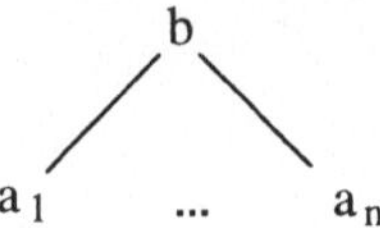

Abb. 1.11. Ableitungsbaum des Wortes $\langle a_1 \dots a_n \rangle$

Eine Chomsky-2-Grammatik heißt *eindeutig*, wenn für jedes auf das Axiom reduzierbare Wort genau ein Strukturbaum (Ableitungsbaum) existiert.

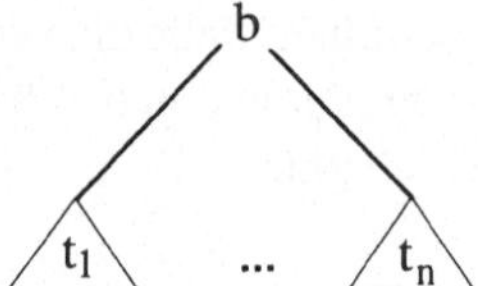

Abb. 1.12. Ableitungsbaum

Beispiel (Strukturbäume und Eindeutigkeit von Grammatiken).

(1) Die Grammatik

$$(\{a, +\}, \{Z\}, \{a \to Z, Z{+}Z \to Z\}, Z)$$

ist nicht eindeutig (obwohl die Reduktionsrelation konfluent ist). Dies zeigt das in Abb. 1.13 gegebene Beispiel.

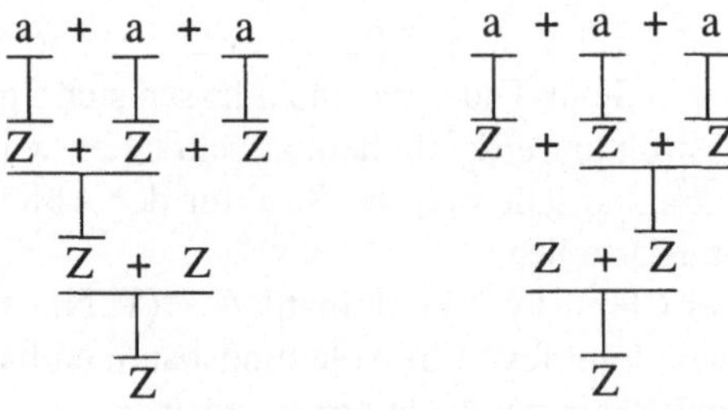

Abb. 1.13. Zwei unterschiedliche Strukturbäume für das Wort ‹a+a+a›

(2) Gegeben sei die Grammatik

$$G = (\{a, +\}, \{Z\}, \{Z{+}a \to Z, a \to Z\}, Z)$$

Wir erhalten den Ableitungsbaum in Abb. 1.14 für das Wort ‹a+a+a›. Die Grammatik G ist eindeutig. ❑

Die Aufgabe, zu einem gegebenen Wort w mit

$$w \overset{*}{\Rightarrow} Z$$

den Strukturgraph oder Strukturbaum zu finden, heißt *Zerteilungsproblem* (vergleiche die Behandlung des Parsers für Interpretierer und Übersetzer in Teil III).

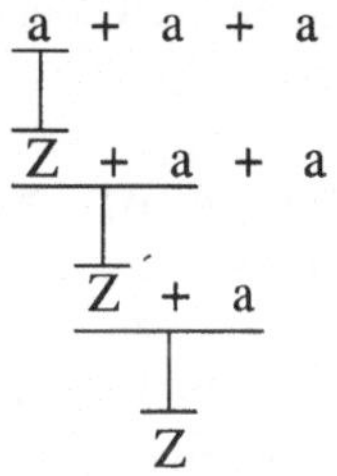

```
a + a + a
|
Z + a + a
  |
  Z + a
    |
    Z
```

Abb. 1.14. Ableitungsbaum für das Wort ‹a+a+a›

Die Eindeutigkeit der Grammatik und damit der Zerteilbäume der Wörter des Sprachschatzes ist essentiell, da der Zerteilbaum bei der Interpretation oder der Übersetzung zur Festlegung der Semantik dient.

1.2.4 Sackgassen und unendliche Ableitungspfade

Für eine reduktive Chomsky-2-Grammatik $G = (T, N, \rightarrow, Z)$ induziert die Relation $\rightarrow$ eine Relation $\Rightarrow$ auf $(T \cup N)^*$. Ein Wort $w \in (T \cup N)^*$ heißt *reduzierbar* (oder von G akzeptiert), wenn

$$w \overset{*}{\Rightarrow} \langle Z \rangle .$$

Wollen wir effektiv entscheiden (d.h. einen Algorithmus angeben, der die Frage beantwortet), ob ein Wort w auf das Axiom Z reduzierbar ist, so brauchen wir lediglich nach einem Pfad in der Relation $\Rightarrow$ suchen, der vom Wort w auf das Axiom Z führt. Dazu suchen wir Wörter $w_i \in (T \cup N)^*$

$$w \Rightarrow w_1 \Rightarrow \ldots \Rightarrow w_n \Rightarrow \langle Z \rangle .$$

Ein naheliegendes Verfahren zu entscheiden, ob ein gegebenes Wort im Sprachschatz liegt, ist, vom gegebenen Wort w auszugehen und einen zufällig gewählten Pfad in der Relation $\Rightarrow$ zu durchlaufen. Aber nicht jeder Pfad führt notwendigerweise auf das Axiom ‹Z›, selbst wenn das Wort w im Sprachschatz liegt. Ob die Wahl eines Pfades zufällig erfolgen kann, um festzustellen, ob ein Wort im Sprachschatz ist, hängt von folgenden zwei Fragen ab:

(1) Existieren unendliche Reduktionen?
(2) Existieren Sackgassen?

Die Reduktionsrelation $\Rightarrow$ kann für ein Wort w im Sprachschatz zu einem nicht auf das Axiom Z reduzierbaren Wort führen. Dann gilt für das Wort v, obwohl $w \overset{*}{\Rightarrow} \langle Z \rangle$ gilt:

$$w \overset{*}{\Rightarrow} v \wedge \neg(v \overset{*}{\Rightarrow} \langle Z \rangle) .$$

Für das Wort v unterscheiden wir zwei Fälle. Das Wort v kann *maximal* (irreduzibles) bezüglich $\Rightarrow$ sein oder zumindest nach endlich vielen Schritten auf ein irreduzibles Wort führen. Es können für das Wort v aber auch unendliche Reduktionspfade existieren. Ein unendlicher Reduktionspfad, ausgehend von dem Wort v, hat die Gestalt:

$$v \Rightarrow v_1 \Rightarrow \ldots \Rightarrow v_i \Rightarrow \ldots$$

In beiden Fällen sprechen wir von *Sackgassen*, und zwar im ersten Fall von *endlichen* und im zweiten Fall von *unendlichen Sackgassen.*

Aus der Existenz einer Sackgasse können wir aber nicht schließen, daß das Wort w nicht durch die Wahl eines anderen Pfades auf das Axiom Z reduzierbar ist. Nur wenn alle Reduktionspfade ausgehend von dem Wort w Sackgassen sind, können wir sicher sein, daß das gegebene Wort w nicht auf das Axiom Z reduzierbar ist und somit nicht zum Sprachschatz der Grammatik gehört.

Sackgassen sind unangenehm, wenn wir durch Reduktion überprüfen wollen, ob ein gegebenes Wort auf das Axiom reduzierbar ist. Um Sackgassen zu entschärfen, können wir bei der Zerteilung oder Reduktion nebeneinander alle Reduktionspfade verfolgen. Sobald einer auf das Axiom Z führt, ist die Frage, ob das Wort w auf das Axiom Z reduzierbar ist, positiv entschieden. Ist w nicht im Sprachschatz und existieren unendliche Sackgassen, so kann (durch einen Algorithmus) in endlicher Zeit im allgemeinen nicht festgestellt werden, daß w nicht auf das Axiom reduzierbar ist. Für wortlängenmonotone Grammatiken lassen sich jedoch alle fraglichen Ableitungen absuchen, da keine Wörter betrachtet zu werden brauchen, die länger als das gegebene Wort sind, und die Menge dieser Wörter endlich ist. Dies liefert einen Algorithmus zur Entscheidung, ob ein Wort im Sprachschatz einer Grammatik ist.

Ist die Reduktionsrelation $\Rightarrow$ konfluent, so ist garantiert, daß für alle Wörter im Sprachschatz keine Sackgassen existieren. In bestimmten Fällen können wir Sackgassen durch geeignete Kontextbedingungen für das Anwenden von Regeln vermeiden („Abschneiden von Sackgassen“). Dabei wird die Auswahl der angewendeten Regel über die Betrachtung der umgebenden Wortteile so gesteuert, daß Sackgassen vermieden werden. Man beachte, daß unendliche Pfade existieren können, die keine Sackgassen sind, wenn die Relation nicht-Noethersch ist. Dies kann beispielsweise bei zyklischen Reduktionsrelationen vorkommen.

Beispiel (Sackgasse – Fortsetzung aus dem vorangegangenen Abschnitt). Die in (2) angegebene Grammatik G ist nicht sackgassenfrei, da folgende Reduktion existiert:

$$a+a+a \overset{*}{\Rightarrow} Z+Z+Z$$

Das Wort $\langle Z+Z+Z \rangle$ ist irreduzibel und stellt somit eine Sackgasse dar. ❑

Wir sind an sackgassenfreien, eindeutigen Grammatiken mit Noetherscher Ableitungsrelation interessiert, da dann das einfache Verfolgen eines beliebigen Pfades auf die Beantwortung der Frage führt, ob ein gegebenes Wort im Sprachschatz liegt und einen eindeutigen Ableitungsbaum ergibt.

Beispiel (Arithmetische Ausdrücke über +, * und {a, …, z} mit Axiom ‹exp›). Eine Grammatik G für die Beschreibung der formalen Sprache der arithmetischen Ausdrücke mit den Operationen + und * hat die Form

T = { a, ..., z, +, *, (,) },

N = {‹term›, ‹exp›} .

Die Produktionen der Grammatik sind durch folgende Regeln gegeben:

a → ‹term›
...
z → ‹term›
‹term›*‹term› → ‹term›
‹exp›+‹term› → ‹exp›
‹term› → ‹exp›
(‹exp›) → ‹term›

Als Axiom verwenden wir das nichtterminale Symbol ‹exp›.

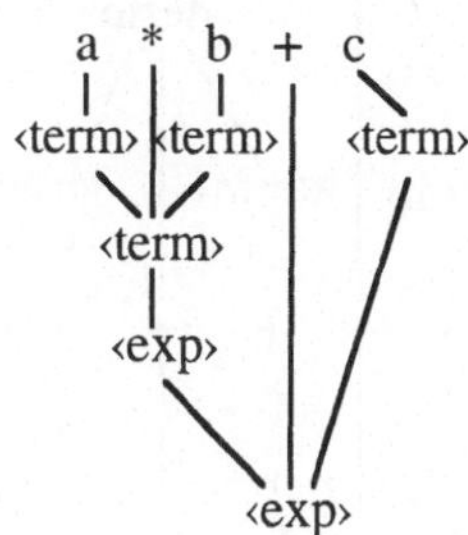

Abb. 1.15. Ableitungsbaum für das Wort ‹a*b+c›

Die Grammatik enthält Sackgassen. Das Wort ‹a*b+c› liegt im Sprachschatz, wie aus dem Ableitungsbaum in Abb. 1.15 hervorgeht. Für dieses Wort existiert jedoch auch eine Sackgasse (Abb. 1.16).

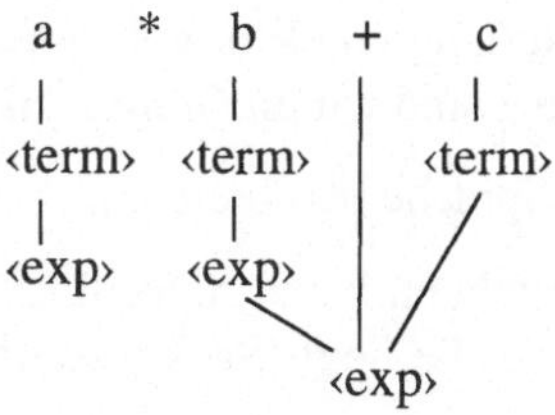

Abb. 1.16. Sackgasse für das Wort ‹a*b+c›

Die Grammatik enthält aber keine unendlichen Reduktionen. Die Reduktionen sind nicht eindeutig, wie Abb. 1.17 an einem Beispiel verdeutlicht.

Eine eindeutige Grammatik für arithmetische Ausdrücke erhalten wir, indem wir weitere Nichtterminale einführen:

N = {‹factor›, ‹term›, ‹aexp›, ‹exp›} .

Wir verwenden die Produktionsregeln

a → ‹factor›
. . .
z → ‹factor›
‹factor› * ‹term› → ‹term›
‹term›+‹aexp› → ‹aexp›
‹factor› → ‹term›
‹term› → ‹aexp›
‹aexp› → ‹exp›
(‹exp›) → ‹factor›

Diese Grammatik ist jedoch auch nicht sackgassenfrei. ❑

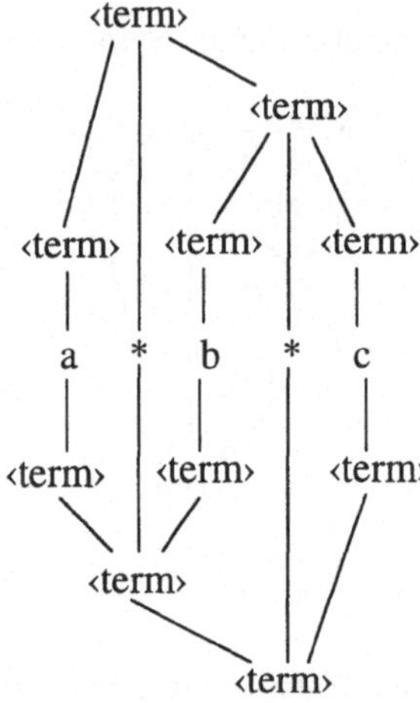

Abb. 1.17. Zwei unterschiedliche Ableitungsbäume der Grammatik G für das Wort ‹a*b*c›

Im Zusammenhang mit der Zerteilung von Wörtern formaler Sprachen, die die Syntax von Programmiersprachen bilden, sind wir an Grammatiken interessiert, die

(1) die entsprechende formale Sprache beschreiben,

(2) durch die Struktur ihrer Regeln einfache Algorithmen vorgeben, um zu entscheiden, ob ein Wort in der Sprache liegt (Sackgassenfreiheit, beschränkte Reduktionspfade),

(3) eindeutige Ableitungsbäume festlegen.

Die Zielvorgabe (3) können wir für nichteindeutige Grammatiken auch dadurch erreichen, daß wir in der Menge der Reduktionen jeweils eine auszeichnen.

Ist eine Grammatik eindeutig, so heißt das nicht, daß für ein Wort w im Sprachschatz nur eine Reduktion existiert. Aus der Eindeutigkeit folgt lediglich, daß alle Ableitungen, die ein Wort w auf die Wurzel Z reduzieren, strukturell äquivalent sind.

Grammatiken mit Sackgassen sind für uns akzeptabel, wenn wir durch Zusatzinformationen die Wahl eines Reduktionspfades effizient so steuern können, daß Sackgassen vermieden werden.

Die Struktur einer Reduktion und die dadurch bestimmte Form des Ableitungsbaums einer Chomsky-2-Grammatik hängt entscheidend von der Wahl der Ableitungsregeln und der Anwendungsstelle im jeweiligen Reduktionsschritt ab. Eine einfache Strategie zur Wahl der Reduktionsstelle erhalten wir wie folgt. Eine sequentielle Ableitung

$$t_1 \Rightarrow t_2 \ldots \Rightarrow t_n$$

heißt *Linksableitung* oder *Linksreduktion*, und wir schreiben

$$t_1 \overset{*}{\Rightarrow}_L t_n ,$$

wenn für jede Anwendung einer Regel $w \rightarrow a$ auf Wörter

$$t_i = u \circ w \circ v, \; t_{i+1} = u \circ a \circ v$$

gilt: Auf jedes echte Präfix von $u \circ w$ läßt sich keine Reduktionsregel anwenden. Analog definieren wir Rechtsableitungen. Man beachte jedoch, daß nicht jede Reduktion als Linksableitung geschrieben werden kann.

Beispiel (Linksableitung). Wir betrachten eine Grammatik mit folgenden Reduktionsregeln:

$$a \rightarrow c$$

$$ac \rightarrow c$$

Die Reduktion

$$aa \Rightarrow ca \Rightarrow cc$$

ist die einzige Linksableitung für das Wort aa. Zur Reduktion

$$aa \rightarrow ac \rightarrow c$$

existiert keine strukturell äquivalente Linksableitung. ❑

Jede Linksableitung ist auch Linksnormalform, die Umkehrung gilt jedoch nicht.

Existieren Sackgassen, so führt eine Linksreduktion unter Umständen in eine solche und somit nie auf das Axiom.

Beispiel (Linksreduktion als Sackgasse). Für die Grammatik

$$(\{a, +\}, \{Z\}, \{a \rightarrow Z, a{+}Z \rightarrow Z\}, Z)$$

gilt: Das Wort

$$a{+}a{+}a$$

besitzt die Linksreduktion

$$a{+}a{+}a \rightarrow Z{+}a{+}a \rightarrow Z{+}Z{+}a \rightarrow Z{+}Z{+}Z ,$$

die in eine Sackgasse führt. ❑

Zum Ausschluß von Linksreduktionen, die in Sackgassen führen, stützen wir uns auf das Konzept der *akzeptierenden Linksreduktion*. Sei die Grammatik G = (T, N, →, Z) und das Wort $w \in N^*$ gegeben mit

$$w \overset{*}{\rightarrow} \langle Z \rangle .$$

Eine Reduktion

$$t_0 \rightarrow \dots \rightarrow t_i \rightarrow \dots \rightarrow \langle Z \rangle$$

heißt *akzeptierende Linksreduktion* für t_0, wenn für alle Reduktionsschritte i (unter Anwendung einer Regel w → a) mit Wörtern

$$t_i = u \circ w \circ v \wedge t_{i+1} = u \circ a \circ v$$

für jedes echte Präfix $\overline{u}$ des Wortes u und jede Regel $\overline{w} \rightarrow \overline{a}$ mit $t_i = \overline{u} \circ \overline{w} \circ \overline{v}$ die folgende Aussage gilt:

$$\neg\ (\overline{u} \circ \overline{w} \circ \overline{v} \overset{*}{\rightarrow} \langle Z \rangle)$$

Das besagt, daß jede Anwendung einer Regel links von der Regelanwendungsstelle in eine Sackgasse führt. Gilt

$$t \overset{*}{\rightarrow} w$$

für eine akzeptierende Linksreduktion, so schreiben wir auch

$$t \overset{*}{\rightarrow}_{AL} w .$$

Beispiel (Fortsetzung). Für das obige Beispiel ist die akzeptierende Linksreduktion gegeben durch

$$a+a+a \rightarrow a+a+Z \rightarrow a+Z \rightarrow Z .$$

Diese Reduktion ist auch Linksnormalform. ❑

Für nichteindeutige Grammatiken können wir mit Hilfe der akzeptierenden Linksreduktion für jedes Wort einen Strukturbaum in eindeutiger Weise auszeichnen.

Für bestimmte kontextfreie Grammatiken versuchen wir, die Regelanwendung über Kontextbetrachtungen zu steuern, um akzeptierende Linksreduktionen zu finden. Wir kommen darauf in Abschnitt 1.4.4 zurück.

1.3 Chomsky-3-Sprachen und endliche Automaten

Formale Sprachen, die durch Chomsky-3-Grammatiken akzeptiert werden, können stets durch jedes der folgenden drei Beschreibungsmittel dargestellt werden:

- reguläre Ausdrücke,
- endliche Automaten,
- Chomsky-3-Grammatiken.

Diese Beschreibungsmittel haben die gleiche Mächtigkeit. Jede formale Sprache, die sich durch eines dieser Beschreibungsmittel darstellen läßt, kann auch durch die anderen Darstellungen beschrieben werden. Alle diese Beschreibungsformen charakterisieren die Klasse der Chomsky-3-Sprachen. Wir sprechen auch von *regulären Sprachen*.

1.3.1 Reguläre Ausdrücke

Reguläre Ausdrücke bilden einen Formalismus zur Beschreibung formaler Sprachen. Wir haben reguläre Ausdrücke bereits im Zusammenhang mit der BNF-Notation in Teil I und im Zusammenhang mit der lexikalischen Analyse in Teil III kennengelernt.

Sei T eine endliche Menge von Zeichen. Ein *regulärer Ausdruck* beschreibt eine formale Sprache über der Zeichenmenge T und damit eine Menge $L \subseteq T^*$. Die Sprache der regulären Ausdrücke (RA) ist induktiv durch folgende Regeln festgelegt:

(1) Einfache reguläre Ausdrücke:

Jedes Zeichen $x \in T$	ist ein RA mit der Sprache	$\{\langle x \rangle\}$,
ε	ist ein RA mit der Sprache	$\{\varepsilon\}$,
$\{\}$	ist ein RA mit der Sprache	$\emptyset$.

(2) Zusammengesetzte reguläre Ausdrücke: Sind X und Y RA mit Sprachen L_X und L_Y, dann gilt

[X|Y]	ist ein RA mit der Sprache	$L_X \cup L_Y$,
[XY]	ist ein RA mit der Sprache	$\{x \circ y, x \in L_X \wedge y \in L_Y\}$,
X^*	ist ein RA mit der Sprache	$\{x_1 \circ \ldots \circ x_n: n \in \mathbb{N} \wedge x_1, \ldots, x_n \in L_X\}$.

Die Sprache der regulären Ausdrücke wird auch in der BNF-Schreibweise eingesetzt. Häufig werden die Klammern „[“, „]“ weggelassen, wenn dadurch keine Mehrdeutigkeiten entstehen.

Beispiel (Reguläre Ausdrücke). Drei Beispiele für reguläre Ausdrücke:

$[ab]^*$

$a[ba]^*$

$[+|-|\varepsilon][[[1|\ldots|9][0|\ldots|9]^*]|0]$

Der erste Ausdruck beschreibt die Menge der Wörter, die aus endlich vielen Wiederholungen der Zeichen a und b bestehen. Der zweite Ausdruck beschreibt die Menge aller Wörter, die wir erhalten, wenn wir den Wörtern der Sprache für den ersten Ausdruck das Zeichen a am Ende anfügen. Der dritte Ausdruck beschreibt die Dezimalschreibweise für ganze Zahlen. ❑

Zwei reguläre Ausdrücke heißen *äquivalent*, wenn sie die gleiche formale Sprache beschreiben.

Beispiel (Äquivalenz regulärer Ausdrücke). Die folgenden regulären Ausdrücke sind äquivalent:

$[ab]^*a$

$a[ba]^*$

Der Nachweis der Äquivalenz kann durch Induktion über die Länge der betrachteten Wörter erfolgen. ❑

Die Äquivalenz regulärer Ausdrücke läßt sich über algebraische Gesetze ausdrücken. Beispielsweise gelten für reguläre Ausdrücke X, Y, Z folgende Gesetze:

$$[[X|Y]|Z] = [X|[Y|Z]],$$
$$[[XY]Z] = [X[YZ]],$$
$$X|Y = Y|X,$$
$$[X|Y]Z = XZ|YZ,$$
$$Z[X|Y] = ZX|ZY,$$
$$\{\}^* = \varepsilon,$$
$$X\varepsilon = X,$$
$$X\{\} = \{\},$$
$$X^* = XX^*|\varepsilon,$$
$$X^* = [X|\varepsilon]^* .$$

Diese Gesetze lassen sich mit Hilfe obiger Definitionen beweisen. Durch die Gesetze können wir die Äquivalenz regulärer Ausdrücke zeigen. Diese Menge von Gesetzen ist sogar vollständig in dem Sinn, daß wir mit ihrer Hilfe für äquivalente reguläre Ausdrücke stets deren Äquivalenz zeigen können. Dazu sind jedoch zwei weitere spezielle Schlußregeln erforderlich, die Ersetzungsregel und die Gleichungsauflösungsregel (vgl. BRAUER 84), auf die wir hier nicht weiter eingehen.

1.3.2 Endliche Automaten

Reguläre Sprachen lassen sich auch durch endliche Automaten beschreiben. Beispiele dafür haben wir bereits im Zusammenhang mit der lexikalischen Analyse in Teil III kennengelernt. Endliche Automaten haben wir auch als Modelle für Schaltwerke in Teil II verwendet.

Endliche Automaten sind ein sehr einfaches Modell für informationsverarbeitende Maschinen. Ein *endlicher Automat* $A = (S, T, s_0, S_z, \delta)$ ist gegeben durch die folgenden Bestandteile:

- eine endliche Menge S von Zuständen,
- eine endliche Menge T von Eingangszeichen,
- ein Anfangszustand $s_0 \in S$,
- eine Menge $S_z \subseteq S$ von Endzuständen,
- eine Übergangsfunktion (bzw. -relation) $\delta: S \times (T \cup \{\varepsilon\}) \rightarrow \wp(S)$.

Sind die Werte der Übergangsfunktion höchstens einelementig und gilt die Aussage

$$\delta(s, \varepsilon) \subseteq \{s\}$$

für alle $s \in S$, so heißt der Automat *deterministisch*, sonst *nichtdeterministisch*. Ist $\delta(s, a)$ für alle $a \in T$ stets verschieden von der leeren Menge, so heißt der Automat *total*, sonst *partiell*.

Ein endlicher Automat läßt sich einfach durch einen durch Teilmengen aus T kantenmarkierten Graphen über der Menge der Zustände darstellen. Es existiert eine Kante vom Zustand s_1 zum Zustand s_2, falls gilt

$$\exists\, a \in T \cup \{\varepsilon\}: s_2 \in \delta(s_1, a)\,.$$

Dann wird die Kante mit der Menge

$$\{a \in T \cup \{\varepsilon\}: s_2 \in \delta(s_1, a)\}$$

markiert. Diese Graphen nennen wir *Transitionsgraphen* oder auch *Zustandsübergangsgraphen.*

Beispiel (Endlicher Automat). Wir führen einen deterministischen endlichen Automaten durch Angabe seiner Bestandteile ein:

Zustandsmenge	$S = \{s_0, s_1, s_f\}$,
Eingangszeichen	$T = \{a, b\}$,
Anfangszustand	s_0,
Endzustände	$S_z = \{s_1\}$.

Die Übergangsfunktion wird durch die Tabelle 1.2 beschrieben.

Tabelle 1.2. Übergangstabelle für einen Zustandsautomaten

	a	b
s_0	s_1	s_f
s_1	s_f	s_0
s_f	s_f	s_f

Diese Information können wir auch durch die graphische Darstellung des Automaten in Abb. 1.18 wiedergeben.

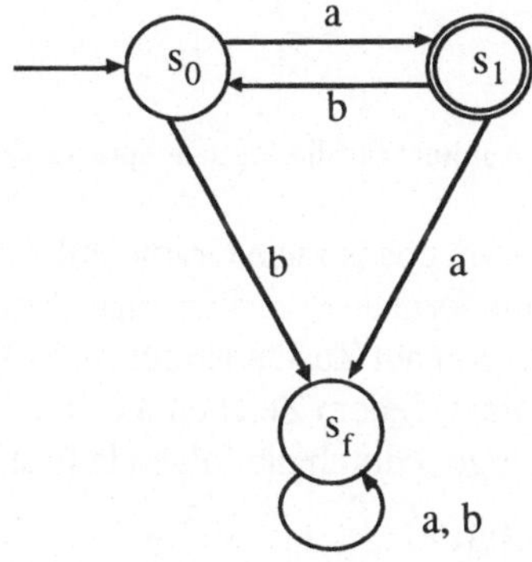

Abb. 1.18. Übergangsgraph eines endlichen Automaten

Aus diesem Transitionsgraph können wir die Bestandteile des Automaten ablesen. Wir kennzeichnen den Anfangszustand mit einem unmarkierten Pfeil ohne Quelle und Endzustände durch doppelte Kreise. ❑

Gilt für einen Zustand $s_f \in S$:

$$\forall\, t \in T \cup \{\varepsilon\}: \delta(s_f, t) \subseteq \{s_f\},$$

so heißt s_f *Fangzustand.*

Partielle Automaten lassen sich durch Einführen von *Fangzuständen* in totale Automaten verwandeln („totalisieren").

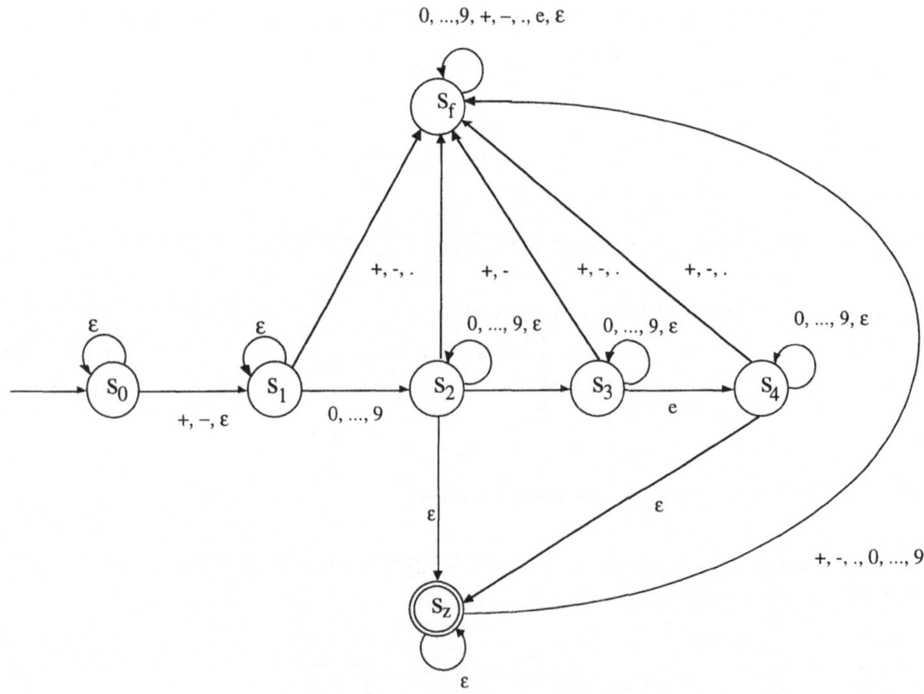

Abb. 1.19. Endlicher Automat für die formale Sprache der Gleitpunktzahlen

Endliche Automaten beschreiben ebenso wie Grammatiken formale Sprachen. Um einem endlichen Automaten eine formale Sprachen zuzuordnen, erweitern wir die Übergangsfunktion δ zu einer Relation auf Zuständen für jedes Wort aus T^*.

Sei A ein endlicher Automat. Jedem Zeichen $a \in T \cup \{\varepsilon\}$ ordnen wir eine Relation $\xrightarrow{a}$ auf der Zustandsmenge S durch die folgende Festlegung zu:

$$s_1 \xrightarrow{a} s_2\,, \text{ falls } s_2 \in \delta(s_1, a).$$

Ähnlich ordnen wir durch folgende Festlegung jedem Wort $w \in T^*$ eine Relation $\xrightarrow{w}^*$ auf der Zustandsmenge S zu:

$$\xrightarrow{\varepsilon}^* = (\xrightarrow{\varepsilon})^*$$

$$\xrightarrow{\langle a \rangle}^* = (\xrightarrow{\varepsilon})^* \circ \xrightarrow{a} \circ (\xrightarrow{\varepsilon})^*$$

$$\xrightarrow{w_1 \circ w_2}{}^* = \xrightarrow{w_1}{}^* \circ \xrightarrow{w_2}{}^*$$

Häufig schreiben wir

$$\delta^*(s_1, w)$$

für die Menge

$$\{s_2 \in S: s_1 \xrightarrow{w}{}^* s_2\} .$$

Die durch einen Automaten A akzeptierte Sprache L(A) ist durch folgende Festlegung gegeben

$$L(A) =_{def} \{w \in T^*: \exists\, z \in S_z: s_0 \xrightarrow{w}{}^* z\} .$$

Beispiel (Ein endlicher Automat für die Sprache der Gleitpunktzahlen). Wir betrachten die Menge

$$T = \{0, ..., 9, +, -, .\}$$

der Terminalzeichen und die Menge der akzeptierenden Zustände $\{s_z\}$. Abb. 1.19 gibt einen Übergangsautomaten für die formale Sprache der Gleitpunktzahlen an. ❑

Wir wenden uns nun der Frage zu, wie reguläre Sprachen, dargestellt durch Automaten, Grammatiken oder reguläre Ausdrücke, jeweils in eine der anderen Darstellungsformen übergeführt werden können. Wir geben eine Reihe von Konstruktionen für entsprechende Umformungen an. Dadurch beweisen wir die Gleichmächtigkeit der entsprechenden Beschreibungsmittel.

1.3.3 Äquivalenz der Darstellungsformen

Ein Übergang der Form

$$s_1 \xrightarrow{\varepsilon} s_2$$

heißt *ε-Übergang (spontaner Übergang, ε-Kante).*

Wir nennen die ε-Übergänge eines Automaten für einen Zustand s *trivial*, wenn gilt

$$\delta(s, \varepsilon) \subseteq \{s\} .$$

Sind für alle Zustände eines Automaten die ε-Übergänge trivial, so heißt der Automat *ε-frei*. Häufig lassen wir in Übergangsdiagrammen für endliche Automaten triviale ε-Übergänge der Form

$$s \xrightarrow{\varepsilon} s$$

weg. Wir können zu jedem endlichen Automaten einen ε-freien Automaten angeben, der die gleiche formale Sprache akzeptiert. Dies zeigt der folgende Satz.

Satz: Zu jedem endlichen Automaten existiert ein (nichtdeterministischer) ε-freier endlicher Automat, der die gleiche formale Sprache akzeptiert.

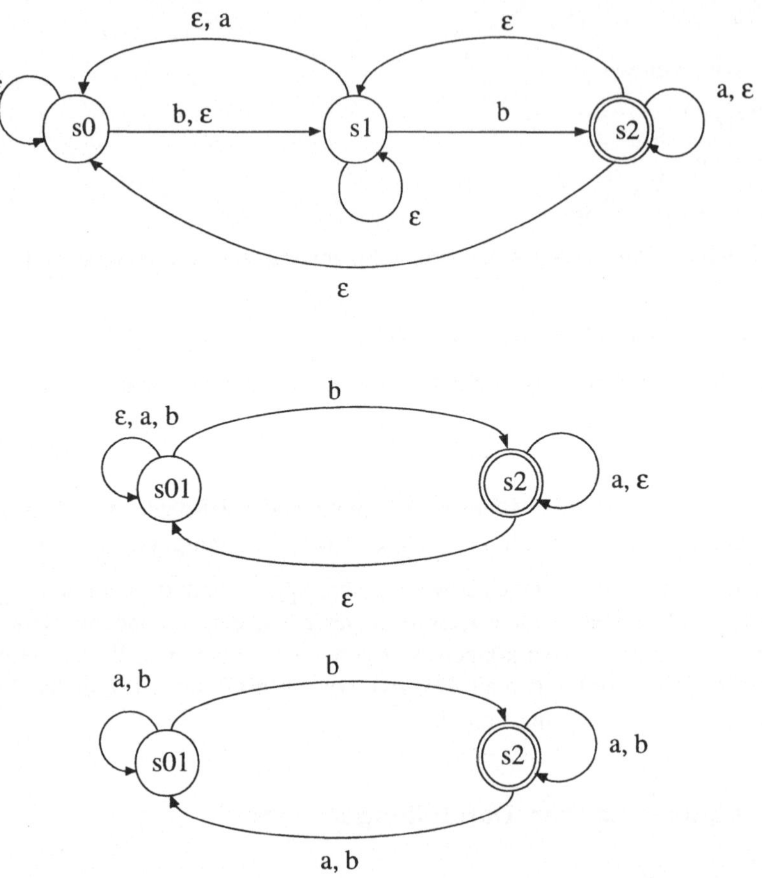

Abb. 1.20. Schrittweiser Übergang zu einem ε-freien Automaten

Beweisidee: Wir konstruieren einen ε-freien endlichen Automaten mit gleichem Sprachschatz, indem wir ε-Übergänge durch folgende Schritte eliminieren:

(1) Zusammenfassen von Knoten (Zuständen) auf $\xrightarrow{\varepsilon}{}^*$-Zyklen zu Äquivalenzklassen,

(2) Weglassen von ε-Schlingen,

(3) Durchschalten von ε-Übergängen. Nach Schritt (1) und (2) existieren keine zyklischen Pfade mehr, die nur mit ε-Kanten markiert sind. Es existiert dann ein Knoten k, von dem keine ε-Kanten ausgehen. ε-Kanten, die von einem Knoten j zu einem Knoten k führen, von dem keine ε-Kanten ausgehen, werden ersetzt durch die Menge von Kanten, die sich aus den von k ausgehenden Kanten ergeben. Für jede der Kanten, die von k mit Ziel s und Markierung a ausgeht, wird eine Kante von j zum Zielpunkt s eingeführt mit der Markierung a. Ist k Endzustand, so wird j auch Endzustand. Auf diese Weise lassen sich nacheinander alle ε-Kanten eliminieren. □

Wir demonstrieren die Beweisidee an einem Beispiel.

Beispiel (Übergang zu einem ε-freien Automaten). Die drei Übergangsgraphen in Abb. 1.20 erläutern die Übergangsschritte. ❑

Auch der Nichtdeterminismus in einem endlichen Automaten kann beseitigt werden, wie der folgende Satz belegt.

Satz: Zu jedem (ε-freien) nichtdeterministischen endlichen Automaten existiert ein (ε-freier) deterministischer endlicher Automat, der den gleichen Sprachschatz akzeptiert.

Beweisidee (Teilmengenkonstruktion): Wir konstruieren einen deterministischen Automaten aus einem gegebenen, nichtdeterministischen Automaten.

Gegeben ein ε-übergangsfreier Automat:

$$A = (S, T, s_0, S_z, \delta) .$$

Wir konstruieren einen Automaten

$$\bar{A} = (\bar{S}, T, \bar{s}_0, \bar{S}_z, \bar{\delta})$$

mit den Bestandteilen

$$\bar{S} = \{Q: Q \subseteq S\},$$

$$\bar{s}_0 = \{s_0\},$$

$$\bar{S}_z = \{Q \in \bar{S}: Q \cap S_z \neq \emptyset\},$$

$$\bar{\delta}(Q, a) = \bigcup_{s \in Q} \delta(s, a) .$$

Die Zustände des Automaten $\bar{A}$ sind alle Teilmengen der Zustandsmenge des Automaten A. Um die Äquivalenz des konstruierten Automaten zum gegebenen Automaten zu beweisen, ist zu zeigen

$$L(A) = L(\bar{A}).$$

Dazu führen wir Abbildungen

$$\tilde{L}: S \to T^*,$$

$$\bar{L}: \bar{S} \to T^*$$

ein, die gegeben sind durch folgende Festlegung:

$$\tilde{L}(s) = L(\tilde{A}) \quad \text{mit} \quad \tilde{A} = (S, T, s, S_z, \delta),$$

$$\bar{L}(Q) = L(\bar{\bar{A}}) \quad \text{mit} \quad \bar{\bar{A}} = (\bar{S}, T, Q, \bar{S}_z, \bar{\delta}) .$$

Wir zeigen

$$\bar{L}(Q) = \bigcup_{s \in Q} \tilde{L}(s)$$

durch Induktion über die Länge der abgeleiteten Wörter w. Genauer gesagt, zeigen wir

$$w \in \bar{L}(Q) \Leftrightarrow w \in \bigcup_{s \in Q} \tilde{L}(s)$$

durch Induktion über die Länge des Wortes w. Für w = ε ist die Behauptung trivial:

$$\varepsilon \in \bar{L}(Q) \Leftrightarrow \exists\, s \in Q: \varepsilon \in \tilde{L}(s) .$$

Gelte die Behauptung für Wörter w mit $|w| \leq n$. Gilt

$$\langle a \rangle \circ w \in \bar{L}(Q) ,$$

dann existiert ein Zustand $s \in Q$ und ein Zustand $\bar{s} \in \delta(s, a)$ mit $w \in \tilde{L}(\bar{s})$.

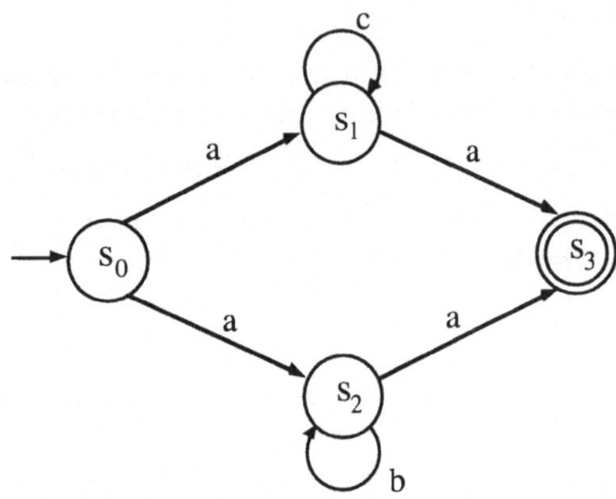

Abb. 1.21. Nichtdeterministischer Automat

Nach Definition von $\tilde{L}(s)$ gilt dann:

$$\langle a \rangle \circ w \in \tilde{L}(s)$$

und somit

$$\langle a \rangle \circ w \in \bigcup_{s \in Q} \tilde{L}(s) .$$

Gilt

$$\langle a \rangle \circ w \in \bigcup_{s \in Q} \tilde{L}(s) ,$$

dann existiert ein Zustand $s \in Q$ mit $\langle a \rangle \circ w \in \tilde{L}(s)$. Ferner existiert ein Zustand $\bar{s}$ mit $\bar{s} \in \delta(s, a)$ und $w \in \tilde{L}(\bar{s})$. Sei $\bar{Q} = \bar{\delta}(\{s\}, a)$. Es gilt $\bar{s} \in \bar{Q}$. Somit gilt auch

$$w \in \bigcup_{s \in \bar{Q}} \tilde{L}(s) .$$

Nach Induktionsvoraussetzung gilt dann

$$w \in \bar{L}(\bar{Q}) .$$

Somit existiert ein $\bar{s} \in \bar{Q}$ mit $w \in \tilde{L}(\bar{s})$ und $\bar{s} \in \delta(s, a)$. Daraus folgt

$$\langle a \rangle \circ w \in \tilde{L}(s) .$$ ❑

Beispiel (Übergang von nichtdeterministischen zu deterministischen Automaten). Der nichtdeterministische Automat in Abb. 1.21 wird durch die Teilmengenkonstruktion in den deterministischen Automaten in Abb. 1.22 umgewandelt. Dabei sind in dem durch die Teilmengenkonstruktion entstehenden deterministischen Automaten nur die vom Anfangszustand erreichbaren Zustandsmengen eingetragen. ❑

Endliche Automaten sind besonders hilfreich bei der Beschreibung und der Implementierung der Vorgruppierungsabbildungen bei der syntaktischen Behandlung von

Programmiersprachen (lexikalische Analyse, vgl. Teil III). Sie werden auch zur Beschreibung und Analyse zustandsendlicher, interaktiver Systeme eingesetzt (vergleiche Zustandsübergangssysteme in Teil III).

1.3.4 Reguläre Ausdrücke, endliche Automaten und Chomsky-3-Sprachen

Endliche Automaten, Chomsky-3-Grammatiken und reguläre Ausdrücke sind Techniken zur Beschreibung formaler Sprachen. Jede Sprache, die durch einen endlichen Automaten dargestellt ist, kann auch durch eine Chomsky-3-Grammatik oder einen regulären Ausdruck dargestellt werden und umgekehrt. Wir sagen deshalb, daß die drei Beschreibungstechniken äquivalent sind, d.h. reguläre Ausdrücke, endliche Automaten und Chomsky-3-Sprachen beschreiben die gleiche Klasse von Sprachen.

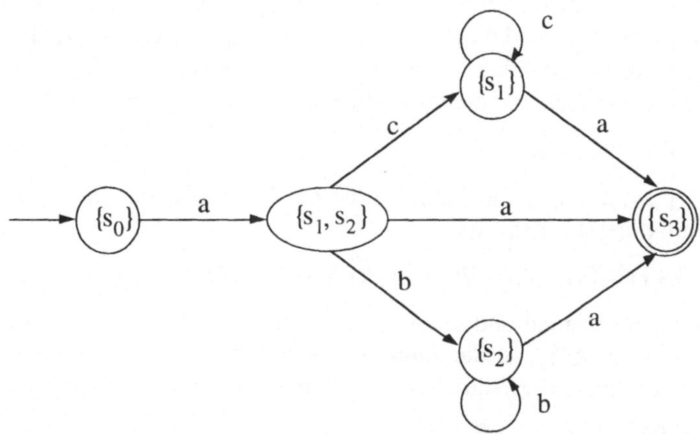

Abb. 1.22. Deterministischer Automat als Ergebnis der Teilmengenkonstruktion für den Automaten aus Abb. 1.21

Satz: Zu jedem endlichen Automaten A können wir einen regulären Ausdruck angeben, der die gleiche Sprache beschreibt.

Beweisidee: Nach den Ergebnissen des vorangegangenen Abschnitts können wir ohne Beschränkung der Allgemeinheit voraussetzen, daß der Automat A ε-frei und deterministisch ist. Wir konstruieren für A einen regulären Ausdruck wie folgt. Wir nehmen an, daß die Zustandsmenge des endlichen Automaten A linear geordnet ist. Nun spezifizieren wir für diese Zustandsmenge $S = \{s_1, ..., s_n\}$ eine Familie von formalen Sprachen

$$L(i, j, k) \subseteq T^*,$$

für $i, j \in \{1, ..., n\}$, $k \in \{0, ..., n\}$ durch eine Familie E(i, j, k) von regulären Ausdrücken. Die Sprachen sind spezifiziert durch

$$L(i, j, k) = \{w \in T^*: s_i \xrightarrow[k]{w} s_j\},$$

wobei wir in der Übergangsrelation $\xrightarrow[k]{w}$ nur Übergänge (genauer Pfade im Übergangsgraphen) betrachten, in denen nur Zwischenzustände s_i auftreten mit $i \leq k$. Für diese formalen Sprachen gelten die folgenden Gleichungen:

(i) $L(i, j, 0) = \{\langle a\rangle: s_j \in \delta(s_i, a)\}$,

(ii) $L(i, j, k+1) = L(i, j, k) \cup$

$$\{u \circ v \circ w: u \in L(i, k+1, k) \wedge v \in L(k+1, k+1, k)^* \wedge w \in L(k+1, j, k)\}.$$

Hier schreiben wir $L(k+1, k+1, k)^*$ für Menge aller Wörter, die wir durch Konkatenation einer Folge von Wörtern aus $L(k+1, k+1, k)$ erhalten.

Die Korrektheit der Gleichung (i) ist offensichtlich. Wenn keine Zwischenzustände zugelassen sind erhalten wir nur einfache Übergänge. Die Gleichung (ii) basiert auf dem Umstand, daß jeder Übergang vom Zustand s_i zu s_j, der nur Zwischenzustände s_m verwendet, für die $m \leq k+1$ gilt, durch einen Übergang dargestellt werden kann, in dem entweder der Zwischenzustand s_{k+1} nicht auftritt oder durch einen Übergang von s_i zu s_{k+1}, eine endliche Folge von Übergängen von s_{k+1} zu s_{k+1} und einen Übergang von s_{k+1} zu s_j ersetzt werden kann.

Analog zu diesen induktiven Definitionen der Sprachen lassen sich reguläre Ausdrücke $E(i, j, k)$ aufbauen, die die formalen Sprachen $L(i, j, k)$ beschreiben:

(i) $E(i, j, 0) = a_1 \mid \ldots \mid a_q$

wobei $\{ a_1, \ldots, a_q \}$ die Menge aller Zeichen a sei, für die die Transitionsgleichung $\delta(s_i, a) = \{s_j\}$ gilt.

(ii) $E(i, j, k+1) = E(i, j, k) \mid E(i, k+1, k)\ E(k+1, k+1, k)^*\ E(k+1, j, k)$.

Sei s_1 der Anfangszustand und seien $z_1, \ldots, z_e$ die Indexwerte der Endzustände des Automaten. Falls $s_1 \notin S_z$, ist die durch den Automaten beschriebene Sprache L(A) identisch mit der Sprache, die durch den regulären Ausdruck

$$RA(A) = E(1, z_1, n) \mid \ldots \mid E(1, z_e, n)$$

wird. Hier bezeichnet n die Anzahl der Zustände. Falls $s_1 \in S_z$, ist die durch den Automaten beschriebene Sprache L(A) identisch mit der Sprache, die durch den regulären Ausdruck

$$RA(A) = E(1, z_1, n) \mid \ldots \mid E(1, z_e, n) \mid \varepsilon$$

beschrieben wird. ❑

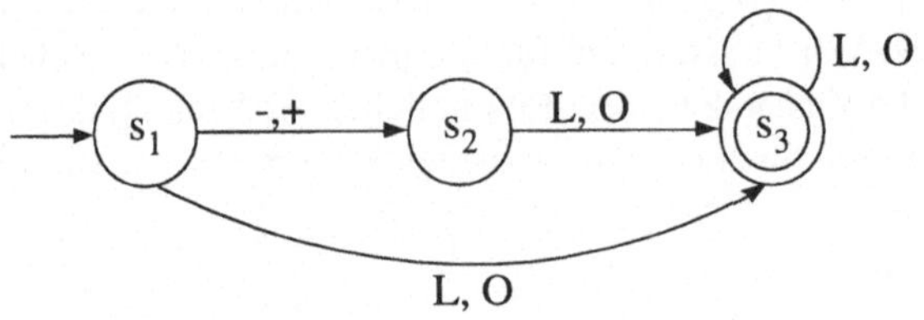

Abb. 1.23. Endlicher Automat

Beispiel (Konstruktion eines regulären Ausdrucks für einen endlichen Automaten). Gegeben sei der Automat in Abb. 1.23.

Wir erhalten folgendes System von Definitionen:

$E(1, 1, 0) = \emptyset$	$E(2, 1, 0) = \emptyset$	$E(3, 1, 0) = \emptyset$
$E(1, 2, 0) = -\vert+$	$E(2, 2, 0) = \emptyset$	$E(3, 2, 0) = \emptyset$
$E(1, 3, 0) = L\vert O$	$E(2, 3, 0) = L\vert O$	$E(3, 3, 0) = L\vert O$
$E(1, 1, 1) = \emptyset$	$E(2, 1, 1) = \emptyset$	$E(3, 1, 1) = \emptyset$
$E(1, 2, 1) = -\vert+$	$E(2, 2, 1) = \emptyset$	$E(3, 2, 1) = \emptyset$
$E(1, 3, 1) = L \vert O$	$E(2, 3, 1) = L\vert O$	$E(3, 3, 1) = L\vert O$
$E(1, 1, 2) = \emptyset$	$E(2, 1, 2) = \emptyset$	$E(3, 1, 2) = \emptyset$
$E(1, 2, 2) = -\vert+$	$E(2, 2, 2) = \emptyset$	$E(3, 2, 2) = \emptyset$
$E(1, 3, 2) = [L\vert O]\vert[[-\vert+][L\vert O]]$	$E(2, 3, 2) = L\vert O$	$E(3, 3, 2) = L\vert O$

$$E(1, 3, 3) = [L|O] \mid [[- \mid +]\, [L|O]] \mid [[L| O] \mid [[\, - \mid +]\, [L|O]]]\, [L| O]^*\, [L|O]$$

Der reguläre Ausdruck E(1, 3, 3) beschreibt die gleiche Sprache wie der Automat aus Abb. 1.23. ❑

Auch zu regulären Ausdrücken lassen sich endliche Automaten konstruieren, die die gleiche Sprache akzeptieren, wie der folgende Satz zeigt.

Satz: Zu jedem regulärem Ausdruck läßt sich ein nichtdeterministischer endlicher Automaten angeben, der die durch den regulären Ausdruck gegebene Sprache akzeptiert.

Beweis: Wir realisieren den regulären Ausdruck durch endliche Automaten mit genau einem Anfangszustand, einem Endzustand und ohne Kanten, die in den Anfangszustand oder aus dem Endzustand führen. Wir geben für jede Form, die ein regulärer Ausdruck haben kann, induktiv einen endlichen Automaten an. Wir benennen zur Vereinfachung der Darstellung die Zustände nicht.

(1) Für den regulären Ausdruck x mit $x \in T$ verwenden wir den Automaten aus Abb. 1.24.

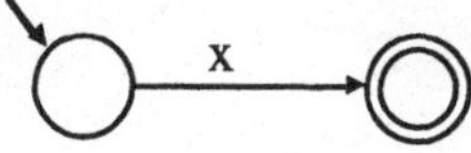

Abb. 1.24. Automat, der die Sprache {x} akzeptiert

Für den regulären Ausdruck ε verwenden wir den Automaten aus Abb. 1.25.

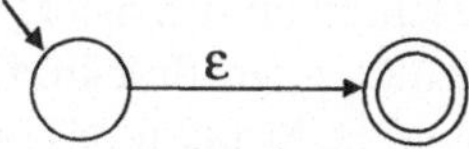

Abb. 1.25. Automat, der die Sprache {ε} akzeptiert

Für den regulären Ausdruck { } verwenden wir den Automaten aus Abb. 1.26.

Abb. 1.26. Automat für die leere Sprache

(2) Seien X und Y reguläre Ausdrücke mit den Automaten in Abb. 1.27.

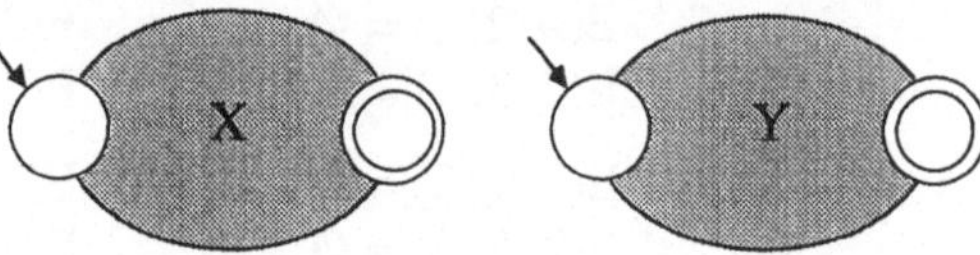

Abb. 1.27. Gegebene Automaten für die Sprache der regulären Ausdrücke X und Y

Für den regulären Ausdruck [X|Y] verwenden wir den Automaten in Abb. 1.28.

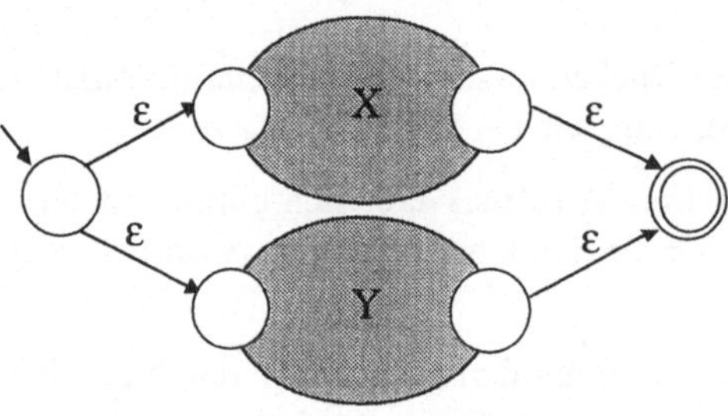

Abb. 1.28. Automat für Sprache [X|Y]

Für den regulären Ausdruck [XY] verwenden wir den Automaten in Abb. 1.29.

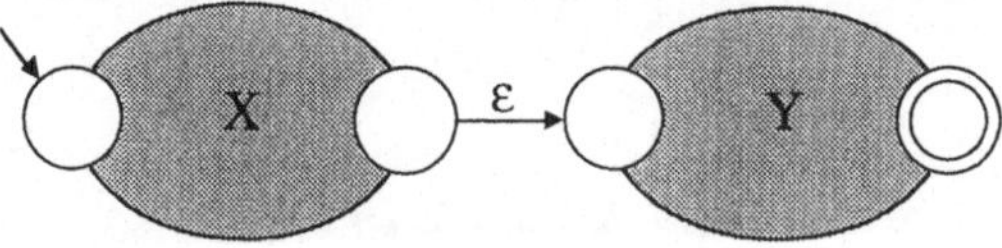

Abb. 1.29. Automat für die Sprache [XY]

Für den regulären Ausdruck X^* verwenden wir den in Abb. 1.30 angegebenen Automaten.

Die angegebenen Automaten beschreiben offensichtlich jeweils die gleiche formale Sprache wie die zugehörigen regulären Ausdrücke. Ein exakter mathematischer Beweis läßt sich durch Induktion über die Struktur des regulären Ausdrucks führen. ❑

Beispiel (Übergang von einem regulären Ausdruck zu einem äquivalenten Automaten). Gegeben sei der reguläre Ausdruck

[[a | b] +]* [a | b] .

Wir erhalten den Automaten, der in Abb. 1.31 angegeben ist. □

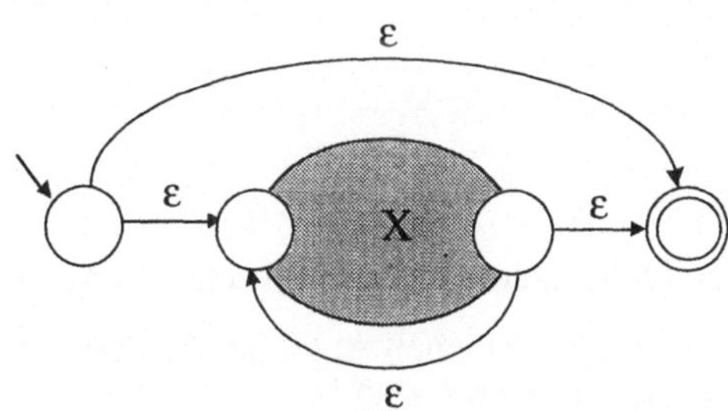

Abb. 1.30. Automat für die Sprache X^*

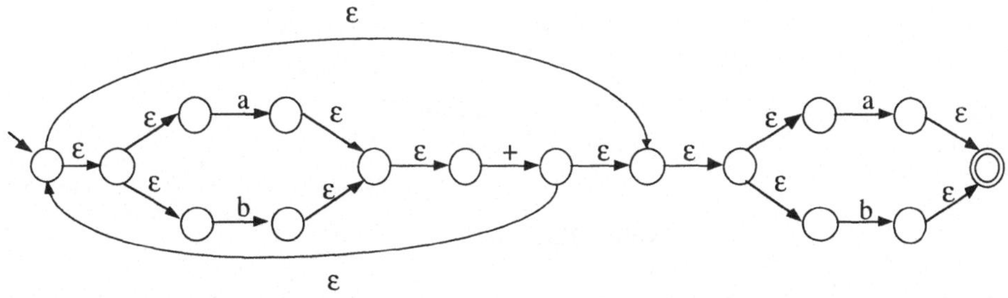

Abb. 1.31. konstruierter Automat für die Sprache des regulären Ausdrucks [[a|b]+]*[a|b]

Es bleibt noch, den Übergang zwischen einem endlichen Automaten und einer Typ-3-Grammatiken zu behandeln.

Satz: Zu jedem deterministischen endlichen ε-freien Automaten läßt sich eine Chomsky-3-Grammatik angeben, die die gleiche Sprache wie der Automat akzeptiert.

Beweisidee: Wir geben eine reduktive, linkslineare Grammatik an (der rechtslineare Fall läßt sich analog behandeln). Gegeben sei der Automat

$$A = (S, T, s_0, S_z, \delta) .$$

Ohne Beschränkung der Allgemeinheit gehe keine Kante nach s_0. Jeder Kante im Automaten A ordnen wir eine Übergangsregel zu, die Zustände werden zu nichtterminalen Zeichen. Für jeden Übergang

$$\delta(s_0, a) = s_i$$

vom Anfangszustand führen wir die Regel

$$a \rightarrow s_i$$

ein. Für jeden Übergang

$$\delta(s_i, a) = s_j$$

führen wir eine Regel

$$s_i\, a \rightarrow s_j$$

ein. Zusätzlich führen wir das Axiom Z ein und für jeden akzeptierenden Zustand

$$s_i \in S_z$$

die Regel

$$s_i \rightarrow Z$$

Die Grammatik beschreibt die gleiche formale Sprache wie der Automat. ❑

Beispiel (Übergang von einem endlichen Automaten zu einer Chomsky-3-Grammatik). Gegeben sei der Automat in Abb. 1.32.

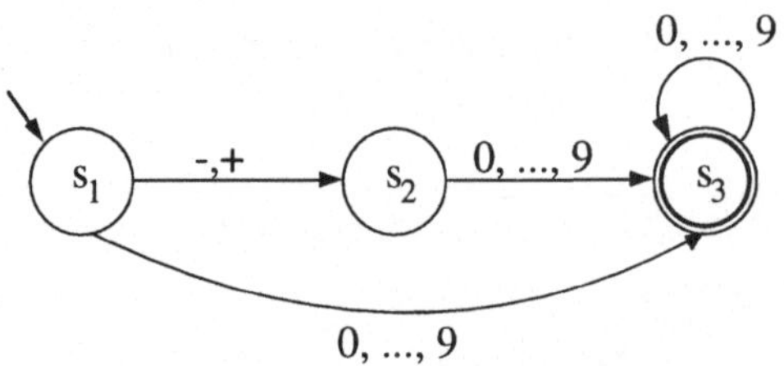

Abb. 1.32. Endlicher Automat

Wir erhalten nach der oben beschriebenen Beweisidee die folgende Grammatik:

$$\begin{aligned} G = \quad & (\{+, -, 0, ..., 9\}, \\ & \{s_1, s_2, s_3, Z\}, \\ & \{ + \rightarrow s_2, \\ & \quad - \rightarrow s_2, \\ & \quad 0 \rightarrow s_3, \ldots, 9 \rightarrow s_3, \\ & \quad s_2 0 \rightarrow s_3, \ldots, s_2 9 \rightarrow s_3, \\ & \quad s_3 0 \rightarrow s_3, \ldots, s_3 9 \rightarrow s_3, \\ & \quad s_3 \rightarrow Z \}, \\ & \quad Z \qquad). \end{aligned}$$

❑

Satz: Zu jeder Chomsky-3-Grammatik existiert ein endlicher Automat, der die gleiche Sprache akzeptiert.

Beweisidee: Wieder beschränken wir uns auf den linkslinearen Fall, wobei wir ohne Beschränkung der Allgemeinheit annehmen, daß jede linkslineare Regel von der Form

$$s\, a \rightarrow \bar{s}$$

mit $a \in T$ ist. Wir spezifizieren den Automaten wie folgt:

Zustände $\qquad S = N \cup \{s_0\}$,

Eingangszeichen	T,
Anfangszustand	s_0,
Endzustände	{Z},
Übergangsfunktion	$\delta(s, a) = \{ \bar{s} \in S: s\,a \to \bar{s}$ ist Regel $\}$ für $s \in N, a \in T$,
	$\delta(s, \varepsilon) = \{ \bar{s} \in S: s \to \bar{s}$ ist Regel $\}$ für $s, \bar{s} \in N$,
	$\delta(s_0, a) = \{ \bar{s} \in S: a \to \bar{s}$ ist Regel $\}$ für $a \in T$.

Der Automat akzeptiert die gleiche Sprache wie die Grammatik. ❑

Beispiel (Übergang von einer Chomsky-3-Grammatik zu einem äquivalenten Automaten). Gegeben sei die Grammatik

$$G = (\{a, +\},\{x, y, Z\}, \{a \to x, x+ \to y, ya \to x, x \to Z \}, Z)$$

Wir erhalten nach obiger Beweisidee den Automaten in Abb. 1.33. ❑

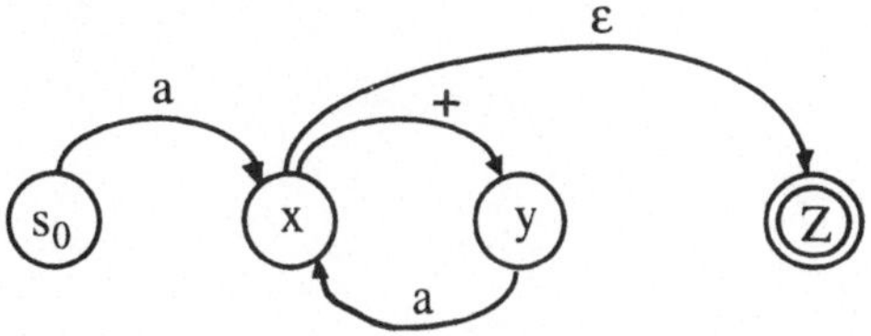

Abb. 1.33. Automat

Aus den bewiesenen Sätzen ergibt sich, daß folgende Aussagen über eine formale Sprache S äquivalent sind:

- S wird von einem endlichen Automaten akzeptiert,
- S wird von einer Chomsky-3-Grammatik akzeptiert,
- S wird durch einen regulären Ausdruck beschrieben.

Wir nennen solche Sprachen deshalb *regulär*. Bereits sehr einfache Sprachen können nichtregulär sein, wie wir an folgendem Satz sehen.

Satz: Wir betrachten die reduktive Chomsky-2-Grammatik

$$G = (\{a, b\}, \{Z\}, \{ab \to Z, aZb \to Z\}, Z).$$

Diese Grammatik akzeptiert die Sprache

$$L_r(G) = \{a^n b^n : n \in \mathbb{N} \setminus \{0\} \}.$$

Es existiert keine Chomsky-3-Grammatik, kein endlicher Automat und kein regulärer Ausdruck, der die Sprache $L_r(G)$ akzeptiert.

Beweis: Sei A ein endlicher Automat, der die Sprache $L_r(G)$ akzeptiert. Für beliebige Zahlen $n, m \in \mathbb{N}$ gilt: Es existieren Zustände s_n und s_m mit

$$s_0 \overset{a^n}{\to} s_n \wedge s_n \overset{b^n}{\to} s_z$$
$$s_0 \overset{a^m}{\to} s_m \wedge s_m \overset{b^m}{\to} s_z$$

Da dann auch die Wörter $a^n b^m$ und $a^m b^n$ akzeptiert werden, falls $s_n = s_m$, gilt

$$(n = m \Leftrightarrow s_n = s_m).$$

Daraus folgt unmittelbar, daß die Anzahl der Zustände unendlich ist. Dies ergibt einen Widerspruch zu der Annahme, daß der Automat A endlich ist! ❑

Der Satz zeigt, daß Sprachen, die Klammerstrukturen mit beliebiger Schachtelung enthalten, nicht regulär sind. Reguläre Sprachen sind also für bestimmte wichtige Anwendungen, wie zur Beschreibung der Syntax von Programmiersprachen mit beliebig geschachtelter Klammerstruktur, als Beschreibungsmittel nicht geeignet.

Um nachzuweisen, daß eine formale Sprache nicht regulär ist, kann oft das nachfolgende Pumping Lemma angewendet werden.

Satz (Pumping Lemma für reguläre Sprachen): Zu jeder regulären Sprache L existiert eine Zahl n, so daß sich alle Wörter $w \in L$ mit $|w| \geq n$ in Wörter $x, y, z \in T^*$ zerlegen lassen:

$$w = x \circ y \circ z$$

mit

$$|y| \geq 1,$$

$$|x \circ y| \leq n,$$

$$x \circ y^i \circ z \in L \text{ für alle } i \in \mathbb{N}.$$

Beweis: Da L regulär ist, existiert ein deterministischer, endlicher, ε-freier Automat, der L akzeptiert. Sei n die Zahl seiner Zustände und w ein beliebiges Wort in L. Es gilt

$$s_0 \xrightarrow{w} s_z$$

Beim Abarbeiten des Wortes w durchläuft der Automat $|w|+1$ Zustände. Gilt $|w| \geq n$, so tritt mindestens ein Zustand s_k mehrfach auf. Das Wort w läßt sich in Wörter x, y, $z \in T^*$ zerlegen mit $w = x \circ y \circ z$, $|y| \geq 1$, $|x \circ y| \leq n$ und

$$s_0 \xrightarrow{x} s_k \wedge s_k \xrightarrow{y} s_k \wedge s_k \xrightarrow{z} s_z .$$

Dann gilt auch für alle $i \in \mathbb{N}$ (wie wir durch einfache Induktion über i zeigen können):

$$s_0 \xrightarrow{x} s_k \wedge s_k \xrightarrow{y^i} s_k \wedge s_k \xrightarrow{z} s_z .$$

Daraus folgt unmittelbar $x \circ y^i \circ z \in L$. ❑

Mit dem Pumping Lemma läßt sich auch direkt zeigen, daß die im obigen Satz behandelte Sprache

$$\{a^n b^n : n \in \mathbb{N} \setminus \{0\}\}$$

keine reguläre Sprache ist.

1.3.5 Minimale Automaten

Abschließend behandeln wir die Frage, wie wir für eine gegebene formale Sprache bestimmen können, ob sie regulär ist. Wir zeigen ferner, daß wir für jede reguläre Sprache einen minimalen Automaten konstruieren können, der sie beschreibt. Minimal bezieht sich hier auf die Zahl der Zustände.

Für eine gegebene formale Sprache $L \subseteq T^*$ spezifizieren wir eine Äquivalenzrelation $\approx_L \subseteq T^* \times T^*$ wie folgt:

$$v \approx_L w \Leftrightarrow \forall u \in T^*: v \circ u \in L \Leftrightarrow w \circ u \in L .$$

Zwei Wörter sind demnach äquivalent, wenn sie in gleicher Weise zu Wörtern in L ergänzt werden können. Wie jede Äquivalenzrelation legt $\approx_L$ Äquivalenzklassen fest:

$$[v]_L = \{w \in T^*: v \approx_L w\} .$$

Satz (Myhill-Nerode): Eine Sprache L ist genau dann regulär, wenn die Menge der Äquivalenzklassen der Äquivalenzrelation $\approx_L$ endlich ist.

Beweis: In einem endlichen Automaten $A = (S, T, s_0, S_z, \delta)$, der die Sprache L akzeptiert, spezifiziert jeder Zustand s eine Äquivalenzklasse $K_s \subseteq T^*$ von $\approx_L$ durch

$$K_s = \{u \in T^*: \delta^*(s_0, u) = s \} .$$

Jede Äquivalenzklasse kann durch einen Zustand dargestellt werden. Die Anzahl der Äquivalenzklassen ist somit endlich.

Für beliebige Sprachen konstruieren wir einen Automaten, der die Äquivalenzklassen als Zustände besitzt:

$$\overline{A} = (\{[v]_L: v \in T^*\}, T, [\varepsilon]_L, \{[v]: v \in L\}, \overline{\delta})$$

mit der Übergangsrelation:

$$\overline{\delta}([v]_L, x) = [v \circ \langle x \rangle]_L$$

Der Automat $\overline{A}$ akzeptiert die Sprache L. $\overline{A}$ ist genau dann ein endlicher Automat, wenn die Menge der Äquivalenzklassen endlich ist. ❑

Korollar (Myhill): Der im Beweis zu obigem Satz konstruierte Automat hat eine minimale Anzahl von Zuständen.

Beweis: In jedem endlichen Automaten $A = (S, T, s_0, S_z, \delta)$, der die Sprache L akzeptiert, legt jeder Zustand s eine Äquivalenzklasse $K_s \subseteq T^*$ der Relation $\approx_L$ durch

$$K_s = \{u \in T^*: \delta^*(s_0, u) = s \}$$

fest. Jede Äquivalenzklasse kann durch einen Zustand dargestellt werden. Die Anzahl der Zustände dieses Automaten ist somit mindestens so groß wie die Zahl der Äquivalenzklassen. ❑

Nach obigem Satz können wir aus einem gegebenen ε-freien, deterministischen, endlichen Automaten $A = (S, T, s_0, S_z, \delta)$ mit totaler Übergangsfunktion, der die Sprache L akzeptiert, einen Automaten mit einer minimalen Anzahl von Zuständen konstruieren. Dazu entfernen wir alle Zustände aus S, die vom Anfangszustand s_0 aus nicht erreichbar sind, und bestimmen in der verbleibenden Menge $\overline{S}$, welche Zustände äquivalent sind.

Wir skizzieren diesen Algorithmus kurz. Wir konstruieren eine Folge von Prädikaten. Sei

$$p_i : \overline{S} \times \overline{S} \rightarrow \mathbb{B}$$

spezifiziert durch:

$$p_i(s_1, s_2) = \forall\, w \in T^*: |w| \leq i \Rightarrow (\exists\, z \in S_z: s_1 \xrightarrow{w}{}^* z) \Leftrightarrow (\exists\, z \in S_z: s_2 \xrightarrow{w}{}^* z)\,.$$

Es gilt demnach die Aussage $p_i(s_1, s_2)$ genau dann, wenn für alle Wörter w mit einer Länge $\leq$ i ein mit den Zeichen aus w markierter Pfad, der vom Zustand s_1 ausgeht und zu einem Endzustand führt, genau dann existiert, wenn ein solcher Pfad ausgehend vom Zustand s_2 zu einem Endzustand auch existiert. Diese Prädikate können wir induktiv wie folgt definieren:

$$p_0(s_1, s_2) = (s_1 \in S_z \Leftrightarrow s_2 \in S_z),$$

$$p_{i+1}(s_1, s_2) = p_i(s_1, s_2) \wedge \forall\, x \in T: p_i(\delta(s_1, x), \delta(s_2, x)).$$

Da der Automat endlich ist, wird die Folge der Prädikate p_i stationär. Sei p dieses stationäre Prädikat:

$$p(s_1, s_2) = \forall\, i \in \mathbb{N}: p_i(s_1, s_2)$$

Zwei Zustände sind äquivalent, falls $p(s_1, s_2)$ gilt. Die Klassen äquivalenter Zustände können zu einem einzigen Zustand verschmolzen werden. Es entsteht der gesuchte minimale Automat.

Wir erhalten aus dieser Konstruktion unmittelbar einen Algorithmus zur Berechnung des minimalen Automaten. Bei geeigneter Implementierung benötigt dieser Algorithmus $|S|^2 * |T|$ Schritte.

1.4 Kontextfreie Sprachen und Kellerautomaten

Wie bereits gezeigt, sind Chomsky-2-Grammatiken (kontextfreie Grammatiken) mächtiger als Chomsky-3-Grammatiken. Deshalb sind reguläre Ausdrücke und endliche Automaten im allgemeinen nicht geeignet, Sprachen zu beschreiben, die durch Chomsky-2-Grammatiken beschreibbar sind. Analog zur Gleichmächtigkeit regulärer Ausdrücke, endlicher Automaten und Chomsky-3-Grammatiken haben folgende Beschreibungsformen die gleiche Ausdruckskraft:

- BNF-Ausdrücke,
- Kellerautomaten,
- Chomsky-2-Sprachen.

Diese Mittel werden typischerweise bei der Beschreibung der Syntax von Programmiersprachen eingesetzt, um die Zerteilaufgabe des Parsers festzulegen.

1.4.1 Die BNF-Notation

Erweitern wir die Beschreibungstechnik der regulären Ausdrücke um

(1) Hilfszeichen (Nichtterminalzeichen, syntaktische Variable),
(2) (rekursive) Gleichungen für Hilfszeichen,

so erhalten wir die aus Teil I bekannte BNF-Schreibweise.

Sei T eine Menge von Terminalzeichen und N eine Menge von Nichtterminalzeichen. Eine BNF-Beschreibung einer Sprache hat die Form

$x_1 ::= E_1$

...

$x_n ::= E_n$,

wobei $E_1, \ldots, E_n$ reguläre Ausdrücke über $T \cup N$ sind. Streng genommen benötigen wir reguläre Ausdrücke nicht in voller Allgemeinheit, sondern können auf die Iteration durch * verzichten, da sich dieser durch Rekursion über Nichtterminale ersetzen läßt. Weit verbreitet ist ein Stil der BNF-Notation, bei dem die Klammern [...] zur Kennzeichnung optionaler syntaktischer Anteile verwendet werden. Dann steht X [Y] für den Ausdruck X | XY.

Die BNF-Beschreibung kann als verschränkt rekursives Gleichungssystem für formale Sprachen verstanden werden, die durch die Nichtterminalzeichen $x_1, \ldots, x_n$ deklariert werden. Damit ist die Möglichkeit der rekursiven Definition von formalen Sprachen geschaffen.

Beispiel (BNF-Notation). Folgende BNF-Syntax beschreibt die formale Sprache

$\{a^n b^n : n \in \mathbb{N} \setminus \{0\}\}$,

die, wie bereits gezeigt, nicht durch eine reguläre Grammatik dargestellt werden kann:

$\langle Z \rangle ::= a\,b \mid a \langle Z \rangle b$ □

Für eine gegebene BNF-Beschreibung können wir für jedes „nichtterminale" Zeichen x_i ($1 \leq i \leq n$) eine kontextfreie Grammatik angeben, indem wir die rechten Seiten des BNF-Systems, die regulären Ausdrücke E_i, in Chomsky-3-Grammatiken umformen (mit einem neuen Hilfszeichen Z_i als Axiom) und für die BNF-Regel

$x_i ::= E_i$

die Regel $Z_i \rightarrow x_i$ hinzunehmen.

Eine Erweiterung der BNF-Notation ist durch folgende Schreibweise (die Schreibarbeit spart und die Lesbarkeit verbessert) gegeben:

$\{\ldots\}_n^m$ n- bis m-malige Wiederholung von ...

Für die Beschreibung von Sprachen durch BNF-Schreibweise haben wir in Teil I bereits eine Reihe von Beispielen kennengelernt.

1.4.2 Kellerautomaten

Endliche Automaten reichen nicht aus, um nichtreguläre, kontextfreie Sprachen zu beschreiben. Deshalb werden dafür Kellerautomaten verwendet.

Ein *Kellerautomat* $KA = (S, T, K, \delta, s_0, k_0, S_z)$ besteht aus

- einer endlichen Menge S von Zuständen,
- einer endlichen Menge T von Eingabezeichen,
- einer endlichen Menge K von Kellerzeichen,
- einer endlichen Übergangsrelation $\delta: S \times (T \cup \{\varepsilon\}) \times K \to \wp(S \times K^*)$,
- einem Anfangszustand $s_0 \in S$,
- einem Kellerstartsymbol $k_0 \in K$,
- einer Menge von Endzuständen $S_z \subseteq S$.

Ein Kellerautomat führt eine Berechnung für ein Eingabewort T^* durch, indem er Berechnungsschritte ausführt. Jeder Schritt ist ein Zustandsübergang. Welche Zustandsübergänge möglich sind, definiert die Übergangsrelation. Ein Kellerautomat verarbeitet ein Wort $w \in T^*$, indem er schrittweise die Zeichen in w von links nach rechts liest und dabei, vorgegeben durch die Übergangsrelation, abhängig vom obersten Kellerzeichen und vom Zustand, in einen neuen Zustand übergeht, das oberste Zeichen im Keller entfernt und eine (möglicherweise leere) Sequenz von Zeichen auf den Keller legt. Ein Kellerautomat *akzeptiert* ein Wort $w \in T^*$, wenn die vollständige Verarbeitung des Worts, ausgehend vom Anfangszustand s_0 zu einem Endzustand in S_z führt.

Damit steht im Zentrum des Kellerautomaten wieder ein endlicher Automat, der jedoch über die Zeichen im Keller parametrisiert ist. Dies läßt sich für die graphische Darstellung von Kellerautomaten ausnutzen. Wieder können wir einen Kellerautomaten ähnlich wie einen endlichen Automaten durch einen endlichen Graph mit markierten Kanten graphisch darstellen. Die Zustände entsprechen wieder den Knoten des Graphen. Die Kanten sind allerdings mit Tripeln

$$(a, k, w) \in (T \cup \{\varepsilon\}) \times K \times K^*$$

markiert. Eine Kante mit der Markierung (a, k, w) vom Zustand s zum Zustand $\bar{s}$ existiert genau dann, wenn

$$(\bar{s}, w) \in \delta(s, a, k)$$

gilt. Dies drückt aus, daß im Zustand s das Zeichen a gelesen werden kann (beziehungsweise, falls $a = \varepsilon$, ein spontaner Übergang erfolgen kann), falls das oberste Kellerelement k ist. Dies führt auf den Zustand $\bar{s}$. Das Zeichen k wird aus dem Keller entfernt und das Wort w in den Keller geschrieben.

Beispiel (Kellerautomat). Ein Kellerautomat, der die Sprache $\{a^n b^n : n \in \mathbb{N} \backslash \{0\}\}$ akzeptiert, hat die Form:

$$S = \{s_0, s_1, s_2\},$$

$$T = \{a, b\},$$

$$K = \{|, 0\}.$$

Die Übergangsfunktion δ sei gegeben durch

$\delta(s_0, a, 0) = \{(s_0, \langle I0 \rangle)\}$

$\delta(s_0, a, I) = \{(s_0, \langle II \rangle)\}$

$\delta(s_0, b, I) = \{(s_1, \varepsilon)\}$

$\delta(s_1, b, I) = \{(s_1, \varepsilon)\}$

$\delta(s_1, \varepsilon, 0) = \{(s_2, \varepsilon)\}$.

Der Anfangszustand sei s_0,

das Kellerstartsymbol 0,

die Menge der Endzustände $\{s_2\}$.

Dieser Kellerautomat besitzt die graphische Darstellung in Abb. 1.34.

Hier ist 0 das Kellerstartsymbol und dient auch als Kellerbegrenzer. Es wird stets höchstens das Zeichen I zusätzlich in den Keller geschrieben. Die Verarbeitung des Zeichens a im Zustand s_0 bewirkt das Eintragen des Zeichens I im Keller. Die Verwendung des Kellers entspricht dem Zählen in Strichzahldarstellung. Die Verarbeitung des Zeichens b im Zustand s_0 bewirkt einen Übergang in den Zustand s_1. Das Zeichen b bewirkt das Entfernen eines Zeichens I aus dem Keller. Sind alle Zeichen I entfernt und ist das Eingabewort vollständig verarbeitet, so war die Anzahl der Zeichen a und b gleich. Das Wort ist akzeptiert. ❑

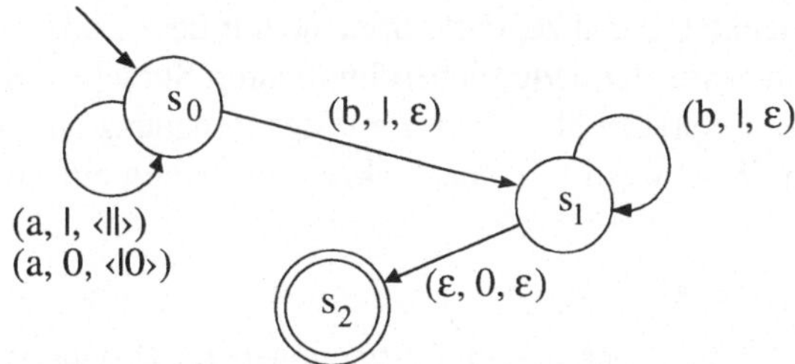

Abb. 1.34. Graphische Darstellung eines Kellerautomaten

Die Arbeitsweise eines Kellerautomaten läßt sich formal beschreiben, indem wir Berechnungen für Kellerautomaten definieren. Neben den Zuständen verändert sich bei jedem Übergang in einer Berechnung die Belegung des Kellers. Um dies auszudrücken, führen wir Konfigurationen ein. Eine *Kellerkonfiguration* ist ein Tripel

$$(s, v, w) \in S \times T^* \times K^* .$$

Eine Kellerkonfiguration bestimmt den Daten- und Kontrollzustand der Kellermaschine. s bezeichnet den Kontrollzustand, v das noch zu verarbeitende Eingabewort und w den Kellerzustand.

Ein Kellerautomat induziert eine Übergangsrelation $\rightarrow$ auf seinen Konfigurationen vermöge der Definition:

$$(s_1, v, \langle k \rangle \circ w) \rightarrow (s_2, v, u \circ w) \qquad \text{falls } (s_2, u) \in \delta(s_1, \varepsilon, k),$$

und

$(s_1, \langle a \rangle \circ v, \langle k \rangle \circ w) \to (s_2, v, u \circ w)$ falls $(s_2, u) \in \delta(s_1, a, k)$.

Damit kann ein Kellerautomat als Termersetzungssystem auf der Menge der Konfigurationen verstanden werden.

Ein Wort $v \in T^*$ wird durch einen Kellerautomaten akzeptiert, wenn es einen Zustand $s \in S_z$ und ein Wort $w \in K^*$ gibt, so daß gilt

$$(s_0, v, \langle k_0 \rangle) \xrightarrow{*} (s, \varepsilon, w) .$$

Die durch einen Kellerautomaten KA akzeptierte Sprache bezeichnen wir mit

L(KA) .

Man beachte, daß der Restzustand w des Kellers auch als „Resultat" der Rechnung des Kellerautomaten verstanden werden kann.

Eine Rechenvorschrift ka zur Simulation der Berechnungen eines (deterministischen, ε-übergangsfreien) Kellerautomaten mit totaler Übergangsfunktion – ohne Berücksichtigung von Endzuständen – erhalten wir durch die Deklaration:

```
fct ka = (state s, string v, stack w) (state, stack):
    if v = ε  then  (s, w)
              else  ka(s1, rest(v), conc(w1, rest(w)))
                    where (s1, w1) ∈ δ(s, first(v), first(w))
    fi
```

Neben der Möglichkeit, die akzeptierte Sprache nur über Endzustände zu spezifizieren, gibt es die im Sinne der dadurch beschreibbaren Sprachen gleichmächtige Variante, die akzeptierte Sprache über die leere Eingabesequenz und den leeren Keller zu spezifizieren. Ein Wort v wird demnach akzeptiert, wenn ein Zustand s existiert, so daß gilt:

$$(s_0, v, \varepsilon) \xrightarrow{*} (s, \varepsilon, \varepsilon)$$

Kellerautomaten können nach obigen Festlegungen zur Beschreibung formaler Sprachen verwendet werden. Damit erhalten wir durch sie sofort einen – wenn auch in der Regel sehr ineffizienten – Erkennungsalgorithmus für diese Sprachen.

1.4.3 Kellerautomaten und kontextfreie Sprachen

Gegeben sei die kontextfreie Grammatik $G = (T, N, \to, Z)$. Gesucht wird ein nichtdeterministischer Kellerautomat, der die gleiche Sprache akzeptiert. Wie oben illustriert, können wir aus dem Kellerautomaten schematisch eine Rechenvorschrift gewinnen.

Zur Lösung dieser Aufgabe wählen wir die Bestandteile des Kellerautomaten wie folgt. Die Zustandsmenge S wird durch die Menge aller Teilwörter der Wörter auf den linken Seiten von Ersetzungsregeln gebildet. Zusätzlich verwenden wir die speziellen Zustände s_v und s_e.

Eingabezeichen:	T
Kellerzeichen	$T \cup N \cup \{\ddagger\}$
Übergangsrelation	δ

Anfangszustand	ε	(leere Zeichenfolge)
Kellerstartzeichen	‡	(Kellerbegrenzer)
Endzustände	$\{s_e\}$	

Sei $\langle e_1 \ldots e_n \rangle$ die linke Seite einer Regel

$$\langle e_1 \ldots e_n \rangle \rightarrow A$$

dann spezifizieren wir die Übergangsrelation

$$\delta : S \times (T \cup \{\varepsilon\}) \times K \rightarrow \wp(S \times K^*)$$

wie folgt:

(1) Regelerkennung (Aufbau der „linken" Seite einer Regel):

(a) $(\langle e_{i-1} \ldots e_j \rangle, \varepsilon) \in \delta(\langle e_i \ldots e_j \rangle, \varepsilon, e_{i-1})$ (sei $1 < i \le j+1, j \le n$),

(b) $(\langle e_i \ldots e_{j+1} \rangle, \langle k \rangle) \in \delta(\langle e_i \ldots e_j \rangle, e_{j+1}, k)$ (sei $1 \le i \le j+1, j < n$).

(2) Regelanwendung:

$(\varepsilon, \langle Ak \rangle) \in \delta(\langle e_1 \ldots e_n \rangle, \varepsilon, k)$.

(3) Durchlaufen der Eingabe („Kellern"):

$(\varepsilon, \langle ak \rangle) \in \delta(\varepsilon, a, k)$.

(4) Akzeptanz

(a) $(s_v, \varepsilon) \in \delta(\varepsilon, \varepsilon, Z)$,

(b) $(s_e, \varepsilon) \in \delta(s_v, \varepsilon, ‡)$.

Der so entstehende Kellerautomat ist hochgradig nichtdeterministisch und ineffizient. Der Automat kellert das vorliegende Wort, bis er an einer beliebigen Stelle mit dem Aufbau der linken Seite einer Regel als Zustand beginnt.

Beispiel (Kellerautomat zur gegebenen Grammatik). Gegeben sei die Grammatik:

$N = \{Z\}$,

$T = \{a, b\}$,

$P = \{ aZb \rightarrow Z, ZZ \rightarrow Z, ab \rightarrow Z \}$.

Entsprechend dem obigen Verfahren erhalten wir die folgende Zustandsmenge:

$$S = \{\varepsilon, \langle Z \rangle, \langle aZ \rangle, \langle Zb \rangle, \langle a \rangle, \langle b \rangle, \langle ab \rangle, \langle aZb \rangle, \langle ZZ \rangle, s_v, s_e\}$$

und für die Übergangsrelation (sei $x \in \{a, b\}$, $k \in \{a, b, ‡, Z\}$):

$\delta(\varepsilon, x, k) = \{(\langle x \rangle, \langle k \rangle), (\varepsilon, \langle xk \rangle)\}$,

$\delta(\langle Z \rangle, b, k) = \{(\langle Zb \rangle, \langle k \rangle), (\langle ZZ \rangle, \langle k \rangle)\}$,

$\delta(\varepsilon, \varepsilon, Z) = \{(s_v, \varepsilon)\}$,

$k \neq ‡ \Rightarrow \delta(\varepsilon, \varepsilon, k) = \{(\langle k \rangle, \varepsilon)\}$,

...

Im weiteren verwenden wir die Kurzschreibweise

$$k_n \ldots k_0 \boxed{s_0}\, v_0 \quad \rightarrow \quad k_n \ldots k_1\, e_m \ldots e_1 \boxed{s_1}\, v_1$$

für Kellerkonfigurationen an Stelle der schwerer lesbaren Tupelnotation:

$$(s_0, v_0, \langle k_0 \ldots k_n \rangle) \rightarrow (s_1, v_1, \langle e_1 \ldots e_m\, k_1 \ldots k_n \rangle)$$

Ist der Zustand unerheblich, so werden wir ihn auch weglassen.

Wir erhalten in dieser Schreibweise den Ableitungsbaum in Abb. 1.35 für das Wort ‹aabb›. ❑

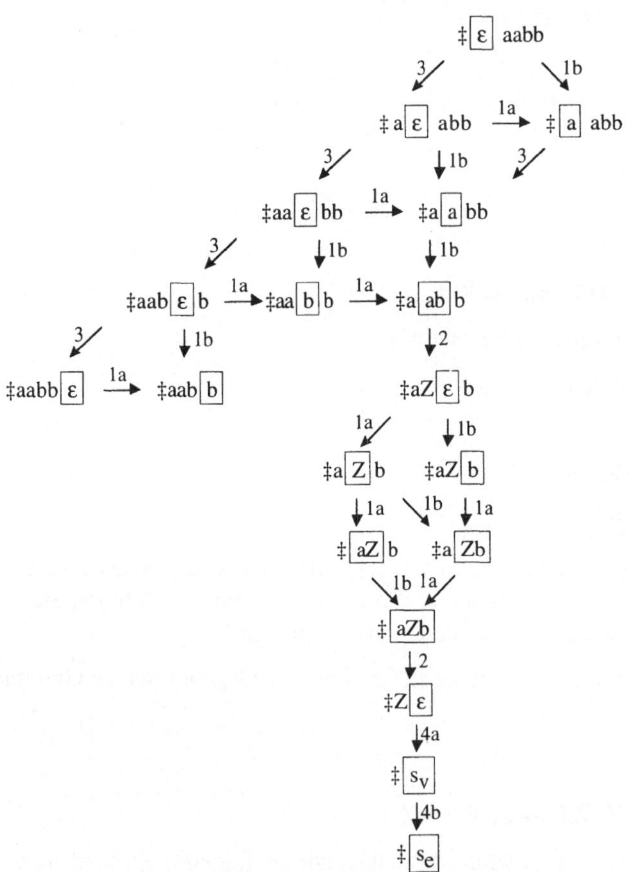

Abb. 1.35. Graph der Reduktionspfade der Kellermaschine für das Wort ‹aabb›

Der nach obigem Verfahren entstehende Kellerautomat hat eine Reihe gravierender Nachteile. Er

- ist hochgradig nichtdeterministisch,
- enthält zahlreiche Sackgassen.

Dies zeigt, daß der schematisch konstruierte Kellerautomat als Erkennungs- und Zerteilverfahren in der Regel ineffizient ist. Effizientere Verfahren erhalten wir, indem wir die Klasse der betrachteten Sprachen entsprechend einschränken. Die Bedeutung des Kellerautomaten, der die Sprache einer kontextfreien Grammatik akzeptiert, liegt insbesondere in seiner Zielrichtung auf eine Implementierung beim Parsen (Zerteilen).

Satz: Zu jedem Kellerautomaten, der eine Sprache L (mit $\varepsilon \notin L$) akzeptiert, existiert eine kontextfreie Grammatik, die die gleiche Sprache akzeptiert.

Beweis: Siehe HOPCROFT/ULLMAN oder ALBERT/OTTMANN. ❑

Bei der Reduktion von Wörtern kontextfreier Sprachen durch Kellerautomaten unterscheiden wir zwei grundsätzlich verschiedene Vorgehensweisen.

(1) *Top-Down-Verfahren*: Im Keller befindet sich am Anfang das Axiom. Im Keller wird schrittweise ein Wort abgeleitet, das mit dem vorliegenden Wort verglichen wird. Übereinstimmende Wortteile im Keller und im Eingabewort „kürzen sich weg".

(2) *Bottom-Up-Verfahren*: Der Keller ist zu Beginn (abgesehen vom Kellerbegrenzer) leer. Das Wort in der Eingabe wird stückweise gelesen und gekellert, und Teilwörter werden reduziert. Das Verfahren endet erfolgreich, wenn nur noch das Axiom Z im Keller steht und die Resteingabe leer ist. Die mit obigem Verfahren zu einer kontextfreien Grammatik konstruierte Kellermaschine arbeitet nach dem Bottom-Up-Prinzip.

Beide Verfahren sind im allgemeinen nichtdeterministisch und deshalb ineffizient, weil eine Suche im Ableitungsbaum erforderlich ist. Zur Verbesserung versuchen wir, den Nichtdeterminismus bei der Worterkennung durch zusätzliche Beschränkungen der Regelauswahl zu eliminieren. Dadurch wird auch die Eindeutigkeit der Zerteilbäume sichergestellt. Für die Gewinnung eines effizienten Zerteilers ist unser Ziel eine bessere Effizienz durch völlige Beseitigung des Nichtdeterminismus. Dazu bieten sich bestimmte, im folgenden exemplarisch eingeführte Grammatikformen an.

1.4.4 Greibach-Normalform

Eine kontextfreie Grammatik $G = (T, N, \rightarrow, Z)$ ist in *Greibach-Normalform*, wenn jede Ersetzungsregel die folgende Gestalt hat:

$$\langle a \rangle \circ w \rightarrow x \qquad \text{mit} \qquad a \in T, w \in N^*, x \in N .$$

Es wird also bei jeder Ersetzung genau ein Terminalzeichen am linken Rand der Regel verarbeitet.

Satz: Jeder von einer ε–freien, kontextfreien Grammatik erzeugte Sprachschatz kann auch durch eine kontextfreie Grammatik in Greibach-Normalform erzeugt werden.

Beweis: Siehe HOPCROFT/ULLMAN oder ALBERT/OTTMANN. ❑

Mit Hilfe diese Satzes läßt sich ein einfacher Beweis dafür angeben, daß für jede kontextfreie Sprache ein Kellerautomaten existiert, der diese Sprache beschreibt. Dies folgt auch schon aus der Konstruktion des Kellerautomaten im vorangegangen Abschnitt, jedoch ist die dort angegebene Konstruktion erheblich aufwendiger.

Satz: Zu jeder kontextfreien Grammatik G existiert ein Kellerautomat, der die gleiche Sprache akzeptiert.

Beweis: Sei die Grammatik

$$G = (T, N, \rightarrow, Z)$$

ohne Beschränkung der Allgemeinheit in Greibach-Normalform. Wir konstruieren einen Kellerautomaten KA durch das Tupel

$$(\{s_0\}, T, N, \delta, s_0, Z, \{s_0\})$$

wobei

$\{s_0\}$	die Menge der Zustände,
T	die Menge der Eingabezeichen,
N	die Menge der Kellerzeichen,
δ	die Übergangsrelation,
s_0	den Anfangszustand,
Z	das Kellerstartsymbol und
$\{s_0\}$	die Menge der Endzustände

bezeichnen. Die Übergangsrelation wird spezifiziert durch

$$\delta(s_0, a, k) = \{(s_0, w) : \langle a\rangle \circ w \rightarrow k \} \text{ für alle } k \in N.$$

Es gilt für $v \in T^*$, $x \in N^*$:

$$v \overset{*}{\Rightarrow} x \qquad \Leftrightarrow \qquad (s_0, v, x) \overset{*}{\rightarrow} (s_0, \varepsilon, \varepsilon).$$ ❑

Im Fall der Greibach-Normalform kommen wir also beim Kellerautomaten mit einer trivialen Zustandsmenge aus.

Beispiel (Kellerautomat zu einer Grammatik in Greibach-Normalform). Gegeben sei die Grammatik:

$$T = \{a, b\},$$

$$N = \{Z, U\}$$

mit den Regeln

$$aU \rightarrow Z,$$
$$aZU \rightarrow Z,$$
$$b \rightarrow U ,$$

die wiederum die Sprache $\{a^n b^n : n \in \mathbb{N}\backslash\{0\}\}$ akzeptiert. Wir erhalten den Kellerautomaten

$$(\{s_0\}, T, N, \delta, s_0, Z, \{s_0\})$$

mit der Übergangsrelation

$$\delta(s_0, a, Z) = \{(s_0, \langle U\rangle), (s_0, \langle ZU\rangle)\},$$
$$\delta(s_0, b, U) = \{(s_0, \varepsilon)\}.$$

Für ein Wort der Form $a^n b^n$ mit $n > 0$ erhalten wir den Reduktionsgraph in Abb. 1.36. ❑

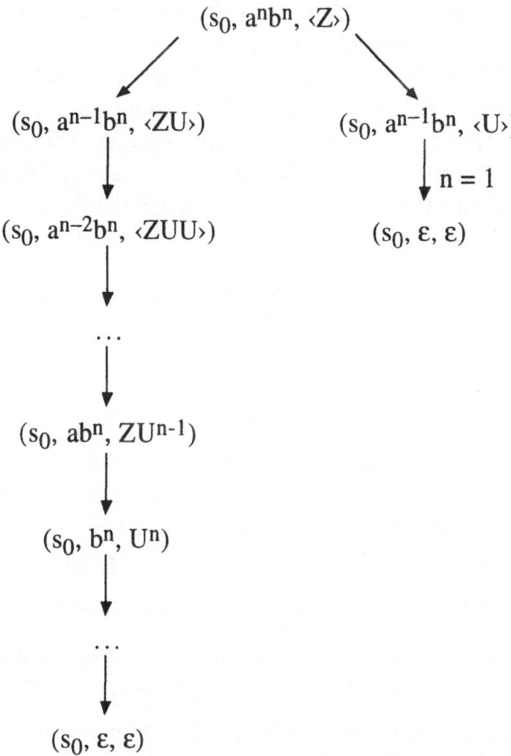

Abb. 1.36. Ausschnitt aus dem Reduktionsgraph für das Wort a^nb^n

Von besonderer praktischer Bedeutung sind Sprachen und Grammatiken, die es erlauben, den Nichtdeterminismus des Kellerautomaten zu beschränken. Eine in der Praxis wichtige Klasse dieser Sprachen sind die LR(k)-Sprachen.

1.4.5 LR(k)-Sprachen

In einer LR(k)-Sprache kann bei jeder akzeptierenden Linksreduktion durch zusätzliche Betrachtung der k nächsten Zeichen rechts von der Anwendungsstelle eindeutig festgestellt werden, welche Regel angewendet werden muß, um das Wort auf das Axiom zu reduzieren. LR steht für Left-Rightmost. Es wird dabei generativ gearbeitet. Die Eingabe wird von links abgearbeitet.

Große praktische Bedeutung haben auch LL(k)-Grammatiken (LL steht für left-leftmost), die ein Spezialfall der LR(k)-Grammatiken sind. Bei ihnen genügt die Betrachtung des erzeugten Nonterminalzeichens und der k Zeichen rechts von der Anwendungsstelle, um die anzuwendende Regel festzulegen.

Für LR(k)- und LL(k)-Grammatiken existieren stets deterministische Kellerautomaten, die die entsprechenden Sprachen akzeptieren.

Chomsky-2-Sprachen können durch Kellerautomaten erkannt werden. Allerdings kann solch ein Erkennungsprozeß sehr aufwendig sein. Wir sind deshalb an Sprachen interessiert, die eine effiziente Erkennung und Zerteilung erlauben. Ein praktisch bedeutsames Beispiel für solche Sprachen sind LR(k)-Sprachen.

Wie wir gesehen haben, ist die Existenz von Sackgassen für eine effiziente Reduktion besonders unangenehm. Dies trifft auch auf eindeutige Grammatiken zu. Bei bestimmten Grammatiken kann die Auswahl einer Regel der Form

$$\langle e_1 \dots e_m \rangle \to A$$

für das Wort $w = x \circ \langle e_1 \dots e_m \rangle \circ y$ im Reduktionsprozeß durch die Betrachtung eines endlichen Präfixes des Wortes y gesteuert werden. Jede Menge von Wörtern, die diejenigen Präfixe des Wortes y festlegt, welche die Anwendung der Regel zulassen, heißt eine *Kontextbedingung*.

Eine kontextfreie Grammatik heißt *LR-deterministisch*, wenn es für alle ihre Regeln geeignete, endliche Kontextbedingungen gibt, so daß der dazugehörige, von links nach rechts arbeitende Kellerautomat für alle Wörter aus dem Sprachschatz und jede akzeptierende Reduktion in jedem Schritt genau eine Regel zuläßt, diese Reduktion dabei vollzieht und durch die Kontextbedingung Sackgassen vermeidet.

Satz: Jede LR-deterministische kontextfreie Grammatik ist eindeutig.

Beweis: Nach Definition der LR-deterministischen Grammatiken gibt es eine eindeutige Einschränkung des Kellerautomaten, der die Ableitung erzeugt. ❑

In der Praxis begnügt man sich häufig mit der Eindeutigkeit der akzeptierenden Linksreduktion, da dadurch auch ein Zerteilbaum eindeutig festgelegt wird.

Ein wichtiges Kennzeichen einer LR-Grammatik ist die maximale Zahl der Zeichen, die wir in den Kontextbedingungen betrachten müssen. Da die formale Definition von LR(k)-Grammatiken aufwendig ist, führen wir zunächst eine hilfreiche Notation ein.

Für ein Wort $w = \langle w_1 \dots w_m \rangle$ bezeichnen wir für $i, k \in \mathbb{N}$, mit $1 \le i$, das Teilwort $\langle w_i \dots w_k \rangle$ durch w[i:k]. Ist $i > k$, bezeichnet w[i:k] das leere Wort. Es gilt demnach:

$$(\langle a \rangle \circ w)[i+1:k+1] = w[i:k],$$

$$(\langle a \rangle \circ w)[1:k+1] = \langle a \rangle \circ (w[1:k]),$$

$$\varepsilon[1:k] = \varepsilon,$$

$$w[i:0] = \varepsilon.$$

Diese Notation erlaubt es, die Bedingungen für LR-Sprachen etwas lesbarer zu beschreiben.

Beispiel (Notation). Es gilt:

$$\langle abc \rangle[1:2] = \langle ab \rangle$$

$$\langle abc \rangle[2:5] = \langle bc \rangle$$

❑

Sei $k \in \mathbb{N}$. Eine azyklische, kontextfreie Grammatik (T, N, →, Z) heißt *LR(k)-Grammatik*, wenn folgende Bedingung gilt: Für jedes Paar von Ableitungen in Linksnormalform

$$u_1 \circ a_1 \circ x_1 \Rightarrow u_1 \circ B_1 \circ x_1 \Rightarrow \ldots \Rightarrow Z$$

$$u_2 \circ a_2 \circ x_2 \Rightarrow u_2 \circ B_2 \circ x_2 \Rightarrow \ldots \Rightarrow Z$$

wobei

$$a_1 \to B_1$$

$$a_2 \to B_2$$

Ableitungsregeln der Grammatik seien, gilt

$$u_1 \circ a_1 \circ (x_1[1{:}k]) = u_2 \circ a_2 \circ (x_2[1{:}k]) \Rightarrow a_1 = a_2 \wedge B_1 = B_2 \wedge u_1 = u_2 .$$

Das heißt, durch die Kenntnis der ersten k Zeichen des Restwortes x_1 (bzw. des Restwortes x_2) können wir eindeutig festlegen, welche Regel angewendet werden muß, um das Wort $u_1 \circ a_1 \circ x_1$ durch eine akzeptierende Linksreduktion auf das Axiom Z zu reduzieren (falls das Wort im Sprachschatz liegt).

Beispiel (LR(0)-Grammatik). Wir geben eine LR(0)-Grammatik

(T, N, →, Z)

an, mit:

N = {Z, a}

T = { (,) }

und mit den Regeln

Za → Z,
a → Z,
(Z) → a,
() → a .

Der Reduktionsvorgang hat nun folgende einfache Form:

Wir lesen das zu reduzierende Wort von links bis eine Produktion anwendbar ist und wenden die Produktionen an, bis keine Produktion mehr anwendbar ist.

Bricht dieser Vorgang mit dem Axiom ab, gehört das Wort zum Sprachschatz, sonst nicht. ❑

Bei LR(0)-Grammatiken brauchen wir also überhaupt keinen Kontext zu betrachten, um die richtigen Regeln für die Ableitung zu wählen. Wir erhalten ein effizienteres Verfahren zur Akzeptanz der Wörter des Sprachschatzes einer LR(k)-Grammatik. Dies erläutern wir an einem Beispiel.

Beispiel (Ableitung). Eine Ableitung der obigen LR(0)-Grammatik geben wir für das Wort (())() an:

(<u>()</u>)() ⇒

$(\underline{a})() \rightarrow$
$\underline{(Z)}() \rightarrow$
$\underline{a}() \rightarrow$
$Z\underline{()} \rightarrow$
$\underline{Za} \rightarrow$
Z

Durch eine Kellermaschine erhalten wir die in Tabelle 1.3 gegebene Berechnung (wir stellen die Regelanwendung verkürzt dar). Der Keller enthält bei dieser Berechnung stets ein Präfix des momentan zu reduzierenden Worts. ❑

Tabelle 1.3. Reduktion eines Worts in LR-Technik

Kellerinhalt	Restwort
	(())()
(	())()
((	))()
(()	)()
(a	)()
(Z	)()
(Z)	()
a	()
Z	()
Z(	)
Z()	
Za	
Z	

Durch die Kontextbedingungen wird sichergestellt, daß es nur eine akzeptierende Linksableitung gibt und daß diese angesteuert wird.

Satz: Jede LR(k)-Grammatik ist eindeutig.

Beweis: LR(k)-Grammatiken sind LR-deterministisch. ❑

Das Verfahren, Wörter im Sprachschatz von LR(k)-Grammatiken zu zerteilen, ist typisch Bottom-Up. Das vorliegende Wort wird schrittweise von links nach rechts gelesen. Die Regelanwendung ist abhängig vom Rechtskontext. Durch höchstens k Zeichen am Anfang des Restworts können die anzuwendenden Reduktionsregeln eindeutig bestimmt werden.

Beispiel (LR(1)-Grammatik). Wir betrachten die Chomsky-2-Grammatik

$$G = \{T, N, \rightarrow, Z\} ,$$

wobei

$$N = \{Z, A, P, E\}\}$$

$$T = \{(,), +, -, *, /, a\},$$

und geben für die Regeln zusätzlich die Kontexte an, die für ihre Auswahl zur Anwendung erforderlich ist. Die Regeln und die Kontextbedingungen sind in Tabelle 1.4 angegeben.

Im Ableitungsprozeß wird eine Regel nur dann angewendet, wenn das Restwort mit dem angegebenen Zeichen beginnt. Für das Wort ‹a+a*a› erhalten wir die folgende Ableitung

$$\begin{array}{ll}
\underline{a}+a*a & \Rightarrow \\
\underline{P}+a*a & \Rightarrow \\
\underline{E}+a*a & \Rightarrow \\
A+\underline{a}*a & \Rightarrow \\
A+\underline{P}*a & \Rightarrow \\
A+E*\underline{a} & \Rightarrow \\
A+\underline{E*P} & \Rightarrow \\
\underline{A+E} & \Rightarrow \\
\underline{A} & \Rightarrow \\
Z &
\end{array}$$

Man beachte, daß im Wort ‹A+E*a› die Anwendung der Regel A+E → A aufgrund der Kontextbedingung nicht zulässig ist. Die Anwendung dieser Regel würde auf das Wort ‹A*a› und damit in eine Sackgasse führen. ❑

Im allgemeinen ist es sehr zeitaufwendig, die Kontextbedingungen zu einer LR(k)-Grammatik von Hand zu erzeugen. Deshalb setzen wir Algorithmen ein, die für eine vorgegebene Zahl k und eine vorgegebene LR(k)-Grammatik entsprechende Tabellen erzeugen. Dazu verwenden wir automatentheoretische Verfahren. Man beachte jedoch, daß es keinen Algorithmus gibt, der für eine beliebige vorgegebene Grammatik G entscheidet, ob G eine LR(k)-Grammatik ist.

Tabelle 1.4. Regeln mit Kontextbedingungen

Regel	Lookahead (Restwort [1:1])
A → Z	ε
E → A	+, –,), ε
A+E → A	+, –,), ε
A–E → A	+, –,), ε
P → E	beliebig
E*P → E	beliebig
E/P → E	beliebig
(A) → P	beliebig
a → P	beliebig

Beispiel (Kellerautomat für LR(k)-Grammatik). Wir betrachten die Produktionsregeln

BC → Z
ab → B
c → C

Beim Lesen mittels eines Kellerautomaten ergibt die Eingabe des Wortes ‹abc› die Reduktion

$\underline{ab}c \rightarrow B\underline{c} \rightarrow \underline{BC} \rightarrow Z$

Lesen wir diese Ableitung nicht als Reduktionsfolge, sondern als Folge generierender Ersetzungen, ausgehend vom Axiom Z, so ergibt sich

$Z \rightarrow BC \rightarrow Bc \rightarrow abc$.

Dies bildet eine rechtslineare Generalisierung der LR-Grammatiken für den Fall der generativen Grammatiken („links reduzieren" führt auf „rechts generieren"). ❑

LR(k)-Grammatiken erlauben die Reduktion von Wörtern durch Kellermaschinen mit vertretbarem Aufwand.

Beispiel (Erkennungsrechenvorschrift für LR-Grammatik). Die folgende BNF-Regel beschreibt eine formale Sprache:

Z ::= () | (Z) | ZZ

Betrachten wir Z als Axiom und als einziges Nonterminalzeichen, so erhalten wir eine Chomsky-2-Grammatik. Eine Rechenvorschrift LRaccept zum Akzeptieren der Sprache in LR-Technik liest sich wie folgt:

```
proc LRaccept = (var string s, var bool res):
⌈ var stack char k := empty;
  res := true;
  while s ≠ ε ∧ res do
  if   pre(‹ZZ›, k)    then  rule(‹ZZ›, ‹Z›, k, res)
  elif pre(‹)Z(›, k)   then  rule(‹)Z(›, ‹Z›, k, res)
  elif pre(‹)(›, k)    then  rule(‹)(›, ‹Z›, k, res)
  elif first(s) = "("  then  s, k := rest(s), append("(", k)
  elif first(s) = ")"  then  s, k := rest(s), append(")", k)
                       else  res := false
  fi
  od;
  res := (k = append(Z, empty))                                ⌋
```

Wir verwenden dabei die Hilfsprozedur rule zur Regelanwendung (der Parameter res zeigt an, ob eine Regelanwendung durchgeführt wurde und wird später benötigt) und das Hilfsprädikat pre zu der Überprüfung, ob ein Wort ein Präfix des Kellers ist.

```
proc rule = (string s, t, var stack char k, var bool res):
  if  pre(s, t) ∧ res  then  for i := 1 to length(s) do k := rest(k) od;
                             k := sappend(t, k)
                       else  res := false
  fi
```

```
fct pre = (string s, stack char k) bool:
    if    s = ε       then  true
    elif  k = empty   then  false
                      else  first(k) = first(s) ∧ pre(rest(s), rest(k))
    fi

fct sappend = (string s, stack char k) stack char:
    if    s = ε       then  k
                      else  append(first(s), sappend(rest(s), k))
    fi
```

Man beachte, daß beim LR-Prinzip die Zeichen im Keller spiegelbildlich stehen. □

LR-Grammatiken dienen oft als Grundlage für übersetzererzeugende Systeme. Dies sind Programme, die Grammatiken als Eingabe nehmen und daraus einen Parser erzeugen.

1.4.6 LL(k)-Grammatiken

Wird nun im Gegensatz zur Vorgehensweise bei LR(k)-Grammatiken nicht am Quelltext (reduktiv, „bottom-up") gearbeitet, sondern wollen wir ausgehend vom Axiom Z die Ableitung erzeugen (generativ, „top-down"), so können wir folgenden Spezialfall einer LR-Grammatik verwenden.

Eine azyklische, kontextfreie Grammatik G = (T, N, →, Z) heißt *LL(k)-Grammatik* (mit $k \in \mathbb{N}$), falls folgende Aussage gilt. Für alle Paare von Ableitungen (mit a_1, a_2, v, u_1, $u_2 \in (T \cup N)^*$, $w \in T^*$, $B \in N$)

$$v \circ u_1 \overset{*}{\Rightarrow} v \circ a_1 \circ w \Rightarrow v \circ \langle B \rangle \circ w \overset{*}{\Rightarrow} Z$$

$$v \circ u_2 \overset{*}{\Rightarrow} v \circ a_2 \circ w \Rightarrow v \circ \langle B \rangle \circ w \overset{*}{\Rightarrow} Z$$

in Rechtsnormalform, wobei

$$a_1 \rightarrow B$$

$$a_2 \rightarrow B$$

Regeln der Grammatik sind, gilt:

$$u_1[1{:}k] = u_2[1{:}k] \Rightarrow a_1 = a_2 .$$

Dies besagt, daß wir die Zerteilung eindeutig festgelegen können, wenn wir die ersten k Zeichen des Wortes u_1 kennen. Durch die ersten k Zeichen (engl. look ahead) des Wortes u_1 (beziehungsweise u_2) wird eindeutig bestimmt, welche Regel angewendet werden muß, um das Wort durch eine Rechtsnormalform auf Z reduzieren zu können (falls das Wort im Sprachschatz liegt).

Beim Arbeiten mit LL(k)-Grammatiken wird der Quelltext ebenfalls von links nach rechts gelesen. Dabei werden jedoch ausgehend vom Axiom, abhängig vom Rechtskontext, im Keller Ableitungsschritte durchgeführt. Es wird also generativ gearbeitet. Es wird eine Linksableitung erzeugt, die ja einer Rechtsreduktion entspricht. Wie bei LR(k)-Grammatiken erhalten wir auch für LL-Grammatiken eine erheblich effizientere Konstruktion für Kellerautomaten, die Wörter im Sprachschatz erkennen. Wir erläutern dies wieder an einem einfachen Beispiel.

Tabelle 1.5. Reduktion eines Wortes in LL-Technik

Verarbeiteter Wortanfang	Keller	Resteingabe
	Z	+–a+aa
	+ZZ	+–a+aa
+	ZZ	–a+aa
+	–ZZ	–a+aa
+–	ZZ	a+aa
+–	aZ	a+aa
+–a	Z	+aa
+–a	+ZZ	+aa
+–a+	ZZ	aa
+–a+	aZ	aa
+–a+a	Z	a
+–a+a	a	a
+–a+aa		

Beispiel (LL(1)-Grammatik). Die Grammatik G = (N, T, →, Z) mit

T = { a, +, – }

N = {Z}

und den Regeln

a → Z,
–Z → Z,
+ZZ → Z.

ist eine LL(1)-Grammatik. Man beachte, daß wir nun im Top-Down-Verfahren die Regeln „rückwärts" anwenden. Wir erzeugen im Keller ausgehend vom Axiom das Wort. Stimmen das nächste Eingabezeichen und das oberste Kellerelement überein, so werden beide eliminiert. In Tabelle 1.5 geben wir als Beispiel die Reduktion des Wortes +–a+aa an.

Generell führen wir für die Erzeugung von Parsern durch LR(k)- und LL(k)-Techniken aus einer kontextfreien Grammatik in BNF folgende zwei Schritte aus:

- Auflösung der Iteration in Rekursion (Rechts-/Links-Rekursion) um eine LL(k)- oder LR(k)-Grammatik für die Sprache zu erhalten.
- Erzeugung der Tabellen für die Kontexte zur Regelanwendung durch Parsergeneratoren.

Beim LL(k)-Verfahren wird der Quelltext ebenfalls von links nach rechts gelesen (dies drückt das erste L in LL(k) aus). Im Gegensatz zu LR wird aber nicht eine reduzierende Regel auf den Quellentext angewendet, sondern die Ersetzungen werden ausgehend vom Axiom möglichst weit links angewendet, wodurch Linksgenerationen entstehen. Wieder demonstrieren wir das an einem Beispiel. Wir betrachten die Produktionsregeln:

$BC \rightarrow Z$
$ab \rightarrow B$
$c \rightarrow C$

Wir erhalten für das Wort abc in LR- bzw. in LL-Vorgehensweise die in Tabelle 1.6 angegebene Ableitung bzw. Reduktion:

Tabelle 1.6. Generation bzw. Reduktion eines Worts in LR- und LL-Technik

LR-Technik		LL-Technik	
Keller	Restwort	Keller	Restwort
	abc	Z	abc
a	bc	BC	abc
ab	c	abC	abc
B	c	C	c
BC	ε	c	c
Z	ε	ε	ε

Wie bei der LR-Technik wird bei der LL-Technik die anzuwendende Regel durch Kontextbetrachtung eindeutig bestimmt. ❑

Jede LL(k)-Grammatik ist auch eine LR(k)-Grammatik. Insbesondere sind LL(k)-Grammatiken damit eindeutig.

Beispiel (Erkennungsrechenvorschrift für LL-Grammatik). Die folgende Rechenvorschrift LLaccept akzeptiert die LL(1)-Sprache aus dem ersten Beispiel dieses Abschnitts in LL-Technik:

```
proc LLaccept = (var string s, var bool res):
⌈ var stack char k := append(Z, empty);
  while s ≠ ε ∧ res do
  if   k = empty           then  res := false
  elif first(s) = first(k) then  s, k := rest(s), rest(k)
  elif pre(‹a›, s)         then  rule(‹Z›, ‹a›, k, res)
  elif pre(‹–›, s)         then  rule(‹Z›, ‹–Z›, k, res)
  elif pre(‹+›, s)         then  rule(‹Z›, ‹+ZZ›, k, res)
                           else  res := false
  fi                       od;
  res := (s = ε ∧ k = empty)                                ⌋
```

Wir verwenden dabei die Hilfsprozedur rule zur Regelanwendung und das Hilfsprädikat pre zu der Überprüfung aus dem Abschnitt über LR-Grammatiken. ❑

Im Zusammenhang mit LL(k)- und auch LR(k)-Grammatiken betrachtet man häufig Grammatiken, die auch ε-Produktionen erlauben. Solche Grammatiken sind nach unserer Definition nicht kontextfrei (in manchen Definitionen werden ε-Produktionen in kontextfreien Sprachen zugelassen). Auf sie lassen sich jedoch die Definitionen und beschriebenen Techniken anwenden. Wie bereits gesagt, arbeitet man in der Praxis bei der syntaktischen Behandlung von Programmiersprachen mit LR(k)- und LL(k)-Grammatiken als Eingabe für Parsergeneratoren.

1.4.7 Das Verfahren des rekursiven Abstiegs

Ein klassisches Verfahren zur Zerteilung von Wörtern einer kontextfreien Sprache ist das Verfahren des rekursiven Abstiegs (recursive descent). Dieses Verfahren orientiert sich direkt an der BNF-Darstellung der Syntax. Für jedes nichtterminale Zeichen wird eine „Erkennungsprozedur" eingeführt, die eine vollständige disjunkte Falluntersuchung gemäß der BNF-Darstellung vorsieht.

Das Verfahren des rekursiven Abstiegs ist jedoch im allgemeinen im Gegensatz zu LR(k)- und LL(k)-orientierten Verfahren, wo nur auf einem endlichen Teilwort des Eingabeworts gearbeitet wird, nicht sequentiell, sondern arbeitet im allgemeinen auf dem gesamten Wort.

Beispiel (Verfahren des rekursiven Abstiegs). Wir betrachten folgende Sprache in BNF-Notation:

Z ::= (R

R ::= (RR|)

Dies entspricht der folgenden Grammatik in Greibach-Normalform:

$(\{"(",")"\}, \{Z, R\}, \{ (R \rightarrow Z, (RR \rightarrow R,) \rightarrow R \}, Z\}$

Wir erhalten folgende Prozeduren zur Akzeptanz der durch Z beschriebenen Sprachen. Hier ist res Resultatparameter.

```
proc acceptz = (var string s, var bool res):
    if    isempty(s)      then res := false
    elif  first(s) = "("  then s := rest(s); acceptr(s, res);
                               if ¬isempty(s) then res: = false fi
                          else res := false
    fi

proc acceptr = (var string s, var bool res):
    if    isempty(s)      then res := false
    elif  first(s) = "("  then s := rest(s); acceptr(s, res);
                               if res then acceptr(s, res) fi
    elif  first(s) = ")"  then s: = rest(s); res: = true
                          else res := false
    fi
```

Auch hier wird die Reduktion über das jeweils erste Zeichen im Restwort gesteuert. ❑

In der Praxis gibt es noch eine Reihe weiterer Techniken, mit deren Hilfe wir aus einer in BNF-Schreibweise gegebenen Syntax für eine formale Sprache die Programme für die Zerteilung der Wörter der Sprache gewinnen können.

1.5 Kontextsensitive Grammatiken

Kontextsensitive Grammatiken sind definitionsgemäß wortlängenmonoton. Damit kann jeder Reduktionsschritt die Länge des Wortes verkleinern oder allenfalls gleich lassen, nie jedoch vergrößern. Dies stellt sicher, daß wir einen Algorithmus angeben können, der für ein gegebenes Wort feststellt, ob es zum Sprachschatz gehört oder nicht.

Kontextsensitive Grammatiken sind sehr allgemein, wie das folgendes Lemma zeigt.

Lemma: Jede wortlängenmonotone Grammatik ist strukturäquivalent zu einer kontextsensitiven Grammatik (Chomsky-1-Grammatik).

Beweis: Wir ersetzen die Regel

$$A_1 A_2 \ldots A_i \rightarrow B_1 B_2 \ldots B_k \qquad \text{(wobei } 2 \leq k \leq i\text{)}$$

durch das System von Regeln

$$\begin{array}{ll} A_1 \ldots A_i & \rightarrow A_1 \ldots A_{k-1} X_k \\ A_1 \ldots A_{k-1} X_k & \rightarrow A_1 \ldots A_{k-2} X_{k-1} X_k \\ \vdots & \\ A_1 X_2 \ldots X_k & \rightarrow X_1 \ldots X_k \\ X_1 \ldots X_k & \rightarrow X_1 \ldots X_{k-1} B_k \\ \vdots & \\ X_1 B_2 \ldots B_k & \rightarrow B_1 \ldots B_k \end{array}$$

wobei $X_1 \ldots X_k$ neue Nichtterminalzeichen seien. ❑

Bei einer wortlängenmonotonen Grammatik ist für jedes Wort w die Menge der Wörter, die aus w durch Reduktionen hervorgehen, endlich. Dennoch können unendliche Reduktionspfade existieren. Auch dann stellt die Wortlängenmonotonie sicher, daß ein – wenn auch unter Umständen sehr ineffizienter – Algorithmus existiert, der entscheidet, ob ein Wort zum Sprachschatz gehört.

Für Chomsky-0-Grammatiken existiert solch ein Algorithmus, der feststellt, ob ein Wort im Sprachschatz ist oder nicht, in der Regel nicht. Wie wir im folgenden Kapitel sehen werden, kann für Chomsky-0-Grammatiken in der Regel kein Algorithmus angegeben werden, der immer terminiert und für jedes Wort feststellt, ob es im Sprachschatz liegt oder nicht. Es kann aber stets ein Algorithmus angegeben werden, der für jedes Wort im Sprachschatz terminiert und **true** ausgibt. Für Wörter, die nicht im Sprachschatz sind, wird **false** ausgegeben, falls der Algorithmus terminiert. Allerdings ist die Terminierung nicht garantiert.

2. Berechenbarkeit

Nicht alle Aufgabenstellungen der Informationsverarbeitung lassen sich durch Algorithmen lösen. Genauer gesagt gibt es mathematisch genau beschreibbare („formalisierbare") Probleme, für die keine Lösungsalgorithmen existieren. Wir betrachten im folgenden als Problembeispiel die Aufgabe, eine vorgegebene Funktion zu berechnen. Diese Aufgabe wird durch Angabe eines Algorithmus gelöst, der die in der Problemstellung beschriebene Funktion berechnet. Existiert ein Algorithmus zur Berechnung einer Funktion, so sprechen wir von einer berechenbaren Funktion. Eine Funktion f (die durch eine Aufgabenstellung festgelegt ist) heißt also *berechenbar*, wenn es einen Algorithmus gibt, der für jedes Argument x (als Eingabe) den Wert f(x) (als Ausgabe) berechnet. Damit wird der Begriff Berechenbarkeit auf den Begriff Algorithmus zurückgeführt. Insbesondere hängt die Aussage, wann wir eine Funktion berechenbar nennen, von unserer Wahl des Begriffs Algorithmus ab.

Wie bereits in Teil I gezeigt, gibt es eine Reihe unterschiedlicher Formalisierungen des Algorithmusbegriffs. Wir werden einige ausgewählte davon in diesem Kapitel behandeln und schließlich zeigen, daß die bisher vorgeschlagenen Algorithmenbegriffe auf den gleichen Begriff von Berechenbarkeit hinauslaufen.

Wir beschäftigen uns im folgenden insbesondere mit der Berechenbarkeit n-stelliger Funktionen

$$f: \mathbb{N}^n \to \mathbb{N}$$

über den natürlichen Zahlen. Die für diese Funktionen im weiteren eingeführten und untersuchten Begriffe für Berechenbarkeit lassen sich jedoch auf allgemeinere Definitions- und Wertebereiche erweitern.

Da wir – wie bereits ausführlich am Anfang von Teil I beschrieben – nur auf Repräsentationen von Elementen aus $\mathbb{N}$ und nicht auf $\mathbb{N}$ selbst rechnen können, verwenden wir zur Darstellung der Zahlen eine Menge T von Zeichen und eine injektive Abbildung

$$\text{rep}: \mathbb{N} \to T^*,$$

die eine Darstellung von Zahlen durch Wörter über der Zeichenmenge T festlegt. Natürlich nehmen wir an, daß die Abbildung rep auf ihrem Bild umkehrbar ist, da wir nur so eine eindeutige Zahldarstellung erhalten. Demnach existiert eine Abbildung

$$\text{abs}: \{t \in T^*: \exists\, n \in \mathbb{N}: \text{rep}(n) = t\} \to \mathbb{N},$$

so daß für die Abbildungen rep und abs die Gleichungen

$$\text{abs} \circ \text{rep} = \text{id},$$

$$\text{rep} \circ \text{abs} = \text{id}$$

gelten. Diese Technik der Übersetzung von konkreten Darstellungen in eine Menge abstrakter Informationen durch eine Abstraktionsfunktion abs ist typisch für die Arbeitsweise der Informatik.

Wir betrachten mit Hilfe dieser Übersetzung statt der *abstrakten* Abbildung zwischen natürlichen Zahlen

$$f: \mathbb{N}^n \to \mathbb{N}$$

die *konkrete* Abbildung zwischen Zeichenfolgen

$$\overline{f}: (T^*)^n \to T^*$$

mit folgender Eigenschaft (für alle $x_1, ..., x_n \in \mathbb{N}$):

$$f(x_1, ..., x_n) = \text{abs}(\overline{f}(\text{rep}(x_1), ..., \text{rep}(x_n))).$$

Diese Gleichung besagt im wesentlichen, daß wir – statt den Wert der Funktion f für eine Eingabe $x_1, ..., x_n$ zu berechnen – ebenso die Repräsentationen $\text{rep}(x_1), ..., \text{rep}(x_n)$ der Eingabe bestimmen können und für diese den Wert von $\overline{f}$ berechnen können. Mit Hilfe der Funktion abs können wir aus dem Resultat der Anwendung von $\overline{f}$ auf $\text{rep}(x_1), ..., \text{rep}(x_n)$ den Wert der Funktion f für eine Eingabe $x_1, ..., x_n$ erhalten. Aus obiger Gleichung ergibt sich das *kommutierende Diagramm* in Abb. 2.1.

$$\begin{array}{ccc} & f & \\ \mathbb{N}^n & \to & \mathbb{N} \\ \text{rep} \downarrow & & \uparrow \text{abs} \\ (T^*)^n & \to & T^* \\ & \overline{f} & \end{array}$$

Abb. 2.1. Kommutierendes Diagramm

Dieses Schema stellte die Beziehung zwischen einer abstrakten und einer konkreten Darstellung von Daten und den darauf verfügbaren Operationen dar. Es läßt sich auch für viele Bereiche der schrittweisen Verfeinerung von Datendarstellungen in der Programmierung und der dazugehörigen Funktionen anwenden. Wir sprechen von Beziehungen zwischen *Abstraktionsebenen*.

Gängige Darstellungsformen für Zahlen sind die Strichzahldarstellung, Binär- oder Dezimaldarstellung und Primzahldarstellung. Es besteht eine Abhängigkeit zwischen der Komplexität des Berechnungsaufwands und der Wahl der konkreten Darstellung. Für die sinnvolle Festlegung des Begriffs Berechenbarkeit ist es zusätzlich notwendig, daß die Funktionen rep und abs selbst im intuitiven Sinn berechenbar sind.

Konkrete Algorithmen arbeiten immer auf den Repräsentationen der natürlichen Zahlen. Aus naheliegenden Gründen fordern wir für einen realistischen Berechenbarkeitsbegriff, daß die konkreten Repräsentationen auch realistisch handhabbar sind. Deshalb setzen wir auch voraus, daß der Zeichensatz T eine endliche Menge ist.

2.1 Hypothetische Maschinen

Eine klassische Möglichkeit, den Algorithmusbegriff exakter zu fassen, sind *hypothetische Maschinen.* Sie sind mathematische Gebilde, die einer mathematischen Nachbildung des Zustandsraums und der Übergangsfunktion realer Maschinen entsprechen.

Hypothetische Maschinen bestehen wie reale Maschinen im allgemeinen aus einer Menge von Zuständen (Konfigurationen) und einer Menge von Zustandsübergängen, die den Berechnungsschritten der Maschine entsprechen. In den vorangegangenen Abschnitten haben wir bereits eine Reihe hypothetischer Maschinen kennengelernt, darunter

- endliche Automaten und
- Kellermaschinen.

Wie wir aus folgenden elementaren Überlegungen sehen, reichen endliche Automaten nicht aus, um einen hinreichend allgemeinen Berechenbarkeitsbegriff zu erhalten. Bereits Kellermaschinen sind mächtiger als endliche Automaten, da Kellermaschinen für beliebige kontextfreie Sprachen berechnen können, ob ein Wort der Sprache zum Sprachschatz gehört oder nicht. Dies leisten endliche Automaten nicht. Da Kellermaschinen offensichtlich Algorithmen darstellen, sind endliche Automaten nicht mächtig genug, um den Begriff der Berechenbarkeit zu erfassen.

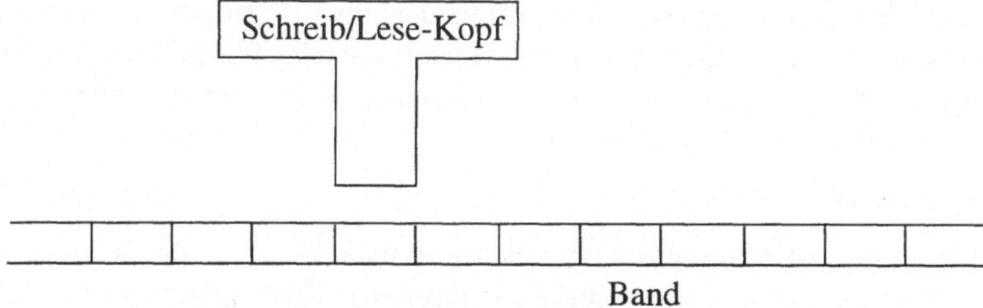

Abb. 2.2. Schematische Darstellung einer Turing-Maschine

Wir wählen im folgenden jedoch ein noch allgemeineres Maschinenmodell als Kellermaschinen, bei dem der Datenzustandsraum wie bei Kellermaschinen unendlich ist. Genauer gesagt ist jeder Zustand endlich, aber die Menge aller Zustände unbeschränkt. Ein solches Maschinenmodell kann allerdings als unrealistisch kritisiert werden, da in der Realität nur Maschinen mit endlichen Zustandsräumen auftreten. Wir werden diesen Einwand gegen hypothetische Maschinen mit unendlichen Zustandsräumen am Ende dieses Kapitels noch einmal diskutieren.

2.1.1 Die Turing-Maschine

Die Turing-Maschine wurde 1936 von A. M. Turing als ein einfaches hypothetisches Modell einer Rechenanlage vorgeschlagen. Eine Turing-Maschine besteht aus einem Band von Zellen zur Speicherung von Zeichen, einem Schreib/Lese-Kopf und einer

Steuereinheit mit einer endlichen Menge von Kontrollzuständen. Abb. 2.2 zeigt schematisch die Struktur einer Turing-Maschine.

Das Band ist in Zellen unterteilt und wird als beidseitig unendlich angenommen. Stets soll nur ein endlicher Abschnitt des Bandes wesentliche Information für die Berechnung tragen. Um dies genauer zu fassen, verwenden wir das Symbol # als Platzhalter für die leere Information. Somit sind bei einer Turing-Maschine stets nur endlich viele Zeichen des Bandes verschieden von #.

Eine Turing-Maschine TM arbeitet wie folgt. In jedem Arbeitsschritt liest TM das Zeichen auf dem Band unter dem Schreib/Lese-Kopf. Abhängig vom Kontrollzustand wird das Zeichen überschrieben und ein neuer Kontrollzustand wird eingenommen. Der Schreib/Lese-Kopf bewegt sich um eine Position nach links oder rechts, oder er behält seine Position bei.

Eine Turing-Maschine TM = (T, S, δ, s_0) umfaßt damit

- eine endliche Menge T von Eingabezeichen (es gelte $\# \notin T$), mit denen das Band beschrieben ist,
- eine endliche Menge S von Zuständen,
- eine (endliche) Übergangsfunktion bzw. -relation:

$$\delta: S \times (T \cup \{\#\}) \rightarrow \wp(S \times (T \cup \{\#\}) \times \{«, », \downarrow\}),$$

- einen Anfangszustand $s_0 \in S$.

Das Zeichen „«“ bewirkt dabei eine Verschiebung des Schreib/Lese-Kopfes um eine Position nach links, das Zeichen „»“ eine Verschiebung des Kopfes um eine Position nach rechts. Das Zeichen „$\downarrow$“ bewirkt ein Beibehalten der Position des Kopfes. Für einen gegebenen Zustand s_1 und ein Eingabezeichen t_1 unter dem Schreib/Lese-Kopf kennzeichnet das Tripel

$$(s_2, t_2, z) \in \delta(s_1, t_1)$$

einen möglichen Berechnungsschritt. Dieser führt auf den neuen Zustand s_2, den neuen Eintrag t_2 auf dem Band unter der Position des Schreib/Lese-Kopfes und der Bewegung z des Schreib/Lese-Kopfes. Gilt für eine Turing-Maschine TM

$$\forall\, t \in T \cup \{\#\}, s \in S: \ |\delta(s, t)| \leq 1,$$

so heißt TM *deterministisch.*

Beispiel (Turing-Maschine). Gesucht ist eine Turing-Maschine TM = (T, S, δ, s_0) mit

$$T = \{O, L\},$$

$$S = \{s_0, s_1, s_2, s_3\}$$

und einer Übergangsfunktion δ, so daß gilt: Starten wir die Turing-Maschine TM mit dem Eingabeband

$$...\#\ a_1\ ...\ a_n\ \#... \qquad a_i \in \{L, O\}$$

und steht der Schreib/Lese-Kopf am Anfang auf dem Zeichen a_n, so hält TM mit dem Bandinhalt ...# L #... und L unter dem Schreib/Lese-Kopf, falls die Anzahl der L in im Wort $\langle a_1 ..., a_n \rangle$ ungerade ist, und andernfalls mit dem Bandinhalt ...# O #... und mit dem Zeichen O unter dem Schreib/Lese-Kopf.

Die Übergangsfunktion geben wir durch die Tabelle 2.1 an.

Tabelle 2.1. Übergangsfunktion für eine Turing-Maschine

δ	O	L	#
s_0	$(s_0, O, »)$	$(s_0, L, »)$	$(s_1, \#, «)$
s_1	$(s_1, \#, «)$	$(s_2, \#, «)$	$(s_3, O, \downarrow)$
s_2	$(s_2, \#, «)$	$(s_1, \#, «)$	$(s_3, L, \downarrow)$
s_3	$\emptyset$	$\emptyset$	$\emptyset$

Diese Turing-Maschine ist deterministisch, da stets zu jedem Zustand höchstens ein Nachfolgezustand existiert. ❑

Wie bei Kellermaschinen läßt sich die Übergangsfunktion einer Turing-Maschine durch einen endlichen Automaten angeben, bei dem eine Kante vom Zustand s zum Zustand $\overline{s}$ existiert und mit (e, a, m) markiert ist, falls $(\overline{s}, a, m) \in \delta(s, e)$.

Beispiel (Übergangsfunktion einer Turing-Maschine als endlicher Automat). Für die Turing-Maschine aus obigem Beispiel erhalten wir den in Abb. 2.3 angegebenen endlichen Automaten.

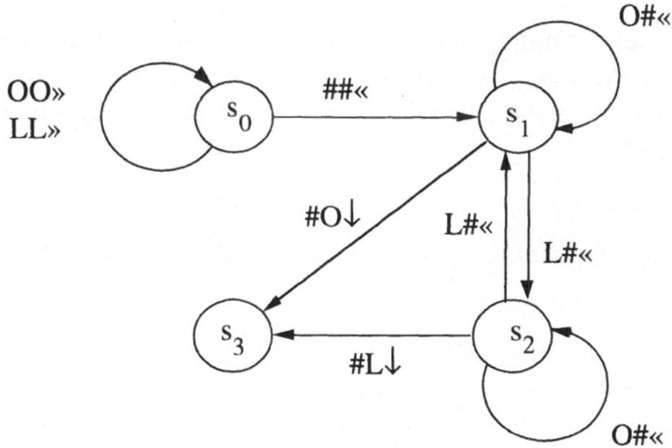

Abb. 2.3. Endlicher Automat, der die Übergangsfunktion einer Turing-Maschine darstellt.

Die Berechnungen einer Turing-Maschine lassen sich über Folgen von Konfigurationen beschreiben. Eine *Konfiguration* einer Turing-Maschine besteht aus dem Quadrupel

$$(s, l, a, r) \in S \times (T \cup \{\#\})^* \times (T \cup \{\#\}) \times (T \cup \{\#\})^* ,$$

wobei

s den aktuellen Zustand,
l das Wort links vom Schreib/Lese-Kopf,

a das aktuelle Zeichen unter dem Schreib/Lese-Kopf,
r das Wort rechts vom Schreib/Lese-Kopf

bezeichnen. Wir nehmen an, daß die übrigen Zellen des Bandes mit dem Zeichen # beschrieben sind. Somit sind die Konfigurationen

(s, l, a, r),

$(s, \langle\#\rangle \circ l, a, r)$ und

$(s, l, a, r \circ \langle\#\rangle)$

äquivalent.

Für Konfigurationen (s, l, a, r) und $(\bar{s}, \bar{l}, \bar{a}, \bar{r})$ einer Turing-Maschine schreiben wir

$$(s, l, a, r) \to (\bar{s}, \bar{l}, \bar{a}, \bar{r}),$$

falls

$$(\bar{s}, x, z) \in \delta(s, a)$$

und eine der folgenden Aussagen gilt:

(0) $z = \downarrow \wedge l = \bar{l} \wedge r = \bar{r} \wedge \bar{a} = x$ (Kopf bewegt sich nicht),

(1) $z = » \wedge \bar{l} = l \circ \langle x\rangle \wedge r = \langle\bar{a}\rangle \circ \bar{r}$ (Kopf bewegt sich nach rechts),

(2) $z = « \wedge l = \bar{l} \circ \langle\bar{a}\rangle \wedge \bar{r} = \langle x\rangle \circ r$ (Kopf bewegt sich nach links).

Hier seien ohne Beschränkung der Allgemeinheit die Wörter r und l nicht leer. Dies kann immer durch Anfügen des Zeichens # erreicht werden. Eine *Berechnung* einer Turing-Maschine ist eine endliche oder unendliche Folge von Konfigurationen K_i mit $1 \le i \le n$ oder $i \in \mathbb{N}$:

$$K_0 \to K_1 \to K_2 \to \ldots$$

Eine Konfiguration K_n heißt *terminal*, wenn keine Konfiguration K existiert, so daß gilt

$$K_n \to K.$$

Eine Konfiguration (s, l, a, r) einer Turing-Maschine ist genau dann terminal, wenn gilt:

$$\delta(s, a) = \emptyset .$$

Eine Berechnung heißt *vollständig*, wenn sie endlich ist und ihre letzte Konfiguration K_n terminal ist oder wenn sie unendlich ist.

Turing-Maschinen entsprechen Algorithmen und können auch durch Programme dargestellt werden. Eine deterministische Turing-Maschine entspricht einem Programm der Form:

s_1: **if** . . . **fi**

. . .

s_i: **if** aktuell(t_1) **then** put(r_{i1}); move(z_{i1}); **goto** s_{i1}

. . .

```
        elif aktuell(t_n)   then  put(r_in); move(z_n); goto s_in
                            else  stop
        fi
        ...
s_m:                        ...
```

wobei s_j, $s_{ij} \in S$, t_{ij}, $r_{ij} \in T$. Der Boolesche Ausdruck aktuell(x) liefere dabei **true** genau dann, wenn das Zeichen unter dem Schreib/Lese-Kopf x ist. Die Prozeduren put und move entsprechen Operationen auf der abstrakten Datenstruktur „Turing-Band".

Auf das Konzept der Turing-Maschine können wir einen Begriff der Berechenbarkeit abstützen. Eine partielle Funktion

$$f: T^* \to T^*$$

heißt *Turing-berechenbar*, wenn es eine deterministische Turing-Maschine TM gibt, so daß für alle Wörter $t \in T^*$ folgende Aussagen gelten:

(1) Es existiert eine endliche, vollständige Berechnung

$$(s_0, t, \#, \varepsilon) \to \ldots \to (s_e, r, \#, \varepsilon)$$

genau dann, wenn die Funktion f für t definiert ist und $f(t) = r$ für $r \in T^*$ gilt.

(2) Es existiert eine unendliche Berechnung

$$(s_0, t, \#, \varepsilon) \to \ldots$$

genau dann, wenn die Funktion f für das Argument t nicht definiert ist.

Turing-Berechenbarkeit läßt sich auf partielle Funktionen

$$f: \mathbb{N}^n \to \mathbb{N}$$

übertragen, indem wir eine konkrete Repräsentation für Zahlen wählen. Entscheiden wir uns für die Strichzahldarstellung, so heißt eine Funktion f Turing-berechenbar, wenn eine Turing-berechenbare partielle Funktion

$$g: \{|, \sqcup\}^* \to \{|, \sqcup\}^*$$

existiert, mit

$$g(\langle\sqcup\rangle \circ |^{x_1} \circ \langle\sqcup\rangle \circ \ldots \circ \langle\sqcup\rangle \circ |^{x_n} \circ \langle\sqcup\rangle) = \langle\sqcup\rangle \circ |^{y} \circ \langle\sqcup\rangle$$

$$\Leftrightarrow$$

$$f(x_1, \ldots, x_n) = y$$

wobei (sei $n \in \mathbb{N}$) der Ausdruck

$$|^n$$

für das Wort aus $\{|\}^*$ steht, das das Zeichen | n-fach wiederholt. Er ist mathematisch wie folgt spezifiziert:

$$|^0 = \varepsilon,$$

$$|^{n+1} = \langle|\rangle \circ |^n.$$

Auch wenn wir die Binärdarstellung für Zahlen wählen, erhalten wir den gleichen Begriff der berechenbaren Funktion. Dies können wir einfach beweisen, indem wir zwei Turing-Maschinen angeben, die die Strichzahldarstellung in die Binärzahldarstellung umrechnen, bzw. die Binärzahldarstellung in die Strichzahldarstellung umrechnen.

Nachstehend geben wir eine Reihe einfacher Funktionen an, die Turing-berechenbar sind:

(1) Konstante: Abbildungen

$$c: \mathbb{N}^n \to \mathbb{N},$$

für die ein $k \in \mathbb{N}$ existiert, mit

$$c(x_1, ..., x_n) = k$$

für alle $x_1, ..., x_n \in \mathbb{N}$.

(2) Die Nachfolgerfunktion

$$\text{succ}: \mathbb{N} \to \mathbb{N}$$

mit

$$\text{succ}(n) = n+1 \ .$$

(3) Die Projektionsfunktionen ($i, n \in \mathbb{N}$, $1 \leq i \leq n$)

$$\pi_i^n : \mathbb{N}^n \to \mathbb{N}$$

mit

$$\pi_i^n(x_1, ..., x_n) = x_i \ .$$

(4) Die total definierte Vorgängerfunktion

$$\text{pre}: \mathbb{N} \to \mathbb{N}$$

mit

$$\text{pre}(n) = \begin{cases} 0 & \text{falls } n = 0 \\ n-1 & \text{sonst .} \end{cases}$$

(5) Die partiell definierte Vorgängerfunktion

$$\text{pred}: \mathbb{N} \to \mathbb{N}$$

mit

$$\text{pred}(n) = \begin{cases} n-1 & \text{falls } n > 0 \\ \text{undefiniert} & \text{sonst .} \end{cases}$$

Dies sind Beispiele für sehr einfache Funktionen, die Turing-berechenbar sind. Komplexere Beispiele gewinnen wir durch die Konstruktion von Turing-Maschinen aus den gegebenen Turing-Maschinen. Beispielsweise können Turing-Maschinen „sequentiell" komponiert werden: Seien TM_1 und TM_2 Turing-Maschinen mit den gleichen Mengen von Eingabezeichen T, mit Anfangszuständen s_1 bzw. s_2 und seien ihre Zustandsmengen S_1 und S_2 disjunkt. Wir konstruieren nun eine neue Turing-Maschine TM_0 mit Eingangszeichen T und Anfangszustand s_1 und Zustandsmenge

$S_0 = S_1 \cup S_2$,

und Übergangsfunktion δ_0, spezifiziert durch:

$$\delta_0(s, t) = \begin{cases} \delta_1(s, t) & \text{falls } s \in S_1 \wedge \delta_1(s, t) \neq \emptyset \\ \{(s_2, t, \downarrow)\} & \text{falls } s \in S_1 \wedge \delta_1(s, t) = \emptyset \\ \delta_2(s, t) & \text{falls } s \in S_2 . \end{cases}$$

Die sequentielle Komposition der zwei Turing-Maschinen entspricht einer Berechnung, bei der zuerst die Turing-Maschine TM_1 mit der gegebenen Eingabe gestartet wird und sobald diese hält, die Turing-Maschine TM_2 mit dem von TM_1 erzeugten Eingabeband gestartet wird. Die so konstruierte Turing-Maschine berechnet die Komposition der Funktionen, die durch die Turing-Maschinen berechnet werden.

Die Konstruktion läßt sich verallgemeinern. Dazu definieren wir eine allgemeine Komposition für partielle Funktionen. Seien

$g: \mathbb{N}^n \to \mathbb{N}$

$h_i: \mathbb{N}^m \to \mathbb{N} \qquad 1 \leq i \leq n$

partielle Funktionen, dann ist die Funktion

$f: \mathbb{N}^m \to \mathbb{N}$,

wie folgt, durch die *Komposition* der Funktionen $h_1, ..., h_n$ und g definiert. Wir spezifizieren für alle Argumente $(x_1, ..., x_m)$ die Anwendung der Funktion f durch die Gleichung

$$f(x_1, ..., x_m) = g(h_1(x_1, ..., x_m), ..., h_n(x_1, ..., x_m)),$$

falls für alle i, $1 \leq i \leq m$, die Funktionsanwendung $h_i(x_1, ..., x_m)$ definiert ist und auch die Anwendung der Funktion g auf die Argumente

$(h_1(x_1, ..., x_m), ..., h_n(x_1, ..., x_m))$

definiert ist. Die Funktion f ist für die Argumente $(x_1,..., x_m)$ undefiniert, wenn

- für ein i, $1 \leq i \leq n$, der Funktionswert $h_i(x_1, ..., x_m)$ undefiniert ist oder
- für alle i, $1 \leq i \leq n$, die Funktionsanwendung $h_i(x_1, ..., x_m)$ definiert ist, aber die Anwendung der Funktion g auf die Argumente

  $(h_1(x_1, ..., x_m), ..., h_n(x_1, ..., x_m))$

  nicht definiert ist.

Wir bezeichnen die Funktion f durch den Ausdruck

$g \circ [h_1,..., h_n]$

Man beachte, daß die Funktion f total ist, falls alle Funktionen $h_1, ..., h_n$ und g total sind.

Durch Verallgemeinerung der oben beschriebenen Form der Komposition von Turing-Maschinen ergibt sich der folgende Satz.

Satz: (Verallgemeinerte Komposition von Turing-Maschinen). Seien

$g: \mathbb{N}^n \to \mathbb{N}$

$h_i: \mathbb{N}^m \to \mathbb{N} \qquad 1 \le i \le n$

Turing-berechenbare partielle Funktionen, dann ist die Funktion

$f: \mathbb{N}^m \to \mathbb{N}$,

die durch die Komposition der Funktionen $h_1, ..., h_n$ und g definiert ist,

$f = g \circ [h_1,..., h_n]$,

eine Turing-berechenbare Funktion. ❑

Dieser Satz zeigt, daß die Menge der Turing-berechenbaren Funktionen abgeschlossen gegen die Funktionskomposition ist. Die Komposition Turing-berechenbarer Funktionen liefert Turing-berechenbare Funktionen.

Es finden sich unter anderem folgende Varianten von Turing-Maschinen:

- Turing-Maschinen mit nur einseitig unendlichen Bändern (und einseitig endlichen Bändern),
- Mehrband-Turing-Maschinen.

Diese führen alle auf den gleichen Begriff der Turing-berechenbaren Funktionen.

Turing-Maschinen wurden von dem britischen Mathematiker Alan Turing als eine der elementarsten Beschreibungsmöglichkeiten für Algorithmen und Berechenbarkeit vorgeschlagen. Sie dienen auch als hypothetische Maschinen um den Berechnungsaufwand, die Berechnungskomplexität, von Algorithmen zu messen. Wir kommen darauf in Kapitel 3 zurück.

2.1.2 Registermaschinen

Registermaschinen sind hypothetische Maschinen, die in ihrem Aufbau stärker den heute gebräuchlichen Rechenanlagen ähneln (vgl. die Maschinenmodelle in Teil II). Wir betrachten Registermaschinen mit endlicher Registerzahl, aber unbeschränkter Registergröße zur Aufnahme beliebig großer natürlicher Zahlen.

Eine *Registermaschine mit n Registern* (kurz n-Registermaschine) besitzt n Register zur Speicherung unbeschränkt großer natürlicher Zahlen und ein Programm. Die Menge der Programme für eine n-Registermaschine ist induktiv wie folgt definiert (diese Menge läßt sich auch einfach durch BNF-Notation beschreiben):

(0) ε ist ein Programm (das leere Programm).
(1) $succ_i$ ist ein Programm $(1 \le i \le n)$.
(2) $pred_i$ ist ein Programm $(1 \le i \le n)$.
(3) Sind M_1 und M_2 Programme, so ist auch $M_1; M_2$ ein Programm.
(4) Ist M ein Programm, so ist auch $while_i(M)$ ein Programm $(1 \le i \le n)$.

Die Menge der Programme für eine n-Registermaschine bezeichnen wir mit n-PROG. Eine *Konfiguration* einer n-Registermaschine besteht aus dem Paar

$(s, p) \in \mathbb{N}^n \times$ n-PROG.

Auf der Menge der Konfigurationen spezifizieren wir die Zustandsübergangsrelation $\to$ durch folgende Regeln:

$(s, succ_i) \rightarrow ((s_1, ..., s_{i-1}, s_i+1, s_{i+1}, ..., s_n), \varepsilon),$

$(s, pred_i) \rightarrow ((s_1, ..., s_{i-1}, k, s_{i+1}, ..., s_n), \varepsilon),$

mit

$$k = \begin{cases} 0 & \text{falls } s_i = 0 \\ s_i - 1 & \text{sonst} \end{cases}$$

$(s, M_1; M_2) \rightarrow (\tilde{s}, \tilde{M}_1; M_2)$ falls $(s, M_1) \rightarrow (\tilde{s}, \tilde{M}_1)$ und $M_1 \neq \varepsilon$

$(s, \varepsilon; M_2) \rightarrow (s, M_2)$

$$(s, while_i(M)) \rightarrow \begin{cases} (s, M; while_i(M)) & \text{falls } s_i > 0 \\ (s, \varepsilon) & \text{sonst} \end{cases}$$

Man beachte, daß für Konfigurationen der Form (s, ε) keine Nachfolgekonfiguration definiert ist, da ε das leere Programm ist.

Eine Berechnung einer n-Registermaschine mit initialer Speicherbelegung s für das Programm p ist eine endliche oder unendliche Folge von Konfigurationen mit $c_0 = (s, p)$ und für $i \in \mathbb{N}$:

$$c_i \rightarrow c_{i+1} .$$

Eine Konfiguration c heißt *terminal*, wenn keine Konfiguration $\tilde{c}$ existiert, so daß gilt:

$$c \rightarrow \tilde{c} .$$

Für terminale Konfigurationen $c = (\overline{s}, p)$ gilt stets $p = \varepsilon$.

Eine Berechnung heißt *vollständig*, wenn die Folge der Konfigurationen unendlich ist oder wenn die Folge der Konfigurationen endlich und die letzte Konfiguration c_k terminal ist. Wir sagen dann: Die n-Registermaschine mit dem Programm p berechnet die Ausgabe $\overline{s}$ für die Eingabe s.

Beispiel (Registermaschinenprogramme).

(1) Ein Programm für eine 1-Registermaschine:

$$while_1(pred_1)$$

Dieses Programm bewirkt das Löschen des Registerinhaltes. Das Register wird auf Null gesetzt.

(2) Programm für die Addition durch eine 2-Registermaschine:

$$while_2(succ_1; pred_2) .$$

Dieses Registermaschinenprogramm hat die gleiche Wirkung wie die Zuweisung

$$s_1, s_2 := s_1+s_2, 0 .$$

(3) Programm für die Multiplikation durch eine 4-Registermaschine (wir geben die gebräuchliche Programmnotation zur Erläuterung als Kommentar):

$\text{while}_4(\text{pred}_4)$;	$s_4 := 0$;
$\text{while}_3(\text{pred}_3)$;	$s_3 := 0$;
$\text{while}_1($ pred_1;	**while** $s_1 > 0$ **do** $s_1 := s_1-1$;
$\quad \text{while}_2(\text{succ}_3; \text{succ}_4; \text{pred}_2)$;	$s_2, s_3, s_4 := 0, s_3+s_2, s_4+s_2$;
$\quad \text{while}_4(\text{succ}_2; \text{pred}_4)$	$s_2, s_4 := s_4, 0$
)	**od** .

Dieses Registermaschinenprogramm hat die folgende Wirkung:

$$(s_1, s_2, s_3, s_4) := (0, s_2, s_2 * s_1, 0).$$ ❑

Eine n-Registermaschine mit Programm p berechnet die partielle Funktion

$$f: \mathbb{N}^n \to \mathbb{N}^n,$$

falls gilt: Für die Anfangskonfiguration (s, p) endet die Berechnung mit $(\bar{s}, \varepsilon)$ genau dann, wenn $f(s) = \bar{s}$. Die Berechnung terminiert genau dann nicht, wenn die Funktion f für das Argument s nicht definiert ist. Die Funktion f heißt dann *RM-berechenbar*.

Wir erlauben, daß zur Berechnung einer Funktion durch eine Registermaschine zusätzliche Register als Hilfsregister verwendet werden. Sei

$$f: \mathbb{N}^n \to \mathbb{N}^n$$

ein durch eine RM-berechenbare Funktion. Gilt für eine Funktion

$$g: \mathbb{N}^k \to \mathbb{N}$$

mit $k \leq n$ und für bestimmte $c_{k+1}, ..., c_n \in \mathbb{N}$ für alle $x_1, ..., x_k \in \mathbb{N}$ die Aussage

$$f(x_1, ..., x_k, c_{k+1}, ..., c_n) = (y_1, ..., y_n) \Rightarrow g(x_1, ..., x_k) = y_1,$$

so nennen wir auch die Funktion g RM-berechenbar.

Neben n-Register-Maschinen werden auch Register-Maschinen mit unbeschränkter (abzählbarer) Registerzahl betrachtet sowie Register-Maschinen mit Sprungbefehlen. Registermaschinen entsprechen einer einfachen Form von **while**-Programmen, bestehend aus Zuweisungen, bedingten Anweisungen, sequentieller Komposition und **while**-Wiederholungen.

2.2 Rekursive Funktionen

Die bisher betrachteten Berechenbarkeitsbegriffe sind an hypothetischen Maschinenmodellen orientiert. Rekursiv deklarierte Funktionen dagegen sind intuitiv berechenbar. Für sie existieren Algorithmen zur Berechnung durch Text- und Termersetzung. Wir können den Algorithmusbegriff auch durch den Begriff der rekursiven Funktion formalisieren. Algorithmen werden dann durch Ausdrücke (Programme) repräsentiert, die Funktionen beschreiben.

2.2.1 Primitiv rekursive Funktionen

Primitiv rekursive Funktionen sind n-stellige, totale Funktionen

$$f: \mathbb{N}^n \to \mathbb{N},$$

die sich durch Komposition und die Anwendung des Schemas der primitiven Rekursion aus einer gegebenen Menge einfacher Grundfunktionen gewinnen lassen.

Als *Grundfunktionen* zur Definition primitiv rekursiver Funktionen verwenden wir folgende Abbildungen:

succ: $\mathbb{N} \to \mathbb{N}$	(Nachfolgerfunktion),
$\text{zero}^{(0)}: \ \to \mathbb{N}$	(konstante Nullfunktion),
$\text{zero}^{(1)}: \mathbb{N} \to \mathbb{N}$	(einstellige Nullfunktion),
$\pi_i^n: \mathbb{N}^n \to \mathbb{N}$	(i-te n-stellige Projektion, $1 \le i \le n$).

Es gelten folgende Gleichungen, die die Grundfunktionen eindeutig charakterisieren:

$$\text{succ}(n) = n+1,$$

$$\text{zero}^{(0)}() = 0,$$

$$\text{zero}^{(1)}(n) = 0,$$

$$\pi_i^n(x_1, \ldots, x_n) = x_i.$$

Insbesondere bezeichnet π_1^1 die Identitätsfunktion.

Aus gegebenen primitiv rekursiven Funktionen lassen sich weitere Funktionen durch *Komposition* gewinnen. Seien die Funktionen

$$g: \mathbb{N}^n \to \mathbb{N},$$

$$h_i: \mathbb{N}^m \to \mathbb{N}, \ 1 \le i \le n,$$

primitiv rekursiv. Dann ist die Funktion

$$f: \mathbb{N}^m \to \mathbb{N},$$

spezifiziert durch die Gleichung

$$f = g \circ [h_1, \ldots, h_n]$$

primitiv rekursiv. Dieses Schema der Komposition von Funktionen haben wir bereits im Abschnitt über Turing-Maschinen eingeführt.

Durch das *Schema der primitiven Rekursion* lassen sich wie durch die Komposition aus vorgegebenen Funktionen weitere gewinnen. Seien

$$g: \mathbb{N}^k \to \mathbb{N},$$

$$h: \mathbb{N}^{k+2} \to \mathbb{N}$$

vorgegebene Funktionen, dann spezifiziert das Schema

$$f(x_1, \ldots, x_k, 0) = g(x_1, \ldots, x_k), \qquad (*)$$

$$f(x_1, \ldots, x_k, n+1) = h(x_1, \ldots, x_k, n, f(x_1, \ldots, x_k, n)),$$

induktiv eindeutig die Funktion

$f: \mathbb{N}^{k+1} \to \mathbb{N}$.

(*) heißt Schema der primitiven Rekursion. Die Eindeutigkeit der Funktion f beweisen wir einfach durch vollständige Induktion. Wir sprechen deshalb auch von einer *induktiven Definition* der Funktion f.

Primitive Rekursion entspricht einer funktionalen Darstellung der statischen beschränkten Iteration oder Repetition (vgl. „**for**-Wiederholung"), bei der ein Parameter die Rekursionstiefe statisch (zu Beginn der Iteration durch eine explizit gegebene Zahl) festlegt. Daraus ergibt sich, daß bei primitiver Rekursion rekursive Aufrufe immer terminieren. Es ergibt sich für obiges Schema der primitiven Rekursion durch Expansion folgende Gleichung:

$$
\begin{aligned}
f(x_1, ..., x_k, n) = h(x_1, ..., x_k, n-1,\\
h(x_1, ..., x_k, n-2,\\
\dots\\
h(x_1, ..., x_k, 0, g(x_1,..., x_k)) ...))
\end{aligned}
$$

Wir bezeichnen die durch primitive Rekursion über g und h spezifizierte Funktion f auch durch pr(g, h). Dabei können wir pr als Funktional folgender Funktionalität auffassen:

$$pr: ((\mathbb{N}^k \to \mathbb{N}) \times (\mathbb{N}^{k+2} \to \mathbb{N})) \to (\mathbb{N}^{k+1} \to \mathbb{N})$$

Das Funktional pr der primitiven Rekursion entspricht einem Definitionsschema. Wir schreiben:

$$f = pr(g, h)$$

als Abkürzung für das obige Schema (*).

Beispiel (Definition durch das Schema der primitiven Rekursion).

(0) Addition durch primitive Rekursion:

$$
\begin{aligned}
&add(x, 0) = x && \{= \pi^1_1(x)\},\\
&add(x, succ(y)) = succ(add(x, y)) && \{= succ(\pi^3_3(x, y, add(x, y)))\}.
\end{aligned}
$$

Daraus ergibt sich das Schema

$$add = pr(\pi^1_1, succ \circ [\pi^3_3]).$$

(1) Totale Vorgängerfunktion durch primitive Rekursion:

$$
\begin{aligned}
&pred(0) = 0 && \{= zero^{(0)}()\},\\
&pred(succ(x)) = x && \{= \pi^2_1(x, pred(x))\}.
\end{aligned}
$$

Daraus ergibt sich das Schema

$$pred = pr(zero^{(0)}, \pi^2_1).$$

(2) Totale Subtraktion durch primitive Rekursion:

$$
\begin{aligned}
&sub(x, 0) = x && \{= \pi^1_1(x)\},\\
&sub(x, succ(y)) = pred(sub(x, y)) && \{= pred(\pi^3_3(x, y, sub(x, y)))\}.
\end{aligned}
$$

Daraus ergibt sich das Schema

$$\text{sub} = \text{pr}(\pi_1^1, \text{pred} \circ [\pi_3^3]).$$

(3) Multiplikation durch primitive Rekursion:

$$\text{mult}(x, 0) = 0 \qquad \{= \text{zero}^{(1)}(x)\ \},$$
$$\text{mult}(x, \text{succ}(y)) = \text{add}(x, \text{mult}(x, y)) \qquad \{= (\text{add} \circ [\pi_1^3, \pi_3^3])(x, \text{mult}(x, y))\}.$$

Daraus ergibt sich das Schema

$$\text{mult} = \text{pr}(\text{zero}^{(1)}, \ \text{add} \circ [\pi_1^3, \pi_3^3]).$$ ❑

Man beachte, daß Gleichungen der Form

$$g(x_1, ..., x_m) = E$$

zur Definition einer Funktion g mit einem beliebigen Ausdruck E, der aus Funktionssymbolen $f_1, ..., f_n$ und den Identifikatoren $x_1, ..., x_m$ gebildet ist, sich durch die Verwendung von Komposition und Projektion auch in der Form einer Gleichung

$$g = F$$

zwischen Funktionen schreiben lassen, wobei der Ausdruck F aus Kompositionen der Funktionen $f_1, ..., f_n$ und der Projektionen aufgebaut ist. Eine solche Notation führt auf den Stil der „funktionalen Programmierung", bei der anstelle der Funktionsapplikation nur die Funktionskomposition verwendet wird.

Das Schema der primitiven Rekursion führt, angewandt auf Turing-berechenbare Funktionen, wieder auf Turing-berechenbare Funktionen. Genauer ausgedrückt gilt folgende Aussage: Sind

$$g: \mathbb{N}^k \to \mathbb{N},$$

$$h: \mathbb{N}^{k+2} \to \mathbb{N}$$

Turing-berechenbare Funktionen, so ist pr(g, h) Turing-berechenbar. Formal können wir dies zeigen, indem wir aus zwei Turing-Maschinen zur Berechnung der Funktionen g und h eine Turing-Maschine bauen, die pr(g, h) berechnet.

Wir definieren die Menge PR der primitiv rekursiven Funktionen als kleinste Teilmenge der Menge $\{f: \mathbb{N}^n \to \mathbb{N}: n \in \mathbb{N}\}$ der n-stelligen (totalen) Funktionen über den natürlichen Zahlen $\mathbb{N}$ mit folgenden Eigenschaften:

(1) Alle Grundfunktionen sind in PR.

(2) Sind $g, h_1, ..., h_n \in PR$ (sei g n-stellig, $h_1, ..., h_n$ m-stellig), so gilt:

$$g \circ [h_1, ..., h_n] \in PR .$$

(3) Sind g (k-stellig) und h ((k+2)-stellig) in PR, so ist pr(g, h) in PR.

Dies ist eine sehr implizite Definition. Deshalb geben wir nun Beispiele für primitiv rekursive und für nicht primitiv rekursive Funktionen. Die Funktion

$$\text{sign}: \mathbb{N} \to \mathbb{N}$$

mit

$$\text{sign}(n) = \begin{cases} 0 & \text{falls } n = 0 \\ 1 & \text{falls } n > 0 \end{cases}$$

ist primitiv rekursiv: Es gilt

$$\text{sign}(0) = 0,$$

$$\text{sign}(n+1) = 1.$$

Daraus ergibt sich folgende Anwendung des Schemas der primitiven Rekursion zur Definition der Funktion sign:

$$\text{sign} = \text{pr}(\text{zero}^{(0)}, \text{succ} \circ [\text{zero}^{(1)} \circ [\pi_1^2]]).$$

Die Funktion case

$$\text{case}: \mathbb{N}^3 \rightarrow \mathbb{N}$$

spezifiziert durch die Gleichungen

$$\text{case}(x, y, z) = \begin{cases} y & \text{falls } x = 0 \\ z & \text{falls } x > 0 \end{cases}$$

ist primitiv rekursiv. Es gilt die Gleichung

$$\text{case}(x, y, z) = y * (1-\text{sign}(x))+z * \text{sign}(x)$$

Dies entspricht dem Ausdruck

$$\text{case}(x, y, z) = \text{add}(\text{mult}(y, \text{sub}(1, \text{sign}(x)))), \text{mult}(z, \text{sign}(x)))$$

Wir erhalten folgende Funktionsgleichung zur Definition der Funktion case:

$$\text{case} = \text{add}\circ[\text{mult}\circ[\pi_2^3, \text{sub}\circ[\text{succ}\circ[\text{zero}^{(1)}\circ[\pi_1^3]], \text{sign}\circ[\pi_1^3]]], \quad \text{mult}\circ[\pi_3^3, \text{sign}\circ[\pi_1^3]]]$$

Durch Einsetzen der primitiv rekursiven Definitionen von add, mult, sub und sign erhalten wir einen Ausdruck, der nur mit den Mitteln der primitiven Rekursion aufgebaut ist.

Aus den Definitionsschemata für primitiv rekursive Funktionen ergeben sich folgende Aussagen:

(1) Alle Funktionen in PR sind total.
(2) Alle Funktionen in PR sind Turing-berechenbar.
(3) Es gibt Turing-berechenbare Funktionen, die nicht primitiv rekursiv sind.

Die Aussagen (1) und (2) ergeben sich aus der Tatsache, daß durch die Definitionsschemata aus totalen, Turing-berechenbaren Funktionen totale, Turing-berechenbare Funktionen entstehen.

Die Aussage (3) ergibt sich bereits trivial aus dem Umstand, daß es partielle Funktion gibt, die Turing-berechenbar sind. Die Aussage läßt sich jedoch auch durch ein Beispiel einer totalen Funktion belegen. Wir betrachten dazu die Ackermann-Funktion

$$\text{ack}: \mathbb{N}^2 \rightarrow \mathbb{N},$$

spezifiziert durch das folgende (nicht primitiv rekursive) Schema:

$$\text{ack}(n, m) = \begin{cases} m+1 & \text{falls } n = 0 \\ \text{ack}(n-1,1) & \text{falls } n > 0, m = 0 \\ \text{ack}(n-1, \text{ack}(n, m-1)) & \text{falls } n > 0, m > 0 \end{cases}$$

Die Funktion ack ist durch diese Fallunterscheidung induktiv definiert. Sie ist damit eindeutig festgelegt, wie man einfach durch Induktion zeigt. Natürlich ist die Ackermann-Funktion intuitiv berechenbar. Ihre Turing-Berechenbarkeit läßt sich zeigen, indem wir eine Turing-Maschine angeben, die die Ackermann-Funktion berechnet. Dies läßt sich durch die Simulation eines Kellers auf dem Turing-Band erreichen.

Wir zeigen im folgenden, daß die Funktion ack nicht primitiv rekursiv ist. Dazu zeigen wir zuerst, daß die Funktion ack aus einer Schar primitiv rekursiver Funktionen besteht.

Satz: Für jede Zahl $n \in \mathbb{N}$ ist die Funktion

$$B_n: \mathbb{N} \to \mathbb{N},$$

spezifiziert durch

$$B_n(m) = ack(n, m),$$

eine primitiv rekursive Funktion.

Beweis: Induktion über n.

(1) Für $n = 0$ ist die Behauptung trivial: B_0 ist die Nachfolgerfunktion.

(2) Sei die Behauptung richtig für B_n. Es gilt

$$B_{n+1}(0) = B_n(1) \qquad \{= (B_n \circ [succ \circ [zero^{(0)}]])()\},$$

$$B_{n+1}(m+1) = B_n(B_{n+1}(m)) \qquad \{= (B_n \circ [\pi_2^2])(m, B_{n+1}(m))\}.$$

Dies entspricht genau dem Schema der primitiven Rekursion. Es gilt:

$$B_0 = succ,$$

$$B_{n+1} = pr(B_n \circ [succ \circ [zero^{(0)}]], B_n \circ [\pi_2^2]).$$ ❑

Wie der Beweis zeigt, zerfällt die Ackermann-Funktion in ein Bündel primitiv rekursiver Funktionen. Sie selbst ist jedoch nicht primitiv rekursiv. Für die im Satz spezifizierten Funktionen B_i gilt:

$$B_0(m) = m+1,$$

$$B_1(m) = m+2,$$

$$B_2(m) = 2*m+3,$$

$$B_3(m) = 2^{m+3}-3.$$

Im wesentlichen entsteht der Wert $B_{n+1}(m)$ durch (m+1)-fache Iteration der Funktion B_n, angewandt auf 1.

Satz: Die Funktion ack ist nicht primitiv rekursiv.

Beweis: Folgende Aussage läßt sich einfach durch Induktion über die Anzahl der Anwendungen des Schemas der primitiven Rekursion beweisen:

Zu jeder primitiv rekursiven Funktion

$$g: \mathbb{N}^n \to \mathbb{N},$$

existiert eine Zahl $c \in \mathbb{N}$ so daß gilt:

$$g(x_1, ..., x_n) < ack(c, \sum_{i=1}^{n} x_i) .$$

Wäre nun ack primitiv rekursiv, so wäre auch die Funktion

$$h: \mathbb{N} \rightarrow \mathbb{N},$$

spezifiziert durch

$$h(n) = ack(n, n)$$

primitiv rekursiv. Dann existiert aber eine Zahl $c \in \mathbb{N}$ mit

$$ack(n, n) = h(n) < ack(c, n).$$

Für $n = c$ erhalten wir mit $ack(c, c) = h(c) < ack(c, c)$ einen Widerspruch.

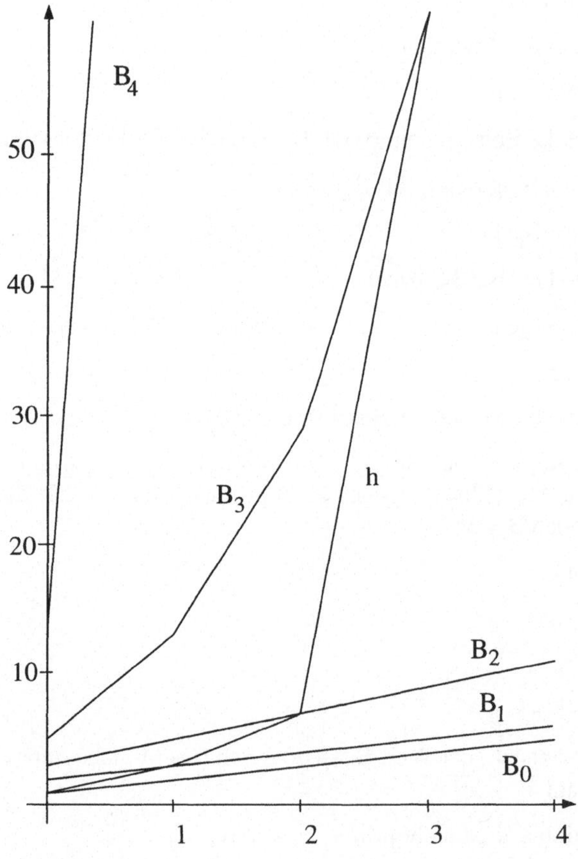

Abb. 2.4. Wachstum der Zweige der Ackermann-Funktion

Die Funktion h wächst demnach schneller als jede primitiv rekursive Funktion. Dies wird in Abb. 2.4 dargestellt. ❑

Die Ackermann-Funktion zeigt, daß die Klasse der primitiv rekursiven Funktionen nicht ausreicht, um Berechenbarkeit in der Allgemeinheit der Turing-Maschinen zu definieren.

2.2.2 μ-rekursive Funktionen

Primitiv rekursive Funktionen sind definitionsgemäß stets total. Wie das Beispiel der Ackermann-Funktion zeigt, existieren auch totale Funktionen, die intuitiv berechenbar und auch Turing-berechenbar, jedoch nicht primitiv rekursiv sind. Die totale Subtraktion ist primitiv rekursiv. Die klassische partielle Vorgängerfunktion und die partielle Subtraktion sind nicht total und somit nicht primitiv rekursiv. Beispielsweise bei Turing-Maschinen entstehen nichtterminierende Berechnungen, die dann durch die Partialität der berechneten Abbildungen modelliert werden können.

Dies legt nahe, das Konzept rekursiver Funktionen auch auf die Definition partieller Funktionen zu erweitern. Wie wir später sehen werden, existieren Problemstellungen, die notwendigerweise auf partielle Funktionen führen. Deshalb betrachten wir nun partielle Funktionen, die durch Rekursion spezifiziert werden können.

Beispiel (Partiell berechenbare Funktion). Wir berechnen für eine durch eine primitiv rekursive Definition gegebene einstellige Funktion die kleinste Nullstelle (die kleinste natürliche Zahl, für die die Funktion den Wert 0 hat). Die so auf der Menge der Ausdrücke zur Beschreibung partiell rekursiver Funktionen spezifizierte Funktion ist natürlich partiell und berechenbar. Sie läßt sich jedoch, wie gezeigt werden konnte, *nicht* zu einer totalen berechenbaren Funktion vervollständigen, die für Funktionen ohne Nullstellen einen konstanten Wert liefert (vgl. Hilberts zehntes Problem). ❑

Es gibt demnach berechenbare Funktionen, die partiell sein *müssen*. Daneben gibt es Rechenvorschriften, von denen wir zwar vermuten, daß sie totale Funktionen berechnen, für die die Terminierung und damit die Totalität bisher nicht bewiesen werden konnte.

Beispiel (Unbewiesene Terminierung). Die Abbildung ulam sei spezifiziert durch

$$\text{ulam}(n) = \begin{cases} 1 & \text{falls } n \leq 1 \\ \text{ulam}(g(n)) & \text{sonst} \end{cases}$$

wobei die Funktion g wie folgt spezifiziert sei:

$$g(n) = \begin{cases} n/2 & \text{falls n gerade} \\ 3*n+1 & \text{sonst} \end{cases}$$

Man beachte, daß die Funktion g primitiv rekursiv ist. Dies läßt sich wie folgt zeigen. Die Abbildung

$$\text{even}(n) = \begin{cases} 1 & \text{falls n gerade} \\ 0 & \text{sonst} \end{cases}$$

ist primitiv rekursiv. Die Funktion g ist durch Fallunterscheidung über zwei primitiv rekursive Funktionen spezifiziert und somit selbst primitiv rekursiv.

Abhängig von der Frage, ob die Rechenvorschrift ulam für alle Argumente terminiert, gelten folgende Aussagen:

(1) Terminiert die Rechenvorschrift ulam stets, dann gilt für alle $n \in \mathbb{N}$

$$\text{ulam}(n) = 1.$$

Unter dieser Annahme ist die Funktion ulam primitiv rekursiv.

(2) Terminiert ulam für bestimmte Eingabewerte nicht, so ist ulam eine partielle Funktion und somit sicher nicht primitiv rekursiv, da primitiv rekursive Funktionen stets total sind. Die Form der Beschreibung der Funktion ulam läßt nicht den Schluß zu, daß ulam primitiv rekursiv ist.

Bis jetzt ist es nicht gelungen, die Terminierung der Funktion ulam zu zeigen. ❑

Offensichtlich ist der Formalismus der primitiven Rekursion nicht mächtig genug. Wir erweitern ihn deshalb um eine Konstruktion, so daß auch partielle Funktionen beschrieben werden können. Sei die partielle Funktion

$$f: \mathbb{N}^{k+1} \to \mathbb{N} \quad (k \in \mathbb{N})$$

gegeben. Wir spezifizieren die partielle Funktion

$$\mu(f): \mathbb{N}^k \to \mathbb{N}$$

durch die Gleichung

$$\mu(f)(x_1, ..., x_k) = \min \{y \in \mathbb{N} : f(x_1, ..., x_k, y) = 0\},$$

falls eine Zahl $y \in \mathbb{N}$ existiert mit

$$f(x_1, \ldots, x_k, y) = 0$$

und für alle $z < y$ der Funktionswert $f(x_1, \ldots, x_k, z)$ definiert ist. Existiert eine solche Zahl y nicht, so ist der Wert der Anwendung der Funktion $\mu(f)$ auf die Argumente $(x_1, ..., x_k)$ undefiniert.

Wir sprechen vom Prinzip der *Minimierung* (vgl. das Prinzip des *kleinsten* Fixpunkts in Teil I). Das Funktional

$$\mu: (\mathbb{N}^{k+1} \to \mathbb{N}) \to (\mathbb{N}^k \to \mathbb{N}) \ ,$$

das in der oben beschriebenen Form jede k+1-stelligen Funktion auf eine k-stellige Funktion abbildet, heißt auch μ-Operator.

Man beachte, daß die Funktion $\mu(f)$ offensichtlich berechenbar ist, wenn die Funktion f berechenbar ist. Dies können wir wie folgt begründen. Wir können trivialerweise nacheinander die Werte $f(x_1, \ldots, x_n, 0)$, $f(x_1, \ldots, x_n, 1)$, ... berechnen, bis wir den Wert 0 als Resultat erhalten. Dann beenden wir die Berechnung mit dem entsprechenden Wert von y als Resultat. Existiert keine Nullstelle oder terminiert einer der zu untersuchenden Aufrufe nicht, bevor eine Nullstelle gefunden werden konnte, so terminiert das Verfahren nicht. In diesem Fall ist die Anwendung der Funktion $\mu(f)$ nach obiger Festlegung nicht definiert. Funktionen, die sich über primitiv rekursiven Funktionen durch die Anwendung des μ-Operators definieren lassen, nennen wir *μ-rekursiv*.

Beispiel (μ-rekursive Funktionen). Folgende Funktionen sind μ-rekursiv:

(1) Partiell definierte Subtraktion:

$$a \dot{-} b = \begin{cases} a-b & \text{falls } a \geq b \\ \text{undefiniert} & \text{sonst} \end{cases}$$

Wir definieren

$$a \dot{-} b = \mu(h_0)(a, b),$$

wobei

$$h_0: \mathbb{N}^3 \to \mathbb{N}$$

die primitiv rekursive Funktion ist, die spezifiziert ist durch die Gleichung:

$$h_0(a, b, y) = \text{sub}(b+y, a)+\text{sub}(a, b+y).$$

Hier bezeichnet sub die totale Subtraktion auf natürlichen Zahlen

$$\text{sub}(a, b) = \begin{cases} a-b & \text{falls } a \geq b \\ 0 & \text{sonst} . \end{cases}$$

Wir zeigen durch Fallunterscheidung, daß $\mu(h_0)$ in der Tat die gesuchte Funktion ist.

1. Fall: $a \geq b$; für $y = a-b$ erhalten wir:

   $$h_0(a, b, a-b) = \text{sub}(b+(a-b), a)+\text{sub}(a, b+(a-b)) = 0.$$

   Für $y < a-b$ (also für $b+y < a$) gilt:

   $$h_0(a, b, y) = \text{sub}(b+y, a)+\text{sub}(a, b+y) = \text{sub}(a, b+y) > 0.$$

   Somit gilt in diesem Fall $\mu(h_0)(a, b) = a-b$.

2. Fall: $a < b$; wir erhalten für alle Zahlen y

   $$h_0(a, b, y) = \text{sub}(b+y, a)+\text{sub}(a, b+y) = \text{sub}(b+y, a) > 0.$$

   Somit ist $\mu(h_0)(a, b)$ in diesem Fall undefiniert.

(2) Division: Die partiell definierte Division

$$a \cdot/\cdot b = \begin{cases} a/b & \text{falls } a \bmod b = 0 \\ \text{undefiniert} & \text{sonst} \end{cases}$$

ist über μ-Rekursion spezifiziert durch

$$\mu(h_1),$$

wobei

$$h_1(a, b, z) = a \dot{-} (b * z).$$

Wieder läßt sich dies durch Fallunterscheidung zeigen:

1. Fall: $a \bmod b = 0$ oder $a = b = 0$; dann gilt

   $$\exists\, y \in \mathbb{N}: a \dot{-} b*y = 0.$$

Falls $b > 0$ gilt, ist die Zahl y eindeutig bestimmt, und für $z < y$ ist $a \dot{-} b*z$ definiert. Falls $b = 0$, dann gilt: $y = 0$ erfüllt die Gleichung.

2. Fall: $a \bmod b \neq 0$ und $\neg (a = b = 0)$; da $b > 0$ ist, gilt:

   $a \cdot\!/\!\cdot b$ ist undefiniert.

   Es gibt keine Zahl z mit $a \dot{-} b*z = 0$, also ist der Ausdruck $a \dot{-} b*z$ entweder undefiniert oder > 0. Falls $a > 0$ und $b = 0$, gilt

   $$a \dot{-} b*y > 0$$

   für alle y; dann ist $\mu(h_1)(a, b)$ undefiniert.

(3) Die Funktion ulam. Die Funktion ulam ist spezifiziert durch

$$\text{ulam}(n) = \text{succ}(\text{zero}^{(1)}(\mu(\bar{h})(n))),$$

wobei die Funktion g so spezifiziert sei wie bei der Einführung von ulam und die Funktionen h und $\bar{h}$ wie folgt spezifiziert seien:

$$h(n, 0) = n,$$

$$h(n, m+1) = g(h(n, m)),$$

$$\bar{h}(n, m) = h(n, m) \dot{-} 1.$$

Wir können wieder nachweisen, daß für all $n \in \mathbb{N}$ der Wert ulam(n) mit dem Wert $\text{succ}(\text{zero}^{(1)}(\mu(\bar{h})(n)))$ übereinstimmt. Es gilt ulam(n) = 1 oder ulam(n) ist undefiniert.

(1) $h(n, m) = g^m(n)$,

(2) $\bar{h}(n, m) = 0 \Leftrightarrow h(n, m) \leq 1 \Leftrightarrow g^m(n) \leq 1$.

Demnach ist $\mu(h)(n)$ genau dann definiert, wenn gilt

$$\exists\, m: g^m(n) \leq 1,$$

und liefert die kleinste Zahl m, für die diese Eigenschaft gilt. ❑

Wir definieren die Menge MR der *μ-rekursiven Funktionen* als die kleinste Teilmenge des Funktionenraums

$$\{f: \mathbb{N}^n \to \mathbb{N}: n \in \mathbb{N}\}$$

der n-stelligen partiellen Abbildungen, für die gilt:

(1) MR enthält die primitiv rekursiven Funktionen PR,

(2) MR enthält alle Funktionen, die durch Komposition von Funktionen aus MR erhältlich sind,

(3) mit f enthält MR auch $\mu(f)$.

Die Menge MR umfaßt alle im allgemeinen Sinn rekursiv definierbaren Funktionen über den natürlichen Zahlen. Wir sprechen bei MR auch von der Menge der *partiell rekursiven Funktionen*.

2.2.3 Allgemein rekursive Funktionen

Die μ-Rekursion ist ein Spezialfall der allgemeinen Rekursion. Neben der μ-Rekursion können wir folgende Verfahren zur Definition rekursiver Funktionen verwenden.

(1) Allgemeine strukturelle Rekursion: Funktionen der Funktionalität

$$f: \mathbb{N}^n \rightarrow \mathbb{N}$$

werden durch Gleichungssysteme mit Gleichungen der Form

$$f(t^i_1, \ldots, t^i_n) = R_i$$

beschrieben, wobei für die Terme t^i_j

$$t^i_j = x_i+1 \text{ oder } t^i_j = 0$$

gelte und der Term R_i nur rekursive Funktionsaufrufe, einschließlich f, Basisfunktionen (wie succ, zero und pred) und die auf der linken Seite auftretenden Identifikatoren x_i enthalte. Für jede linke Seite existiere höchstens eine Gleichung. Diese Definitionsform schließt das Schema der primitiven Rekursion ein, ist jedoch allgemeiner, wie wir daraus ersehen, daß wir die Ackermann-Funktion spezifizieren können.

Beispiel (Ackermann-Funktion durch strukturelle Rekursion). Die Ackermann-Funktion ist eindeutig bestimmt durch die Gleichungen:

ack(0, 0) = 1,

ack(0, m+1) = ack(0, m)+1,

ack(n+1, 0) = ack(n, 1),

ack(n+1, m+1) = ack(n, ack(n+1, m)). ❑

Gleichungen struktureller Rekursion können durch verschiedene partielle Funktionen erfüllt werden. In Analogie zum Minimierungsprinzip wählen wir im allgemeinen die im Sinne der Definiertheit kleinste Funktion (den kleinsten Fixpunkt), die die Gleichungen erfüllt (vgl. Fixpunkttheorie in Teil I).

(2) Nichttypisierter λ-Kalkül oder typisierter λ-Kalkül mit Fixpunktoperator und Fallunterscheidung: Der von Church 1936 entwickelte „untypisierte" λ-Kalkül kann ebenfalls zur Grundlage der Definition partiell rekursiver Funktionen gemacht werden. Hierbei ist es auch möglich, λ-Terme selbst zur Repräsentation der natürlichen Zahlen zu verwenden.

Der untypisierte λ-Kalkül stellt neben der Funktionsapplikation eine Schreibweise für die Funktionsabstraktion

$$\lambda\, x: t$$

bereit, wobei t wieder ein beliebiger λ-Term sein kann. Wir sprechen vom untypisierten λ-Kalkül, da dem Identifikator in obiger Abstraktion keine Sorte (kein Typ) gegeben wird. Somit können beliebige Elemente und sogar Funktionen als aktuelle Parameterwerte auftreten. Der untypisierte λ-Kalkül erlaubt die Angabe des Fixpunktoperators als λ-Ausdruck (genannt *paradoxical combinator*):

$$\lambda\, \tau: (\, (\lambda\, x: \tau(x(x)))\, (\lambda\, x: \tau(x(x)))\,)\, .$$

Wir kürzen diesen λ-Ausdruck mit Y(τ) ab. Wir erhalten mit den Regeln des λ-Kalküls folgende Ableitung:

$$Y(\tau) =$$
$$(\lambda\ \tau: (\ (\lambda\ x: \tau(x(x)))\ (\lambda\ x: \tau(x(x)))\ ))(\tau) =$$
$$(\lambda\ x: \tau(x(x)))\ (\lambda\ x: \tau(x(x))) =$$
$$\tau((\lambda\ x: \tau(x(x)))\ (\lambda\ x: \tau(x(x)))) =$$
$$\tau((\lambda\ \tau: (\ (\lambda\ x: \tau(x(x)))\ (\lambda\ x: \tau(x(x)))\ ))(\tau)) =$$
$$\tau(Y(\tau)).$$

Nur weil die auftretenden Identifikatoren keine Typen besitzen, ist die obige Schreibweise überhaupt zulässig.

Im typisierten λ-Kalkül ist ein *Fixpunktoperator* **fix** für jede funktionale Sorte erforderlich. Jeder dieser Operatoren erfüllt für Funktionale der Form

$$\tau: \text{FUN} \rightarrow \text{FUN},$$

die Fixpunktgleichung

$$\mathbf{fix}[\tau] = \tau[\mathbf{fix}[\tau]].$$

Dabei bezeichne FUN beispielsweise den Raum der partiellen Funktionen $\mathbb{N} \rightarrow \mathbb{N}$, und τ sei monoton im Sinn der Definitionen in Teil I. Die Fixpunktgleichung entspricht genau der oben abgeleiteten Gleichung für den „paradoxical combinator" Y. Man beachte, daß wir in Teil I die partiellen Funktionen aus dem Funktionenraum

$$\mathbb{N} \rightarrow \mathbb{N}$$

durch strikte totale Funktionen im Funktionenraum

$$\mathbb{N} \cup \{\perp\} \rightarrow \mathbb{N} \cup \{\perp\}$$

dargestellt haben. Der Fixpunktoperator ordnet einer monotonen Funktion τ ihren kleinsten Fixpunkt zu.

Es läßt sich zeigen, daß alle diese Formalismen zur Deklaration rekursiver Funktionen auf die gleiche Menge von berechenbaren („rekursiven") Funktionen führen wie die μ-Rekursivität. In den heutigen Programmiersprachen findet sich Rekursion im allgemeinen in der Form expliziter Rekursionsgleichungen der Gestalt

$$f(x_1,\ldots, x_n) = E$$

oder in einer λ-Kalkül-Notation der Gestalt

$$f = \lambda\ x_1,\ldots, x_n : E,$$

wobei E neben den Grundfunktionen bedingte Ausdrücke (Fallunterscheidungen) und Aufrufe der Funktion f enthalten kann.

Daß bedingte Ausdrücke der Form

if $c > 0$ **then** $f(x_1,\ldots, x_n)$ **else** 0 **fi**

rekursive Funktionen darstellen, sehen wir aus folgender Konstruktion. Sei f eine partiell rekursive Funktion:

$$f: \mathbb{N}^k \to \mathbb{N},$$

dann ist

$$h_f: \mathbb{N}^{k+1} \to \mathbb{N},$$

spezifiziert durch

$$h_f(x_1, \ldots, x_k, c) = \begin{cases} f(x_1, \ldots, x_n) & \text{falls } c > 0 \\ 0 & \text{falls } c = 0 \end{cases}$$

eine partiell rekursive Funktion. Wir zeigen dies wie folgt. Ist f total, dann gilt

$$h_f(x_1, \ldots, x_k, c) = f(x_1, \ldots, x_k) * \text{sign}(c).$$

Gilt

$$f = \mu(g)$$

für eine Funktion g, dann spezifizieren wir die Funktion $\bar{g}$ durch

$$\bar{g}(x_1,\ldots, x_k, c, y) = \begin{cases} g(x_1,\ldots, x_k, y) & \text{falls } c > 0 \\ 0 & \text{falls } c = 0\,. \end{cases}$$

Es gilt $h_f = \mu(\bar{g})$. Dies ergibt sich sofort durch Fallunterscheidung mit $c = 0$ und $c > 0$. Die Rekursivität der allgemeinen Fallunterscheidung sehen wir wie folgt. Seien

$$c, f, g: \mathbb{N}^k \to \mathbb{N}$$

partiell rekursive Funktionen, dann ist die Funktion

$$\text{if}: \mathbb{N}^k \to \mathbb{N}$$

spezifiziert durch

$$\text{if}(x_1,\ldots, x_k) = \begin{cases} \text{undefiniert} & \text{falls } c(x_1, \ldots, x_k) \text{ undefiniert} \\ f(x_1, \ldots, x_k) & \text{falls } c(x_1, \ldots, x_k) = 0 \\ g(x_1, \ldots, x_k) & \text{falls } c(x_1, \ldots, x_k) > 0 \end{cases}$$

partiell rekursiv. Dies ergibt sich aus der Gleichung

$$\text{if}(x_1,\ldots, x_k) = \text{case}(c(x_1, \ldots, x_k), h_f(x_1, \ldots, x_k, 1-\text{sign}(c(x_1, \ldots, x_k))),$$
$$h_g(x_1, \ldots, x_k, c(x_1, \ldots, x_k)).$$

Die Funktion case ist in Abschnitt 2.2.1 beschrieben.

In voller Allgemeinheit läßt sich die Übereinstimmung rekursiver Deklarationen mit μ-Rekursivität zeigen, indem wir für rekursive Funktionsgleichungen

$$f(x_1,\ldots, x_n) = E$$

die Ausdrücke E „gödelisieren" (vgl. das folgende Kapitel). Dazu werden Abbildungen (sei $\mathbb{E}$ die Menge aller Ausdrücke)

$$\text{code}: \mathbb{E} \to \mathbb{N}$$

$$\text{eval}: \mathbb{N}^{n+1} \to \mathbb{N}$$

eingeführt, so daß für alle Ausdrücke E die Gleichung

$$f(x_1, \ldots, x_n) = \text{eval}(\text{code}(E), x_1, \ldots, x_n)$$

gilt. Die Abbildung code wählen wir so, daß sie intuitiv berechenbar ist (einfache Codierung von Zeichenfolgen). Schließlich bleibt zu zeigen, daß die Funktion eval μ-rekursiv ist. Dazu geben wir eine konkrete Definition von eval durch Rekursion an.

Die Definition der Rekursivität läßt sich von Funktionen über den natürlichen Zahlen auf beliebige abzählbare Mengen M verallgemeinern, indem wir Abbildungen

rep: $M \to \mathbb{N}$ („Repräsentationsfunktion"),

abs: $\mathbb{N} \to M$ („Abstraktionsfunktion")

einführen, die „intuitiv" berechenbar sind und für die die Gleichung

$$abs(rep(m)) = m$$

für alle $m \in M$ gilt. Wir nennen eine Funktion

$$f: M \to M$$

genau dann berechenbar, wenn eine berechenbare Funktion

$$g: \mathbb{N} \to \mathbb{N}$$

existiert, mit

$$f(m) = abs(g(rep(m))) .$$

Wir können auch analog zur μ-Rekursion, zur primitiven Rekursion oder zur strukturellen Rekursion über natürlichen Zahlen Berechenbarkeitsbegriffe direkt über allgemeinen Rechenstrukturen einführen. Besonders einfach können wir den Begriff Berechenbarkeit auf Prädikate über den natürlichen Zahlen erweitern, indem wir etwa **false** durch 0 und **true** durch 1 darstellen.

2.3 Äquivalenz der Berechenbarkeitsbegriffe

Die verschiedenen Formalisierungen des Algorithmusbegriffs, die wir bisher eingeführt haben, könnten zu verschiedenen Berechenbarkeitsbegriffen führen. Für hinreichend mächtige Algorithmenkonzepte haben sich jedoch alle bisher entwickelten Berechenbarkeitsbegriffe als äquivalent erwiesen.

2.3.1 Äquivalenz von μ-Berechenbarkeit und Turing-Berechenbarkeit

Wir haben – neben anderen – zwei fundamental verschiedene Formalisierungen von Algorithmen und Berechenbarkeit kennengelernt: μ-Berechenbarkeit und Turing-Berechenbarkeit. Nun soll die Äquivalenz der beiden Begriffe untersucht werden.

Eine wichtige Technik für Fragen der Berechenbarkeit, die wir in den folgenden Abschnitten mehrfach verwenden werden, ist die *Gödelisierung*, die auf den deutschen Logiker Kurt Gödel (1933) zurückgeht. Für eine endliche Zeichenmenge A nennen wir eine Abbildung

$$f: A^* \to \mathbb{N}$$

eine *Gödelisierung* der Menge A^*, wenn folgende Aussagen gelten:

(1) f ist injektiv,

(2) f ist berechenbar (es existiert ein Algorithmus, der für alle Wörter $w \in A^*$ die Zahl f(w) berechnet),

(3) es existiert ein Algorithmus, der für alle Zahlen $n \in \mathbb{N}$ berechnet, ob $n = f(w)$ für ein Wort $w \in A^*$ gilt ,

(4) es existiert ein Algorithmus, der für jede Zahl $n \in f(A^*)$ das Wort $w \in A^*$ berechnet, für das $n = f(w)$ gilt.

Eine Gödelisierung ist somit eine Darstellungstransformation für die Wörter aus A^* in die natürlichen Zahlen, derart daß alle Berechenbarkeitsbegriffe übertragbar sind.

Satz: Jede μ-rekursive Funktion ist Turing-berechenbar.

Beweisidee: Für jede Grundfunktion der μ-rekursiven Funktionen können wir eine entsprechende Turing-Maschine angeben. Die Komposition von rekursiven Funktionen können wir durch die Komposition von Turing-Maschinen nachvollziehen. Primitive Rekursion und μ-Rekursion lassen sich ebenfalls durch Turing-Maschinen modellieren. Mit diesem Verfahren kann jede μ-rekursive Funktion in ein Turing-Programm übersetzt werden. ❑

Satz: Jede (natürlichzahlige) Turing-berechenbare Funktion ist μ-rekursiv.

Beweisidee: Bezeichne K die Menge der Konfigurationen der Turing-Maschine. Wir verwenden eine injektive („berechenbare") Funktion

$$\text{rep}: K \to \mathbb{N},$$

die Schreib/Lese-Kopf-, Band- und Maschinenzustände, also Konfigurationen, durch Zahlen repräsentiert („gödelisiert"). Die Nachfolgerrelation auf den Konfigurationen erweist sich als primitiv rekursiv. Es existiert eine primitiv rekursive Funktion

$$g: \mathbb{N} \to \mathbb{N},$$

so daß für alle Konfigurationen k_0, k_1 der Turing-Maschine gilt:

$$k_0 \to k_1 \Leftrightarrow g(\text{rep}(k_0)) = \text{rep}(k_1)\ .$$

Mit Hilfe einer Fallunterscheidung, die sich ebenfalls in primitiver Rekursion ausdrücken läßt, können wir eine primitiv rekursive Funktion h mit zwei Parametern n und m spezifizieren, so daß h(n, m) genau dann den Wert Null liefert, wenn die Turing-Maschine bei Start mit der Konfiguration, die durch den Parameter n repräsentiert ist, nach m Schritten hält. Die primitiv rekursive Funktion

$$h: \mathbb{N}^2 \to \mathbb{N}$$

ist also spezifiziert durch

$$h(n, m) = \begin{cases} 0 & \text{falls } g^m(n) \text{ einer terminalen Konfiguration entspricht} \\ 1 & \text{sonst}\ . \end{cases}$$

Schließlich führen wir eine weitere primitiv rekursive Funktion it mit den zwei Parametern n und m ein, so daß it(n, m) die Repräsentation der Konfiguration der

Turing-Maschine liefert, die durch m Berechnungsschritte der Turing-Maschine aus der Konfiguration entsteht, die durch n repräsentiert wird. Die Funktion

$$it: \mathbb{N}^2 \to \mathbb{N}$$

ist spezifiziert durch

$$it(n, 0) = n,$$

$$it(n, m+1) = it(g(n), m).$$

Sie ist offensichtlich ebenfalls primitiv rekursiv. Die Funktion

$$tm: \mathbb{N} \to \mathbb{N},$$

spezifiziert durch die Gleichung

$$tm(n) = it(n, \mu(h)(n)),$$

entspricht der durch die Turing-Maschine berechneten Funktion und ist partiell rekursiv. ❑

In ähnlicher Weise können wir die Äquivalenz anderer Berechenbarkeitsbegriffe beweisen. Insbesondere sind auch die Begriffe RM-Berechenbarkeit und μ-Rekursivität äquivalent.

2.3.2 Äquivalenz von RM- und Turing-Berechenbarkeit

Die Modelle der Turing- und Registermaschinen liegen nicht weit auseinander. So erscheint es ziemlich einleuchtend, daß Berechenbarkeit durch Registermaschinen und Turing-Berechenbarkeit äquivalent sind. Da wir bereits aus dem vorangegangenen Abschnitt wissen, daß μ-Rekursivität und Turing-Berechenbarkeit äquivalente Begriffe sind, folgt aus der Äquivalenz von RM-Berechenbarkeit und Turing-Berechenbarkeit auch die Äquivalenz von RM-Berechenbarkeit und μ-Rekursivität. Diese Äquivalenz können wir natürlich auch direkt zeigen.

Wir definieren: Ein Programm P einer k-Registermaschine wird durch eine Turing-Maschine M mit Bandalphabet $\{␣, |\}$ simuliert, wenn für beliebige natürliche Zahlen $x_1, ..., x_k$ gilt:

(1) Die Turing-Maschine M hält bei der Eingabe

$$\#^\infty \circ \langle ␣ \rangle \circ |^{x_1} \circ \langle ␣ \rangle \circ ... \circ \langle ␣ \rangle \circ |^{x_n} \circ \langle ␣ \rangle \circ \#^\infty$$

genau dann, wenn die Registermaschine mit Programm P bei der Eingabe der Zahlen $x_1, ..., x_k$ hält.

(2) Hält die Registermaschine mit Programm P bei Eingabe von $x_1, ..., x_k$ mit den Registerinhalten $y_1, ..., y_k$, so hält die Turing-Maschine M bei Eingabe des Worts

$$\#^\infty \circ \langle ␣ \rangle \circ |^{x_1} \circ \langle ␣ \rangle \circ ... \circ \langle ␣ \rangle \circ |^{x_n} \circ \langle ␣ \rangle \circ \#^\infty$$

mit dem Wort

$$\#^\infty \circ \langle ␣ \rangle \circ |^{y_1} \circ \langle ␣ \rangle \circ ... \circ \langle ␣ \rangle \circ |^{y_m} \circ \langle ␣ \rangle \circ \#^\infty .$$

Satz: Zu jedem Programm P einer k-Registermaschine können wir eine Turing-Maschine M mit Bandalphabet {␣, |} angeben, die die Registermaschine simuliert.

Beweis: Strukturelle Induktion über die Struktur des Programms P:

$P = \varepsilon$	M liest die Eingabe, ohne sie zu ändern,
$P = succ_i$	M fährt bis zum i-ten Eingabewert, addiert einen Strich und kehrt in die Ausgangsposition zurück,
$P = pred_i$	M fährt bis zum i-ten Eingabewert und subtrahiert einen Strich und kehrt in die Ausgangsposition zurück,
$P = P_1; P_2$	sequentielle Komposition der Turing-Maschinen für P_1 und P_2,
$P = while_i(P_0)$	M fährt zur i-ten Position; falls dort die Strichzahldarstellung für 0 steht, erfolgt Halt, sonst fährt M zurück auf den Anfang, startet das Programm P_0 für M_0, wobei alle Haltezustände von M_0 durch den Anfangszustand von M ersetzt werden. ❑

Umgekehrt können wir auch von der Simulation einer Turing-Maschine durch eine k-Registermaschine sprechen, indem wir das Band in den Registern codieren.

Satz: Zu jeder deterministischen Turing-Maschine TM, die eine Funktion

$$f: \mathbb{N}^i \to \mathbb{N}^j$$

in der üblichen Codierung über {␣, | } berechnet, gibt es eine k-Registermaschine M (wobei die Registerzahl k abhängig von der Turing-Maschine TM ist), die TM simuliert.

Beweisidee: Wir können etwa folgende Codierung von Konfigurationen der Turing-Maschine TM durch die Registerzustände der Registermaschine M wählen:

	Zustand	linkes Wort	Zeichen	rechtes Wort
Konfiguration der TM:	s_i	w_1	a	w_2

Die Register der Registermaschine M enthalten folgende Einträge:

1. Register	$\langle a \rangle \circ w_2$ als gespiegelte Binärzahl (| = L, ␣ = 0),
2. Register	w_1 als Binärzahl,
3. Register	i für den Zustand s_i.

Weitere Register können zur Speicherung der Zustandsübergänge verwendet werden. Dies erfordert eine Codierung der Eingabezeichen und der Zustände durch Zahlen.

Das Programm der Registermaschine hat die folgende Struktur, wobei wir ohne Beschränkung der Allgemeinheit annehmen, daß s_ω der einzige terminale Zustand der Turing-Maschine ist:

$while_3$(Berechne neuen Zustand und Änderungen des Bandes)

Bei der von uns gewählten Darstellung der Konfigurationen der Turing-Maschine durch Registerinhalte entspricht das Lesen des Zeichens unter dem Schreib/Lese-Kopf der Abfrage, ob das erste Register gerade oder ungerade ist, Schreiben entspricht der Operation „Ganzzahlige Division durch 2" mit

+ 1, falls L zu schreiben ist,
+ 0, sonst.

Das Bewegen des Schreib/Lese-Kopf nach links entspricht den folgenden Operationen:

Zweites Register mit zwei multiplizieren, schreiben von L durch Erhöhen des zweiten Registers um eins, falls das erste Register ungerade ist.
Erstes Register durch zwei dividieren.

Das Bewegen des Schreib/Lese-Kopf nach rechts entspricht den folgenden Operationen:

Erstes Register mit zwei multiplizieren, schreiben von L durch Erhöhen des ersten Registers um eins, falls das zweite Register ungerade ist.
Zweites Register durch zwei dividieren. ❑

Satz: Jede partiell rekursive Funktion ist RM-berechenbar

Beweisidee: Die Prinzipien, nach denen partiell rekursive Funktionen aufgebaut sind, lassen sich durch Registermaschinen nachvollziehen. ❑

Satz: Jede RM-berechenbare Funktion ist partiell rekursiv.

Beweisidee: Die Nachfolgerrelation auf Registermaschinen erweist sich als primitiv rekursiv. ❑

Wir können nun von einem einheitlichen Begriff von Berechenbarkeit, wie ihn rekursive Funktionen, Turing-Maschinen oder Registermaschinen gleichermaßen formalisieren, ausgehen und uns generellen Fragen der Berechenbarkeit zuwenden.

2.3.3 Die Churchsche These

Wie gezeigt, gibt es zahlreiche Möglichkeiten, die Begriffe Algorithmus und Berechenbarkeit formal zu fassen. Keine dieser Möglichkeiten kann formal als falsch oder richtig qualifiziert werden. Allerdings können verschiedenartige Berechenbarkeitsbegriffe verglichen werden: Bisher haben sich alle entwickelten Begriffe von Berechenbarkeit als äquivalent (oder bei einer zu eingeschränkten Wahl des Algorithmenbegriffs höchstens als schwächer) zur μ-Berechenbarkeit (bzw. Turing-Berechenbarkeit) erwiesen. Damit liegt die Vermutung nahe, daß dies der grundlegende, adäquate Berechenbarkeitsbegriff ist.

Schon 1936 hat A. Church dies in seiner berühmten *Churchschen These* formuliert:

Jede intuitiv berechenbare Funktion ist partiell rekursiv.

Man beachte, daß die Churchsche These nicht mathematisch beweisbar, höchstens widerlegbar ist. Da das Adjektiv „intuitiv berechenbar" in der Churchschen These informell (nicht formal) verwendet ist, kann kein formaler Beweis geführt werden. Die bisher nicht widerlegte und allgemein akzeptierte These besagt:

Der durch die rekursiven Funktionen definierte Begriff von Berechenbarkeit führt auf den mächtigsten realistischen Berechenbarkeitsbegriff, der auch mit den anderen vorgeschlagen Begriffen von Berechenbarkeit äquivalent ist. Unter anderem sind folgende Algorithmusbegriffe vorgeschlagen worden:

(a) μ-Rekursivität (partiell rekursive Funktionen, Church 1936),
(b) allgemein rekursive Funktionen (Gleichungskalkül Gödel-Herbrand-Kleene 1936, Kleene 1952, Mendelson 1964),
(c) λ-Kalkül (Church 1936),
(d) Turing-Maschinen (Turing 1936),
(e) Postsche Ersetzungssysteme (Post 1943),
(f) Markov-Algorithmen (Markov 1951),
(g) Register-Maschinen (Sheperdson-Sturgis 1963).

Alle diese Formalisierungen des Algorithmusbegriffs führen auf den gleichen Begriff von Berechenbarkeit.

Der der Churchschen These zugrunde liegende Berechenbarkeitsbegriff geht von einer unendlichen Zustandsmenge aus. Die Zustände können unbeschränkt groß werden. Dies ist natürlich unrealistisch. Jede konkrete Rechenanlage hat nur einen endlichen Zustandsraum und entspricht somit einem endlichen Automaten. Trotzdem ist der verallgemeinerte Zustandsbegriff, der von unbeschränkten Zuständen und unendlichen Zustandsräumen ausgeht, angemessen. Der Algorithmenbegriff nach Church erlaubt es, Berechnungen für die Menge aller endlichen Automaten zu betrachten. Jede terminierende Berechnung kann erfolgreich durchgeführt werden, wenn der endliche Automat, auf dem sie abläuft, nur hinreichend groß ist.

2.4 Entscheidbarkeit

Wir haben eine Reihe von Formalismen für Algorithmen kennengelernt und gesehen, daß diese Formalismen auf identische Berechenbarkeitsbegriffe führen. Nun wenden wir uns der Frage zu, welche Aufgabenstellungen (Funktionen) der so erhaltene Begriff von Berechenbarkeit umfaßt, und ob es Aufgabenstellungen gibt, die prinzipiell nicht durch Algorithmen lösbar sind, oder formaler, ob es Funktionen gibt, die nicht berechenbar sind. Dabei können wir, nach den Ergebnissen des vorangegangenen Abschnitts, berechenbar und partiell rekursiv gleichsetzen.

2.4.1 Nichtberechenbare Funktionen

Wir haben mehrere Formalismen zur Darstellung von Algorithmen kennengelernt. Alle diese Formalismen erlauben es, Algorithmen durch endliche Terme („Programme") darzustellen. Sei PRG die Menge aller solcher Terme, die einstellige Funktionen darstellen, beispielsweise in der Schreibweise der μ-Rekursion. PRG ist eine formale Sprache. Für $p \in$ PRG bezeichnen wir mit f_p die durch das Programm p berechnete partielle Abbildung.

Alle Elemente $p \in$ PRG sind Wörter über einer endlichen Zeichenmenge und lassen sich durch natürliche Zahlen eindeutig repräsentieren („codieren"). Entsprechend existiert eine injektive Abbildung, eine Gödelisierung für PRG:

code: PRG $\rightarrow \mathbb{N}$.

Daß eine solche Codierung existiert, ergibt sich sofort aus der Existenz einer berechenbaren, injektiven Abbildung, die endliche Sequenzen über $\mathbb{N}$ nach $\mathbb{N}$ abbildet. Zum Beispiel können wir

seqcode: $\mathbb{N}^* \rightarrow \mathbb{N}$

spezifizieren durch

$$\text{seqcode}(\langle n_1 \dots n_k \rangle) = p_1^{n_1} * \dots * p_k^{n_k},$$

wobei die p_i die Folge der Primzahlen sei. Neben der Primzahldarstellung sind natürlich viele andere Codierungen für Sequenzen natürlicher Zahlen denkbar.

Satz: Es existiert eine totale Funktion

g: $\mathbb{N} \rightarrow \mathbb{N}$,

die nicht berechenbar ist.

Beweis (durch „Diagonalisierung"): Wir spezifizieren eine totale Funktion

g: $\mathbb{N} \rightarrow \mathbb{N}$

durch

$$g(n) = \begin{cases} f_p(n)+1 & \text{falls } \exists\, p \in \text{PRG: code}(p) = n \wedge f_p \text{ definiert für } n \\ 0 & \text{sonst} \end{cases}$$

Aus der Injektivität der Funktion code folgt die Konsistenz der Definition. Nehmen wir an, daß die Funktion g berechenbar ist, dann gibt es ein Programm q $\in$ PRG mit $f_q = g$. Dann gilt für m $\in \mathbb{N}$ mit code(q) = m, da die Funktion f_q total ist:

$$g(m) = f_q(m)+1 = g(m)+1.$$

Dies liefert einen Widerspruch. Daraus folgt: Die totale Funktion g ist nicht berechenbar. □

Die Existenz nichtberechenbarer Funktionen folgt auch aus einfachen Kardinalitätsbetrachtungen. Es muß nämlich, da es nur abzählbar viele Programme gibt, Funktionen geben, die nicht berechenbar sind, da die Menge der Funktion zwischen natürlichen Zahlen überabzählbar ist.

Die im Beweis konstruierte, nicht berechenbare Funktion ist nur von theoretischem Interesse. In vielen Gebieten der Informatik finden sich jedoch konkrete, praktisch bedeutsame Probleme und die ihnen entsprechenden Funktionen und Prädikate, die nicht berechenbar sind.

2.4.2 Entscheidbare Prädikate

Viele Problemstellungen der Informationsverarbeitung lassen sich in die Form einfacher Ja/Nein-Fragen bringen. In diesen Fällen besteht die Aufgabe des Informatikers darin, ein Verfahren (einen Algorithmus) anzugeben, der für eine gegebene Menge von Elementen (Eingabe) eine bestimmte Frage mit einem eindeutig festgelegtem Resultat *effektiv* durch einen Algorithmus beantwortet. Wir sprechen von *Entscheidungsverfahren.*

Ein Prädikat p heißt *entscheidbar*, wenn es einen Algorithmus gibt, der für jeden Satz von Argumenten $x_1, ..., x_n$ den Booleschen Wert $p(x_1, ..., x_n)$ berechnet. Das Prädikat p heißt *positiv semientscheidbar*, wenn es einen Algorithmus gibt, der für jeden Satz von Argumenten $x_1, ..., x_n$, für den $p(x_1, ..., x_n)$ gilt, terminiert und den Booleschen Wert **true** berechnet, und, falls $p(x_1, ..., x_n)$ nicht gilt, **false** als Ergebnis berechnet oder nicht terminiert. Mit anderen Worten, eine positive Antwort erfolgt in korrekter Weise in endlicher Zeit, eine negative erfolgt entweder korrekt oder wird in endlicher Zeit nicht gegeben. Das Prädikat p heißt *negativ semientscheidbar*, wenn $\neg p$ positiv semientscheidbar ist.

Beispiele (Entscheidbarkeit).

(1) Folgende Probleme sind entscheidbar:

- Gleichheit zweier natürlicher Zahlen in Binärzahldarstellung,
- Primzahleigenschaft einer natürlichen Zahl,
- Zugehörigkeit eines gegebenen Wortes zum Sprachschatz einer gegebenen Chomsky-3-Grammatik,
- Existenz der Nullstelle eines Polynoms über den natürlichen Zahlen.

(2) Folgende Probleme sind positiv semientscheidbar:

- Terminierung einer Turing-Maschine für eine bestimmte Eingabe,
- Zugehörigkeit eines Wortes zum Sprachschatz einer Chomsky-0-Grammatik.

(3) Folgendes Problem ist negativ semientscheidbar:

- Gleichheit zweier durch primitive Rekursion gegebener Funktionen.

(4) Folgendes Problem ist unentscheidbar und damit weder positiv noch negativ semientscheidbar:

- Terminierung einer durch μ-Rekursion beschriebenen Funktion für alle Parameterwerte („Halte-Problem"). ❑

Die letzte Aussage formulieren wir in einem Satz.

Satz: Das Terminierungsproblem bei μ-rekursiven Funktionen ist nicht entscheidbar.

Beweis: Wir bezeichnen die Menge der μ-rekursiven Programme mit μ-PRG. Wir treffen die folgende Widerspruchsannahme: Das Terminierungsproblem ist entscheidbar. Mit der code-Funktion aus Abschnitt 2.4.1 können wir dann ein μ-rekursives Programm p formulieren, das die Funktion f_p berechnet, spezifiziert durch

$$f_p(x) = \begin{cases} 0 & \text{falls } \exists\, q \in \mu\text{-PRG: code}(q) = x \wedge f_q(x) \text{ undefiniert} \\ \text{undefiniert} & \text{sonst .} \end{cases}$$

Wir erhalten für n = code(p)

$$f_p(n) = \begin{cases} 0 & \text{falls } f_p(\text{code}(p)) \text{ undefiniert} \\ \text{undefiniert} & \text{sonst .} \end{cases}$$

Dies liefert einen klaren Widerspruch, da $f_p(n)$ nicht gleichzeitig 0 und undefiniert sein kann. ❑

Ist eine bestimmte Funktion f nicht berechenbar oder ist ein bestimmtes Prädikat p nicht entscheidbar, so heißt das nicht notwendigerweise, daß wir den Wert f(x) bzw. p(x) für alle Argumente x nicht ermitteln können. Insbesondere kann f bzw. p auf einer Teilmenge des Definitionsbereichs berechenbar sein.

Es ist wichtig, zwischen „nicht entscheidbar“ (nicht berechenbar) und „nicht bewiesen“ zu unterscheiden. So ist für eine berechenbare Funktionen f im allgemeinen nicht entscheidbar, ob f stets terminiert. Allerdings kann dies für einzelne Funktionen gezeigt werden. Der Beweis kann aber Schwierigkeiten bereiten (vgl. die Funktion ulam).

2.4.3 Rekursive und rekursiv aufzählbare Mengen

Von besonderer Bedeutung für die Informationsverarbeitung sind Prädikate, die die Zugehörigkeit von einem Element zu einer Menge, beispielsweise die Zugehörigkeit von Wörtern zu einer formalen Sprache, testen. Solche Prädikate heißen *charakteristische Prädikate* der Menge.

Sei M eine gegebene Menge. Eine Teilmenge $S \subseteq M$ heißt *rekursiv*, wenn das charakteristische Prädikat zur Menge S entscheidbar ist.

Satz: Jede kontextsensitive Sprache (Chomsky-1-Sprache) ist rekursiv.

Beweis: Für jedes Wort ist aufgrund der Wortlängenmonotonie die Menge der Wörter, auf die das gegebene Wort reduzierbar ist, endlich; diese Menge kann durch einen Algorithmus berechnet werden. Daraus ergibt sich die Existenz eines Entscheidungsverfahrens. ❑

Für eine Teilmenge $S \subseteq M$ heißt eine totale Abbildung

$$e: \mathbb{N} \rightarrow M$$

eine *Aufzählung* (Enumeration), wenn

$$S = \{e(n): n \in \mathbb{N}\}.$$

Die Menge S heißt *rekursiv aufzählbar*, wenn eine berechenbare („rekursive“) Aufzählung für die Menge S existiert. Man beachte den Unterschied zwischen abzählbar und rekursiv aufzählbar.

Beispiel (Rekursive Aufzählbarkeit).

(1) Die Menge der primitiv rekursiven Funktionen ist rekursiv aufzählbar, aber nicht rekursiv.

(2) Die Menge der Argumente, für die eine μ-rekursive Funktion terminiert, ist rekursiv aufzählbar, aber nicht notwendigerweise rekursiv. ❑

Ist eine Menge rekursiv aufzählbar, so ist das charakteristische Prädikat positiv semientscheidbar.

Satz: Jede Chomsky-Sprache ist rekursiv aufzählbar.

Beweis: Die Grammatik der Sprache induziert über den Ableitungsbaum sofort ein Aufzählverfahren. ❑

Satz: Die Menge von Argumenten, für die eine partiell rekursive Funktion nicht terminiert, ist im allgemeinen nicht rekursiv aufzählbar.

Beweis: Wäre die Menge aufzählbar, wäre das Terminierungsproblem für partiell rekursive Funktionen entscheidbar. ❑

Satz: Eine Sprache S über der Zeichenmenge T ist genau dann rekursiv, wenn sowohl die Menge S als auch die Menge $T^*\backslash S$ rekursiv aufzählbar ist.

Beweis:

(1) Sind S und $T^*\backslash S$ aufzählbar, so erhalten wir sofort ein Entscheidungsverfahren für das charakteristische Prädikat von S: Wir zählen parallel die Mengen S und $T^*\backslash S$ auf. Sobald das gegebene Wort dabei auftritt, ist die Frage entschieden.

(2) Ist S rekursiv, so kann das (trivialerweise existierende) Aufzählungsverfahren für T^* sofort zu einem Aufzählungsverfahren für die Menge S bzw. $T^*\backslash S$ verfeinert werden. ❑

Den Zusammenhang zwischen Entscheidbarkeit und rekursiver Aufzählbarkeit liefert schließlich der folgende Satz:

Satz: Eine Teilmenge einer rekursiv aufzählbaren Menge ist genau dann rekursiv aufzählbar, wenn ihr charakteristisches Prädikat positiv semientscheidbar ist. ❑

Eine wichtige Anwendung der Theorie rekursiver und rekursiv aufzählbarer Mengen liegt in der mathematischen Logik: Auch Mengen von Booleschen Ausdrücken (Formeln) können wir unter dem Gesichtspunkt rekursiver und rekursiv aufzählbarer Mengen betrachten. Ein rekursives Beweissystem ist ein Beweissystem mit einer rekursiven Menge von Axiomen und Ableitungsregeln, die rekursiven Relationen auf Formeln entsprechen. Dann ist die Menge der beweisbaren Formeln rekursiv aufzählbar. Diese Betrachtungsweise liefert das wichtige Unvollständigkeitsresultat nach Gödel: Es existieren demnach für hinreichend komplexe Strukturen, worunter bereits die natürlichen Zahlen fallen, keine rekursiven Beweissysteme und damit nur unvollständige Axiomatisierungen. Unvollständige Beweissysteme enthalten Formeln, die, obwohl sie elementare Aussagen darstellen, nicht beweisbar sind und deren Negation auch nicht beweisbar ist.

3. Komplexitätstheorie

Waren wir im vorangegangenen Abschnitt ausschließlich an der Frage interessiert, ob eine Problemstellung überhaupt durch einen Algorithmus lösbar ist, so wenden wir uns in diesem Kapitel der Frage zu, mit welchem Rechen- und Speicheraufwand ein gegebenes Problem durch einen Algorithmus gelöst werden kann. Wir sprechen von der *Komplexität des Problems.*

Um die Komplexität eines Problems festlegen zu können, ist es sinnvoll, zunächst über die Komplexität eines Algorithmus zu sprechen. Die Komplexität eines Problems ergibt sich dann als größte untere Schranke der Komplexitätsbewertungen aller Algorithmen, die das Problem lösen. Wir wollen im folgenden die Komplexität von Algorithmen definieren und für ausgewählte Probleme untersuchen.

3.1 Komplexitätsmaße

Wie wir gesehen haben, hängt der Begriff Berechenbarkeit unmittelbar vom gewählten Algorithmusbegriff ab, wenn sich auch herausgestellt hat, daß verschiedene vorgeschlagene Algorithmenbegriffe äquivalent sind. Auch die Komplexität eines Problems hängt vom gewählten Algorithmusbegriff ab, jedoch führen hier unterschiedliche Formalisierungen des Algorithmusbegriffs zu völlig unterschiedlichen Komplexitätsbegriffen.

Im Teil I haben wir einfache Maßzahlen für den Berechnungsaufwand und den Speicherbedarf rekursiver Rechenvorschriften definiert. Nun stützen wir die Komplexitätsbegriffe auf das Konzept der Turing-Maschine ab. Diese Wahl hat sich in der theoretischen Informatik durchgesetzt. Reale Rechenmaschinen sind Turing-Maschinen zumindest ähnlich. In jeder Speicherzelle kann nur eine endliche Menge verschiedener „Zeichen“ (Binärwörter) gespeichert werden. Für den Prozessor existieren nur endlich viele verschiedene Zustände. Deshalb sind die durch Turing-Maschinen ermittelten Komplexitätsresultate auf reale Maschinen übertragbar.

3.1.1 Zeitkomplexität

Um realistische und stabile Komplexitätsbetrachtungen zu erhalten, betrachten wir k-Band Turing-Maschinen. Eine k-Band-Turing-Maschine verfügt über k Bänder. Für jedes Band existiert ein Schreib/Lese-Kopf. Eine Konfiguration besteht aus dem internen Zustand der Turing-Maschine und für jedes ihrer Bänder aus dem Wort links vom

Schreib/Lese-Kopf, dem Zeichen darunter und dem Wort rechts davon. In jedem Berechnungsschritt werden, abhängig vom internen Zustand und den Zeichen unter den Schreib/Lese-Köpfen, bestimmte Zeichen unter den Schreib/Lese-Köpfen ersetzt und bestimmte Schreib/Lese-Köpfe nach links oder rechts bewegt.

Wir betrachten die Mehrband-Turing-Maschine M mit k Bändern (jedes davon beidseitig unendlich), von denen eines die Eingabe enthält. Für jedes Eingabewort w der Länge n macht die Maschine, falls sie terminiert, b(w) Berechnungsschritte. Die Zahl b(w) bezeichnet damit die Länge der entsprechenden Berechnungssequenz. Gilt für eine Funktion

$$T: \mathbb{N} \rightarrow \mathbb{N}$$

für alle Wörter w der Länge $n = |w|$

$$b(w) \leq T(n),$$

so heißt M eine *T(n)-zeitbeschränkte Turing-Maschine*. Wir sagen auch, daß M die Zeitkomplexität T(n) hat. Das heißt, daß eine Berechnung (im nichtdeterministischen Falls jede Berechnung) für die Eingabe w höchstens T(|w|) Berechnungsschritte benötigt.

Mehrband-Turing-Maschinen sind im Sinne der Berechenbarkeit nicht mächtiger als Einband-Turing-Maschinen, liefern aber realistischere Zeitschranken. Eine Einband-Turing-Maschine muß, um zwei Wörter auf ihrem Band zu vergleichen, immer mit ihrem Schreib/Lese-Kopf hin- und herfahren. Es entsteht ein unrealistisches Komplexitätsmaß.

Kann eine Aufgabenstellung P durch eine Turing-Maschine M gelöst werden und ist M T(n)-zeitbeschränkt, so heißt das Problem P auch T(n)-zeitbeschränkt. Man beachte: Durch diese Definition wird die Komplexität eng an die Repräsentation der Ein-/Ausgabe gekoppelt. Wir verstehen den Zeitaufwand einer Turing-Maschine als Funktion, die mit der Länge des Eingabewortes wächst. Entsprechend liefern unterschiedliche Repräsentationen (vgl. bei Zahlen die Strichzahldarstellung und die Binärdarstellung) unterschiedliche Komplexitätsaussagen. Es ist für eine realistische Abschätzung der Effizienz üblich, für natürliche Zahlen die Binärdarstellung zu wählen.

Beim Wortproblem ist die Repräsentation vorgegeben. Für eine Sprache $L \subseteq V^*$ definieren wir: L hat die Zeitkomplexität T(n), wenn das Wort(erkennungs)problem von L die Zeitkomplexität T(n) hat. Dabei bezeichnet n die Länge des Eingabeworts.

Beispiel (Komplexität von Sprachen).

(1) Die Sprache

$$L = \{a^k c\, b^k : k \in \mathbb{N}\}$$

hat Zeitkomplexität n+1, da eine Turing-Maschine TM existiert, die jedes Wort w mit $|w| = n$ in L in n+1 Schritten erkennt. TM hat das zu erkennende Wort auf einem ihrer Bänder gespeichert, und der Schreib/Lese-Kopf zeigt auf das erste (am weitesten links stehende) Zeichen. Solange TM das Zeichen a unter dem Schreib/Lese-Kopf hat, schreibt sie dieses auf ein zweites Band und bewegt auf beiden Bändern den Schreib/Lese-Kopf nach rechts. Sobald das Zeichen c erreicht ist, bewegt TM den Schreib/Lese-Kopf auf dem zweiten Band solange nach links, wie auf dem ersten Band weiter Kopien des Zeichens b erscheinen und sich Kopien des Zeichens a auf dem zweiten Band finden. TM hält, sobald auf dem ersten Band kein Zeichen b oder auf dem zweiten Band kein Zeichen a mehr auftaucht. Tritt beides gleichzeitig ein, so ist das Wort akzeptiert, andernfalls abgelehnt.

(2) Die Addition zweier Zahlen a, b > 1 (in Binärzahldarstellung), wobei a und b auf dem Eingabeband mit entsprechenden Trennzeichen gegeben seien, benötigt

$$\log_2(b+a)+1+2*\log_2(b)+1+1$$

Berechnungsschritte, wenn wir annehmen, daß die Leseköpfe zu Beginn auf der Einer-Position der Zahl b stehen. Zuerst ist in $\log_2(b)$ Schritten die Zahl b auf ein zweites Band zu kopieren, dann gehen wir schrittweise durch die Zahlen und nehmen die Additionen vor, der Übertrag wird über die Zustände sichergestellt. Damit ist die Zeitkomplexität der Addition linear (bezogen auf die Länge der zu addierenden Zahlen in Binärzahldarstellung). ❑

Wir treffen folgende vereinfachende Annahme: Für die Zeitkomplexität T(n) gilt stets:

$$T(n) \geq n+1 .$$

Dies besagt, daß wir nur Turing-Maschinen bzw. Probleme betrachten wollen, die stets das gesamte Eingabewort inspizieren, bevor sie halten. Diese Annahme schließt einige triviale Probleme (Beispiel: berechne, ob eine Zahl n in Binärdarstellung gerade ist) aus, vereinfacht aber die Behandlung der Komplexität allgemeiner Problemstellungen.

3.1.2 Bandkomplexität

Die Zeitkomplexität bewertet den erforderlichen Zeitaufwand für die Ausführung eines Algorithmus zur Lösung einer bestimmten Aufgabe. Darüber hinaus ist jedoch auch der erforderliche Speicheraufwand von Belang. Wieder verwenden wir zur Behandlung dieses Aspekts Turing-Maschinen. Der Speicheraufwand eines Algorithmus wird dann über die Zahl der verwendeten Speicherzellen auf den Bändern gemessen.

Wir betrachten die Turing-Maschine M mit einem Eingabeband, das nicht beschreibbar ist und eine Endemarkierung enthält, und k einseitig unendlichen Bändern. Für ein Eingabewort w (der Länge n), für das die Maschine terminiert, verwende M $b_i(w)$ Speicherzellen auf ihrem i-ten Band ($1 \leq i \leq k$). Gilt für eine Abbildung

$$S: \mathbb{N} \to \mathbb{N}$$

für alle Wörter w mit $n = |w|$ und alle i, $1 \leq i \leq k$

$$b_i(w) \leq S(n) ,$$

so heißt M *S(n)-bandbeschränkte Turing-Maschine*. Wir sagen auch, die Maschine M hat die Bandkomplexität S(n).

Beispiel (Bandkomplexität).

(1) Die Sprache

$$L = \{a^k c\, b^k: k \in \mathbb{N}\}$$

hat eine Bandkomplexität beschränkt durch $1+\log_2 n$. Die Anzahl der gelesenen Zeichen a kann durch eine Binärzahl repräsentiert werden.

(2) Die Addition ist linear (in der Länge der Eingabewörter) bandbeschränkt. ❑

Wir treffen folgende vereinfachende Annahme: Wenn wir von der Bandkomplexität S(n) reden, sprechen wir immer von

$$\max\{1, S(n)\}.$$

Dadurch vermeiden wir subtile Probleme für Fälle wie

$$S(n) = \log_2 n \text{ und } n = 0.$$

Wir sind prinzipiell bei Fragen der Komplexität besonders an oberen Schranken (beziehungsweise asymptotischem Verhalten) interessiert. Dabei benutzen wir folgende Notation: Seien die Abbildungen

$$g, f: \mathbb{N} \to \mathbb{N}$$

gegeben. Wir sagen, die Funktion g ist von Ordnung O(f(n)), wenn g asymptotisch wie die Funktion f wächst – mathematisch ausgedrückt, wenn die folgende Aussage gilt:

$$\exists\, c, d \in \mathbb{N}\backslash\{0\}, n_0 \in \mathbb{N}: \forall\, n \in \mathbb{N}, n \geq n_0: f(n) \leq d * g(n) \leq c * f(n)\,.$$

Dann hat die Funktion g bis auf einen konstanten Faktor asymptotisch das gleiche Wachstum wie die Funktion f. Insbesondere sprechen wir von logarithmisch, linear, quadratisch, polynomial und exponentiell beschränktem Wachstum von g, wenn die Funktion g asymptotisch entsprechend wächst.

Bestimmte Aufgabenstellungen sind zwar theoretisch berechenbar, aber von so hoher Komplexität, daß sie *praktisch* nicht berechnet werden können. Dies läßt sich aus der Tabelle 3.1 ablesen. Sie gibt an, welche Zeit die Lösung eines Problems der Größe n benötigt, wenn die Ausführung des Lösungsalgorithmus O(f(n)) Mikrosekunden erfordert.

Tabelle 3.1. Unterschiedliches Wachstum gängiger Funktionen

n	$\log_2 n$	n	n log n	n^2	2^n
10	0.000003 sec	0.00001 sec	0.00003 sec	0.0001 sec	0.001 sec
10^2	0.000007 sec	0.0001 sec	0.0007 sec	0.01 sec	10^{16} Jahre
10^3	0.000010 sec	0.001 sec	0.01 sec	1 sec	astronom.
10^4	0.000013 sec	0.01 sec	0.13 sec	1.7 min	astronom.
10^5	0.000017 sec	0.1 sec	1.7 sec	2.8 Std.	astronom.

Im Zusammenhang mit der Berechenbarkeit waren für uns vor allem deterministische Turing-Maschinen von Interesse. Für Komplexitätsfragen sind nichtdeterministische Turing-Maschinen ebenso bedeutsam, da sie bestimmte Komplexitätsklassen charakterisieren. Dazu ist es erforderlich zu definieren, was es heißt, daß eine nichtdeterministische Turing-Maschine eine Relation berechnet. Wir betrachten nichtdeterministische Turing-Maschinen mit einer gegebenen Menge von Endzuständen, die erfolgreiche Berechnungen kennzeichnen. Eine Berechnung ist erfolgreich, wenn die Turing-

Maschine in einem Zustand dieser Menge von Endzuständen anhält. Die Menge der Ausgabebandinhalte am Ende erfolgreicher Berechnungen definiert die Relation, die eine nichtdeterministische Turing-Maschine berechnet.

Die Konzepte der Zeit- und Bandbeschränktheit von Turing-Maschinen lassen sich auch auf nichtdeterministische Turing-Maschinen verallgemeinern. So heißt eine nichtdeterministische Turing-Maschine *nichtdeterministisch T(n)-zeitbeschränkt*, wenn die Schranke für jede ihrer nichtdeterministisch durchgeführten Berechnungen gilt, und analog *nichtdeterministisch S(n)-bandbeschränkt*, wenn die Schranke für jede ihrer nichtdeterministischen Berechnungen gilt.

3.1.3 Zeit- und Bandkomplexität von Problemen

Eine Problemstellung heißt deterministisch (bzw. nichtdeterministisch) T(n)-zeitbeschränkt bzw. deterministisch (bzw. nichtdeterministisch) S(n)-bandbeschränkt, wenn es eine deterministische (beziehungsweise nichtdeterministische) Turing-Maschine gibt, die die durch das Problem beschriebene Funktion berechnet und entsprechend T(n)-zeitbeschränkt beziehungsweise S(n)-bandbeschränkt ist.

Wir betrachten folgende Klassen von Problemen abhängig von bestimmten Komplexitätseigenschaften:

DSPACE(S(n)): Klasse der deterministisch S(n)-bandbeschränkten Probleme,
NSPACE(S(n)): Klasse der nichtdeterministisch S(n)-bandbeschränkten Probleme,
DTIME(T(n)): Klasse der deterministisch T(n)-zeitbeschränkten Probleme,
NTIME(T(n)): Klasse der nichtdeterministisch T(n)-zeitbeschränkten Probleme.

Wir wenden uns einigen Sätzen zu, die zeigen, daß die gewählten Komplexitätsmaße aussagekräftig sind, da sie insbesondere unempfindlich gegen die Multiplikation mit Konstanten sind.

Satz (Bandkompression): Ist ein Problem S(n)-bandbeschränkt, so ist es für jede Konstante $c \in \mathbb{R}$, mit $c > 0$, c*S(n)-bandbeschränkt.

Beweisidee: Konstruiere zur S(n)-bandbeschränkten Turing-Maschine TM_0 eine Turing-Maschine TM_1, die jeweils r aufeinander folgende Zeichen auf den Bändern von TM_0 (Wörter der Länge r) durch jeweils ein Zeichen auf den Bändern von TM_1 darstellt. □

Dieser Satz zeigt, daß durch die Wahl der Größe der Speicherzellen eines Bandes der Faktor bei der Bandbeschränktheit beliebig klein (>0) gewählt werden kann.

Korollar: Für alle reellen Zahlen $c \in \mathbb{R}$, mit $c > 0$, gilt:

$$\text{NSPACE}(S(n)) = \text{NSPACE}(c*S(n))$$

sowie

$$\text{DSPACE}(S(n)) = \text{DSPACE}(c*S(n)) .$$ □

Somit hat die Wahl der Größe der Speicherzellen keinen Einfluß auf die Ordnung des Speicheraufwandes. Auch die Zahl der Bänder ist dafür unerheblich.

Satz (Reduktion der Bänderzahl): Wenn ein Problem auf einer S(n)-bandbeschränkten Turing-Maschine mit k Bändern berechnet werden kann, dann kann es auch auf einer S(n)-bandbeschränkten Turing-Maschine mit einem Band berechnet werden.

Beweisidee: Sei M eine S(n)-bandbeschränkte Turing-Maschine mit k Bändern. Wir können eine Turing-Maschine konstruieren, die die k Bänder von M auf einem Band simuliert. ❑

Daß auch die Faktoren für die Zeitkomplexität im Prinzip keine Rolle spielen, zeigt der folgende Satz.

Satz (Linearer Speed-up): Wird ein Problem von einer T(n)-zeitbeschränkten k-Band-Turing-Maschine M_1 berechnet, so wird das Problem für jede reelle Zahl $c > 0$ auch durch eine c*T(n)-zeitbeschränkte k-Band-Turing-Maschine M_2 berechnet, wenn $k > 1$ und

$$\inf_{n\to\infty} \frac{T(n)}{n} = \infty .$$

Beweisidee: Wir zeigen, daß wir für beliebige Zahlen $m \in \mathbb{N}$ eine Turing-Maschine M_2 konstruieren können, die jeweils m Zeichen von M_1 zu einem Zeichen zusammenfaßt und auch mindestens m Berechnungsschritte von M_1 durch eine konstante Anzahl von Berechnungsschritten ersetzt.

Dazu kodieren wir in die Zustände von M_2 die Information, wie die Zeichen unter den Leseköpfen im Sinne von M_1 zu interpretieren sind. Um eine entsprechende Anzahl von Berechnungsschritten von M_1 zu weniger Berechnungsschritten von M_2 zusammenfassen zu können, führt M_2 stets folgendes Berechnungsschrittschema aus:

Zuerst inspiziert M_2 die Zellen links und rechts von den Leseköpfen. M_2 faßt alle Berechnungsschritte von M_1 zu einer Transition zusammen, die stattfinden können, bis M_1 hält oder ein Schreib/Lese-Kopf von M_1 den Bereich der Länge 3*m verläßt. Dieser Bereich wird durch die drei Zeichen in M_2 dargestellt ist, die sich links, rechts von den und unter den Schreib/Lese-Köpfen befinden.

Dadurch werden mindestens m Berechnungsschritte von M_1 erfaßt. Somit simuliert M_2 in höchstens acht Berechnungsschritten (vier zum Lesen, vier zum Schreiben) mindestens m Berechnungsschritte von M_1. Für gegebenes c wählen wir die Zahl m so, daß gilt:

$$c*m \geq 24 .$$

Je T(n) Berechnungsschritte von M_1 werden durch $8*\lceil T(n)/m \rceil$ Berechnungsschritte (hier bezeichnet für eine reelle Zahl r der Ausdruck $\lceil r \rceil$ die kleinste ganze Zahl n für die $r \leq n$ gilt) von M_2 simuliert, außerdem muß M_2 seine Eingabe lesen und verschlüsseln. Dies ergibt $n+\lceil n/m \rceil$ Berechnungsschritte, also insgesamt

$$n+\frac{n}{m}+\frac{8\,T(n)}{m}+9$$

Berechnungsschritte (da $\lceil x \rceil < x+1$). Da

$$\inf_{n\to\infty} \frac{T(n)}{n} = \infty$$

gilt, erhalten wir

$$\forall\, d: \exists\, n_d \in \mathbb{N}: \forall\, n \geq n_d: \frac{T(n)}{n} \geq d$$

(das heißt $n \leq T(n)/d$). So gilt für $n \geq 2$ und $n \geq n_d$ stets

$$n+\frac{n}{m}+\frac{8\,T(n)}{m}+9 \leq T(n)[\frac{8}{m}+\frac{8}{d}+\frac{1}{md}] .$$

Die Zahl d kann frei gewählt werden. Setzen wir

$$d = m + \frac{1}{8} ,$$

so gilt

$$\frac{8}{m}+\frac{8}{d}+\frac{1}{md} \leq c .$$

Die Anzahl der Berechnungsschritte von M_2 ist also durch $c{*}T(n)$ beschränkt. Dies ergibt sich aus folgender Nebenrechnung:

$$\frac{8}{m}+\frac{8}{m+\frac{1}{8}}+\frac{1}{m^2+\frac{1}{8}m} \leq \frac{24}{m} \leq c .$$

❑

Die Konsequenz dieses Satzes für die Berechnungskomplexität zeigt das folgende Korollar.

Korollar: Gilt

$$\inf_{n \to \infty} \frac{T(n)}{n} = \infty$$

und $c > 0$, dann gilt

$$\mathrm{DTIME}(T(n)) = \mathrm{DTIME}(cT(n))$$

und

$$\mathrm{NTIME}(T(n)) = \mathrm{NTIME}(cT(n)) .$$

❑

Der vorige Satz zeigt, daß für Komplexitätsangaben vor allem die Ordnung der Funktion $T(n)$ interessant ist.

Eine wichtige Frage betrifft den Zusammenhang zwischen DTIME und NTIME sowie DSPACE und NSPACE. Zur Bandkomplexität liefert der *Satz von Savitch* eine Aussage. Zur Formulierung des Satzes benötigen wir folgende Definition. Eine Funktion

$$S: \mathbb{N} \to \mathbb{N}$$

heißt *voll Band-konstruierbar*, wenn eine $S(n)$-bandbeschränkte Turing-Maschine existiert, für die gilt: Für alle Zahlen $n \in \mathbb{N}$ existiert ein Eingabewort der Länge n, für das die Turing-Maschine tatsächlich $S(n)$ Speicherzellen benötigt. Analog definieren wir *voll Zeit-konstruierbar*.

Satz (nach Savitch). Jedes Akzeptanzproblem in NSPACE(S(n)) liegt auch in DSPACE($S(n)^2$), wenn S voll Band-konstruierbar ist und $\forall\, n \in \mathbb{N}$: $S(n) \geq \log_2(n)$.

Beweis: Sei M_1 eine S(n)-bandbeschränkte nichtdeterministische Turing-Maschine. Es existiert eine Konstante $c \in \mathbb{N}$, so daß für alle Zahlen $n \in \mathbb{N}$ folgende Aussage gilt:

Die Turing-Maschine durchläuft höchstens $c^{S(n)}$ Konfigurationen für eine Eingabe der Länge n. Demnach hält die Turing-Maschine nach höchstens $c^{S(n)}$ Schritten, da keine Konfiguration zweimal auftreten kann, sonst wäre die Terminierung nicht gesichert. Wir schreiben

$$K_1 \rightarrow^{(i)} K_2 ,$$

falls die Konfiguration K_2 ausgehend von K_1 in höchstens 2^i Schritten erreicht werden kann. Für $i \geq 1$ können wir

$$K_1 \rightarrow^{(i-1)} K_2$$

berechnen, indem wir $K_1 \rightarrow^{(i-1)} K$ und $K \rightarrow^{(i-1)} K_2$ für alle K überprüfen.

Eine Berechnung einer nichtdeterministischen Turing-Maschine ist ein Pfad in dem in Abb. 3.1 angegebenen Baum.

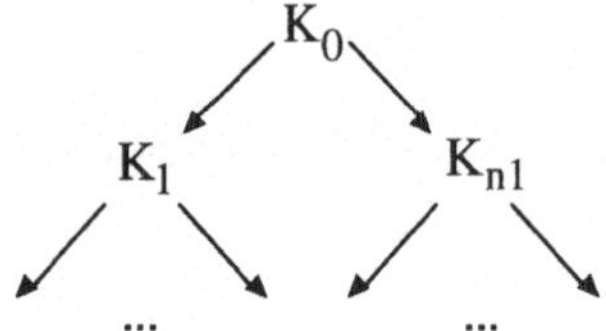

Abb. 3.1. Baum der Berechnungen der Turing-Maschine

Wir konstruieren eine deterministische Turing-Maschine, die folgendes „Programm" ausführt: Für jede Endkonfiguration K_f, die weniger als S(n) Bandeinheiten belegt, führen wir folgende Anweisung aus:

if TEST(K_0, K_f, m*S(n)) **then** akzeptiere **fi**

wobei $m = \log_2 c$ und

TEST(K_1, K_2, i) = **if** i = 0
then $(K_1 = K_2) \vee (K_1 \rightarrow K_2)$
else $\exists$ K mit höchstens S(n) Bandzeichen:
TEST(K_1, K, i−1) $\wedge$ TEST(K, K_2, i−1)
fi

Da die Konfigurationen K_1, K_2 und K höchstens S(n) Bandzellen umfassen, kann jede dieser Konfigurationen mit Platzbedarf S(n) repräsentiert werden. Die Binärzahldarstellung der Position des Kopfes in der Eingabe benötigt höchstens $\log(n) \leq S(n)$ Speicherzellen.

Man beachte, daß für alle Konfigurationen das Eingabeband gleich ist und nur die Position k des Schreib/Lese-Kopfes des Eingabebandes gespeichert werden muß. Die Zahl k kann binär codiert werden und benötigt höchstens log(c) S(n) Speicherzellen.

Damit belegt jeder rekursive Aufruf von TEST nur O(S(n)) Speicherzellen zur Speicherung der Parameter. Da i in jedem Schritt um eins abnimmt, benötigen wir höchstens die Kellertiefe m S(n), wobei m konstant ist. Damit ist der Speicherbedarf von der Ordnung $O(S(n)^2)$. ❑

Neben der Klassifizierung der Komplexität von Aufgabenstellungen ist der Vergleich der unterschiedlichen Komplexitätsklassen von Interesse.

3.1.4 Polynomiale und nichtdeterministisch polynomiale Zeitkomplexität

Die Menge der Probleme, die in polynomial beschränkter Zeit auf deterministischen Maschinen berechnet werden können, bezeichnen wir mit P:

$$P = \bigcup_{i \geq 1} \text{DTIME}(n^i) .$$

Probleme in P nennen wir *effizient lösbare Probleme.*

Eine Reihe wichtiger Probleme lassen sich einfach durch nichtdeterministische, polynomial zeitbeschränkte Turing-Maschinen lösen. Wir bezeichnen die Klasse dieser Probleme mit NP:

$$NP = \bigcup_{i \geq 1} \text{NTIME}(n^i) .$$

Beispiel (Ein Problem in NP). Folgendes Problem liegt in der Klasse NP. Berechne für einen Graphen (mit n Knoten), ob es einen zyklisch geschlossenen Pfad gibt, auf dem alle Knoten des Graphen liegen. Ein solcher Pfad heißt *gerichteter Hamilton-Kreis.* ❑

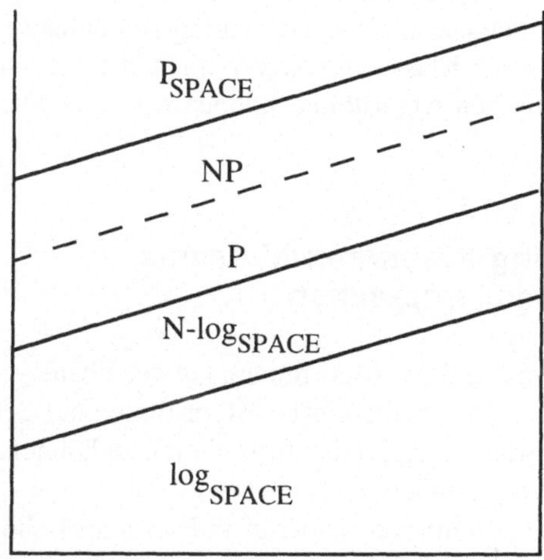

Abb. 3.2. Hierarchie von Komplexitätsklassen

Natürlich können wir für die Bandkomplexität eine ähnliche Klassenbildung vornehmen. Wir definieren

$$P_{SPACE} = \bigcup_{i \geq 1} DSPACE(n^i) ,$$

$$NP_{SPACE} = \bigcup_{i \geq 1} NSPACE(n^i) .$$

Nach dem Satz von Savitch gilt

$$NSPACE(n^i) \subseteq DSPACE(n^{2i}) .$$

Dies ergibt unmittelbar die folgende Aussage über die Beziehung zwischen P_{SPACE} und NP_{SPACE}.

Satz (Gleichheit von P_{SPACE} und NP_{SPACE}).

$$P_{SPACE} = NP_{SPACE} .$$ ❑

Somit ist die Aussage:

$$NSPACE(\log n) \subseteq P \subseteq NP \subseteq P_{SPACE}$$

gültig, wie leicht zu sehen ist. Offen ist die Gleichheit der Komplexitätsklassen P und NP:

Gilt P = NP ?

Diese Frage ist eines der großen, noch ungelösten Probleme der Komplexitätstheorie. Bisher konnte weder P = NP noch P ≠ NP bewiesen werden.

Aufgrund unserer Überlegungen erhalten wir die in Abb. 3.2 angegebene Hierarchie von Komplexitätsklassen. Hier bezeichnen $\log_{SPACE}$ und N-$\log_{SPACE}$ Probleme die deterministisch logarithmisch bandbeschränkt, bzw. nichtdeterministisch logarithmisch bandbeschränkt sind. Nur die Inklusion

$$N\text{-}\log_{SPACE} \subsetneq P_{SPACE}$$

ist bisher als echte Inklusion bewiesen.

Das Konzept der nichtdeterministischen Turing-Maschine ist eine automatentheoretische Formulierung einer Klasse von Algorithmen, die mit Suchverfahren arbeiten. Jeden nichtdeterministischen Algorithmus können wir in ein Suchprogramm umwandeln.

3.1.5 Backtracking-Nichtdeterminismus in Programmiersprachen

Natürlich ist es sehr umständlich, Algorithmen auf der Ebene von Turing-Maschinen zu beschreiben. Um nichtdeterministische Algorithmen auf der Ebene applikativer oder prozeduraler Programmiersprachen formulieren zu können, führen wir Nichtdeterminismus auch in Programmiersprachen ein.

Seien E_1 und E_2 (deterministische oder nichtdeterministische) Ausdrücke der gleichen Sorte, dann bildet

$$E_1 \,\square\, E_2$$

einen (nichtdeterministischen) Ausdruck. Er wird ausgewertet, indem wir uns frei („nichtdeterministisch") für die Auswertung eines der beiden Ausdrücke entscheiden und den so erhaltenen Wert als Resultat abliefern. Man beachte, daß damit nichtdeterministische Ausdrücke eine Menge von Werten als Ergebnis haben können.

Beispiel (Nichtdeterministische Rechenvorschrift). Die nichtdeterministische Rechenvorschrift

```
fct f = ( nat n ) nat:
    if n = 0   then 0
               else f(n–1) ▯ n
    fi
```

liefert beim Aufruf f(m) für $m \in \mathbb{N}$, eine beliebige Zahl $i \in \mathbb{N}$ mit $0 \leq i \leq m$. ❑

Man beachte, daß von der nichtdeterministischen Auswahl auch die Terminierung abhängen kann.

Beispiel (Nichtdeterministische Rechenvorschrift mit unbestimmter Terminierung). Die Rechenvorschrift

```
fct f = ( nat n ) nat: n ▯ f(n+1)
```

berechnet für den Aufruf f(m) eine Zahl $i \in \mathbb{N}$ mit $m \leq i$, oder die Auswertung des Ausdruckes terminiert nicht. ❑

Wir wollen uns – in Anlehnung an polynomial beschränkte Turing-Maschinen – im weiteren auf nichtdeterministische Rechenvorschriften konzentrieren, für die die Terminierung stets gesichert ist. Dann hängt die Terminierung *nicht* von der nichtdeterministischen Auswahl ab.

Beispiel (Nichtdeterministische Erzeugung einer Permutation). Die Rechenvorschrift f vereinbart durch

```
fct f = ( nat n ) seq nat:
    if n = 0   then ε
               else nperm(f(n–1), n)
    fi

fct nperm = ( seq nat s, nat n ) seq nat:
    if s = ε   then append(n, s)
               else append(n, s) ▯ append(first(s), nperm(rest(s), n))
    fi
```

erzeugt für eine gegebene Zahl n durch den Aufruf f(n) nichtdeterministisch eine beliebige Permutation der Zahlen {1, ..., n} und terminiert stets. Wir beweisen dies durch Induktion:

(0) Für n = 0 ist die Behauptung trivial.

(1) Induktionsannahme: Die Behauptung gilt für gegebenes $n \in \mathbb{N}$. Der Funktionsaufruf f(n) liefert eine Permutation s von {1, ..., n}. Die Funktion nperm(s, n+1) fügt n+1 an irgendeiner Stelle in s ein. So können wir jede Permutation erzeugen. ❑

Die Behandlung von nichtdeterministischen Ausdrücken führt auf eine Reihe von Schwierigkeiten, da klassische Umformungsregeln der Logik nicht unbedingt gelten. So ist die Aussage

f(x) = f(x)

für eine nichtdeterministische Rechenvorschrift f auf zwei Weisen interpretierbar:

- Die Auswertungen der linken und der rechten Seite der Gleichung führen auf gleiche Werte.
- Die Mengen der nichtdeterministisch möglichen Werte der linken und der rechten Seiten stimmen überein.

Dieser *subtile* Unterschied erschwert den Umgang mit nichtdeterministischen Ausdrücken.

Wie bei nichtdeterministischen Turing-Maschinen, die in akzeptierenden beziehungsweise nichtakzeptierenden Zuständen anhalten können, wollen wir nun den speziellen Ausdruck

failure („gescheiterter Versuch")

einführen, der in einer (nichtdeterministischen) Rechnung einen Ausdruck bezeichnet, der keinen „gewünschten" Wert liefert. Dadurch lassen sich Berechnungskonzepte, wie sie bei nichtdeterministischen Turing-Maschinen auftreten, nachbilden.

Die Einführung von **failure** erlaubt den sogenannten „Backtracking-Nichtdeterminismus". Nichtdeterministische Zweige einer Berechnung, die auf **failure** führen, werden nicht als Resultat akzeptiert, wenn andere Zweige keine **failure**-Endpunkte enthalten. Die Auswahl ▯ ist nur dann nichtdeterministisch, wenn beide Zweige nicht auf **failure** führen. Dies führt zwangsläufig bei der Ausführung einer entsprechenden Rechenvorschrift zu einer Suche im Berechnungsbaum.

Beispiel (Algorithmen mit nichtdeterministischer Suche).

(1) Nichtdeterministische Berechnung der natürlichzahligen Wurzel einer natürlichen Zahl: Die nachstehend deklarierte Rechenvorschrift sqrt berechnet in nichtdeterministischer Weise die „ganzzahlige Wurzel":

```
fct sqrt = ( nat n, nat y ) nat:
    if    y² > n              then failure
    elif  y² ≤ n < (y+1)²     then y
                              else sqrt(n, 2*y+1) ▯ sqrt(n, 2*y)
    fi
```

Für $n > 0$ liefert sqrt(n, 1) die Zahl y mit $y^2 \leq n < (y+1)^2$.

(2) Sortieren durch nichtdeterministische Auswahl: Wir betrachten das System von Rechenvorschriften:

```
fct ndsort = ( seq nat s, seq nat r ) seq nat:
   if s = ε  then  r
             else  nat x = any(s);
                   if x > first(r)  then failure
```

```
                                    else ndsort(drop(s, x), ‹x›°r)
                    fi
    fi

fct any = (seq nat s) nat:
    if s = ε   then   failure
               else   first(s) ▯ any(rest(s))
    fi

fct drop = (seq nat s, nat x) seq nat:
    if   s = ε          then   failure
    elif first(s) = x   then   rest(s)
                        else   append(first(s), drop(rest(s), x))
    fi

fct sort = (seq nat s) seq nat:
    if s = ε   then   s
               else   nat x = any(s);
                      ndsort(drop(s, x), ‹x› ° ε)
    fi
```

Die Rechenvorschrift sort erzeugt bei Aufruf sort(s) eine sortierte Version von s. ❑

Liegt der Zeitaufwand des einfachen Nichtdeterminismus bei z, so liegt der Zeitaufwand des Backtracking-Nichtdeterminismus im ungünstigsten Fall in der Größenordnung 2^z. Man beachte den Unterschied zwischen auf Anhieb erfolgreicher Tiefensuche und Breitensuche.

Wir können uns nun zwei mögliche Vorgehensweisen bei der Auswertung nichtdeterministischer Ausdrücke mit **failure**-Ausdrücken vorstellen:

- *Erratischer* Nichtdeterminismus entspricht einer Folge von Auswahlentscheidungen, die auch mit **failure** enden können.
- Beim *Backtracking-Nichtdeterminismus* werden Berechnungen, die mit **failure** enden, nur akzeptiert, wenn alle Berechnungen mit **failure** enden.

Damit erfordert Backtracking-Nichtdeterminismus eine Suche im Berechnungsbaum des erratischen Nichtdeterminismus.

Man beachte: Jedes Problem in NP läßt sich mit geeigneten Funktionen g_i, die den nichtdeterministischen Alternativen der Turing-Maschine entsprechen, und den Prädikaten vollständig und korrekt, die abprüfen, ob eine potentielle Lösung vollständig und korrekt ist, durch folgendes nichtdeterministisches Programmschema darstellen.

```
fct f = (m x) m:
    if vollständig(x)  then   if korrekt(x)   then x
                                              else failure
                              fi
                       else   f(g_1(x)) ▯ ...▯ f(g_k(x)(x))
    fi
```

Dabei ist die Rekursionstiefe der Rechenvorschrift f polynomial beschränkt.

Backtracking-Nichtdeterminismus läßt sich auf die Auswahl aus endlichen Mengen verallgemeinern. Die Auswahl eines Elements x der Sorte **m** mit einer bestimmten Eigenschaft q(x) nennen wir auch *nichtdeterministische Auswahl.* Wir schreiben dafür

some m x: q(x) .

Mit Hilfe dieses Auswahloperators lassen sich für bestimmte Probleme Algorithmen einfach formulieren.

Beispiel (Nichtdeterministische Erzeugung eines Hamilton-Kreises). Sei die Sorte **node** die Menge {0, ..., n–1} der Knoten eines gerichteten Graphen, dessen Kanten durch die Funktion

fct g = (**node**, **node**) **bool**

gegeben sind. Es existiert eine Kante vom Knoten i zum Knoten k genau dann, wenn g(i, k) = **true** gilt. Ein *Hamilton-Kreis* durch eine Teilmenge s von Knoten ist ein geschlossener Weg ohne Wiederholungen, der alle Knoten in s enthält. Die Rechenvorschrift

```
fct hk = (set node s, seq node q) seq node:
        if s = Ø  then  if g(last(q), first(q))  then q
                                                 else failure
                        fi
                  else  node x = some node z: z ∈ s;
                        if g(last(q), x)  then hk(s\{x}, q°‹x›)
                                          else failure
                        fi
        fi
```

erzeugt nichtdeterministisch einen gerichteten Hamilton-Kreis (falls ein solcher existiert) durch die Knoten in der endlichen nichtleeren Menge S als Resultat des Aufrufs

hk(S\{x}, ‹x› ° ε),

wobei x ∈ S beliebig ist. ❑

Nichtdeterministische Auswahl und das Konzept des Backtracking-Nichtdeterminismus lassen sich analog auch für zuweisungsorientierte Programme einführen. Wir schreiben

$S_1 \,▯\, S_2$

für eine Anweisung, deren Ausführung durch eine nichtdeterministische Auswahl einer der beiden Anweisungen S_1 oder S_2 geschieht. Wieder kann das Schlüsselwort **failure** verwendet werden, um erfolglose Zweige (Sackgassen) zu kennzeichnen.

3.2 NP-Vollständigkeit

Wie bereits erwähnt, ist bislang unbekannt, ob die Problemklasse NP\P leer ist oder nicht. Es ist allerdings möglich, Probleme zu finden, die in NP sind und auf die sich jedes Problem in NP effizient (in polynomialer Zeit) reduzieren läßt. Solche Probleme nennen wir *NP-vollständig* (oder auch *NP-hart*). Die Klasse solcher Probleme bezeichnen wir mit NP-complete.

Trivialerweise gilt für die Klasse NP-complete die Aussage

$$P \neq NP \Rightarrow \text{NP-complete} \cap P = \emptyset .$$

Gelingt es, ein NP-vollständiges Problem durch einen Algorithmus in polynomialer Zeit zu lösen, so ist P = NP bewiesen. Gibt es auch nur ein Problem Q in NP, das nicht in P ist, so können NP-vollständige Probleme nicht in P sein, da Q stets in polynomialer Zeit auf NP-vollständige Probleme reduziert werden kann. Wir zeigen nun, daß die Klasse NP-complete nicht leer ist, indem wir ein spezielles NP-vollständiges Problem angeben.

3.2.1 Das Erfüllbarkeitsproblem für Boolesche Ausdrücke

Ein Boolescher Ausdruck der Aussagenlogik wird durch Identifikatoren, Klammern, durch den einstelligen Operator ¬ sowie durch die zweistelligen Operatoren ∨ und ∧ gebildet. Demnach ist ein Boolescher Ausdruck ein Element der formalen Sprache, die durch das Nichtterminal ‹be› mit folgender BNF-Regel beschrieben ist:

‹be› ::= ‹id› | ¬ ‹be› | (‹be› ∧ ‹be›) | (‹be› ∨ ‹be›)

Ein Ausdruck der Länge n (mit n Symbolen) kann einfach durch $n \log_2 n$ Zeichen aus einer endlichen Symbolmenge dargestellt werden. Wir stellen dabei die Identifikatoren in den Booleschen Ausdrücken durch Zahlen dar und wählen für diese Zahlen die Binärdarstellung. Wir setzen die Maßzahl n für die Größe der Aufgabe mit der Länge des Booleschen Ausdrucks gleich. Genaugenommen verwenden wir die Zahl der Zeichen, die wir für die Aufschreibung des Ausdrucks benötigen.

Das Erfüllbarkeitsproblem L_{SAT} besteht in der Beantwortung folgender Frage für die Eingabe eines Booleschen Ausdrucks t: Gibt es eine Belegung der Identifikatoren in t, so daß sich t auf **true** reduzieren läßt?

Satz: Das Erfüllbarkeitsproblem L_{SAT} für Boolesche Ausdrücke ist NP-vollständig.

Beweis:

(1) L_{SAT} ist in NP: Wir „raten" nichtdeterministische Werte für die Parameter und werten die Formel aus. Sowohl das „Raten", als auch das Auswerten, ist polynomial in n.

(2) Wir geben den Beweis, daß jeder nichtdeterministische, polynomial beschränkte Algorithmus in polynomialer Zeit auf das Erfüllbarkeitsproblem L_{SAT} zurückgeführt werden kann, nur für das allgemeine Wortproblem. Um zu zeigen, daß für jede formale Sprache, deren Worterkennungsproblem in NP ist, jeder Erkennungsalgorithmus auf L_{SAT} reduziert werden kann, geben wir für eine gegebene Turing-Maschine

M eine Turing-Maschine $\overline{M}$ an, die einen polynomial beschränkten Algorithmus realisiert, der als Eingabe ein Wort x erhält und einen Booleschen Ausdruck E_x erzeugt, der genau dann erfüllbar ist, wenn M das Wort x akzeptiert. M ist dabei p(n)-zeitbeschränkt, wobei p(n) ein Polynom ist.

Wir zeigen nun: Jedes Problem in NP läßt sich damit in polynomialer Zeit auf L_{SAT} reduzieren: Sei $\{\beta_i\}_{0 \leq i \leq p(n)}$ eine Folge von Konfigurationen der Turing-Maschine M, die einer Berechnungssequenz von M entspricht, wobei jedes der β_i aus exakt $p(n)^2$ Symbolen bestehe. Falls die Berechnung endet, bevor p(n) Zustände durchlaufen sind, wiederholen wir den Endzustand, so daß genau p(n)+1 Konfigurationen vorliegen.

Die Grundideen dieser Argumentation sind:

- Jede Berechnung von M besteht aus einer Folge von höchstens p(n)+1 Konfigurationen. Sie läßt sich durch $(p(n)+1)^2$ Zeichen darstellen, wenn wir auch die Zustände durch Zeichen codieren. Man beachte: In p(n) Schritten kann M höchstens p(n) Stellen des Bandes beschreiben.
- Für jedes Zeichen z in der Darstellung führen wir eine Boolesche Variable $c_{i,z}$ ein $(1 \leq i \leq (p(n)+1)^2)$, die den Wert **true** genau dann hat, wenn das i-te Zeichen z ist.
- Es wird ein Boolescher Ausdruck gebildet, der genau dann **true** liefert, wenn die entsprechende Sequenz einer akzeptierenden Berechnung entspricht.
- Die Formel kann mit Zeitaufwand $O(p(n)^2)$ aus der Eingabe für M erzeugt werden.

In jeder Konfiguration verbinden wir den Zustand und das Zeichen unter dem Schreib/Lese-Kopf zu einem neuen Zeichen. Ferner nehmen wir die Nummer der Regel in β_i auf, nach der die (i+1)-te Konfiguration aus β_i hervorgeht. Sei

$$\# \beta_0 \# \beta_1 \cdots \# \beta_{p(n)}$$

nun eine Berechnungssequenz. β_i hat genau p(n) Zeichen. Damit hat die Berechnungssequenz höchstens $(p(n)+1)^2$ Zeichen.

Für jedes Zeichen z aus dem Alphabet der Turing-Maschine M, das in solch einer Berechnung auftreten kann, und für jede Zahl i, $0 \leq i < (p(n)+1)^2$, erzeugen wir eine Boolesche Variable $c_{i,z}$, die angibt, ob das entsprechende Zeichen der i-ten Konfiguration z ist. Der nun gebildete Boolesche Ausdruck E_x ist genau dann wahr, wenn die mit **true** belegten $c_{i,x}$ eine korrekte Berechnung wiedergeben.

Im einzelnen muß natürlich E_x den folgenden Aussagen entsprechen:

(1) $\forall$ i, $1 \leq i \leq (p(n)+1)^2$: $\exists_1$ x: $c_{i,x}$,

(2) β_0 ist Anfangskonfiguration der Turing-Maschine M mit Eingabe x,

(3) $\beta_{p(n)}$ ist akzeptierende Endkonfiguration,

(4) $\beta_i \rightarrow \beta_{i+1}$ gilt nach der angegebenen Regel.

E_x entspricht der Konjunktion über die obigen vier Aussagen. Genauer gesagt gilt:

$$\forall \text{ i: } (\exists \text{ x: } c_{i,x}) \wedge \neg\exists \text{ x, y, } y \neq x\text{: } c_{i,x} \wedge c_{i,y}\,.$$

Sei x = $\langle a_1 \ldots a_n \rangle$ die Eingabe für die Turing-Maschine M. Aussage (2) entspricht den folgenden Aussagen (2 i-iv):

(2 i) $c_{0,\#} \wedge c_{p(n)+1,\#}$.

Am Anfang sind das linke und das rechte Zeichen unbeschrieben.

(2 ii) $c_{1,y1} \vee \ldots \vee c_{1,yk}$.

wobei die $y_1 \ldots y_k$ den Zeichen entsprechen, die das Zeichen a_1, den Startzustand q_0 und die Nummer einer Regel codieren, die vom Startzustand q_0 und dem Zeichen a_1 unter dem Schreib/Lese-Kopf ausgeht,

(2 iii) $\forall\, i \in \{2, \ldots, n\}: c_{i,ai}$.

Die übrigen Zeichen $a_2, \ldots, a_n$ sind korrekt,

(2 iv) $\forall\, i \in \{n, \ldots, p(n)\}: c_{i,\#}$.

Die übrigen Symbole sind unbeschrieben.

Ausdruck (3) sagt aus, daß $\beta_{p(n)}$ ein Endzustand ist. Als aussagenlogische Formel geschrieben erhalten wir:

$$\exists\, i,\ p(n)*(p(n)+1) < i < (p(n)+1)^2: (\exists\, x \in F: c_{i,x}),$$

wobei F die Menge der zusammengesetzten Zeichen bezeichnet und die Endzustände darstellt.

(4) Daß β_{i+1} aus β_i durch einen legalen Berechnungsschritt hervorgeht, ist abzuprüfen durch den folgenden logischen Ausdruck:

$$\forall\, j,\ p(n) < j < (p(n)+1)^2:$$

$$(\exists\, w, y, z: f_j(w, x, y, z) \wedge c_{j-p(n)-2,w} \wedge c_{j-p(n)-1,x} \wedge c_{j-p(n),y} \wedge c_{j,z}),$$

wobei $f_j(w, x, y, z)$ genau dann gelte, falls das Zeichen z in Position j einer Konfiguration auftreten kann, wenn w, x, y die Zeichen auf den Positionen j–1, j, j+1 in der Vorgängerkonfiguration sind.

Die so erzeugte Formel E_x ist genau dann erfüllbar, wenn die in der Belegung kodierte Berechnungssequenz

$$\#\ \beta_0\ \#\ \ldots\ \#\ \beta_{p(n)}$$

eine korrekte akzeptierende Berechnung darstellt.

Die Formel E_x hat die Länge $O(p^2(n))$ und kann durch eine logarithmisch bandbeschränkte Turing-Maschine aus der Eingabe x erzeugt werden. Die Turing-Maschine benötigt nur genügend Speicher, um bis $(p(n)+1)^2$ zählen zu können.

Da $\log((p(n)+1)^2) = k*\log a$, genügt $O(\log n)$ Speicher. Somit kann jedes Erkennungsproblem in NP in $\log_{SPACE}$ auf L_{SAT} zurückgeführt werden. Demnach ist L_{SAT} NP-vollständig. ❑

Solange weder P = NP, noch P ≠ NP, bewiesen ist, ist der Beweis der NP-Vollständigkeit für ein Problem gleichwertig mit der Aussage, daß für das Problem kein polynomialer Algorithmus bekannt ist. Gelingt es nämlich, einen polynomialen Algorithmus für ein NP-vollständiges Problem anzugeben, so ist damit auch P = NP bewiesen.

3.2.2 Weitere NP-vollständige Probleme

Mittlerweile ist für zahlreiche Probleme nachgewiesen, daß sie NP-vollständig sind. Gelänge es, für eines dieser Probleme einen polynomialen deterministischen Algorithmus zu finden, so wäre auch NP = P bewiesen. Prominente Beispiele sind:

(1) *Clique*: Gegeben sei ein ungerichteter Graph durch eine Menge V von Knoten und seine Kanten durch eine symmetrische Relation $R \subseteq V \times V$ und ferner eine Zahl $k \in \mathbb{N}$. Gesucht ist die Antwort auf die Frage: Gibt es eine Teilmenge $C \subseteq V$ mit $|C| = k$ und $C \times C \subseteq R$? Dies entspricht der Frage, ob es eine Menge mit k Elementen gibt, die jeweils paarweise über Kanten verbunden sind.

(2) *Ganzzahlige Programmierung*: Gegeben sei eine ganzzahlige Matrix $A \in \mathbb{Z}^{n \times n}$ und ein ganzzahliger Vektor $v \in \mathbb{Z}^n$. Gesucht ist ein Vektor $c \in \{0, 1\}^n$ mit

$$Ac \geq v \text{ (elementweise).}$$

(3) *Überdeckende Knotenmenge*: Gegeben sei ein ungerichteter Graph durch eine Knotenmenge V und $R \subseteq V \times V$ mit $R = R^T$ sowie eine Zahl $k \in \mathbb{N}$. Gesucht ist eine Knotenmenge $U \subseteq V$ mit $|U| = k$, so daß gilt

$$\forall\, v, w \in V: (v, w) \in R \Rightarrow \neg(v \in U \Leftrightarrow w \in U)\,.$$

Mit Worten formuliert, gesucht ist eine Partition der Knotenmenge, so daß jede Kante einen Knoten in U und einen Knoten außerhalb von U hat.

(4) *Gerichteter Hamilton-Kreis (GHK)*: Gegeben sei ein gerichteter Graph durch eine Knotenmenge V und $R \subseteq V \times V$. Gesucht ist ein geschlossener Pfad (ein Kreis), in dem jeder Knoten genau einmal auftritt. Auch für ungerichtete Graphen ist das Problem NP-vollständig.

(5) *Problem des Handlungsreisenden* (Rundreiseproblem): Gegeben sei eine Menge von Knoten $V = \{1, \ldots, n\}$, eine Abstandsfunktion

$$\text{dist}: V^2 \rightarrow \mathbb{N}$$

und eine Zahl $k \in \mathbb{N}$. Dabei gelte für die Abstandsfunktion dist die Dreiecksungleichung:

$$\forall\, i, j, l: \text{dist}(i, l) + \text{dist}(l, j) \geq \text{dist}(i, j)\,.$$

Gesucht ist eine Permutation $(x_1, \ldots, x_n)$ der Knoten in V (eine Rundreise) mit

$$\sum_{i=1}^{n-1} \text{dist}(x_i, x_{i+1}) + \text{dist}(x_n, x_1) \leq k.$$

Folgende verwandte Problemstellungen sind für die meisten der aufgelisteten Probleme von der gleichen Komplexität:

- Stelle fest, ob für das Problem P eine Lösung existiert,
- Berechne eine Lösung für das Problem P.

Die Feststellung, ob eine Lösung existiert, ist häufig nur konstruktiv möglich, durch (implizite) Konstruktion der Lösung. Außerdem ist es für viele dieser Probleme typisch, daß mit sehr geringem Zeitaufwand überprüft werden kann, ob ein gegebener Lösungsvorschlag tatsächlich eine Lösung ist.

Eine gängige Methode, eine Problemstellung X als NP-vollständig nachzuweisen, ist die Reduktion eines bereits als NP-vollständig nachgewiesenes Problem in polynomialer Zeit auf X.

3.3 Effiziente Algorithmen für NP-vollständige Probleme

NP-vollständige Probleme sind nach heutiger Kenntnis nur durch Algorithmen mit exponentieller Komplexität zu behandeln. Dies bedeutet einen hohen Rechenaufwand, der bei bestimmten Problemstellungen an die Grenzen dessen führt, was praktisch noch durchgeführt werden kann, und in bestimmten Fällen auch darüber hinaus. Um einen zumindest für kleinere Parameter noch vertretbaren Aufwand zu erreichen, müssen NP-vollständige Probleme durch möglichst effiziente, im Hinblick auf Rechenzeit und Speicherbedarf optimierte Algorithmen behandelt werden.

NP-vollständige Probleme können stets als Suchprobleme verstanden werden. Der nichtdeterministischen Turing-Maschine können wir einen endlichen Baum mit einem durch eine Zahl v beschränkten Verzweigungsgrad und mit einer durch ein Polynom p(n) beschränkten Höhe zuordnen. Ein deterministischer Algorithmus muß im wesentlichen diesen Baum, der $O(v^{p(n)})$ Knoten enthält, durchsuchen. Häufig sind NP-vollständige Probleme Optimierungsaufgaben wie „finde den kürzesten Weg", oder „finde den optimalen Zug in einem Spiel".

Für die im Rahmen der exponentiellen Komplexität effiziente Behandlung können wir für NP-vollständige Probleme insbesondere folgende Techniken wählen:

(1) *Branch and Bound* (geschicktes Backtracking): Das Suchen im Lösungsraum wird geschickt organisiert:

- Einfach auszuwertende Zweige werden zuerst durchlaufen.
- Frühzeitig als uninteressant erkannte Zweige werden vorzeitig „abgeschnitten" (engl. pruning) und nicht vollständig durchlaufen. Dazu wird insbesondere versucht, den Lösungsraum als mehrdimensionalen Raum aufzufassen. Für viele Probleme ist dies bereits von der Problemstellung her gegeben (berechne einen Vektor bestimmter Länge, berechne eine Menge bestimmter Mächtigkeit).

(2) *Approximative Verfahren*: In einer Reihe von Aufgabenstellungen sind optimale Lösungen gesucht (Beispiel kürzeste Wege). Manchmal sind jedoch annähernd optimale Lösungen ausreichend. Dadurch kann oft die Komplexität reduziert werden. Wir versuchen dann einen Kompromiß zwischen Aufwand und nicht voller Optimalität zu finden.

(3) *Dynamisches Programmieren*: Mit dynamischem Programmieren reduzieren wir die Anzahl der bei naivem Suchen abzuprüfenden Kandidaten durch geschicktes Vorgehen. Treten in einem Suchbaum identische Kandidaten in verschiedenen Teilbäumen des Suchbaumes auf, so ist es oft effizienter (bezogen auf die Rechenzeit, jedoch bei erhöhtem Speicherbedarf), Lösungen für bereits bearbeitete Aufgaben in Tabellen abzuspeichern und bei Bedarf darauf zurückzugreifen.

(4) *Probabilistische Algorithmen*: Probabilistische Algorithmen verwenden bewußt zufällige Größen, die durch Generatoren für Zufallszahlen erzeugt werden. Dabei ergeben sich zwei Varianten:
   (i) Algorithmen, die nur mit einer bestimmten Wahrscheinlichkeit (die durch entsprechenden Aufwand beliebig groß gehalten werden kann) ein korrektes Resultat liefern,
   (ii) Algorithmen, die nur mit einer bestimmten Wahrscheinlichkeit innerhalb einer vorgegebenen Zeitschranke terminieren.

(5) *Einschränkung der Problemklasse*: Häufig lassen sich bei bestimmten Anwendungen die Problemklassen so einschränken, daß das eingeschränkte Problem einer polynomialen Behandlung zugänglich wird.

(6) *Heuristische Methoden*: Gerade bei NP-vollständigen Problemen finden wir auch oft heuristische Methoden, die erstaunlich gut funktionieren, obwohl nicht klar ist warum das so ist und präzise bewiesene Aussagen dazu nicht vorliegen.

Für die angemessene Behandlung NP-harter Probleme ist besonderes Geschick des Programmierers erforderlich.

3.3.1 Geschicktes Durchsuchen großer Baumstrukturen

Wir betrachten nun eine spezielle Problemstellung. Gegeben sei eine Menge M als Blätter eines Baumes und eine Funktion

$$f: M \rightarrow O,$$

wobei O eine Menge mit einer linearen Ordnung sei. Gesucht wird ein Element x aus M, für das f(x) minimal ist. Wir suchen somit ein Element $x \in M$, so daß gilt:

$$f(x) = \min \{f(y): y \in M\} .$$

Man beachte, daß die oben genannten NP-vollständigen Probleme in diese Form gebracht werden können.

Geschicktes Suchen im Suchraum besteht insbesondere in der Kombination der Erzeugung der Menge und der Überprüfung ihrer Elemente unter Vermeidung des Abspeicherns der gesamten Menge. Wird die Menge rekursiv erzeugt, so definiert das Erzeugungsprinzip über den Aufrufbaum eine baumartige Anordnung der Elemente der betrachteten Menge. Schematisch können wir solche Probleme durch folgende Rechenvorschriften darstellen.

Die Rechenvorschrift baum erzeugt die zu durchsuchende Menge rekursiv und die Rechenvorschrift suchemin nimmt eine Menge als Eingabe und sucht ein Element in dieser Menge, für das die Funktion f ein Minimum annimmt. Dabei sei das Prädikat vollständig gegeben, das abprüft, ob ein Element der Sorte x bereits ein vollständiges Element der zu durchsuchenden Menge darstellt. Die Funktionen g_i stellen die Alternativen zum Aufbau der Elemente der Menge dar. Diese Funktionen entsprechen den Auswahlentscheidungen im nichtdeterministischen Berechnungsbaum einer Turing-Maschine. k(x) bezeichnet den Verzweigungsgrad.

```
fct baum = (m x) set m:
    if vollständig(x)   then {x}
                        else ∪ baum(g_i(x)) fi
                        1≤i≤k(x)

fct suchemin = (set m s) m:
    if |s| = 1   then   some m x: x ∈ s
                 else   m x = some m z: z ∈ s;
                        m y = suchemin(s\{x});
                        if f(x) ≤ f(y)   then x
                                         else y
                        fi
    fi
```

Viele Probleme lassen sich in diesem Schema darstellen. Dazu gehört auch das Erfüllbarkeitsproblem.

Beispiel (Das Erfüllbarkeitsproblem als Suchproblem auf Bäumen). Das Erfüllbarkeitsproblem für Boolesche Ausdrücke kann wie folgt nach diesem Schema behandelt werden. Sei n die Zahl der auftretenden Identifikatoren. Wir repräsentieren die Belegung durch Sequenzen Boolescher Werte der Länge n. Das i-te Element in der Sequenz steht für den Wert des i-ten Identifikators. Wir setzen voraus, daß der Boolesche Ausdruck in Form einer Rechenvorschrift a gegeben ist, die für eine Belegung x durch a(x) den Wert das Ausdrucks für diese Belegung ergibt.

```
fct baum = ( seq bool x ) set seq bool:
    if length(x) ≥ n   then   {x}
                       else   baum(‹true› ◦ x)) ∪ baum(‹false› ◦ x)
    fi

fct suchemin = ( set seq bool s ) seq bool:
    if |s| = 1         then   some seq bool x: x ∈ s
                       else   seq bool x = some seq bool z: z ∈ s;
                              seq bool y = suchemin(s\{x});
                              if a(x) ⇐ a(y)   then x
                                               else y
                              fi
    fi
```

Durch den Aufruf baum(ε) werden alle Booleschen Sequenzen der Länge n erzeugt. Durch suchemin wird aus einer Menge Boolescher Sequenzen der Länge n eine minimale bezogen auf ihren Wert unter a und die Implikation ⇐ gewählt. Gilt für mindestens eine Sequenz x in der Menge a(x), dann wird eine Sequenz als Resultat gewählt, für die a gilt. Dies löst das Erfüllbarkeitsproblem durch

a(suchemin(baum(ε))) . ❑

Die Rekursionsstruktur der Funktion baum bietet Möglichkeiten, die Effizienz des Algorithmus zu verbessern:

- Geschicktes Abschneiden von Pfaden, die keinen Erfolg versprechen (siehe später α/β-Pruning, Backtracking),
- Geschickte Festlegung der Durchlaufreihenfolge (siehe später Greedy).

Legen wir die Durchlaufreihenfolge geschickt fest, so finden wir eine minimale Lösung „früh" und können später nichtminimale Pfade frühzeitig verwerfen. Dazu werden insbesondere das Erzeugen der Menge und die Minimumssuche zusammengefaßt („verschmolzen").

Beispiel (Optimieren der Suche bei der Problemstellung Erfüllbarkeit). Wir erhalten die Rechenvorschrift

```
fct suche = (seq bool x) seq bool:

 if length(x) = n  then  x
                   else  seq bool s = ‹true› ∘ x;
                         if fail(a, s)  then  suche(‹false› ∘ x)
                                        else  seq bool y = suche(s);
                                              if a(y)  then y
                                                       else suche(‹false› ∘ x)
                                              fi
                         fi
 fi
```

Dabei nehmen wir an, daß, falls fail(a, x) den Wert **true** liefert, für alle Sequenzen z die Aussage

$$\text{length}(x \circ z) = n \Rightarrow a(x \circ z) = \textbf{false}$$

gilt. Die Rechenvorschrift suche liefert immer eine Boolesche Sequenz. Falls a erfüllbar ist, wird eine Sequenz geliefert, für die das Prädikat a gilt. □

Die Wahl der effizienzverbessernden Techniken für Programme zur Lösung komplexer Probleme erfordert Geschick, Kenntnisse und Phantasie. Hilfreich ist eine sorgfältige Analyse des Problems. Je mehr wir über das Problem und seine Eigenschaften wissen, um so eher können wir wirksame Optimierungen einsetzen.

3.3.2 Alpha/Beta-Suche

Im Zusammenhang mit Spielen finden wir folgende Problemstellung: In einem Spiel machen zwei Gegner abwechselnd Züge aus einer durch die Spielregeln fest vorgegebenen Menge zulässiger Züge. Kann ein Spieler eine bestimmte Stellung erreichen, bzw. eine bestimmte Stellung nicht vermeiden, dann hat er gewonnen, bzw. verloren. Ein Unentschieden gibt es nicht. Gesucht ist die Antwort auf die Frage, ob für eine gegebene Stellung ein Spieler bei optimalem Spiel stets gewinnt.

Wir beginnen mit der Formalisierung des Problems. Seien α und β die Spieler. Sei $\gamma \in \{\alpha, \beta\}$ einer der Spieler. Wir verwenden folgende Sorten und Funktionen zur Modellierung des Spiels:

(1) Sei **position** die Sorte der Spielstellungen und **player** die Sorte der Spieler, die nur die Elemente α und β enthält,

(2) Sei für eine gegebene Spielstellung p und einen Spieler s die endliche Menge Z(s, p) die Menge der Spielstellungen, die für den Spieler s in der Position p in einem Zug erreichbar sind.

(3) Sei t ein Prädikat auf der Menge der Spieler und Spielstellungen. Der Wahrheitswert t(s, p) legt fest, ob die Stellung p terminal für Spieler s ist und das Ende des Spiels erreicht ist, wenn der Spieler s in der Stellung p am Zug ist.

(4) Sei g ein Prädikat auf der Menge der Spieler und der Spielstellungen. Der Wahrheitswert g(s, p) legt fest, ob die terminale Stellung p eine Gewinnstellung für s ist.

(5) Für einen Spieler s bezeichnen wir mit gegner(s) seinen Spielgegner. Es gilt damit gegner(α) = β und gegner(β) = α.

Das Spiel kann durch die Rechenvorschrift sicher wie folgt beschrieben werden. Der Aufruf sicher(s, p) liefert **true** genau dann, falls es eine sichere Gewinnstrategie für den für Spieler s gibt, wenn er in Position p am Zug ist. Diese Strategie existiert genau dann, wenn er entweder in einer Endposition des Spiels ist, in der er gewonnen hat, oder, falls noch Züge möglich sind, zumindest ein Zug existiert, der in eine Stellung führt, die für den Spielgegner unsicher ist. Diese Überlegung liegt der folgenden Rechenvorschrift zugrunde.

```
fct sicher = (player s, position p) bool:
    if t(s, p)  then g(s, p)
                else ∃ q ∈ Z(s, p): ¬sicher(gegner(s), q)
    fi
```

Hier haben wir einen Existenzquantor verwendet, der als Ergebnis den gewünschten Wahrheitswert liefert. Algorithmisch ersetzen wir diesen Quantor durch eine entsprechende Rekursion, die alle Möglichkeiten absucht.

Man beachte, daß Aufrufe dieser Funktion nur „terminieren" können, wenn keine Zyklen im Graph der Stellungen existieren. Dies ist beispielsweise gewährleistet, wenn in jedem Zug die Anzahl der Spielsteine abnimmt, oder Züge nur in einer bestimmten Richtung stattfinden können. Sonst können auch unendliche Spielabläufe auftreten. Bei manchen Spielen, wie etwa beim Schach, werden solche unendlichen Spielabläufe durch die Regel ausgeschlossen, daß ein Spiel für unentschieden erklärt wird, wenn sich eine Stellung mehrfach wiederholt hat. Wir setzen für unser Beispiel voraus, daß die Relation Nachfolgestellung zyklenfrei ist.

Abb. 3.3 gibt den Aufrufbaum der Rechenvorschrift sicher für den Spieler α wieder. Er entspricht den Zugmöglichkeiten im Spiel. Dabei ergeben sich im Baum jeweils abwechselnd α- und β-Ebenen. Wir sprechen von einer α-Ebene im Baum, wenn α am Zug ist. Wir können den Baum der Stellungen „färben", indem wir seine Knoten in sichere und unsichere Stellungen einteilen. Da durch die Funktion g Färbungen für die Blätter des Aufrufbaums vorgegeben sind, können wir den ganzen Baum durch folgende Gesetze „färben", die dem Arbeitsprinzip der Rechenvorschrift sicher entsprechen:

- Eine Stellung auf einer α-Ebene wird als sicher gefärbt, wenn eine Nachfolgestellung auf der folgenden β-Ebene existiert, die sicher für α und damit unsicher für β ist, und sonst als unsicher.
- Eine Stellung auf der β-Ebene wird als sicher für α gewertet, wenn alle unmittelbaren Nachfolgestellungen (die ja auf einer auf α-Ebene sind) sicher für α und damit unsicher für β sind.

Man beachte, daß für eine nichtterminale Stellung p die Aussage

$$\text{sicher}(s, p) \Leftrightarrow \exists\, q \in Z(s, p): \neg\text{sicher}(\text{gegner}(s), q)$$

gilt. Wir erhalten durch Negation:

$\neg$sicher(s, p)

$\Leftrightarrow$ {Einsetzen}

$\neg \exists\, q \in Z(s, p): \neg\text{sicher}(\text{gegner}(s), q)$

$\Leftrightarrow$ {Regel für Negation des Allquantors}

$\forall\, q \in Z(s, p): \text{sicher}(\text{gegner}(s), q)$

Eine Stellung ist also nicht sicher, wenn alle erreichbaren Nachfolgestellungen sicher für den Gegner sind. Aus der Rechenvorschrift sicher kann durch die Ersetzung des Quantors durch eine Wiederholungsanweisung (**for**-Anweisung) sofort ein rekursives Programm gewonnen werden, daß feststellt, welche Stellungen für einen Spieler sicher sind. Wir sprechen von einer *Top-Down-Methode*, da wir ausgehend von einer Anfangsstellung, von oben den Berechnungsbaum durchlaufen.

Das Programm ist jedoch hochgradig ineffizient, wenn viele unterschiedliche Zugfolgen zur gleichen Stellung führen. Dann kommt diese Stellung an vielen Stellen im Baum vor und wird immer wieder neu auf die Frage untersucht, ob sie sicher ist. Effizienter ist hier die *Bottom-Up-Methode*. Bei dieser Methode färben wir zuerst terminale Knoten als sicher oder unsicher. Dann färben wir sukzessive alle Knoten nach obigen Regeln, deren sämtliche Nachfolgeknoten bereits gefärbt sind. Dies geschieht nach den gleichen Regeln, wie bei der Top-Down-Methode.

Aus der Rechenvorschrift sicher ergibt sich auch eine optimale Spielstrategie. Das Verfahren kann auch für das Schachspiel angewendet werden. Allerdings ist dort die Kombinatorik so groß, daß auf keinem Rechner der Welt dieser Algorithmus ausgeführt werden kann.

Geht es nicht um die ja/nein-Frage des Gewinnens eines Spiels, sondern um die Maximierung des Gewinns, so führt die Verallgemeinerung des Problems durch Einführung einer Gewinnfunktion ge auf folgendes min-max-Problem aus der Sicht des Spielers α:

```
fct opt = (player s, position p) int:
    if t(s, p)  then ge(s, p)
                else max {–opt(gegner(p), q): q ∈ Z(s, p)}
    fi
```

Sei hier ge(s, p) der Gewinn des Spielers s, wenn das Spiel in Position p endet. Man beachte, daß, wenn x der Gewinn eines Spielers ist, –x der Gewinn seines Gegners ist. Bei hoher Kombinatorik des Spiels ist diese Rechenvorschrift sehr aufwendig und ineffizient. Wieder können wir in vielen Fällen durch den Übergang zur Bottom-Up-Methode Effizienzgewinne erreichen.

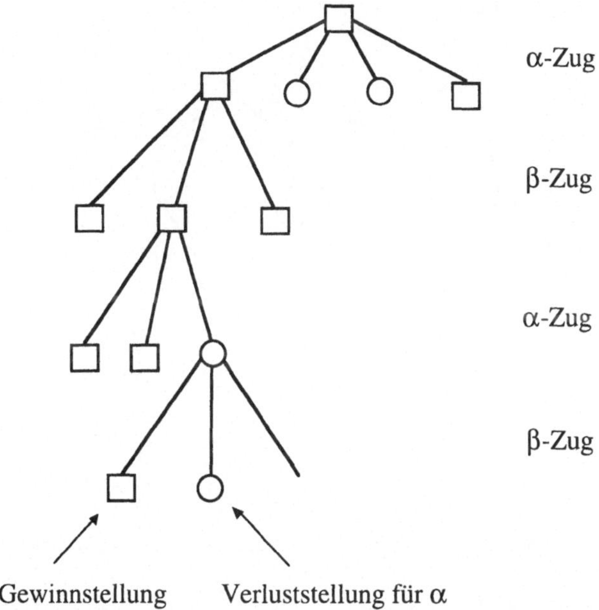

Abb. 3.3. Schematische Darstellung des gefärbten Aufrufbaums

Es gibt aber noch eine weitere Technik, um einen Effizienzgewinn zu erzielen. Falls wir über einfach zu berechnende Abschätzungen maxopt(s, p) für die obere Schranke für den zu erwartenden Gewinn für Spieler s in Position p verfügen, können wir Teile des Aufrufbaums abschneiden (engl. pruning).
Mathematisch ausgedrückt benötigen wir für diese Optimierungen der Rechenvorschriften Abschätzungen über die Gewinnerwartungen für alle Stellungen p mit folgender Eigenschaft:

$$\text{opt}(s, p) \leq \text{maxopt}(s, p)\ .$$

Wir führen zur Vereinfachung der algorithmischen Darstellung die Werte $+\infty$ und $-\infty$ ein. Sei **eint** die Sorte der ganzen Zahlen, erweitert um diese artifiziellen Elemente. Es gilt dann nach Konvention:

$$\max \emptyset = -\infty, \qquad \min \emptyset = +\infty\ .$$

Wir betrachten nun zur Effizienzverbesserung eine Verallgemeinerung der Rechenvorschrift opt.

Sei M eine Menge von Stellungen und

$$a = \max\ \{\text{opt}(s, p) \colon p \in M\}.$$

Der Aufruf

setopt(s, M, min, max)

liefere für min ≤ max den Wert

max,	falls max < a,
a,	falls min ≤ a ≤ max,
min,	falls a < min.

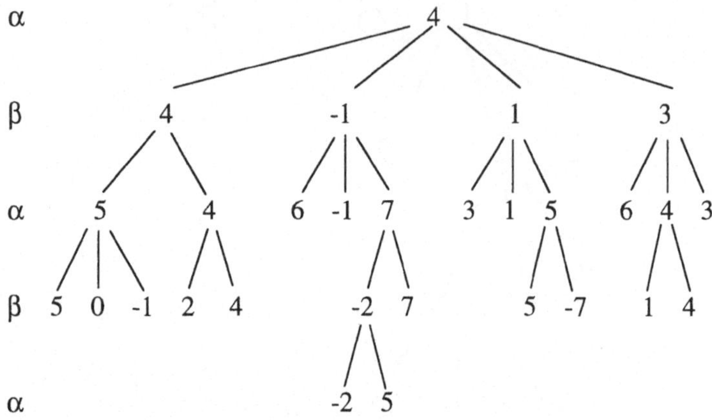

Abb. 3.4. Beispiel für Aufrufbaum mit min/max-Struktur

Es gilt dann trivialerweise

opt(s, p) = setopt(s, {p}, –∞, +∞).

Wir können mit folgender Rechenvorschrift zur Berechnung von setopt arbeiten, die wir unmittelbar aus den Spezifikationen ableiten können.

```
fct setopt = (player s, set position m, eint min, eint max) eint:
   if m = Ø
   then  min
   else  position p = some position q: q ∈ m;
         if maxopt(s, p) ≤ min
         then     setopt(s, m\{p}, min, max)
         else     eint a = if t(s, p)
                               then ge(s, p)
                               else –setopt(gegner(s), Z(s, p), –max, –min) fi;
                  if a ≥ max      then max
                  elif a > min    then setopt(s, m\{p}, a, max)
                                  else setopt(s, m\{p}, min, max)
                  fi
         fi
   fi
```

Es gilt

setopt(s, {p}, –∞, +∞) = opt(s, p) .

Mit diesem initiierenden Aufruf erhalten wir das gesuchte Resultat für Spieler s in der Anfangsstellung p.

Wählen wir statt **eint** die Sorte **bool** und ersetzen das Maximum $+\infty$ durch **true** und das Minimum $-\infty$ durch **false**, so erhalten wir einen klassischen Backtracking-Algorithmus für die Lösung des Booleschen Gewinnstellungsproblems.

Durch die Abschätzungen maxopt(s, p) können wir Berechnungszweige abschneiden. Bei komplizierten Spielen können wir diese Abschätzungen durch mehr oder weniger grobe Näherungen ersetzen. Wir erhalten „Heuristiken", bei deren Verwendung die Resultate nicht mehr korrekt sind, sondern nur noch Näherungen.

Selbst wenn wir keine Abschätzungen über die Gewinnerwartungen haben (dann gilt maxopt(s, p) = ∞), erhalten wir noch eine Optimierung durch das Abschneiden von Zweigen, die aufgrund bereits ermittelter Werte keinen Beitrag mehr liefern können. Auch die Durchlaufreihenfolge beeinflußt die Effizienz des Algorithmus. Können wir die im Sinne der Maximierung oder Minimierung vielversprechende Zweige zuerst durchlaufen, so engt sich das [min, max]-Intervall schnell ein, und überflüssige Zweige werden früh erkannt und abgeschnitten.

3.3.3 Dynamisches Programmieren

Gelingt es uns, das induktive Prinzip, nach dem wir die zu minimierende Menge erzeugen, geschickter zu wählen, so läßt sich unter Umständen die Komplexität des Verfahrens verbessern.

Beispiel (Das Problem des Handlungsreisenden). Die folgende Rechenvorschrift erzeugt durch den Aufruf perm(ε, v) alle Permutationen der Menge v:

fct perm = (**seq node** s, **set node** m) **set seq node**:

if m = Ø **then** {s}
else node x = **some node** q: q ∈ m;
$\bigcup_{0 \le i \le \text{length}(s)}$ perm(insert(s, x, i), m\{x}) **fi**

wobei die Rechenvorschrift insert, die in eine Sequenz s ein Element k nach der i-ten Position einfügt, wie folgt definiert sei:

fct insert = (**seq node** s, **node** k, **nat** i: i ≤ length(s)) **seq node**:

if i = 0 **then** ‹k› ∘ s
else ‹first(s)› ∘ insert(rest(s), k, i–1) **fi**

Wir können das Problem des Handlungsreisenden als Minimierungsproblem über der Menge aller Permutationen modellieren. Gegeben ist eine Abbildung d:

fct d = (**node** i, **node** j) **nat**: „Entfernung zwischen Knoten i und j"

Diese Abbildung induziert eine Rechenvorschrift zur Berechnung der Länge von Pfaden:

```
fct sd = ( seq node s ) nat:
    if    s = ε          then 0
    elif rest(s) = ε     then 0
                         else d(first(s), first(rest(s)))+sd(rest(s))
    fi
```

Wir wollen den Ausdruck

sd(s)+d(first(s), last(s))

über der Menge aller Permutationen s mit s ∈ perm(ε, v) minimieren, wobei |v| = n. Die Mächtigkeit der zu durchsuchenden Menge ist O(n!). Dies bestimmt auch die Komplexität des Algorithmus. Bei naivem Vorgehen sind (n–1)! Permutationen zu inspizieren. Gesucht ist natürlich in praktischen Anwendungen nicht nur die Länge der minimalen Rundreise, sondern die Rundreise selbst. Wir geben im folgenden lediglich eine Rechenvorschrift zur Berechnung der Länge der minimalen Rundreise, eine Rechenvorschrift zur Berechnung der Rundreise selbst kann jedoch völlig analog formuliert werden.

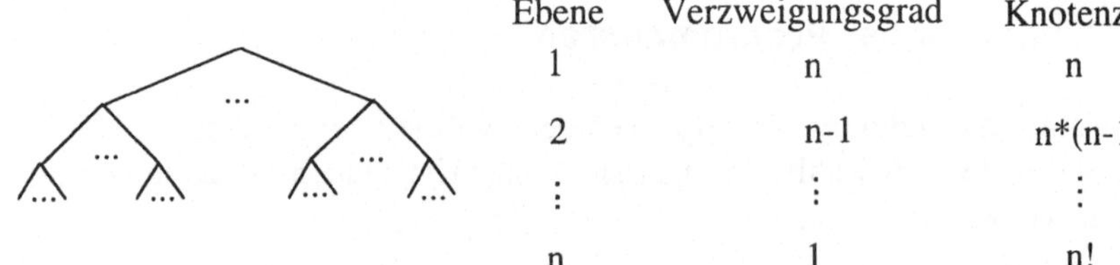

Ebene	Verzweigungsgrad	Knotenzahl
1	n	n
2	n-1	n*(n-1)
⋮	⋮	⋮
n	1	n!

Abb. 3.5. Aufrufbaum mit n Ebenen für eine Menge mit n+1 Elementen

Zur Lösung des Problems des Handlungsreisenden berechnen wir eine Funktion mintour durch folgende Rechenvorschrift. Sei x_0 ∈ v ein gegebener Anfangsknoten. Der Aufruf mintour(m, i) liefert die Länge einer minimalen Tour durch alle Knoten in der Menge m, die mit Knoten x_0 beginnt und im Knoten i endet.

```
fct mintour = (set node m, node i: i ∈ m) nat:
    min {sd(‹x0› ∘ s): s ∈ perm(ε, m) ∧ last(s) = i}
```

Es gilt mit $x_0 \notin m$: Der Ausdruck

$$\min_{x \in m} \{\text{mintour}(m, x)+d(x, x_0)\}$$

berechnet die Länge der minimalen Rundreise durch die Knotenmenge $m \cup \{x_0\}$ und löst somit das Problem des Handlungsreisenden. Dieser Ausdruck ist gleichwertig mit (da $x_0 \in v$)

mintour(v, x_0) .

Wir berechnen mintour durch die Rechenvorschrift

```
fct mintour = (set node m, node i: i ∈ m) nat:
    if |m| = 1   then d(x0, i)
```

else min {mintour(m\{i}, k)+d(k, i): k ∈ m\{i}} **fi**

Die Komplexität des Algorithmus ergibt sich aus seiner Aufrufstruktur (sei |m| = n+1). Wir erhalten den in Abb. 3.5 angegebenen Baum von Aufrufen.

Dieser Baum hat die Höhe n und in jeder Knotenschicht in der Ebene t hat er

$$\Pi_{1 \le i \le t}\, n-i+1$$

Knoten. Auf der Ebene n hat er n! Knoten. In jeder Ebene treten allerdings nur

$$\binom{n-1}{t} * t$$

verschiedene Aufrufe auf. Damit können wir durch Abspeicherung der Teilresultate das Verfahren von O(n!) auf $O(n^2 2^n)$ reduzieren, eine drastische Verbesserung, wie wir der Tabelle 3.2 entnehmen können.

3.3.4 Greedy-Algorithmen

Mit Greedy-Algorithmen (engl. greedy, gierig) wird versucht, eine globale Optimierungsaufgabe durch lokale Optimalitätskriterien zu lösen. Ein typisches Beispiel ist der folgende Algorithmus, bei dem die Länge des kürzesten Wegs in einem Graph berechnet wird. In diesem Algorithmus wird ausgehend vom Startknoten ein Weg konstruiert, indem jeweils der Knoten gewählt wird, der vom momentanen Knoten den kürzesten Abstand hat.

Tabelle 3.2. Wachstumsverhalten der Funktionen n!, n^2, 2^n und $n^2 2^n$.

n	n!	n^2	2^n	$n^2 2^n$
1	1	1	2	2
2	2	4	4	16
3	6	9	8	72
4	24	16	16	256
5	120	25	32	800
6	720	36	64	2304
7	5040	49	128	6272
8	40320	64	256	16384
9	362880	81	512	41472
10	3628800	100	1024	102400
11	39916800	121	2048	247808

Beispiel (Dijkstras Algorithmus zur Berechnung des kürzesten Wegs in einem Graph mit bewerteten Kanten). Gegeben sei die Knotenmenge

$$V = \{1, ..., n\}$$

und die Knotenentfernung

$$d: V \times V \rightarrow \mathbb{N} \cup \{\infty\}\ .$$

Wir nehmen an, daß d eine totale Funktion ist. Existiert keine Kante vom Knoten x zum Knoten y, so wird dies durch $d(x, y) = \infty$ ausgedrückt.
Wir verwenden die folgende Rechenvorschrift zur Berechnung der Länge des kürzesten Weges. Die Sorte **enat** enthält die natürlichen Zahlen und zusätzlich ∞.

```
fct dijkstra = (set node m, node x, node y) enat:
    if m = Ø
    then  d(x, y)
    else  node w = some node z: z ∈ m ∧ ∀ node b: b ∈ m ⇒ d(x, z) ≤ d(x, b);
          min(dijkstra(m\{w}, x, y), d(x, w)+dijkstra(m\{w}, w, y)
    fi
```

Wir verwenden den initiierenden Aufruf

dijkstra(V, x, y) .

Die Korrektheit dieser Rechenvorschrift läßt sich wie folgt formulieren: Für beliebige Mengen $S \subseteq V$ liefert der Aufruf

dijkstra(S, x, y)

die Länge des kürzesten Wegs von x nach y mit inneren Knoten nur aus der Menge S. Diese Behauptung beweisen wir durch Induktion über $n = |S|$.

Für $n = 0$ folgt die Behauptung sofort.

Sei die Behauptung richtig für n; für eine beliebige Menge S, mit $|S| = n+1$, sei w ein Knoten in S mit der kürzesten Entfernung vom Knoten x:

$$\forall\, b \in S: d(x, w) \leq d(x, b) .$$

Sei

$$x \rightarrow p_1 \dots \rightarrow p_k \rightarrow y$$

ein Pfad kürzester Länge von x nach y mit inneren Knoten $p_i \in S$ für alle i, $1 \leq i \leq k$. Entweder gilt

$$w \notin \{p_1, \dots, p_k\} ,$$

oder es gilt $p_i = w$ mit $1 \leq i \leq k$. Dann muß aber $i = 1$ gelten, da sonst der Pfad

$$x \rightarrow p_i \rightarrow \dots \rightarrow p_k \rightarrow y$$

kürzer wäre. Es gilt also: Der kürzeste Pfad enthält den Knoten w nicht oder er enthält w als ersten inneren Knoten. Wir erhalten die Länge des kürzesten Pfades demnach als Minimum über die Länge des kürzesten Pfades, der w nicht enthält, und des kürzesten Pfades, der w als ersten inneren Knoten enthält. ❑

Man beachte jedoch, daß das Greedy-Prinzip nicht immer einsetzbar ist, da eine lokale Optimierung nicht immer auch auf die globale Optimierung führt. Ein Beispiel erhalten wir, wenn wir versuchen die Idee aus Dijkstras Algorithmus auf ganzzahlig markierte Graphen zu übertragen. Hier können Wege mit negativer Bewertung existieren, so daß ein Umweg über einen weit entfernten Knoten doch zu einem kürzeren Weg führen kann.

Die Behandlung von Problemen mit hoher Komplexität erfordert eine eingehende Analyse der Problemstellung. Durch eine Vereinfachung der Problemstellung, etwa durch eine Einschränkung des Parameterbereichs, werden unter Umständen bereits weniger komplexe Algorithmen anwendbar. Wichtig ist auch, wie umfangreich die Eingabedaten tatsächlich für die zu behandelnden Problemstellungen sind. Bei kleinen Parameterwerten sind auch NP-vollständige Probleme auch direkt (engl. brute force) zu lösen.

4. Effiziente Algorithmen und Datenstrukturen

Wir haben vor allem in Teil I, aber auch in den Teilen II und III, eine Reihe von Algorithmen für unterschiedliche Problemstellungen kennengelernt. Auch im vorangegangenen Kapitel haben wir einige Beispiele für Algorithmen zur Bearbeitung hochkomplexer Probleme angegeben. In diesem Kapitel werden wir einige ausgewählte Problemstellungen und Algorithmen behandeln. Die wichtigsten Sortieralgorithmen haben wir bereits als Beispiele in Teil I besprochen. Nachstehend werden wir sie unter dem Gesichtspunkt der Effizienz und ihrer Komplexität vergleichen. Eine weitere Klasse von Algorithmen erlaubt das Finden von Wegen in Graphen. Auch für diese Klasse haben wir bereits Vertreter in Kapitel 3 kennengelernt. In diesem Kapitel werden wir den Warshall-Algorithmus zur Berechnung der transitiven Hülle eines Graphen entwickeln.

Im Anschluß daran greifen wir noch einmal die Datenstruktur der Bäume auf. Auch Bäume haben wir in Teil I bereits ausführlich behandelt. Nun wenden wir uns Baumstrukturen zu, die für die Darstellung großer Datenmengen besonders geeignet sind. Wir besprechen geordnete, sortierte und orientierte Bäume, sogenannte AVL- und B-Bäume und auch die Darstellung von Bäumen durch Felder.

In einem abschließenden Abschnitt wenden wir uns der Frage zu, mit welchen Datenstrukturen große Mengen von Elementen effizient verwaltet werden können, wobei wir auf die schnelle Ausführung der für Mengen charakteristischen Operationen Wert legen. Wir behandeln fundamentale Beispiele für die Darstellung von Mengen, wie die Baumdarstellung und das Streuspeicherverfahren. Streuspeicherverfahren sind von großer praktischer Bedeutung, da wir mit ihrer Hilfe eine große Anzahl von Elementen effizient verwalten können, insbesondere wenn gute Abschätzungen über die maximal in einer Menge abzulegende Anzahl von Elementen existieren.

4.1 Ausgewählte Algorithmen

Wir haben bereits in Teil I die wichtigsten Sortieralgorithmen als Beispiele für die unterschiedlichen Programmierstile kennengelernt. Nun wollen wir diese systematisch unter dem Gesichtspunkt ihrer Zeit- und Speicherkomplexität behandeln. Dabei interessieren wir uns nicht nur für untere Schranken für den Aufwand, sondern auch für den im Mittel zu erwartenden Aufwand.

4.1.1 Komplexität von Sortieralgorithmen

Die gängigen Sortieralgorithmen umfassen den Bubblesort, der wohl am einfachsten zu programmieren ist, das Sortieren durch Auswählen, das Sortieren durch Einsortieren und die etwas aufwendiger zu programmierenden Sortierverfahren wie den Quicksort, das Sortieren durch Mischen und das Sortieren durch Sortierbäume. Im Teil I haben wir Rechenvorschriften für diese Sortierverfahren angegeben:

Insertsort	Sortieren durch Einsortieren,
Selectsort	Sortieren durch Auswählen,
Bubblesort	Sortieren durch Vertauschen,
Mergesort	Sortieren durch Zerteilen, Vorsortieren und Mischen,
Quicksort	Sortieren durch Trennen,
Heapsort	Sortieren durch Auswahlbäume.

Nur Bubblesort haben wir nicht behandelt. Wie geben eine einfache Variante nachstehend an.

Beispiel (Bubblesort – Sortieren durch Vertauschen benachbarter Elemente auf einem Feld). Das Feld **var** [1 : n] **array int** a sei gegeben. Folgendes Programm erzeugt ein aufsteigend sortiertes Feld zum gegebenen Feld a:

```
⌈ var nat i := 1;
  while i < n
  do   if a[i] > a[i+1]  then  a[i], a[i+1] := a[i+1], a[i] ;
                               if i > 1 then i := i–1 else i := i+1 fi;
                         else  i := i+1
       fi
  od                                                        ⌋
```
□

In diesem Abschnitt wollen wir keine weiteren Sortierverfahren vorstellen, sondern die bereits bekannten Sortierverfahren in Hinblick auf ihre Komplexität untersuchen, vergleichen und bewerten. Dabei interessieren wir uns für den Rechenaufwand, die Zeitkomplexität und den Speicheraufwand, die Speicherkomplexität, der Algorithmen.

Wir messen die Zeitkomplexität und damit den Rechenaufwand sowie die Speicherkomplexität und damit den Speicheraufwand, der über den Speicher für die zu sortierende Sequenz hinaus benötigt wird, in Abhängigkeit von der Länge n der zu sortierenden Sequenz. Wir unterscheiden jeweils zwischen der *durchschnittlichen Komplexität* (engl. average case) und der *Komplexität im ungünstigsten Fall* (engl. worst case). Die durchschnittliche Komplexität gibt an, wie hoch der Aufwand eines Algorithmus im Durchschnitt für das Sortieren einer Sequenz der Länge n ist, wenn wir annehmen, daß jede Anordnung der Elemente (jede Permutation der sortierten Sequenz) als Eingabe die gleiche Wahrscheinlichkeit hat. Die Komplexität im ungünstigsten Fall gibt den maximalen Aufwand wieder, den wir beim Sortieren treiben müssen. Dieser Aufwand fällt an, wenn die Anordnung der Elemente in der Eingabesequenz am ungünstigsten für den betrachteten Algorithmus ist.

In der Tat hängt der Aufwand eines Sortierverfahrens oft stark von der Anordnung der Elemente der zu sortierenden Sequenz ab. Ist eine Sequenz bereits sortiert, so ist der Aufwand von Bubblesort beispielsweise linear. Auch beim Sortieren durch Einfügen spielt die Frage der Vorsortierung eine Rolle. Der Rechenaufwand ist abhängig von der Anordnung der Elemente der zu sortierenden Sequenz, wenn beim Einsortieren ein Algorithmus benutzt wird, der einen geringeren Rechenaufwand benötigt, falls das einzusortierende Element das größte (oder das kleinste) ist. Wir gehen im folgenden von einer Eingabesequenz aus, in der die Elemente zufällig angeordnet sind.

Die Sortierverfahren Insertsort und Selectsort haben im Durchschnitt die Zeitkomplexität $O(n^2)$. Wir benötigen n Schritte des Einsortierens oder des Auswählens. Im i-ten Schritt erfordert das Einsortieren den Aufwand i und das Auswählen den Aufwand n–i. In beiden Fällen erhalten wir die folgende Formel für den Aufwand:

$$\sum_{i=1}^{n} i = \sum_{i=0}^{n-1} (n-i) = n*(n+1)/2 = O(n^2)$$

Bubblesort benötigt im Mittel ebenfalls O(n) Durchläufe und im i-ten Durchlauf O(i) Schritte, um ein Element in die richtige Position zu tauschen, und somit im Mittel einen Aufwand $O(n^2)$. Dies entspricht bei allen drei Verfahren auch dem Aufwand im ungünstigsten Fall.

Auch der Aufwand von Quicksort hängt von der Anordnung der Elemente ab. Im ungünstigsten Fall wird das Schnittelement jeweils so gewählt, daß es das minimale oder maximale Element ist. Dadurch wird die gegebene Sequenz der Länge i in eine leere Sequenz, das Schnittelement und eine Sequenz der Länge i–1 zerteilt. Wir erhalten ein Verfahren, das dem Sortieren durch Auswählen entspricht, und benötigen im ungünstigsten Fall $O(n^2)$ Operationen. Allerdings hat dieser Fall nur eine geringe Wahrscheinlichkeit. Im Mittel werden die durch Zerteilung entstehenden Sequenzen etwa im Verhältnis 1:3 stehen. Wir benötigen somit O(log n) Zerteilvorgänge, bis die Sequenzen die Länge 1 haben. Der Aufrufbaum entspricht dann einem Binärbaum der Höhe O(log n). In der i-ten Schicht des Baumes sind 2^i Sequenzen weiter zu zerteilen, die zusammen die Länge n haben. Somit benötigt jede Schicht n Schritte. Es existieren O(log n) Schichten. Wir erhalten O(n log n) für den durchschnittlichen Rechenaufwand für Quicksort.

Auch Mergesort und Heapsort haben den Aufwand O(n log n), wie wir durch ähnliche Überlegungen erkennen können. Allerdings ist dieser Aufwand hier weitgehend unabhängig von der Anordnung der Elemente und auch im ungünstigsten Fall immer nur O(n log n).

Diese drei Algorithmen der Komplexität O(n log n) benötigen zusätzlichen Speicher. Bei Heapsort ist zusätzlicher Speicher in der Größe O(n) für die Verwaltung des Sortierbaumes erforderlich. Ähnliches gilt für Mergesort. Quicksort benötigt zusätzlichen Speicher für den Keller zur Verwaltung der rekursiven Aufruf in der Größenordnung von O(log n).

Es zeigt sich, daß alle Sortierverfahren eigene Stärken und Schwächen haben. Welches Sortierverfahren in der Praxis gewählt wird, hängt von einer Reihe von Faktoren ab, wie etwa:

- Größe der Sequenz: Sind die zu sortierenden Sequenzen von kleiner Länge, so sind einfache Verfahren (wie Bubblesort) unter Umständen trotz ihrer ungünstigeren asymptotischen Komplexität vorzuziehen.

- Kenntnissen über die Anordnung der Eingabesequenz: Sind die zu sortierenden Sequenzen nicht zufällig angeordnet, sondern beispielsweise vorgeordnet, so sind die Sortierverfahren unterschiedlich gut geeignet.
- Nebenbedingungen technischer Art: Sind die Sequenzen, etwa aufgrund ihrer Größe, nicht im Hauptspeicher, sondern wird auf oder mit Hilfe von Hintergrundspeichern sortiert, so müssen technische Gegebenheiten, wie Zugriffszeiten, in die Überlegungen einbezogen werden.

Kann die Sequenz während des Sortierens im Hauptspeicher gehalten werden, sprechen wir von *internem* Sortieren. Wird die Sequenz auf Hintergrundspeichern gehalten, etwa in Dateien organisiert, so sprechen wir von *externem* Sortieren. Im Regelfall ist Quicksort für das interne Sortieren umfangreicher Sequenzen mit zufälliger Anordnung ein günstiges Verfahren. Für externes Sortieren bietet sich Mergesort an.

Eine ausführliche Diskussion der Sortiermethoden findet sich in D. E. KNUTH: The Art of Computer Programming – Volume 3. Dort wird gezeigt, daß wir, wenn wir durch den Vergleich von Elementen sortieren, was für alle von uns betrachteten Sortierverfahren zutrifft, immer mit mindestens O(n log n) Vergleichen arbeiten müssen. Dies legt die untere Schranke der benötigten Vergleiche fest. Allerdings gibt es, wie Knuth zeigt, auch Sortierverfahren, die ganz ohne den Größenvergleich von Elementen auskommen, wenn wir nach Schlüsseln mit Merkmalen sortieren. Ein Beispiel liefert das Sortieren von Wörtern einer gegebenen Länge n über einen Alphabet in der lexikographischen Ordnung. Dazu ist es nicht nötig, zwei Wörter zu vergleichen. Wir brauchen nur nach den Anfangsbuchstaben sortieren, dann innerhalb der Wörter mit gleichen Anfangsbuchstaben nach den zweiten Buchstaben und so weiter.

4.1.2 Wege in Graphen

Viele praktische Aufgabenstellungen der Informatik lassen sich durch Fragestellungen auf Relationen und Graphen modellieren. Typisch dafür sind Probleme, die mit der Existenz von Wegen in Graphen zusammenhängen. Eine elementare Fragestellung ist zum Beispiel die Erreichbarkeit in Graphen, die mit der Bildung der transitiven Hülle für eine Relation eng verwandt ist. Andere häufig benötigte Algorithmen entscheiden die Gleichheit der Struktur von Graphen, beispielsweise die Isomorphie von Graphen oder andere Äquivalenzfragen.

Wir behandeln Warshalls Algorithmus zur Berechnung der transitiven Hülle in einem Graph. Gegeben sei die Knotenmenge

$$V = \{1, ..., n\}$$

und die Angabe über die Existenz einer Kante zwischen zwei Knoten:

$$c: V \times V \to \mathbb{B} .$$

Der Wert c(i, j) gibt an, ob eine Kante vom Knoten i zum Knoten j verläuft und stellt somit die Adjazenzmatrix dar. Die Tatsache, daß wir die Knoten durch Zahlen repräsentieren, ist essentiell für den Algorithmus.

Die folgende Rechenvorschrift th berechnet die transitive Hülle und stellt somit fest, ob ein Weg im Graph von Knoten i nach Knoten j existiert.

fct th = (**nat** i, **nat** j) **bool**: wth(i, j, n) .

Die Rechenvorschrift th stützt sich dabei auf die Rechenvorschrift wth. Der Aufruf wth(i, j, k) liefert genau dann **true**, wenn in dem durch die Adjazenzmatrix c gegebenen Graph ein Weg vom Knoten i zum Knoten j existiert, der nur über innere Knoten ≤ k verläuft.

```
fct wth = (nat i, nat j, nat k) bool:
    if k = 0    then   c(i, j)
                else   wth(i, j, k–1) ∨ (wth(i, k, k–1) ∧ wth(k, j, k–1))
    fi
```

Die Korrektheit dieser Rechenvorschrift ergibt sich aus folgender einfachen Überlegung.

Für k = 0 liefert der Aufruf wth(i, j, k) den Wert **true** genau dann, wenn ein Weg vom Knoten i zum Knoten j existiert, der nur über innere Knoten ≤ 0 verläuft. Die Wege enthalten also keine inneren Knoten und bestehen somit nur aus dem Anfangs- und dem Endknoten. Es wird **true** genau dann geliefert, wenn eine Kante vom Knoten i zum Knoten j existiert, also wenn c(i, j) gilt.

Für k > 0 liefert wth(i, j, k) den Wert **true** genau dann, wenn ein Weg vom Knoten i zum Knoten j existiert, der nur über innere Knoten x mit x ≤ k verläuft. Entweder enthält dieser Weg den Knoten k als inneren Knoten oder nicht. Im zweiten Fall gilt wth(i, j, k–1). Enthält der Weg den Knoten k, so gibt es auch einen Weg, der den Knoten k genau einmal enthält, da Wege, die den Knoten k mehrfach enthalten, Zyklen aufweisen, und somit weggelassen werden können. Folglich gibt es einen Weg vom Knoten i zum Knoten k und einen Weg vom Knoten k zum Knoten j, wobei beide Wege nur über Knoten x mit x ≤ k–1 führen. Die Wege enthalten also keine inneren Knoten ≥ k. Es gilt dann

wth(i, k, k–1) ∧ wth(k, j, k–1).

Die Terminierung des Algorithmus liegt auf der Hand, da in jedem Schritt der Parameter k verkleinert wird. Die Komplexität des Algorithmus ist $O(3^n)$, da der Aufrufbaum für wth(i, j, n) die Höhe n hat und sich in jeweils drei rekursive Aufrufe aufspaltet.

Die Komplexität des Algorithmus kann entscheidend verbessert werden, indem wir auf einem Feld

[1: n, 1: n] **array bool** a

arbeiten. Dabei berechnen wir nicht nur für ein Knotenpaar die Antwort auf die Frage, ob ein Weg existiert, sondern berechnen diese Antwort in der Matrix gleich für alle Knotenpaare. Wir initialisieren das Feld durch die Anweisung

a[i, j] := c(i, j)   für alle i, j, 1 ≤ i, j ≤ n.

Dann liefert der Aufruf warshall(a) auf dem Feld a die transitive Hülle von c, wobei die Rechenvorschrift warshall wie folgt deklariert ist:

```
proc warshall = (var [1: n, 1: n] array bool a):
    for k := 1 to n do
        for i := 1 to n do
            for j := 1 to n do  a[i, j] := a[i, j] ∨ (a[i, k] ∧ a[k, j])
            od
        od
    od .
```

Es gilt in der Schreibweise der Zusicherungen aus Teil I folgende Aussage für den Aufruf warshall(a):

$$\{\forall\ i, j \in [1, n]: a[i, j] = c(i, j)\}\ \text{warshall(a)}\ \{\forall\ i, j \in [1, n]: a[i, j] = th(i, j)\}$$

Diese Aussage beweisen wir mit den Techniken aus Teil I unschwer mit Hilfe der folgenden Invarianten

$$\forall\ i, j \in [1, n]: (wth(i, j, k-1) \Rightarrow a[i, j]) \wedge (a[i, j] \Rightarrow th(i, j))$$

für die **for**-Wiederholungsanweisung, die die Programmvariable k erhöht. Man beachte, daß der Algorithmus in der **for**-Wiederholungsanweisung, die die Programmvariable k erhöht, nicht genau die Folge der Matrizen a_k mit

$$a_k[i, j] = wth(i, j, k) \qquad \text{für alle } i, j, k,$$

berechnet, sondern Matrizen a_k mit

$$(wth(i, j, k) \Rightarrow a_k[i, j]) \wedge (a_k[i, j] \Rightarrow th(i, j)) \qquad \text{für alle } i, j, k,$$

da beim Durchlaufen der inneren **for**-Wiederholung auf der rechten Seite der Zuweisung nicht immer auf die Werte der Matrix aus dem letzten Schleifendurchlauf (für k–1) zurückgegriffen wird, sondern unter Umständen auf bereits modifizierte Werte. Anschaulich heißt das, daß der Wert a[i, j] nach dem k-ten Durchlauf nicht immer anzeigt, daß in dem durch c gegebenen Graph ein Weg vom Knoten i zum Knoten j existiert, der nur über Knoten $\le k$ verläuft, sondern vielmehr anzeigt, daß in dem durch c gegebenen Graph ein Weg vom Knoten i zum Knoten j existiert, der ausschließlich über Knoten $\le k+\bar{k}$ (mit einem $\bar{k} \in \mathbb{N}$) verläuft. Diese modifizierte Zuweisung gefährdet aber die Korrektheit des Algorithmus nicht. Im Gegenteil, die Werte der Matrix nähern sich dadurch nur schneller an das gesuchte Resultat an.

Die Rechenvorschrift hat offensichtlich die Komplexität $O(n^3)$, da es sich um drei geschachtelte **for**-Wiederholungen handelt, die jeweils n Schritte erfordern. Es ist uns damit gelungen, den $O(3^n)$-Algorithmus auf die Ordnung $O(n^3)$ zu reduzieren. Die verwendete Optimierung entspricht der Abspeicherung von Werten von mehrfach auftretenden rekursiven Aufrufen und damit der Technik des Dynamischen Programmierens.

4.2 Bäume

Die Rechenstruktur der Bäume haben wir ausführlich in Teil I behandelt. Wir haben insbesondere die Darstellung von Bäumen durch Geflechte und rekursiv deklarierte Sorten besprochen. In diesem Abschnitt behandeln wir nun eine Reihe spezieller

Bäume, die für bestimmte Problemstellungen besonders geeignete Datenstrukturen darstellen. Wir betrachten die Abspeicherung von Bäumen in linearen Strukturen und behandeln AVL- und B-Bäume, die insbesondere der Verwaltung großer Datenmengen unter Bereitstellung schneller Zugriffsalgorithmen dienen.

4.2.1 Geordnete, orientierte und sortierte Bäume

In Teil I haben wir die abstrakte Rechenstruktur der Bäume eingeführt. Nun geben wir eine Datenstruktursicht auf Bäume als Graphen, wobei die Daten in den Wurzeln und Blättern der Teilbäume als Markierungen der Knoten und die Zugriffsfunktionen (Selektoren) als Kanten dargestellt werden. Wir beschreiben kurz diese Datenstruktursicht für Bäume, da sie oft zur Darstellung und Analyse von Algorithmen auf Bäumen hilfreich ist.

Ein *nichtorientierter Baum* ist aus diesem Blickwinkel ein ungerichteter, zusammenhängender, zyklenfreier Graph. Zwei nichtorientierte, disjunkte Bäumen können durch Hinzufügen einer Kante zwischen zwei beliebigen Knoten aus je einem der Bäume zu einem nichtorientierten Baum zusammengefaßt werden.

Ein *orientierter Baum* ist ein gerichteter, zusammenhängender, zyklenfreier Graph, der einen Knoten, genannt Wurzel, enthält, so daß jeder Knoten im Graph von der Wurzel aus auf genau einem Weg erreichbar ist. Die Wurzel ist eindeutig bestimmt. Ein Blatt in einem Baum in Graphdarstellung ist ein Knoten ohne Nachfolger.

Ein *geordneter* Baum in Graphdarstellung ist ein orientierter Baum, auf dessen Teilbäumen eine Reihenfolge gegeben ist. Geordnete Bäume lassen sich aus Rechenstruktursicht auch durch folgende Sortenvereinbarung beschreiben:

sort ordtree = ordtree(**m** root, **seq ordtree** subtrees) .

Die Zahl der unmittelbaren Teilbäume entspricht der Länge der Sequenz in einem Baum in obiger Sortendarstellung. Sie heißt sein *Verzweigungsgrad.* Wir sprechen bei einem Baum von einem maximalen Verzweigungsgrad z, wenn er selbst und alle seine Teilbäume höchstens den Verzweigungsgrad z haben.

Ein Binärbaum ist ein Spezialfall des geordneten Baums. Binärbäume haben einen maximalen Verzweigungsgrad 2. Wir sprechen im weiteren kurz von Bäumen, wenn wir orientierte Bäume meinen.

Die maximale Zahl der Knoten in den Pfaden eines Baum nennen wir seine *Höhe.* Die Höhe des leeren Baums ist somit 0. Die Höhe des einelementigen Baums 1. Die Höhe hi(b) eines Baums b ist somit durch seinen längsten Pfad bestimmt. Ein Baum heißt *vollständig,* wenn alle seine Teilbäume den gleichen Verzweigungsgrad und alle Zugriffspfade von der Wurzel zu seinen Blättern die gleiche Länge haben.

Sei #b die Anzahl der Knoten in einem Baum und m der maximale Verzweigungsgrad. Für nichtleere, vollständige Bäume gilt:

$$\text{hi(b)}-1 \le \log_m \#\text{b},$$

Dies zeigt man einfach durch Induktion über hi(b). Im vollständigen Baum wächst demnach die Anzahl der Knoten exponentiell mit der Höhe des Baums.

Ist auf den Knoteninhalten eines Baumes eine lineare Ordnung gegeben, dann heißt ein orientierter Baum *sortiert*, wenn der Durchlauf in Inordnung die Knoten in aufsteigender Reihenfolge liefert.

4.2.2 Darstellung von Bäumen durch Felder

Ein Baum läßt sich im Rechner als Geflecht darstellen (vgl. Teil I). In dieser Darstellung wird für seine Speicherung zusätzlicher Platz für die Zeiger auf die Teilbäume in den Knoten benötigt. Ein Baum läßt sich aber auch in einem Feld darstellen. Dazu legen wir den Baum in dem Feld in Schichten ab. Wir beschreiben dieses Vorgehen für Binärbäume. Sei **m** die Sorte der Datenelemente in den Wurzeln des Baums. Sei das Feld

[1:k] **array m** a

und ein Binärbaum b der Sorte **tree m** gegeben (für die genaue Beschreibung der Rechenstruktur der Bäume der Sorte **tree m** sei auf Teil I verwiesen). Wir nehmen an, daß die Höhe hi(b) des Baums die Ungleichung

$$2^{hi(b)}-1 \le k$$

erfüllt. Dann können wir auch für einen vollständigen Baum b alle Knoten im Feld a beginnend mit 1 ablegen. Die folgende Rechenvorschrift make_array legt einen Baum b der Höhe h im Feld a beginnend mit Index i in Vorordnung ab. Wir nehmen an, daß die Länge des Feldes ausreicht ($i+2^{hi(b)}-2 \le k$ gilt).

```
proc make_array = (tree m b, var [1: k] array m a, nat i, h:
                                              h = hi(b) ∧ i+2^h–2 ≤ k):

    if h > 0
    then   a[i] := root(b);
           make_array(left(b), a, i+1, h–1);
           make_array(right(b), a, i+2^(h–1), h–1)
    fi .
```

Kennen wir die Höhe eines Baums, der im Feld a abgelegt ist, und seine Anfangsadresse im Feld, dann können wir auf seine Knoten gezielt zugreifen. Wir erhalten folgende Sorte zur Darstellung von Bäumen der Höhe h in einem Feld beginnend mit Index i.

sort treebyarray = mtba(**nat** i, **nat** h) .

Dann können wir die üblichen Operationen auf Bäumen wie folgt deklarieren:

fct root = (**treebyarray** t) **m**: a[i(t)],

fct left = (**treebyarray** t: h(t) > 0) **treebyarray**: mtba(i(t)+1, h(t)–1),

fct right = (**treebyarray** t: h(t) > 0) **treebyarray**: mtba(i(t)+$2^{h(t)-1}$, h(t)–1).

Durch die Verwendung von Füllelementen können wir auch nicht vollständige Bäume darstellen. Bei dieser Darstellung wird allerdings viel Speicherplatz verschwendet, wenn der dargestellte Baum nicht im wesentlichen ein vollständiger Baum ist. Auch das Umbauen so dargestellter Bäume durch das Austauschen von Teilbäumen ist aufwendig und umständlich. Günstig ist diese Darstellung also nur für Bäume, die weitgehend ausgeglichen sind und auf deren Knoten immer wieder zugegriffen wird, ohne daß sich die Struktur des Baumes ändert.

Ein Verallgemeinerung des Ablegens von Binärbäumen in Feldern auf Bäume mit n Nachfolgern pro Knoten ist völlig analog vorzunehmen.

4.2.3 AVL-Bäume

Wir nehmen im weiteren an, daß auf der Sorte **m** eine lineare Ordnung ≤ gegeben ist. Ein sortierter Binärbaum ist ein Binärbaum der Sorte **tree m**, bei dem alle Knoten im linken Teilbaum höchstens so groß und alle Knoten im rechten Teilbaum mindestens so groß sind wie die Wurzel und dessen Teilbäume selbst sortiert sind. Dann liefert der Durchlauf des Baumes in Inordnung eine sortierte Sequenz. Eine Boolesche Funktion, die für einen Binärbaum überprüft, ob er sortiert ist, hat die Form:

```
fct sortiert = (tree m t) bool:
    if isempty(t)  then  true
                   else  sortiert(left(t)) ∧
                         sortiert(right(t)) ∧
                         allnodes(left(t), (m x) bool: x ≤ root(t)) ∧
                         allnodes(right(t), (m x) bool: root(t) ≤ x)
    fi
```

Dabei überprüft der Aufruf allnodes(t, p) der Rechenvorschrift allnodes, ob alle Knoten im Baum t das Prädikat p erfüllen.

```
fct allnodes = (tree m t, fct (m) bool p) bool:
    if isempty(t)  then  true
                   else  allnodes(left(t), p) ∧
                         allnodes(right(t), p) ∧
                         p(root(t))
    fi
```

Ein *AVL-Baum* ist ein sortierter Binärbaum, bei dem sich in allen seinen Teilbäumen die Höhe des rechten und des linken Teilbaums nur um 1 unterscheidet. Wir nennen einen solchen Baum auch *balanciert*. Eine Boolesche Rechenvorschrift, die für einen Binärbaum überprüft, ob er balanciert ist, hat die Form:

```
fct isbal = (tree m t) bool:
    if isempty(t)  then  true
                   else  isbal(left(t)) ∧ isbal(right(t)) ∧
                         –1 ≤ hi(left(t))–hi(right(t)) ≤ 1
    fi
```

AVL-Bäume sind ein Kompromiß zwischen vollständigen und entarteten Bäumen. Ein AVL-Baum b der Höhe hi(b) enthält mindestens $2^{(2hi(b)/3)}-1.5$ Knoten. Wir können dies durch Induktion über die Höhe der Bäume zeigen. Auch bei AVL-Bäumen wächst die Zahl der Knoten exponentiell mit ihrer Höhe.

4.2.4 B-Bäume

Ein weiteres Konzept für spezielle Bäume mit interessanten Eigenschaften für die effiziente Verwaltung großer Datenmengen sind B-Bäume. Wir beschreiben diese im folgenden nur sehr knapp. Ausführliche Darstellungen finden sich in OTTMANN, WIDMAYER 1990.

Obwohl für nichtentartete Binärbäume die Höhe logarithmisch mit der Zahl ihrer Knoten wächst, ist bei einer Realisierung durch Zeigerstrukturen der zusätzlich für die Verwaltung benötigte Speicheraufwand beträchtlich. Ein Kompromiß sind sogenannte B-Bäume, die von R. Bayer 1970 vorgeschlagen wurden. Für einen B-Baum gehen wir von einer vorgegebenen Zahl n > 0 aus. Ein B-Baum ist leer oder enthält mindestens n und höchstens 2n unmittelbare Teilbäume. Ein B-Baum über der Sorte **m**, auf der eine lineare Ordnung gegeben sei, ist dann ein Element der nachstehend deklarierten Sorte **btree**:

sort btree = **empty** | cbt(**btree** first, **seq cell** rest)

sort cell = mc(**m** d, **btree** bt)

Dabei setzen wir für B-Bäume mit Kennzahl n voraus, daß alle ihre Sequenzen von Teilbäumen zwischen n und 2n Elemente enthalten. Die Datenelemente sind linear in Inordnung geordnet. Ein B-Baum ist also ein sortierter Baum mit Verzweigungsgrad zwischen n und 2n.

Das Einfügen in B-Bäume ist sehr einfach. Wenn ein Knoten in einer Sequenz keinen Platz mehr findet (da die Länge der Sequenz 2n ist), können wir die entsprechende Sequenz in zwei Sequenzen (der Länge n) aufspalten und somit wieder einen B-Baum erhalten.

B-Bäume lassen sich effizient realisieren, da wir für die auftretenden Sequenzen über Längenbeschränkungen verfügen. Somit können diese durch Felder dargestellt werden. Aufgrund der Regeln ist sichergestellt, daß diese Felder stets mindestens zur Hälfte gefüllt sind. B-Bäume werden insbesondere bei der Speicherung großer Datenmengen auf Hintergrundspeichern im Zusammenhang mit Datenbanken eingesetzt.

4.3 Effiziente Speicherung von Mengen

Die Rechenstruktur Menge tritt in vielen Anwendungen auf. Dabei sind die Mengen zwar endlich, können aber eine sehr hohe Kardinalität besitzen. Dies führt selbst bei sehr leistungsfähigen Rechnern schnell an die Grenzen der Speicherkapazität. Die Effizienz von Algorithmen, in denen viele Zugriffsoperationen auf große Mengen von Daten vorkommen, hängt entscheidend davon ab, ob die Zugriffsoperationen auf Mengen schnell ausgeführt werden. Deshalb wählt man oft komplizierte Datenstrukturen zur Darstellung großer Mengen, auf denen sich die Zugriffsoperationen effizient realisieren lassen.

Solange wir es mit kleineren Mengen zu tun haben und Vereinigung und Durchschnitt als Operationen benutzen, ist eine Bit-Vektordarstellung von Mengen durchaus zu empfehlen. Dabei werden Teilmengen über einer endlichen Grundmenge von Elementen durch Bit-Vektoren dargestellt, die eine Länge haben, die der Kardinalität der betrachteten Grundmenge entspricht. Ist ein Element in einer Menge, so wird der entsprechende Bitwert auf **true** gesetzt, andernfalls auf **false**. Diese Darstellung ist für sehr große Grundmengen nicht anzuraten, da viel Speicherplatz verschwendet wird, insbesondere, wenn Teilmengen mit verhältnismäßig kleiner Kardinalität darzustellen sind. In diesem Fall bieten sich die Darstellungen an, die im folgenden behandelt werden, nämlich Darstellungen von Mengen durch Bäume und durch Streuspeichertechniken.

Wir betrachten die Datenstruktur der Mengen mit den Zugriffsoperationen des Einfügens eines Elements in eine Menge, des Abfragens, ob ein Element in einer Menge enthalten ist, und – mit gewissen Einschränkungen – auch die Operation des Löschens eines Elements aus einer Menge. Wir verzichten auf Operationen wie das Vergleichen von Mengen auf Gleichheit sowie Mengenvereinigung oder -durchschnitt.

4.3.1 Die Rechenstruktur der Mengen mit Zugriff über Schlüssel

In Anwendungen werden häufig Datenstrukturen benötigt, die eine große Menge von Daten aufnehmen können, auf die durch Schlüssel zugegriffen wird. Sei dazu eine Menge von Schlüsseln durch die Sorte

sort key

gegeben. Wir möchten Datensätze (Tupel, Records) der Sorte **data** speichern, die eine Komponente der Sorte **key** enthalten, auf die mit der Funktion

fct key = (**data**) **key**

zugegriffen wird. Wir nehmen dabei an, daß jeder auftretende Datensatz durch seinen Schlüssel eindeutig identifiziert wird. Dann können wir durch Angabe eines Schlüssels auf den Datensatz zugreifen. Wir suchen also eine Sorte **store**, die es gestattet, Datensätze abzulegen und auf diese effizient zuzugreifen. Wir verwenden die folgenden Funktionen:

fct emptystore = **store**,

fct get = (**store**, **key**) **data**,

fct insert = (**store**, **data**) **store**,

fct delete = (**store**, **key**) **store**.

Die Wirkungsweise dieser Funktionen können wir auf einfache Weise durch folgende Gleichungen darstellen:

$k = \text{key}(d) \Rightarrow \text{get}(\text{insert}(s, d), k) = d,$

$k \neq \text{key}(d) \Rightarrow \text{get}(\text{insert}(s, d), k) = \text{get}(s, k),$

delete(emptystore, k) = emptystore,

k = key(d) $\Rightarrow$ delete(insert(s, d), k) = delete(s, k),

k $\neq$ key(d) $\Rightarrow$ delete(insert(s, d), k) = insert(delete(s, k), d).

Im folgenden geben wir Datenstrukturen zur Darstellung großer Datenmengen an, die es uns erlauben, die angegebenen Operationen effizient zu realisieren.

4.3.2 Mengendarstellung durch AVL-Bäume

Eine effiziente Darstellung von Mengen mit Operationen für den Zugriff auf ihre Elemente über Schlüssel erhalten wir durch AVL-Bäume. Wir stellen die Sorte **store** durch Binärbäume dar und deklarieren

sort store = **tree data** .

Die leere Menge wird natürlich durch den leeren Baum dargestellt.

fct emptystore = **store**: emptytree,

Wir suchen nach Algorithmen, die die gewünschten Operationen, wie Einfügen, Suchen und Löschen, auf AVL-Bäumen möglichst effizient erledigen. Ein Problem ist dabei, daß beim naiven Einfügen oder Löschen von Knoten in einem AVL-Baum das Balancierungskriterium verletzt werden kann. Der entstehende Baum muß neu balanciert werden.

Nun führen wir die erforderlichen Funktionen ein.

```
fct get = (store a, key k) data:
    if    key(root(a)) = k  then  root(a)
    elif  k < key(root(a))  then  get(left(a), k)
                            else  get(right(a), k)
    fi
```

Eine naive Übernahme der dieser Rechenvorschrift zugrunde liegenden Idee für die Funktion insert, die ein neues Datenelement in den Baum einfügt, führt auf eine Rechenvorschrift, bei der wie oben beschrieben gesucht wird, bis ein leerer Baum vorliegt. Dann wird das Datenelement als einelementiger Baum eingefügt.

```
fct insert = (store a, data d) store:
    if    a = emptytree           then  cons(emptytree, d, emptytree)
    elif  key(d) = key(root(a))   then  cons(left(a), d, right(a))
    elif  key(d) < key(root(a))   then  cons(insert(left(a), d), root(a), right(a))
                                  else  cons(left(a), root(a), insert(right(a), d))
    fi
```

Diese Rechenvorschrift liefert jedoch unter Umständen keinen balancierten Baum mehr. Deshalb müssen die entstehenden Bäume gegebenenfalls erneut balanciert werden. Wir entwickeln zu diesem Zweck im folgenden eine Rechenvorschrift balinsert, die ein Datenelement in einen balancierten Baum einfügt und einen balancierten Baum als Ergebnis liefert. Wir wollen für die Rechenvorschrift zum Einfügen voraussetzen, daß nach dem Einfügen eines Knotens in einen Baum seine Höhe höchstens um 1 zunimmt. Sorgen wir in jedem rekursiven Aufruf dafür, daß das AVL-Kriterium für das Resultat gilt, so dürfen wir zusätzlich annehmen, daß der entstehende Baum b ein AVL-Baum und damit balanciert ist. Ferner nehmen wir an, daß, falls er beim Einfügen in der Höhe zugenommen hat, genau einer seiner Teilbäume gewachsen ist.

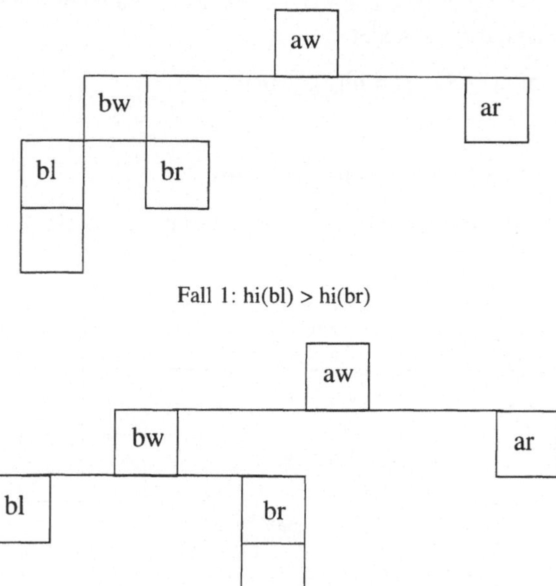

Fall 1: $hi(bl) > hi(br)$

Fall 2: $hi(bl) < hi(br) \wedge hi(ar)+1 = hi(bl)$

Abb. 4.1. Unbalancierte Bäume als Ergebnis des Einfügens eines Elements in den linken Teilbaum

Seien folgende Bäume gegeben, wobei a ein AVL-Baum sei:

a = cons(al, aw, ar),
b = cons(bl, bw, br) = balinsert(al, d).

Ist cons(b, aw, ar) kein balancierter Baum, dann hat die Höhe des linken Teilbaums b genau um 1 zugenommen. Es gilt dann sicherlich

$$hi(ar)+2 = hi(b),$$

da das Einfügen eines Knotens in einen AVL-Baum seine Höhe höchstens um 1 vergrößert. Wir unterscheiden die beiden Fälle

$hi(bl) > hi(br)$	Fall 1
$hi(bl) < hi(br) \wedge hi(ar) = hi(bl)$	Fall 2

Man beachte, daß nie hi(bl) = hi(br) gelten kann, da der Baum b aus al durch das Einfügen eines Knotens entstanden ist und somit entweder sein linker oder sein rechter Teilbaum gewachsen ist. Aus den gleichen Überlegungen ergibt sich hi(ar)+1 = hi(bl) für den Fall $hi(bl) < hi(br)$. Abb. 4.1 illustriert beide Fälle. Im ersten Fall gilt hi(bl) = hi(br)+1 = hi(ar)+1. Dann ist cons(bl, bw, cons(br, aw, ar))

ein AVL-Baum, wie wir durch einfaches Nachrechnen überprüfen können. Im zweiten Fall gilt hi(br) = hi(bl)+1 = hi(ar)+2. Dann ist

cons(cons(bl, bw, left(br)), root(br), cons(right(br), aw, ar))

ein AVL-Baum, wie wir ebenfalls durch einfaches Nachrechnen überprüfen können. Zu beachten ist dabei, daß entweder

hi(left(br)) = hi(ar) $\wedge$ hi(ar) = hi(right(br))+1

oder

hi(right(br)) = hi(ar) $\wedge$ hi(ar) = hi(left(br))+1

gilt. Wir sprechen in beiden Fällen von einer Rotation des Baums cons(b, aw, ar). Abb. 4.2 illustriert dies.

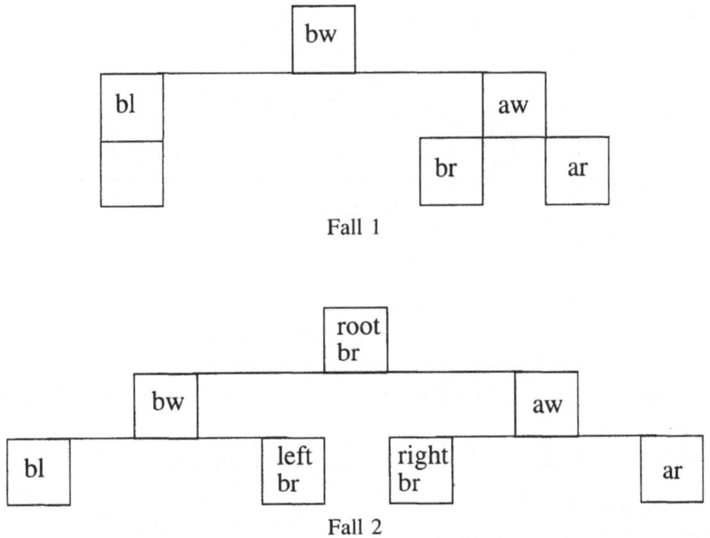

Abb. 4.2. Balancierte Bäume als Ergebnis der Rotation

Für das Einfügen eines Knotens in den rechten Teilbaum des AVL-Baums können wir eine analoge Analyse durchführen. Nach diesen Überlegungen ergibt sich folgende Rechenvorschrift balinsert für das Einfügen eines Knotens in einen AVL-Baum:

```
fct balinsert = (store a, data d) store:
    if   a = emptytree          then cons(emptytree, d, emptytree)
    elif key(d) = key(root(a))  then cons(left(a), d, right(a))
```

```
elif  key(d) < key(root(a))  then  store b = balinsert(left(a), d);
                                   if hi(b) > 1+hi(right(a))
                                   then leftbalance(b, root(a), right(a))
                                   else cons(b, root(a), right(a))
                                   fi
                             else  store b = balinsert(right(a), d);
                                   if hi(b) > 1+hi(left(a))
                                   then rightbalance(left(a), root(a), b)
                                   else cons(left(a), root(a), b)
                                   fi
fi
```

Das Balancieren wird durch die Rechenvorschriften leftbalance und rightbalance nach den oben beschriebenen Regeln vorgenommen. Dabei setzen wir voraus, daß in leftbalance(b, aw, ar) die Höhe des Baum b um 2 größer ist als die des Baums ar.

```
fct leftbalance = (store b, data aw, store ar) store:
  if hi(left(b)) ≥ hi(right(b))
  then  cons(left(b), root(b), cons(right(b), aw, ar))
  else  cons(cons(left(b), root(b), left(right(b))),
        root(right(b)),
        cons(right(right(b)), aw, ar))
  fi,

fct rightbalance = (store al, data aw, store b) store:
  if hi(right(b)) ≥ hi(left(b))
  then  cons(cons(al, aw, left(b)), root(b), right(b))
  else  cons(cons(al, aw, left(left(b))),
        root(left(b)),
        cons(right(left(b)), root(b), right(b)))
  fi
```

Das Einfügen eines Knotens d in einen AVL-Baum a liefert einen AVL-Baum balinsert(a, d), dessen Höhe höchstens um 1 größer ist als die Höhe von a. Nach dem Balancieren entspricht die Höhe des entstandenen Baums der des Ausgangsbaums a. Dies zeigt, daß beim Einfügen höchstens einmal balanciert werden muß.

Auch beim Löschen eines Elements in einem AVL-Baum a kann ein Nachbalancieren nötig werden. Wir entwickeln eine Rechenvorschrift baldelete, die ein Datenelement mit einem gegebenen Schlüssel aus dem Baum löscht. Gegeben seien die Bäume

a = cons(al, aw, ar),
b = baldelete(al, k),
ar = cons(arl, arw, arr).

Ist cons(b, aw, ar), entstanden durch das Löschen eines Elements im linken Teilbaum, kein balancierter Baum, dann gilt sicherlich

hi(ar) = hi(b)+2,

da das Löschen eines Knotens in einem AVL-Baum seine Höhe höchstens um 1 verkleinert. Wir unterscheiden die beiden Fälle:

hi(arr) = hi(b)+1 ∧ (hi(arl) = hi(b) ∨ hi(arl) = hi(b)+1) Fall 1

hi(arr) < hi(b)+1 ∧ hi(arl) = hi(b)+1 Fall 2

Im ersten Fall gilt:

cons(cons(b, aw, arl), arw, arr)

ist ein AVL-Baum, wie wir durch einfaches Nachrechnen überprüfen können.

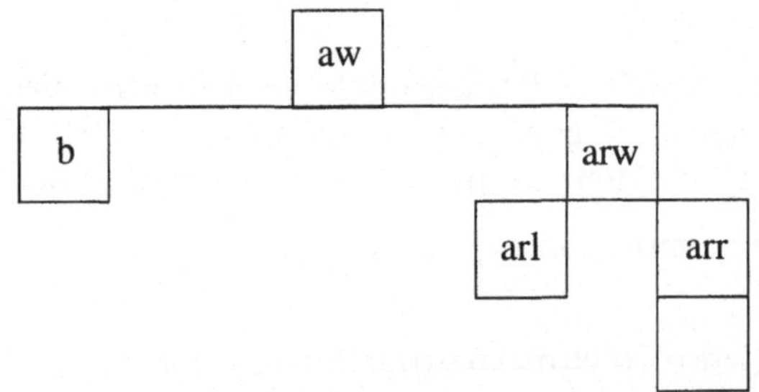

Fall 1: hi(arr) = hi(b)+1 ∧ (hi(arl) = hi(b) ∨ hi(arl) = hi(b)+1)

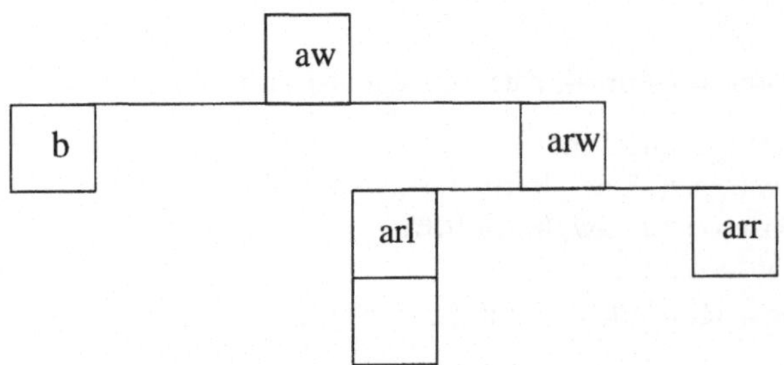

Fall 2: hi(arr) < hi(b)+1 ∧ hi(arl) = hi(b)+1

Abb. 4.3. Unbalancierte Bäume als Ergebnis des Löschens eines Elements im linken Teilbaum

Im zweiten Fall gilt:

cons(cons(b, aw, left(arl)), root(arl), cons(right(arl), arw, arr))

ist ein AVL-Baum, wie wir durch einfaches Nachrechnen überprüfen können. Zu beachten ist dabei, daß entweder

hi(left(arl)) = hi(b) ∧ 0 ≤ hi(b)–hi(right(arl)) ≤ 1

oder

hi(right(arl)) = hi(b) ∧ 0 ≤ hi(b)–hi(left(arl)) ≤ 1

gilt.

Beim Löschen eines Knotens im Inneren des Baumes muß ein neuer Knoten als Wurzel des Teilbaums eingebaut werden. Wir wählen dafür den größten Knoten im linken Teilbaum. Wir erhalten die Rechenvorschrift:

```
fct baldelete = (store a, key k) store:
    if   a = emptytree    then  emptytree
    elif key(root(a)) = k then  delete_root(a)
    elif k < key(root(a)) then  store b = baldelete(left(a), k);
                                if 1+hi(b) < hi(right(a))
                                then rightbalance(b, root(a), right(a))
                                else cons(b, root(a), right(a))
                                fi
                          else  store b = baldelete(right(a), k);
                                if 1+hi(b) < hi(left(a))
                                then leftbalance(left(a), root(a), b)
                                else cons(left(a), root(a), b)
                                fi
    fi
```

Diese Rechenvorschrift benützt die Hilfsrechenvorschrift delete_root, die aus einem AVL-Baum die Wurzel entfernt.

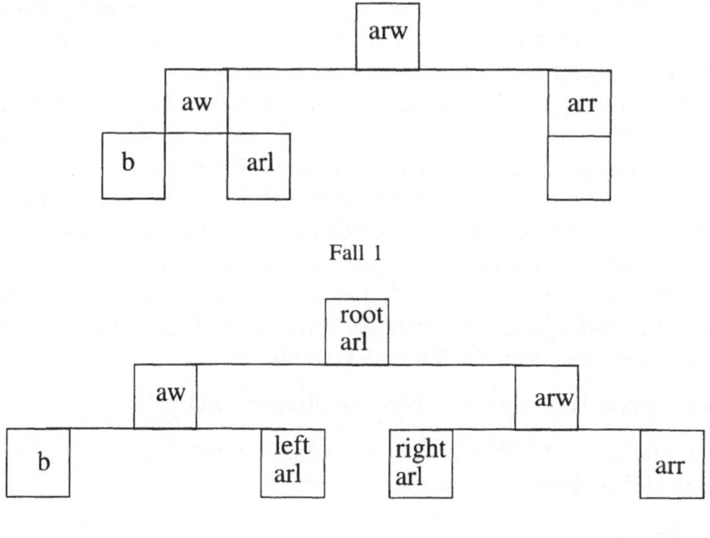

Abb. 4.4. Balancierte Bäume als Ergebnis der Rotation nach dem Löschen eines Elements

Die Rechenvorschrift delete_root stützt sich auf die Rechenvorschrift greatest, die das Datenelement mit dem größten Schlüssel aus einem AVL-Baum liefert. Dieses Datenelement steht aufgrund der Sortiertheit von AVL-Bäumen in Inordnung am weitesten rechts.

```
fct delete_root = (store a) store:
    if   left(a) = emptytree   then  right(a)
    elif right(a) = emptytree  then  left(a)
                               else  data d = greatest(left(a));
                                     store b = baldelete(left(a), key(d));
                                     if 1+hi(b) < hi(right(a))
                                     then rightbalance(b, d, right(a))
                                     else cons(b, d, right(a))
                                     fi
    fi

fct greatest = (store a) data:
    if   right(a) = emptytree  then  root(a)
                               else  greatest(right(a))
    fi
```

Beim Löschen eines Knotens in einem AVL-Baums erniedrigt sich seine Höhe um höchstens 1. Auch nach dem Balancieren kann die Höhe noch um 1 geringer als die des Ausgangsbaums sein. Im Extremfall werden entlang des gesamten Zugriffspfades auf den zu löschenden Knoten Balancierungsrotationen benötigt. Es können also im ungünstigsten Fall für einen AVL-Baum mit n Knoten O(log n) Rotationen beim Löschen eines Knotens auftreten. Empirische Untersuchungen zeigen jedoch, daß im Schnitt bei jedem zweiten Einfügen, aber nur bei jedem fünften Löschen, eine Rotation auftritt (vgl. WIRTH 75).

Die Rechenvorschriften leftbalance und rightbalance brauchen unabhängig von der Größe der beteiligten Bäume konstante Zeit, wenn sich die Höhe der Bäume in konstanter Zeit berechnen läßt. Dies ist natürlich bei Binärbäumen nicht der Fall. Deshalb erweitern wir die Struktur der Binärbäume um eine weitere Komponente, die genau die Information über den Höhenunterschied der Teilbäume enthält. Dies erlaubt das Balancieren in konstanter Zeit und damit das Einfügen in linearer Zeit, bezogen auf die Höhe der Bäume, und damit in logarithmischer Zeit, bezogen auf die Zahl der Knoten im Baum. Die sparsamste Form der Information kommt mit den drei Werten –1, 0, +1 aus. Wir verwenden die Sortendeklaration:

sort avl = **empty** | cons(**avl** left, **data** root, **integer** i, **avl** right)

Der Selektor i hat einen der Werte -1, 0, +1 und gibt folgenden Wert für die Differenz zwischen den Höhen der Teilbäume eines Baums t an:

hi(left(t))–hi(right(t))

Diese Technik der Einführung eines weiteren Selektors, der einen Wert speichert, der sonst mit Aufwand berechnet werden muß, ist typisch für eine Reihe effizienter Datenstrukturen.

Die Rechenvorschrift balinsert erweitern wir um ein zusätzliches Ergebnis der Sorte **bool**, das angibt, ob sich durch das Einfügen die Höhe des Baums verändert hat. Wir erhalten für das Einfügen die Rechenvorschrift

```
fct balinsert = (avl a, data d) (avl, bool):
     if     a = emptytree
            then  (cons(emptytree, d, 0, emptytree), true)
     elif   key(d) = key(root(a))
            then  (cons(left(a), d, i(a), right(a)), false)
     elif   key(d) < key(root(a))
            then  store b, bool m = balinsert(left(a), d);
                  if m
                  then   if i(a) > 0
                         then (leftbalance(b, root(a), right(a)), false)
                         else (cons(b, root(a), i(a)+1, right(a)), i(a) = 0)
                         fi
                  else (cons(b, root(a), i(a), right(a)), false)
                  fi
            else  store b, bool m = balinsert(right(a), d);
                  if m
                  then   if i(a) < 0
                         then (rightbalance(left(a), root(a), b), false)
                         else (cons(left(a), root(a), i(a)–1, b), i(a) = 0)
                         fi
                  else (cons(left(a), root(a), i(a), b), false)
                  fi
     fi
```

Das Balancieren wird durch folgende Rechenvorschriften leftbalance und rightbalance nach den oben beschriebenen Regeln vorgenommen. Dabei setzen wir wieder voraus, daß in leftbalance(b, aw, ar) die Höhe des Baums b um 2 größer ist, als die des Baums ar:

```
fct leftbalance = (avl b, data aw, avl ar) avl:
  if i(b) ≥ 0
  then  cons(left(b), root(b), 0, cons(right(b), aw, 0, ar))
  else  nat c1 = if i(right(b)) < 0 then 1 else 0 fi;
        nat c2 = if i(right(b)) > 0 then –1 else 0 fi;
        cons(cons(left(b), root(b), c1, left(right(b))),
        root(right(b)), 0,
        cons(right(right(b)), aw, c2, ar))
  fi,

fct rightbalance = (avl al, data aw, avl b) avl:
  if i(b) ≤ 0
  then  cons(cons(al, aw, left(b)), 0, root(b), 0, right(b))
  else  nat c1 = if i(left(b)) < 0 then 1 else 0 fi;
        nat c2 = if i(left(b)) > 0 then –1 else 0 fi;
```

```
            cons(cons(al, aw, c1, left(left(b))),
            root(left(b)), 0,
            cons(right(left(b)), c2, root(b), right(b)))
    fi
```

In dieser Version benötigen die Rechenvorschriften leftbalance und rightbalance konstante Zeit. Das Einfügen benötigt O(log n) Zeit, wobei n die Anzahl der Knoten im AVL-Baum angibt. Analoge Optimierungen können wir für das Löschen von Elementen in AVL-Bäumen vornehmen.

4.3.3 Streuspeicherverfahren

Streuspeicherverfahren (engl. *hashing*) erlauben die Speicherung einer Menge von Elementen in einem linearen Feld der Länge z. Dazu benötigen wir eine Streufunktion

h: **key** → [0:z–1] ,

die jedes Element der Sorte **key** auf einen Index in der Menge [0:z–1] abbildet. Diese Funktion legt fest, unter welchem Index ein gegebenes Element m im Feld abgespeichert wird. Wir verwenden h(m) als Index (auch Schlüssel genannt) zur Abspeicherung der Datenelemente in einem Feld

sort store = [0:z–1] **array data** a .

Wir können ein Element d mit Schlüssel m in dem Feld a unter dem Index h(m) speichern. Es ergeben sich folgende Realisierungen der Funktionen:

fct emptystore = **store**: emptyarray,

fct get = (**store** a, **key** k) **data**: a[h(k)],

fct insert = (**store** a, **data** d) **store**: update(a, h(key(d)), d),

fct delete = (**store** a, **key** k) **store**: update(a, h(k), empty) .

Wir nehmen hier an, daß empty einen Wert der Sorte **data** bezeichnet, der als Platzhalter dient. Die Funktionen arbeiten nur korrekt, solange für alle auftretenden Schlüssel die Werte der Streuspeicherfunktion verschieden sind. In der Regel ist die Anzahl der Elemente der Sorte **key** erheblich größer als z. Die Funktion h ist dann sicher nicht injektiv. Es gibt Probleme, wenn wir zwei verschiedene Elemente mit Schlüsseln m1 und m2 abspeichern wollen, falls h(m1) = h(m2) gilt. Wir sprechen dann von einer *Kollision*.

Bei der Anwendung von Streuspeichertechniken sind im einzelnen folgende Aufgaben zu bewältigen:

- die Festlegung der Größe des Feldes und damit der Anzahl z der Indexwerte,
- die Wahl der Streufunktion h,
- Bestimmung eines Verfahrens zur Auflösung von Kollisionen.

Dabei gibt es Erfahrungswerte darüber, wie groß die Anzahl der Schlüssel und damit das Feld a gewählt werden sollte, damit einerseits die Wahrscheinlichkeit für Kollisionen nicht zu groß wird, und andererseits nicht zuviel Speicher verschwendet wird, wenn nicht alle Feldelemente belegt sind. Die Tabellengröße sollte so gewählt werden, daß die Tabelle höchstens zu 90 % gefüllt ist (vgl. N. WIRTH).

Bei der Wahl der Streufunktion ist zu beachten, daß in vielen praktischen Anwendungen die Menge der Schlüssel erheblich größer ist als die zur Verfügung stehende Menge der Indexwerte. Insbesondere müssen wir oft davon ausgehen, daß nur ein kleiner Teil der Schlüsselwerte gespeichert werden muß, ohne daß wir vorab Anhaltspunkte dafür haben können, welche Schlüsselwerte das sind. Dann sind wir daran interessiert, daß die Streufunktion die Schlüsselwerte möglichst gleichmäßig auf die Indexwerte abbildet. Genau genommen setzt das statistische Annahmen voraus. Wir nehmen der Einfachheit halber an, daß das Auftreten jedes Schlüssels die gleiche Wahrscheinlichkeit hat. Dann ist eine Streufunktion am günstigsten, die jedem Index etwa gleich viele Schlüssel zuordnet.

Sind die Schlüssel selbst wieder durch natürliche Zahlen gegeben, beispielsweise durch das Intervall von 0 bis s–1 mit einer Zahl s, die sehr viel größer als z ist, so erhalten wir eine einfache Wahl der Streuspeicherfunktion durch

h(i) = i **mod** z.

Diese Funktion hat in der Tat die Eigenschaft, daß die Schlüsselwerte gleichmäßig über den Indexbereich verteilt werden. Haben wir also die Schlüssel durch eine Transformationsabbildung auf ein Intervall natürlicher Zahlen eindeutig abgebildet, so können wir ebenfalls diese Funktion verwenden. Liegen allerdings zusätzlich statistische Annahmen über die Verteilung der Schlüssel vor, so daß insbesondere keine Gleichverteilung gegeben ist, so ist es ratsam, eine andere Streuspeicherfunktion zu verwenden. Zu beachten ist auch dabei, daß die Berechnung der Streufunktion keinen zu hohen Berechnungsaufwand kosten darf.

Ein Beispiel, bei dem wir davon ausgehen müssen, daß keine Gleichverteilung der Schlüssel gegeben ist, ist das Abspeichern von Wörtern aus einem Text in einer Streuspeichertabelle. Bei naivem Vorgehen bietet sich hier an, die Wörter buchstabenweise binär abzuspeichern und – ausgehend von diesen Binärwörtern – über einfache Projektionsfunktionen, beispielsweise durch Wahl der ersten Zeichen, die Streuspeicherfunktion zu gewinnen. Dies ist jedoch in der Regel nicht günstig, da keine Gleichverteilung angenommen werden kann. Geschickter ist es dann, für die Größe der Streuspeichertabelle z eine Primzahl zu wählen. Die Divisionsoperation, die im Zusammenhang mit der Modulobildung durchgeführt wird, erreicht dann eine Transformation, die nicht einem reinen Herausgreifen einer Bitgruppe aus der Binärcodierung entspricht (vgl. N. WIRTH).

Wir verwenden folgende Verfahren zur Auflösung von Kollisionen. Sollen bei einer Kollision beide Schlüssel in der Streuspeichertabelle gespeichert werden, dann muß zusätzlich zum eigentlichen Index für den Eintrag in der Streuspeichertabelle ein Ersatzindex gefunden werden. Wir sprechen von *offener* Adressierung bei Streuspeicherverfahren.

Prinzipiell bietet sich folgende alternative Vorgehensweise an. Pro Index wird in der Streuspeichertabelle nicht nur ein einzelner Eintrag vorgesehen, sondern es können eine ganze Menge von Einträgen abgelegt werden. Dies läßt sich beispielsweise realisieren, indem wir in der Streuspeichertabelle verkettete Listen von Datenelementen ablegen. Wir sprechen von *direkter Verkettung*. Nach Ermittlung des Indexwertes für einen Schlüssel muß dann diese Liste durchgesehen werden, ob unter dem

Schlüssel ein Eintrag vorliegt, bzw. beim Eintragen muß das Datenelement an die Liste angehängt werden. Dieses Vorgehen erfordert das Anlegen eines Überlaufbereichs, und somit die Bereitstellung eines zusätzlichen Speichers für die Ablage kollidierender Elemente, die nicht in der Streuspeichertabelle selbst untergebracht werden können. Wir sprechen von *geschlossener* Adressierung bei Streuspeicherverfahren.

Beim offenen Adressieren von Streuspeicherverfahren werden die Überlaufelemente bei Kollisionen in der Streuspeichertabelle selbst untergebracht. Das Suchen eines Platzes in der Streuspeichertabelle für den Eintrag im Fall einer Kollision nennen wir *Sondieren.*

Wird bei der Berechnung eines Indexwertes zu einem Schlüssel festgestellt, daß bereits ein anderes Datenelement mit einem anderen Schlüssel unter diesem Index abgelegt ist, so wird ein weiterer Index berechnet, in den dann das Datenelement abgelegt wird. Ist auch dieser Eintrag in der Streuspeichertabelle bereits vergeben, wird wieder ein weiterer Indexwert berechnet. Dies wird so lange fortgesetzt, bis ein freier Platz in der Tabelle gefunden ist.

Greifen wir lesend auf ein Element in der Streuspeichertabelle zu, so kann unter dem gegebenen Schlüssel und dem dazu berechneten Indexwert ein Eintrag in der Streuspeichertabelle stehen, der einen anderen Schlüssel besitzt. Dann muß nach dem gleichen Verfahren wie beim Eintrag die Folge der Indexwerte durchsucht werden, unter denen das entsprechende Datenelement auch abgelegt sein kann. Wir unterscheiden zwischen *linearem* und *quadratischem* Sondieren. Beim linearen Sondieren durchsuchen wir die Streuspeichertabelle in Schritten gleicher Länge. Beim quadratischen Sondieren durchsuchen wir ausgehend vom Index h(i) die Indexwerte

$$h(i)+1 \textbf{ mod } z,\ h(i)+4 \textbf{ mod } z,\ h(i)+9 \textbf{ mod } z,\ \ldots,\ h(i)+j^2 \textbf{ mod } z.$$

Eine einfache Technik des linearen Sondierens zur Ermittlung eines neuen Indexwertes im Falle einer Kollision besteht darin, den Indexwert (modulo z) jeweils um 1 zu erhöhen, bis man einen freien Platz in der Tabelle findet. Dies hat allerdings den Nachteil, daß sich, insbesondere wenn statistische Häufungen von einzutragenden Elementen hinzukommen, Ballungen in der Streuspeichertabelle ergeben können. Dies kann dazu führen, daß große Bereiche der Streuspeichertabelle dicht belegt sind und damit eine lange Suche notwendig ist, um den nächsten freien Platz, beziehungsweise ein Schlüsselelement aufzufinden, während andere Bereiche der Streuspeichertabelle völlig frei sind.

Besser ist eine Funktion zur Kollisionsauflösung, die die Schlüssel gleichförmig über die restliche Menge von Plätzen verteilt. Dies kann jedoch sehr teuer werden. Deswegen sucht man in der Praxis Kompromisse, beispielsweise eine Funktion, die, wie oben angegeben, die Schlüssel in quadratischer Weise verteilt. Jedoch kann es passieren, daß beim Durchsuchen der Streuspeichertabelle noch vorhandene freie Plätze nicht gefunden werden. Allerdings wird beim quadratischen Sondieren mindestens die Hälfte der Tabelle abgesucht, wenn die Tabellengröße z eine Primzahl ist (vgl. N. WIRTH).

Streuspeicherverfahren sind sehr wirkungsvoll, solange ausschließlich die oben angegebenen Mengenoperationen auf die Menge der abgelegten Datenelemente angewendet werden. Sollen jedoch die Datenelemente insgesamt nach bestimmten Verfahren behandelt werden, beispielsweise in sortierter Form ausgedruckt oder komplexere Mengenoperationen wie Durchschnitt und Vereinigung durchgeführt werden, so sind

Streuspeichertabellen weniger günstig. Es ein aufwendiges Vorsortieren notwendig, um in diesen Fällen mit Streuspeichertabellen effizient arbeiten zu können.

Nach statistischen Analysen arbeiten Streuspeicherverfahren außerordentlich effizient, wenn die Tabellen keinen zu hohen Füllungsgrad aufweisen. Selbst bei einer zu 90% gefüllten Tabelle sind bei gut gewählter Sondiermethode im Mittel nur 2.56 Sondierungsschritte zum Lokalisieren eines Schlüssels oder zum Finden eines leeren Platzes erforderlich. Dieser Wert hängt ausschließlich vom Auslastungsfaktor ab. Entsprechend ist es günstig, die Größe der Streuspeichertabelle so zu wählen, daß sie maximal bis etwa 90% gefüllt wird.

Daraus ergibt sich ein Nachteil der Streuspeichertechnik. Wählen wir die Tabelle im Verhältnis zur Zahl der aktuell abgespeicherten Datenelemente zu groß, so wird unnötig Speicherplatz verschwendet. Wählen wir hingegen den Umfang der Tabelle zu klein, so finden zu viele Kollisionen statt. Die Streuspeichertabelle läuft insgesamt über, oder die Listen in den einzelnen Tabelleneinträgen werden so lang, daß das Streuspeicherverfahren zu ineffizient wird. Nachteilig ist vor allem, daß die Größe der Tabelle von vornherein festgelegt werden muß und sich nicht dynamisch der Zahl der abzulegenden Datenelemente anpassen kann.

Ein weiterer Nachteil ist, daß das Löschen von Elementen kompliziert ist, besonders, wenn Techniken der Abspeicherung von Kollisionselementen verwendet werden, bei denen diese Kollisionselemente wieder in der Streuspeichertabelle abgelegt werden. Beim Löschen eines Elementes muß dann nämlich eine Umspeicherung der Elemente vorgenommen werden, die durch Kollisionen mit dem besagten Element an anderen Stellen abgespeichert wurden. Dies kann komplexe Umorganisationen und Umspeicherungen dieser Elemente bedeuten. Insbesondere ist es bei der Wahl raffinierter Überlauffunktionen schwierig, die Elemente aufzufinden, die durch Kollisionen an anderen Stellen abgespeichert wurden.

Es existiert eine Vielzahl von Varianten der Streuspeichertechnik (vgl. T. OTTMANN, P. WIDMAYER). Raffinierte Streuspeicherverfahren ergeben sich über das sogenannte grid file, bei dem Informationen mit zwei- und mehrdimensionalen Schlüsseln durch Streuspeicherfunktionen abgelegt sind. Dazu teilt man die Fläche oder den Raum in Raster mit den Punkten ein, die in der Tabelle abzuspeichern sind, und ermittelt daraus die Streuspeicherfunktion.

5. Beschreibungstechniken in der Programmierung

Wie wir in den vorangegangenen Abschnitten gesehen haben, existiert eine Vielzahl unterschiedlicher Stile und Formalismen zur Beschreibung von Anforderungen, Daten und Algorithmen, die bei Entwurf, Erstellung und Analyse von Programmsystemen Verwendung finden. Die verschiedenen Formalismen werden den allgemeinen Anforderungen an Notationen wie

- Lesbarkeit und Verständlichkeit,
- Strukturierbarkeit,
- Handhabbarkeit,
- Ausdrucksmächtigkeit,
- Ausführbarkeit,
- Effizienz der Ausführbarkeit

unterschiedlich gerecht. Wie diese Kriterien zu gewichten sind, hängt stark von der speziellen Anwendung ab. In diesem Kapitel gehen wir kurz auf einige grundlegende Beschreibungs- und Programmiertechniken ein.

5.1 Formalismen für die Spezifikation

Vor der Formulierung effizienter Algorithmen ist es unbedingt erforderlich, genau festzulegen, was berechnet werden soll, ohne zunächst darauf einzugehen, wie (mit welchem Algorithmus) es berechnet wird. Wir sprechen von einer *Problemspezifikation* oder auch von einer *Anforderungsspezifikation*. Wie wichtig dieser Aspekt ist, sehen wir an dem Umstand, daß

- für viele ausgelieferte Softwaresysteme die zur Verfügung gestellte Funktionalität nur beschränkt den Bedürfnissen der Nutzer entspricht,
- Unklarheiten und Fehler in der Spezifikation sich besonders kostspielig im Entwicklungsprozeß auswirken.

Deshalb ist der Problemanalyse (was soll berechnet werden) und der Problemspezifikation (präzise Beschreibung der zu berechnenden Funktion) große Aufmerksamkeit zu schenken.

5.1.1 Abstraktion in der Spezifikation

In der Programmierung hat es sich als fruchtbar erwiesen, sorgfältig zwischen der Frage „was ist zu berechnen“ und der Frage „wie (auf welche Weise) ist etwas zu berechnen“ zu unterscheiden. Die erste Frage betrifft die Spezifikation, die zweite den Algorithmus. Auch in Hinblick auf die Informationsstrukturen ist solch eine Unterscheidung angebracht. Entsprechend wollen wir dabei zwischen *abstrakten Rechenstrukturen* (auch *abstrakte Datentypen* genannt) und *Datenstrukturen* unterscheiden. Dabei handelt es sich genaugenommen lediglich um unterschiedliche Sichten auf Sorten und auf die für sie verfügbaren Funktionen.

Abstrakte Rechenstrukturen stellen die Zugriffssicht für eine Sorte **s** oder eine Familie von Sorten dar. Hierbei wird festgelegt, welche grundlegenden Operationen für die Datenelemente der Sorten verfügbar sind. Dazu werden in einer Signatur die verfügbaren Funktionen und ihre Funktionalität angegeben. Wir unterscheiden bei den Funktionssymbolen zwischen

- Selektoren zum Zugriff auf die Bestandteile eines Datenelements,
- Abfragefunktionen zur Abfrage bestimmter Eigenschaften (*Diskriminatoren*),
- Konstruktorfunktionen zum Aufbau der Datenelemente.

Wir beschränken uns im weiteren auf den einfachen Sonderfall, bei dem wir Rechenstrukturen zur Beschreibung der Zugriffsstruktur für genau eine Sorte **s** angeben. Natürlich stützen sich diese Rechenstrukturen auf weitere Sorten, die wir als gegeben voraussetzen. Konstruktorfunktionen haben als Ergebnissorte grundsätzlich die Sorte **s**. Haben auch Argumente von Konstruktorfunktionen die Sorte **s**, so nennen wir die beschriebene Sorte rekursiv. Bei rekursiven Sorten haben auch gewisse Selektorfunktionen die Ergebnissorte **s**.

Sprechen wir im Zusammenhang mit einer Sorte **s** von *Datenstrukturen*, so meinen wir damit den inneren Aufbau der Datenelemente der Sorte **s**. Dies kennzeichnet, auf welche Weise die Datenelemente in sich strukturiert und konkret im Speicher einer Rechenanlage implementiert sind.

Die Unterscheidung zwischen der *Implementierungssicht* (engl. *Glass Box View*) und der *Zugriffssicht* (engl. *Black Box View*) ist fundamental für die Programmentwicklung. Die Zugriffssicht legt die Schnittstelle für eine Sorte oder Rechenstruktur fest. Diese Sicht ist ausreichend für die korrekte Verwendung der Sorte und der für sie verfügbaren Operationen. Zusätzlich sind für Effizienzüberlegungen nur noch Angaben über die Zeit- und Speicherkomplexität der auftretenden Operationen erforderlich.

Die Implementierungssicht ist die Sicht des Implementierers einer Sorte und enthält alle Implementierungsdetails. Die Zugriffssicht stellt eine *Abstraktion* der Implementierungssicht dar. Es existieren viele Datenstrukturen zur Implementierung der gleichen abstrakten Rechenstruktur. Bei der Benutzung einer Rechenstruktur muß der Nutzer nur die Zugriffssicht kennen, die Realisierung bleibt ihm verborgen (engl. *information hiding*). Dies hat entscheidende Vorteile:

- Der Nutzer einer Rechenstruktur muß die oftmals komplexen, schwer zu durchschauenden Implementierungsdetails einer Rechenstruktur nicht kennen, sondern nur deren abstrakte Zugriffssicht. Die Zugriffssicht dient der Dokumentation.

- Die Implementierung kann parallel zur Programmierung der Nutzung der Rechenstruktur vorgenommen werden. Als Verständigungsbasis dient die Zugriffssicht.
- Die Implementierung einer Rechenstruktur kann geändert werden, ohne daß der Nutzer dies zur Kenntnis nehmen muß, solange nur die Zugriffssicht erhalten bleibt.

Zentral für dieses Prinzip der Trennung von Zugriffs- und Implementierungssicht ist der Schnittstellenbegriff (engl. *interface*). Die konsequente Trennung von Zugriffs- und Implementierungssicht ist ein Kennzeichen für gutes Softwaredesign besonders bei der Entwicklung umfangreicher Programmsysteme. Das Prinzip läßt sich nicht nur auf Rechenstrukturen, sondern auch auf andere Programmeinheiten wie Prozeduren, Module und Klassen (in der objektorientierten Programmierung, vgl. Teil I) übertragen.

Es ist besonders typisch für die Methoden der Informatik, daß die Sichten auf eine Sorte als abstrakte Rechenstruktur und als Datenstruktur in Schichten aufgebaut sind. Wir sprechen von *Abstraktionsebenen*. So läßt sich über einer abstrakten Rechenstruktur P, die eine Implementierungsplattform beschreibt, mit Hilfe bestimmter Funktionen eine Datenstruktursicht für eine andere abstrakte Rechenstruktur A aufbauen. Wir sprechen von einer *Realisierung* einer Rechenstruktur A über der Rechenstruktur P.

5.1.2 Die Spezifikation von abstrakten Rechenstrukturen

In Teil I haben wir das Konzept der Signatur und der Rechenstruktur eingeführt. Eine Rechenstruktur oder Algebra $A = ((s^A)_{s\in S}, (f^A)_{f\in F})$ besteht aus einer Familie von Trägermengen und einer Familie von (partiellen) Abbildungen. Die Elemente $s \in S$ nennen wir *Sorten*, die Elemente $f \in F$ heißen auch Funktionssymbole.

Das Paar $\Sigma = (S, F)$ nennen wir *Signatur*. Als Teil der Signatur setzen wir die Abbildung

$$\mathbf{fct}\colon F \to S^+$$

voraus, die zu jedem Funktionssymbol eine Funktionalität festlegt. Die Angabe der Funktionalität

$$\mathbf{fct}\ f = (s_1, \ldots, s_n)\ s_{n+1}$$

für eine Funktion

$$f^A\colon s_1^A \times \ldots \times s_n^A \to s_{n+1}^A$$

wollen wir auch als Bestandteil der Signatur sehen.

Mit W_Σ^s bezeichnen wir die Menge der Terme (ohne freie Identifikatoren, oft Grundterme genannt) der Sorte s über der Signatur Σ. Sei $X = \{X_s\}_{s\in S}$ eine Σ-Familie von disjunkten Mengen X_s von Identifikatoren. Mit $W_\Sigma^s(X)$ bezeichnen wir die Menge der Terme der Sorte s mit freien Identifikatoren aus X. Für einen Term $t \in W_\Sigma^s$ und eine Σ-Algebra A bezeichne t^A die Interpretation von t in A. Ist die Interpretation t^A definiert, so gilt $t^A \in s^A$.

Beim Entwurf von Programmsystemen ist die Festlegung, die Spezifikation der grundlegenden Rechenstrukturen eine der wichtigsten Aufgaben. Für die Beschreibung der Rechenstrukturen bieten sich folgende Möglichkeiten an:

- Modellierung durch gegebene Strukturen (modellorientiertes Vorgehen), etwa durch Mengen, Relationen, abstrakte Maschinen,
- Charakterisierung der Eigenschaften durch allgemeine Prädikatenlogik oder durch Gleichungsgesetze („algebraische Spezifikation").
- Beschreibung der Wirkungsweise der Funktionen durch gut verständlichen Kommentar.

Wir skizzieren kurz die Technik der algebraischen Spezifikation, da sie besonders gut für die Beschreibung der Schnittstellensicht geeignet ist. Eine Rechenstruktur können wir algebraisch spezifizieren, indem wir

(1) eine Signatur Σ angeben,
(2) Gesetze angeben, die die Abbildungen charakterisieren.

Wir haben die Technik der algebraischen Spezifikation in den Teilen I, II, III und in den vorangegangen Kapiteln bereits mehrfach verwendet, indem wir oft für Rechenstrukturen keine Datenstrukturdarstellung, sondern nur algebraische Gesetze angegeben haben. Wir geben einige Beispiele für algebraischen Spezifikationen. In einer algebraischen Spezifikation beschreiben wir eine abstrakte Rechenstruktur durch ihre Signatur und ihre Gesetze.

Beispiel (Algebraische Spezifikationen).

(1) Algebraische Spezifikation der Rechenstruktur der Wahrheitswerte: Wir geben nur die wichtigsten Funktionen an.

```
spec BOOL =
   sort bool,
   fct true, false      = bool,
   fct not              = (bool) bool,
   fct or, and          = (bool, bool) bool,
   Axioms:
   true ≠ false,
   not(true) = false,
   not(false) = true,
   or(false, x) = or(x, false) = x,
   or(true, x) = or(x, true) = true,
   and(true, x) = and(x, true) = x,
   and(false, x) = and(x, false) = false
end_of_spec
```

(2) Algebraische Spezifikation der natürlichen Zahlen (abgestützt auf die Wahrheitswerte). Wieder geben wir nur die wichtigsten Funktionen an.

```
spec NAT =
```

```
    based on BOOL

    sort nat,

    fct zero        = nat,
    fct succ        = (nat) nat,
    fct iszero      = (nat) bool,
    fct pred        = (nat x: not(iszero(x))) nat,
    fct add, mult   = (nat, nat) nat,

    Axioms:

    pred(succ(x)) = x,

    iszero(zero) = true,
    iszero(succ(x)) = false,

    add(x, zero) = x,
    add(x, succ(y)) = succ(add(x, y)),

    mult(x, zero) = zero,
    mult(x, succ(y)) = add(mult(x, y), x)

end_of_spec
```

(3) Algebraische Spezifikation von Behältern. Wir setzen die Spezifikation NAT, die die Zahlen und Booleschen Werte beschreibt, als gegeben voraus:

```
spec BOX =

    based on NAT

    sort box,

    fct emptybox    = box,
    fct put         = (nat, box) box,
    fct iselem      = (nat, box) bool,

    Axioms:

    iselem(x, emptybox) = false,
    iselem(x, put(x, b)) = true,
    x ≠ y ⇒ iselem(x, put(y, b)) = iselem(x, b)

end_of_spec
```

❑

Für die Benutzung einer Rechenstruktur sind weniger Kenntnisse über die spezielle Repräsentation der Elemente der Sorten wichtig, als Kenntnisse über die Zugriffsfunktionen und ihre Eigenschaften. Diese Eigenschaften werden benötigt, um

- die Korrektheit von Programmen zu zeigen, die die Rechenstruktur benützen (Nutzersicht),
- die Korrektheit der Implementierungen der Rechenstruktur zu zeigen, indem wir zeigen, daß eine konkret gewählte Rechen- oder Datenstruktur die geforderten Eigenschaften hat (Implementierersicht).

Häufig spezifizieren wir deshalb nicht eindeutig, sondern beschreiben eine ganze Klasse möglicherweise nichtisomorpher Rechenstrukturen. Wir sprechen von *loser Spezifikation*. Jedes Programm (jede Familie von Sorten- und Funktionsvereinbarungen), das eine Rechenstruktur dieser Klasse realisiert, nennen wir eine korrekte Implementierung der Spezifikation.

Man beachte, daß die einzelnen Vertreter der Klasse sehr verschieden sein können. Beispielsweise existieren für die Spezifikation BOX sehr unterschiedliche Rechenstrukturen wie Mengen, Multimengen, Sequenzen oder geordnete Sequenzen. Generell nehmen wir jedoch an, daß der Sorte **nat** in allen Rechenstrukturen die Trägermenge $\mathbb{N}$ entspricht und der Sorte **bool** die Trägermenge $\mathbb{B}$.

Häufig beschränken wir uns bei Rechenstrukturen auf *termerzeugte Σ–Algebren*, bei denen wir jedes Element $a \in s^A$ einer Trägermenge s^A mit $s \in S$ durch Interpretation eines Terms $t \in W_\Sigma^S$ erhalten können (es gilt $t^A = a$).

Da für große Programmsysteme umfangreiche Rechenstrukturen auftreten, ist die Flexibilität der Beschreibungen von großer Bedeutung. Diese Flexibilität erreichen wir durch hierarchischen Aufbau in überschaubaren Einheiten, durch Parameterisierung der Spezifikationen und durch generische Sorten. Wir geben nur kurz ein Beispiel für generische Sorten (auch polymorphe Sorten genannt), die wir bereits, ohne näher darauf einzugehen, in Teil I verwendet haben.

Beispiel (Generische Sorten). Die folgende Spezifikation beschreibt die generische Sorte **set**.

spec POOL =

generic in sort data,

sort bool, data, set data,

fct empty = **set data,**
fct isempty = (**set data**) **bool,**
fct add = (**set data, data**) **set data,**
fct delete = (**set data, data**) **set data,**
fct iselem = (**set data, data**) **bool,**
fct any = (**set data** s: not(isempty(s))) **data,**

Axioms:

isempty(empty) = **true**,
isempty(add(s, x)) = **false**,

iselem(empty, x) = **false**,
iselem(add(s, y), x) = (x = y ∨ iselem(s, x)),

delete(empty, x) = empty,
delete(add(s, y), x) =
if x = y **then** delete(s, x) **else** add(delete(s, x), y) **fi**,

isempty(s) = **false** ⇒ iselem(s, any(s))

end_of_spec

Die generische Sorte **set** können wir für beliebige Sorten s anstelle der Sorte **data** verwenden. So können wir die Sorte **set nat** ebenso bilden wie die Sorte **set bool** oder die Sorte **set set bool**. Dies gibt ein große Flexibilität in der Beschreibung, da grundlegende Sortenkonzepte immer wieder verwendet werden können. ❑

Andere für die Beschreibung umfangreicher Systeme nützliche Sichtweisen bieten:

- hierarchische Σ-Algebren,
- Σ-Algebren mit partiell geordneten Trägermengen und monotonen/stetigen Operationen.

Die axiomatische, insbesondere die algebraische Technik zur Spezifikation von Rechenstrukturen weist ein hohes Maß an Flexibilität und Abstraktion auf. Dadurch wird insbesondere die adäquate Wahl der Abstraktionsebenen der Beschreibung und Modellbildung ermöglicht.

5.1.3 Spezifikation von Funktionen

Eines der elementarsten Konzepte der Mathematik sind Funktionen und die Funktionsabstraktion. Programme (Rechenvorschriften) realisieren (berechnen) im einfachsten Fall bestimmte Funktionen. Damit entspricht die Spezifikation von Programmen der Spezifikation von Funktionen.

Um eine Funktion f zu spezifizieren, geben wir zuerst ihre Funktionalität an (vgl. Teil I). Beispielsweise schreiben wir

$$\textbf{fct}\; f = (s_1, \ldots, s_n)\; s_{n+1}\ .$$

Für eine gegebene Σ-Rechenstruktur lassen sich solche zusätzliche Abbildungen

$$f : s_1^A \times \ldots \times s_n^A \rightarrow s_{n+1}^A$$

durch Gleichungen spezifizieren (für weitere Spezifikationstechniken für Funktionen vgl. Teil I). Wir geben dabei eine Anzahl von Gleichungen an, die die Anforderungen an f festlegen, eine Funktion aber nicht notwendigerweise eindeutig beschreiben. In diesem Fall heißt f unterspezifiziert.

Beispiel (Spezifikation von Funktionen). Über Rechenstrukturen der Spezifikation BOX können wir beispielsweise folgende Funktionen spezifizieren.

(1) Erhöhen aller Elemente einer endlichen Menge um 1: Zusätzlich zur Funktionalität

fct incr_all = (**set nat**) **set nat**,

geben wir folgende zwei Gleichungen

incr_all(put(b, x)) = put(incr_all(b), succ(x)),

incr_all(emptybox) = emptybox.

(2) Auswahlfunktion für Mengen: Zusätzlich zur Funktionalität

fct any = (**set data** s: not(isempty(s))) **data**,

geben wir folgende Gleichung

iselem(put(b, x), any(put(b, x))) = **true**. ❑

Neben Gleichungen werden auch allgemeine Prädikate zur Spezifikation von Funktionen eingesetzt. Durch Prädikate geben wir an, welche Relation zwischen Ein- und Ausgabe besteht.

Man beachte, daß es für viele Aufgabenstellungen völlig unnötig ist, daß die Spezifikation eine Funktion eindeutig festlegt. Wir sprechen von Freiheitsgraden in der Spezifikation, von Unterspezifikation oder von offenen Entwurfsentscheidungen.

5.1.4 Spezifikation von Anweisungen

Eine Anweisung ist eine Funktion (oder im nichtdeterministischen Fall eine Relation) zwischen Zuständen. Zustände können als spezielle Objekte einer Sorte verstanden werden. Wir stellen Zustände als Abbildungen von der Menge der Programmvariablen in VAR auf Werte aus DATA dar. Damit gilt (vgl. die Behandlung der Semantik von Anweisungen in Teil I) für die Menge der Zustände STATE:

$$\text{STATE} =_{\text{def}} \text{VAR} \rightarrow \text{DATA} .$$

Demnach können wir Prädikate auf Zuständen durch Abbildungen der Form

$$\text{PRED: STATE} \rightarrow \mathbb{B}$$

darstellen. Diese Prädikate können als Zusicherungen verwendet werden, um Anweisungen zu spezifizieren. Eine Anweisung entspricht einer Abbildung

$$\text{STATE} \rightarrow \text{STATE} .$$

Die Methode der Zusicherungen erlaubt es, Programme durch Angabe von Prädikaten zu spezifizieren. Eine Anweisung wird durch zwei Prädikate, genannt *Vorbedingung* Q und *Nachbedingung* R, spezifiziert. Dabei gilt R, Q ∈ PRED. Eine Anweisung

$$\text{f: STATE} \rightarrow \text{STATE}$$

erfüllt diese Spezifikation, wenn folgende Aussage gilt:

$$\forall \sigma \in \text{STATE: } Q(\sigma) \Rightarrow R(f(\sigma)) .$$

Eine Anweisung wird demnach durch ein Paar von Prädikaten (Q, R) spezifiziert. Die Zusicherung Q kann als Annahme über den Eingabezustand verstanden werden und R als Zusicherung über den Ausgabezustand, wenn die Annahme eingehalten wird. Wir sprechen deshalb auch von Annahme/Zusicherungs-Spezifikationen (engl. rely/guarantee oder auch assumption/commitment).

Beispiel (Spezifikation durch Zusicherungen). Das nachstehende Programm vertauscht die Werte von x und y. Dies läßt sich wie folgt beschreiben:

$\{x = a \wedge y = b\}$

    z := x;
    x := y;
    y := z

$\{x = b \wedge y = a\}$

Man beachte, daß die Identifikatoren a und b hilfsweise eingeführt werden müssen, um die Zusicherungen formulieren zu können. ❑

Eine andere Möglichkeit zur Spezifikation von Anweisungen besteht darin, eine logische Formel anzugeben, die die Beziehung zwischen dem Eingabezustand $\sigma`$ und dem Ausgabezustand σ' direkt ausdrückt. Ein Programm wird dabei spezifiziert durch ein Prädikat

$$W: \text{STATE} \times \text{STATE} \to \mathbb{B} .$$

Ein Programm, das die Funktion

$$f: \text{STATE} \to \text{STATE}$$

berechnet, erfüllt die Spezifikation W, falls gilt

$$\forall \sigma \in \text{STATE}: W(\sigma, f(\sigma)) .$$

Vereinfachend schreiben wir bei einer Programmvariablen x auch $x`$ für $\sigma`(x)$ und x' für $\sigma'(x)$. Wir erhalten Formeln, die durch die Relation zwischen Anfangszuständen und Endzuständen die Anforderungen an ein Programm spezifizieren. Wir sprechen auch von *prädikativer Spezifikation.*

Beispiel (Spezifikation einer Anweisung). Die Anweisung

$$z := x;\ x := y;\ y := z$$

wird durch die logische Formel

$$x' = y` \wedge y' = x` \wedge z' = x`,$$

spezifiziert, die eine Relation zwischen Eingabe- und Ausgabezustand beschreibt. ❑

Man beachte, daß bei zusätzlicher Einbeziehung der Terminierungsfrage beide Fälle auf die partielle bzw. totale Korrektheit zugeschnitten werden können. Wir verbinden mit Anweisungen Abbildungen der Form

$$f: \text{STATE} \to (\text{STATE} \cup \{\bot\}) .$$

Das Symbol $\bot$ steht wieder für das Ergebnis einer nichtterminierenden Rechnung. Um der Rolle des Elements $\bot$ gerecht zu werden, erweitern wir die Menge der Zusicherungen PRED auf

$$\text{PRED}^+ : \text{STATE}^\bot \to \mathbb{B}$$

und spezifizieren für $R \in \text{PRED}$ das Prädikat $R^+ \in \text{PRED}^+$ durch

$$R^+(x) = R(x),$$

falls $x \neq \bot$ und

$$R^+(\bot) = \textbf{false} .$$

Damit können wir auch Terminierungseigenschaften und somit die totale Korrektheit von Programmen spezifizieren.

Die *partielle Korrektheit* bezüglich Vorbedingung R und Nachbedingung Q entspricht dann der Aussage:

$$\forall \sigma \in \text{STATE}: Q(\sigma) \Rightarrow (R^+(f(\sigma)) \vee \sigma = \bot) .$$

Die *totale Korrektheit* bezüglich Vorbedingung Q und Nachbedingung R entspricht dann der Aussage:

$$\forall\, \sigma \in \text{STATE: } Q(\sigma) \Rightarrow R^{+}(f(\sigma))\ .$$

Beispiel (Spezifikation eines Programms). Das folgende Programm

while even(x) **do** x : = x+2 **od**

entspricht den folgenden Spezifikationen der partiellen Korrektheit (sei n wieder eine Hilfsbezeichnung für eine beliebige Zahl), wobei (1) eine Spezifikation durch Paare von Zusicherungen und (2) eine prädikative Spezifikation darstellt:

(1) $(x = n,\ x = n \lor \text{even}(n))$,

(2) $x` = x´ \lor \text{even}(x`)$

und den folgenden Spezifikationen der totalen Korrektheit:

(1) $(\neg\text{even}(n) \land x = n,\ x = n)$,

(2) $x` = x´ \land \neg\text{even}(x`)$. ❑

Nach der Methode der prädikativen Spezifikation entspricht die *partielle Korrektheit* für das spezifizierende Prädikat W

$$W\text{: STATE} \times \text{STATE} \to \mathbb{B}$$

der Aussage

$$\forall\, \sigma \in \text{STATE: } f(\sigma) = \bot \lor W^{+}(\sigma, f(\sigma))$$

und die *totale Korrektheit* der Aussage

$$\forall\, \sigma \in \text{STATE: } W^{+}(\sigma, f(\sigma))\ ,$$

wobei

$$W^{+}\text{: } (\text{STATE} \cup \{\bot\}) \times (\text{STATE} \cup \{\bot\}) \to \mathbb{B}$$

wie folgt spezifiziert ist:

$$W^{+}(\sigma_1, \sigma_2) = W(\sigma_1, \sigma_2), \text{ falls } \sigma_1 \neq \bot \text{ und } \sigma_2 \neq \bot\ ,$$

und

$$W^{+}(\sigma_1, \sigma_2) = \textbf{false}, \text{ falls } \sigma_1 = \bot \text{ oder } \sigma_2 = \bot\ .$$

Ein konsequenter Einsatz von Spezifikationstechniken ist nicht nur unabdingbare Voraussetzung für Verifikationstechniken, sondern auch wertvolle Grundlage und Dokumentationshilfe im Entwicklungsprozeß zur Formulierung der Anforderungen.

5.2 Datenbanken und Informationssysteme

Bisher haben wir primär Datenstrukturen betrachtet, die zur Formulierung von Algorithmen zur Berechnung bestimmter Funktionen hilfreich sind. Neben der Berechnung von Funktionen ist jedoch die langfristige Speicherung von Daten und der kontrollierte Zugriff darauf eine zentrale Aufgabe der Informatik. Diese Aufgabe behandeln wir unter den Stichworten *rechnergestützte Informationssysteme* und *Datenbanksysteme*.

Datenbankaspekte umfassen im Rahmen einer Informationsverwaltungsaufgabe die Beschreibung der vorhandenen Daten, ihre Verwaltung als Teil von Rechensystemen und den Zugriff darauf. Ein Informationssystem enthält die zur Steuerung und Kontrolle einer Aufgabenstellung notwendigen Informationen sowie die dazugehörigen Verarbeitungsprozesse. Bei der Entwicklung eines Datenbanksystems für eine bestimmte Anwendung ist es erforderlich, ein *Datenmodell* aufzustellen. In dem Datenmodell sind alle Informationen zusammengefaßt, die in der Datenbank gespeichert werden sollen. Datenmodelle werden aber auch unabhängig von der Aufgabe, eine Datenbank zu beschreiben, zur Modellierung aller relevanten Daten eines Unternehmens oder einer bestimmten Anwendung eingesetzt.

5.2.1 Die Entitäts/Relationsbeziehungsmodellierung

Ein Datenmodell können wir durch die Spezifikation einer Rechenstruktur angeben. In betriebswirtschaftlichen Anwendungen der Informatik treten große Mengen gleichartiger Daten auf. Beispiele sind ein Kunden-, ein Waren- oder ein Mitarbeiterbestand. Auch solche Datenbestände können wir durch Rechenstrukturen erfassen. Es ist jedoch bequemer, für Massendatenbestände spezielle Beschreibungstechniken einzusetzen. Eine allgemeine Beschreibungstechnik für Informationssysteme und Datenbanken und insbesondere für die Datenmodellierung mit Massendaten ist das sogenannte *Entitäts/Relations-Modell* (engl. Entity/Relationship Model). Hierbei werden die Datenbestände durch Mengen von Datenelementen dargestellt und die Beziehungen zwischen diesen Grundelementen durch Relationen repräsentiert.

Tabelle 5.1. Entitäten und ihre Sorten

Bezeichnung der Entität	*Sorte der Entität*
Angestellter	**angestellter**
Abteilung	**abteilung**
Projekt	**projekt**
Bauteil	**bauteil**
Lieferant	**lieferant**
Projektleiter	**angestellter**

Für den Entwurf eines Informationssystems benötigen wir eine Modellbildung zur Erfassung der zugrunde liegenden Verwaltungsaufgaben. In der Datenmodellierung erfassen wir alle für die Anwendung bedeutsamen Informationen. Typischerweise enthalten Datenmodelle und Datenbanken bestimmte Grundinformationseinheiten, genannt *Entitäten*. Jede Entität hat eine Bezeichnung und steht für eine Menge von Elementen (Datensätzen) einer bestimmten Sorte. Die Datensätze nennen wir die Instanzen der Entität. Die Sorte bestimmt die Gesamtheit aller Datensätze, die unter der Entität zusammengefaßt werden können. Zwischen den Entitäten existieren bestimmte

Beziehungen, genannt Relationen, die „semantische Beziehungen" zwischen den Entitäten festlegen.

Beispiel (Modellierung eines Unternehmens (Ausschnitt)). Wir betrachten in unserem Beispiel die in Tabelle 5.1 gegebenen Entitäten. ❑

Die Entitätssorte gibt an, welche Eigenschaften die entsprechenden Entitätsinstanzen haben, beziehungsweise wie die ihnen entsprechenden Datensätze aufgebaut sind. Jede Entitätsinstanz hat bestimmte Merkmale, genannt *Attribute*. Diese können mit Hilfe der Deklaration der Entitätssorte festgelegt werden.

Beispiel (Fortgesetzt: Attribute von Entitätsinstanzen). Die Entitätssorte ist in der Regel ein Verbund, beschrieben durch eine Produktsorte (engl. record). Wir geben als Beispiel eine Deklaration der Sorte **angestellter**:

```
sort angestellter = ang(  string     name,
                          string     berufsbezeichnung,
                          nat        kinderzahl,
                          nat        gehalt,
                          nat        alter,
                          abteilung  abteilung,
                          string     vertreter) .
```

Für die anderen Sorten des Beispiels lassen sich in ähnlicher Weise Attribute einführen. ❑

Es können natürlich mehrere Entitäten mit der gleichen Entitätssorte existieren.

Ein E/R-Datenmodell definiert einen Zustandsraum für das betrachtete Anwendungsgebiet. Dieser umfaßt die Menge aller Datenzustände, die beispielsweise in einem Unternehmen auftreten können. Ein Zustand besteht aus einer endlichen Menge von Entitätsinstanzen für jede Entität. Wir sprechen bei dieser Menge vom *Entitätszustand*.

Die Bezeichnung für eine Entität steht somit gleichsam für eine Programmvariable, die eine (in der Regel endliche) Menge von Entitätswerten als Wert besitzt. Dieser Zustand (der Datenbestand) der Variablen kann sich während der Lebensdauer der Datenbank ändern.

Tabelle 5.2. Entitäten und ihre Sorten

Relationship-Name	Involvierte Entitäten
(1) ist_Mitarbeiter_von	**rel** (Angestellter, Projekt)
(2) ist_Projektleiter_von	**rel** (Angestellter, Projekt)
(3) ist_Vorgesetzter_von	**rel** (Angestellter, Angestellter)

Zwischen den Entitäten bzw. den Entitätszuständen betrachten wir Beziehungen, im Fachjargon *Relationships*. Eine Relationship wird mit einem Namen versehen. Ihr Zustand ist durch eine zweistellige mathematische Relation auf den aktuellen Entitätszuständen gegeben.

Jede Beziehung zwischen Entitäten hat eine bestimmte Sorte. Mit **rel** (E1, E2) bezeichnen wir eine Relationship zwischen den Entitäten E1 und E2. Diese Sorte gibt an, über welchen Entitätsinstanzen die Beziehung besteht. Man beachte, daß die Beziehungssorte einer Relationship auch die involvierten Entitätssorten festlegt.

Beispiel (Fortsetzung: Beziehungen zwischen Entitäten). Für den Ausschnitt des Firmenmodells sind unter anderem die in Tabelle 5.2 gegebenen Relationships zwischen Entitäten denkbar. Wie man sieht, existieren zwei Relationships der gleichen Sorte. ❑

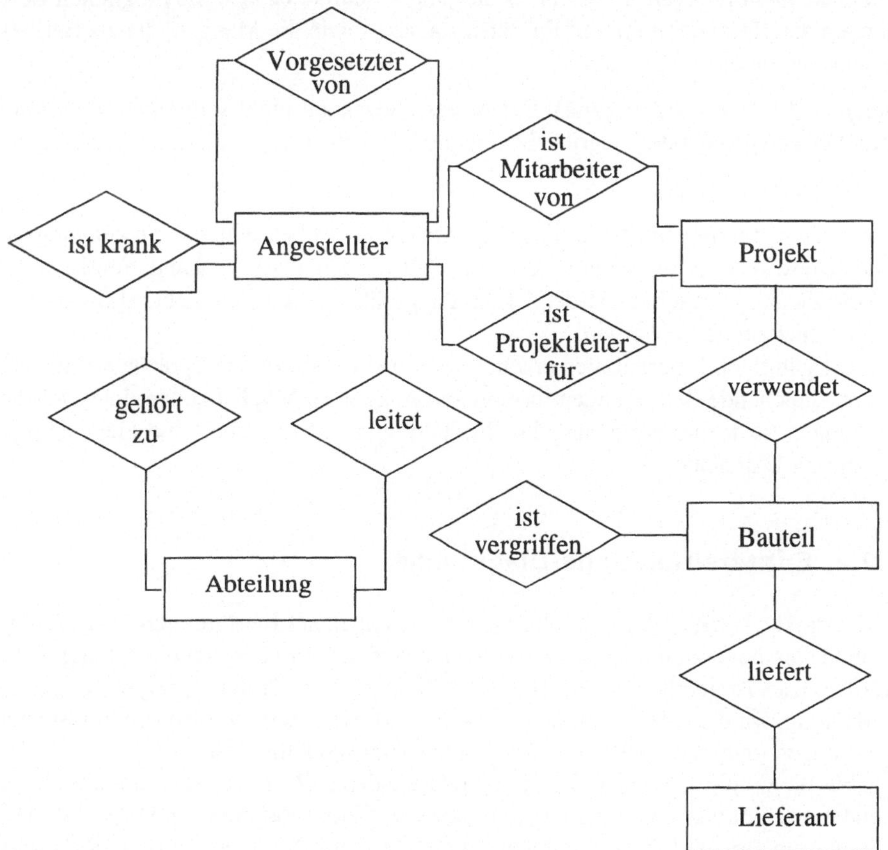

Abb. 5.1. E/R-Diagramm

Wir haben bisher nur zweistellige Relationships betrachtet. In vielen Ansätzen können Relationships auch ein- oder mehrstellig sein. Gewisse Entitäten können dann als einstellige Relationships modelliert werden. Dies führt auf unterschiedliche E/R-Datenmodelle und auch auf unterschiedlich effiziente Implementierungen durch Datenbanken.

Die Gesamtheit der Entitätszustände und ihrer Beziehungen untereinander, gegeben durch die Relationen in den Relationshipzuständen, beschreibt den Datenzustand der Anwendung.

Häufig charakterisieren bestimmte Attribute (oder bestimmte Teilmengen von Attributen) einer Entitätsinstanz diese eindeutig. Solche Attribute heißen dann *Schlüssel*. In einem Entitätszustand darf zu jedem Schlüsselwert höchstens eine Entitätsinstanz existieren, deren entsprechende Attribute diesen Wert besitzen. Es werden somit häufig zusätzliche Anforderungen an Mengen gestellt, damit sie als Entitätszustand zugelassen sind. Daneben werden auch an Entitätsinstanzen häufig Bedingungen bezüglich der Werte ihrer Attribute gestellt. In beiden Fällen sprechen wir von *Integritätsbedingungen*. Integritätsbedingungen schränken also die möglichen Belegungen der Komponenten von Entitätsinstanzen sowie die Mengen, die als Entitätszustände zugelassen sind, ein.

Beispiel (Integritätsbedingung). Ein Angestellter kann nicht sein eigener Vertreter sein. Die entsprechende Integritätsbedingung läßt sich als logische Formel schreiben:

Vertreter(x) ≠ Name(x) ❑

Integritätsbedingungen beschreiben Eigenschaften des betrachteten Anwendungsgebiets. Diese können für Datenbanken überprüft werden. Datenbankänderungen, durch die ein Zustand entstehen würde, der die Integritätsbedingungen nicht erfüllt, können dann zurückgewiesen werden.

Die gängigen Programmiersprachen weisen keine speziellen Sprachelemente auf, um entsprechende Bedingungen formulieren zu können. Möglichkeiten, Integritätsbedingungen zu formulieren und ihre Einhaltung zu überprüfen, sind ein wichtiger Aspekt für Datenbanken.

5.2.2 Entitäts/Relations-Diagramme

In der Praxis werden häufig graphische Darstellungen zur Beschreibung von E/R-Datenmodellen bevorzugt, da diese als anschaulicher und somit verständlicher angesehen werden. Dies ist gerade bei der Datenmodellierung in der Problemanalyse von großer Bedeutung, wo eine Verständigung zwischen Informatikern und Anwendungsexperten erfolgen muß. Dies trifft auch für Datenbankanwendungen zu.

Für die graphische Darstellung von relationalen E/R-Daten(bank-)modellen verwenden wir Entitäts/Relations-Diagramme (engl. Entity/Relationship Diagram). Abb. 5.1 gibt ein Beispiel für ein solches E/R-Diagramm. In einem Entitäts/Relations-Diagramm werden Entitätsmengen durch Rechtecke und Relationships durch Rauten dargestellt. Oft werden zusätzliche Angaben eingefügt, die beispielsweise beschreiben, zwischen wievielen Entitäten eine bestimmte Relation bestehen kann. Wir sprechen von *Kardinalitätsangaben*.

5.2.3 Charakterisierung von Relationen

Eine Relationsship besteht aus einer Bezeichnung und der Angabe der betroffenen Entitäten, der Relationship-Sorte. Entsprechend der Anzahl der betroffenen Entitäten sprechen wir von einer n-stelligen Relation (oder aber auch von einer Relationship vom Grad n). Typischerweise treten Relationships anwendungsbezogen mit bestimmten Eigenschaften auf. Beispielsweise kann ein Angestellter bei mehreren Projekten mitarbeiten, aber nur einer Abteilung angehören.

Viele Entitäts/Relations-Diagramme erlauben die Charakterisierung solcher Eigenschaften von Relationen für Relationships wie:

- In allen zulässigen Entitätszustände kommen diese Elemente in den Tupeln dieser Relation in einer Anzahl vor, die in einem angegebenen Intervall liegt.
- Die Relation zu einer Relationship ist injektiv, surjektiv oder bijektiv (n:1-, 1:n- und 1:1-Beziehungen).

Abhängig von der Mächtigkeit der Beschreibungssprache der Datenbankmodellierung können mehr oder weniger komplexe Beziehungen ausgedrückt werden.

Auch für Relationen zwischen Entitätsmengen können Attribute definiert sein. Dies bedeutet, daß für jedes Element in der Relation (jedes Tupel) weitere Werte spezifiziert sind.

Beispiel (Attribute zwischen Relationships). Die Relationship „ist_Projektleiter_von" könnte die Attribute „seit: Datum" und „Vorgänger: Angestellter" haben. ❑

In vielen Anwendungen treten spezielle Beziehungen auf, wie etwa die „ist_ein"-Beziehung, die eine Klassifizierung von Entitätsinstanzen erlaubt. Existieren beispielsweise die Entitäten Abteilungsleiter und Angestellter, so gilt die Relationship „ist_ein" zwischen Entitäten.

Die „ist_ein"-Beziehung erlaubt die Übertragung von Attributen. Ist ein Abteilungsleiter ein Angestellter, so ergeben (*vererben*) sich alle Attribute eines Angestellten auch für den Abteilungsleiter. Bestimmte Ansätze der „Wissensrepräsentation" wie „Frames" und Formen der „objektorientierten" Modellierung verwenden solche Vererbungskonzepte, Hierarchien und Klassenbildungen als Basis für Spezifikationen. Diese Formen der Hierarchisierung und Klassenbildung sind typisch für eine Reihe von Wissensgebieten (etwa für die Zoologie). Eine angemessene Verwendung erlaubt eine weitgehende Strukturierung von Informationsverwaltungsaufgaben.

5.2.4 Zur Verwendung von Datenbanksystemen

Für eine Informationsverwaltungsaufgabe können folgende Ebenen der Architektur einer Datenbank unterschieden werden:

- konzeptuelle Ebene (logisches Modell der involvierten Datenbestände),
- physikalische Ebene (interne Repräsentation der Datenbestände im Speicher und dazugehörige Zugriffsroutinen),
- externe Ebene (Zugriffsmöglichkeiten durch Benutzer bzw. Benutzerprogramme).

Datenbanksysteme werden entweder interaktiv für unmittelbare Abfragen verwendet oder über bestimmte Programme, die über Prozeduren Datenbankdienste aufrufen.

5.2.5 Das DB-Managementsystem

Die Verbindung zwischen den beschriebenen Ebenen wird vom *Datenbankmanagementsystem* (DBMS) hergestellt. Die Aufgaben des Datenbankmanagementsystems umfassen

- die Gewährleistung der Integritätsbedingungen,
- die Koordination nebenläufiger Benutzertransaktionen,
- Schutz und Sicherung der Daten gegen unberechtigten Zugriff oder Zerstörung.

Wir gehen nicht weiter auf Details des Datenbankmanagementsystems ein.

5.2.6 Datenbankabfragen und Ändern der Datenbestände

Durch die Angabe eines Entitäts/Relations-Modells wird eine Menge von möglichen Zuständen einer Datenbank charakterisiert. Zu jedem Zeitpunkt ihrer Lebensdauer besitzt eine Datenbank einen Zustand. Durch bestimmte Operationen können Anfragen über den Zustand der Datenbank formuliert bzw. kann dieser verändert werden.

Typischerweise werden Anfragen und Änderungen des Datenbankzustands nicht auf der Ebene einzelner Attributeinträge, sondern durch mächtige Operationen auf Entitäten und Relationships ausgedrückt. Eine typische Anfrage an eine Datenbank wäre die Recherche (engl. retrieval):

> Finde Name und Anschrift aller Angestellten der Abteilungen x, y, z mit Berufsbezeichnungen a, b, c.

Die Abfrage liefert eine Liste, die eine einstellige Relation darstellt, die dann nach gewissen Gesichtspunkten weiterverarbeitet (beispielsweise ausgedruckt oder durchlaufen) werden kann. Datenbankabfragesprachen sehen ganz bestimmte Formate und logische Formen der Abfrage vor.

In ähnlicher Weise wie Datenabfragen lassen sich Änderungen des Zustands von Datenbanken vornehmen. Änderungen können aus folgenden Aktionen bestehen:

- Eintragen neuer Entitäten, Instanzen und neuer Relationselemente,
- Löschen bestimmter Daten,
- Ändern bestimmter Komponenten.

In allen genannten Fällen können Probleme durch die Verletzung von Integritätsbedingungen auftreten. Die Aufgabe des Datenbankmanagementsystems ist es, solche Inkonsistenzen zu entdecken, diese anzuzeigen und schließlich wieder einen konsistenten Datenbankzustand herbeizuführen.

Zur Formulierung von Abfragen und zur Änderung der Datenbestände stellen Datenbanken besondere Schnittstellen zur Verfügung. Diese bestehen aus Kommandos (wie Auswahl eines Datensatzes einer Entitätsinstanz, Löschen oder Eintragen von Daten) und aus (eingeschränkten) Möglichkeiten, logische Formeln zu anzugeben, um Datenteilmengen zu bilden. Dazu werden auch Konzepte der Relationenalgebra verwendet, wie

- Projektion (Streichen bestimmter Komponenten der Tupel einer Relation),

- Join (Relationenprodukt, Zusammensetzen von Tupeln, die in gewissen Attributen übereinstimmen, gegebenenfalls unter Erhaltung dieser Werte),
- Selektion (Auswahl der Tupel, die vorgegebene Bedingungen bezüglich der Attributwerte erfüllen).

Bei Abfragesprachen auf der Basis des Relationenkalküls werden vom Benutzer Relationen durch logische Ausdrücke dargestellt und diese entsprechend kombiniert. Dabei werden unter Umständen All- und Existenzquantoren in eingeschränkter Form zugelassen. Die Änderung des Datenbankzustands erfolgt aber auch hier in der Regel elementweise.

Es existieren zahlreiche unterschiedliche Konzepte für Sprachen zur Datenbankabfrage und für Datenbankänderungen. Praktisch bedeutsam ist dabei auch deren Einbettung in Programmiersprachen, da dies die Ansteuerung von Datenbanken aus Programmen erlaubt.

5.3 Logikprogrammierung

Waren wir in den vorangegangenen Abschnitten dieses Kapitels nur an der reinen Beschreibung von Problemen und Rechenstrukturen und nicht an Algorithmen interessiert, so wenden wir uns nun der Frage zu, inwieweit Formalismen der Logik unmittelbar zur algorithmischen Auswertung geeignet sind. Dies diskutieren wir an einem Ansatz, der in den vergangenen Jahren viel Beachtung gefunden hat, der sogenannten Logikprogrammierung. Allerdings ist das Interesse an dieser Form der Programmierung etwas zurückgegangen, da sie in Hinblick auf Effizienz und den Einsatz für große Softwaresysteme Grenzen besitzt.

In der Logikprogrammierung werden Prädikate über vorgegebenen Rechenstrukturen (wie Wahrheitswerten, Zahlen und Sequenzen) durch logische Formeln von sehr einfacher Gestalt beschrieben. Anfragen an ein Logikprogramm lassen sich dann formulieren, indem wir, abgestützt auf die spezifizierten Prädikate, Formeln mit freien Identifikatoren vorgeben. Das Ausführungssystem des Logikprogramms sucht dann systematisch nach Lösungen für die Anfragen. Eine Lösung besteht in der Angabe von Belegungen für die freien Identifikatoren in den Anfragen, dergestalt, daß die so modifizierten Anfragen aus den Spezifikationen für die Prädikate logisch folgen. Dieses Vorgehen wird in der Programmiersprache Prolog verwendet, die auch Anwendungen in der Praxis gefunden hat.

5.3.1 Eine Problemlösung mit Logikprogrammierung

Ein Logikprogramm besteht aus Formeln (seien C und B_i Boolesche Ausdrücke, im einfachsten Fall **true** oder **false** sowie Anwendungen von Prädikatsymbolen auf Konstante), sogenannten „Horn-Klauseln", der Gestalt

$$C \Leftarrow B_1 \wedge \ldots \wedge B_n .$$

Die Ausdrücke B_i heißen *Prämissen* oder auch *Teilziele* (engl. subgoals), C heißt *Konklusion*. Die Menge der Prämissen darf auch leer sein oder nur aus **true** bestehen. Dann nennen wir die Formel ein *Faktum*, die anderen Klauseln nennen wir *Regeln*.

Wir verwenden folgende Konvention bei der Formulierung von Horn-Klausel-Programmen. Wir schreiben Identifikatoren groß und Funktionsbezeichnungen (einschließlich nullstelliger Funktionen zur Darstellung von Konstanten) klein.

Beispiel (Logikprogramm). Gegeben sei das folgende Logikprogramm durch die drei Horn-Klauseln:

vater(bill, jack) ⇐ **true** (1)

bruder(jack, john) ⇐ **true** (2)

vater(X, Y) ⇐ vater(X, Z) ∧ bruder(Z, Y) (3)

Dieses Programm enthält zwei Fakten über die Vater/Sohn-Relation und eine allgemeine Regel. Die Aussage vater(X, Y) steht für die Aussage „X ist Vater von Y". Die Aussage bruder(X, Y) steht für die Aussage „X ist Bruder von Y".

Wir können für dieses Logikprogramm die Anfrage (engl. query) formulieren: Gilt die Aussage

vater(bill, john) (∗)

oder genauer, folgt diese Aussage logisch aus dem gegebenen Logikprogramm?

Um diese Anfrage zu beantworten, nehmen wir an, daß die Antwort auf die Frage **false** ist (Widerspruchsannahme). Dann gilt die Aussage:

false ⇐ vater(bill, john) . (4)

Wir versuchen nun, unter Hinzunahme der Klausel (4) zu unserem Logikprogramm einen Widerspruchsbeweis zu führen. Wir prüfen dazu, ob eine der Klauseln (1) – (3) auf das „Teilziel" in (4) paßt. Nur die Regel (3) paßt und liefert über die sogenannte *Resolution*, die eine Variante des Modus Ponens (siehe Teil I) ist, die Aussage

false ⇐ vater(bill, Z) ∧ bruder(Z, john) (5)

Hier ist Z eine freie Variable. Wenn es gelingt einen Wert für diese freie Variable zu finden, so daß die Aussage (5) gilt, haben wir einen Widerspruch herbeigeführt. Wir haben nun in der Klausel (5) zwei Teilziele; die Klausel (2) erlaubt (mit der Ersetzung Z = jack) aus (5) die Reduktion des zweiten Teilziels auf **true** und damit (das Teilziel **true** kann weggelassen werden) den Übergang zu der Abfrage:

false ⇐ vater(bill, jack) . (6)

Gelingt es, einen Widerspruch für diese Aussage zu zeigen, dann haben wir nach Regel (3) auch für die Aussage (4) einen Widerspruch gezeigt. Durch die Klausel (1) erhalten wir schließlich mit der Aussage

false ⇐ **true** (7)

einen Widerspruch. Also liefert die Annahme (4) einen Widerspruch. Somit ist nach dem Prinzip des Widerspruchsbeweises die Aussage (∗) aus den Klauseln des Logikprogramms ableitbar.

Wir hätten jedoch auch die Anfrage

vater(A, john) (∗∗)

formulieren können, in der die freie Variable A enthalten ist. Anschaulich verstehen wir diese Anfrage als die Frage: Gibt es eine Person A, so daß die Aussage (∗∗) gilt? Beim Versuch

false ⇐ vater(A, john) (8)

zu beweisen, können anfangs die Klauseln (1) und (2) wieder nichts beitragen. Die Klausel (3) jedoch führt auf die Aussage

false ⇐ vater(A, Z) ∧ bruder(Z, john) . (9)

Wie eben liefert (2) mit Z = jack die Klausel

false ⇐ vater(A, jack) (10)

und (3) mit A = bill liefert die Klausel

false ⇐ **true** (11)

einen Widerspruch. Dies führt auf folgendes Ergebnis: Unter der Annahme A = bill ist die Aussage (∗∗) aus dem gegebenen Logikprogramm zu beweisen. Die Formel (8) ist nicht allgemeingültig. Das Abfallprodukt des Widerspruchsbeweises, A = bill, können wir jedoch auch als das Resultat der folgenden Abfrage ansehen: Nenne mir eine Person A, so daß die Aussage (∗∗) gilt. □

Dies zeigt an einem trivialen Beispiel die Vorgehensweise bei der Auswertung von Logikprogrammen: Es wird versucht, die vorgelegte Anfrage zu beweisen, indem wir mit ihr eine Widerspruchsannahme formulieren. Beim Versuch, eine Programmklausel einzusetzen, werden bestimmte Identifikatoren durch spezielle Ausdrücke ersetzt (wir sprechen von Unifikation), die auftretenden Prämissen fügen wir als Teilziele hinzu. Dies liefert als Nebenprodukt des Widerspruchsbeweises ein Resultat für die Abfrage.

5.3.2 Die Auswertung von Logikprogrammen

In diesem Abschnitt behandeln wir die allgemeinen Regeln zur Auswertung von Anfragen durch Logikprogramme. Gegeben sei die Regel

$$C \Leftarrow B_1 \wedge \ldots \wedge B_k\,, \qquad \text{(R)}$$

die Teil eines Logikprogramms sei. Zu beweisen (bzw. zu widerlegen) sei die Klausel

$$\textbf{false} \Leftarrow S_1 \wedge \ldots \wedge S_n\,. \qquad \text{(G)}$$

Die Regel (R) ist auf die Klausel (G) anwendbar, falls Substitutionen existieren mit

$$C[t_1/x_1, \ldots, t_m/x_m] = S_j[t_1/x_1, \ldots, t_m/x_m]\,.$$

Mit anderen Worten, die Allgemeingültigkeit von (G) ist widerlegbar (führt auf einen Widerspruch), falls die Klausel

$$\textbf{false} \Leftarrow \tilde{S}_1 \wedge \ldots \wedge \tilde{S}_{j-1} \wedge \tilde{B}_1 \wedge \ldots \wedge \tilde{B}_k \wedge \tilde{S}_{j+1} \wedge \ldots \wedge \tilde{S}_n \qquad (\tilde{G})$$

widerlegbar ist mit

$\tilde{S}_i = S_i[t_1/x_1, \ldots, t_m/x_m]$,

$\tilde{B}_i = B_i[t_1/x_1, \ldots, t_m/x_m]$.

Diese Reduktion eines Subgoals auf ein modifiziertes Subgoal durch Regelanwendung nennen wir *Resolution.*

Ist ($\tilde{G}$) widerlegbar, so ist auch (G) widerlegbar. Die Umkehrung gilt im allgemeinen nicht.

Beispiel (Addition in der Logikprogrammierung). Im Gegensatz zur funktionalen Programmierung stellen wir in der Logikprogrammierung die zu programmierende Funktion nicht als Rechenvorschrift mit Resultat, sondern als Relation dar, vergleichbar zu Prozeduren mit Resultatparameter. Im folgenden Beispiel für ein Logikprogramm entspricht die Aussage

isadd(X, Y, Z)

der Gleichung

X = Y+Z .

Zur Beschreibung der Addition verwenden wir folgende Regeln, die einfach als gültige Aussagen über die Addition nachzuweisen sind:

isadd(X, X, zero) ⇐ **true** (1)

isadd(succ(X), Y, succ(Z)) ⇐ isadd(X, Y, Z) (2)

Diese Regeln entsprechen einer induktiven Definition der Addition. Für die Anfrage

isadd(A, zero, succ(zero))

erhalten wir die Berechnungsfolge (mit dem Hilfsidentifikator X)

false ⇐ isadd(A, zero, succ(zero)) (2) mit A = succ(X), Y = zero, Z = zero

false ⇐ isadd(X, zero, zero) (1) mit X = zero

false ⇐ **true**.

Wir erhalten A = succ(zero) als (Neben-)Resultat des konstruktiven Widerspruchsbeweises. Die Belegung (Substitution) A = succ(zero) wird auch als Ergebnis der Berechnung bezeichnet. Die Anfrage

isadd(succ(zero), zero, B)

(in gewohnter Schreibweise: 1 = 0+B d.h. B = 1–0) führt auf das Ziel

false ⇐ isadd(succ(zero), zero, B) .

Die Klausel (2) liefert mit B = succ(Z) die Aussage

false ⇐ isadd(zero, zero, Z) .

Die Klausel (1) liefert mit Z = zero

false ⇐ **true**

und damit einen Widerspruch. Also gilt B = succ(zero). Wir erkennen, daß durch Anfragen wie isadd(succ(… (succ(zero))…), succ(…(succ(zero))…), X)

auch die Subtraktion auf natürlichen Zahlen berechnet werden kann. Dies ist eine bemerkenswerte Eigenschaft von Logikprogrammen. Da wir Funktionen als Relationen beschreiben, können wir in Anfragen nicht nur zu gegebenen Argumenten Funktionswerte, sondern auch zu gegebenen Funktionswerten Argumente berechnen.

Man beachte, daß in der Relation

isadd(A, B, C)

keiner der Parameter als Eingabe- oder Resultatparameter von vornherein festgelegt ist. Je nach Einsetzen von Identifikatoren oder Konstanten ist der entsprechende Parameter Resultat- oder Eingabeparameter. Auch Ausdrücke mit freien Identifikatoren sind als aktuelle Parameter zugelassen. So liefert die Klausel

false $\Leftarrow$ isadd(A, B, C)

im ersten Schritt mit Klausel (1) die Einsetzungen A = B, C = zero; im zweiten Schritt erhalten wir durch Klausel (2) die Einsetzungen A = succ(X), C = succ(Z)

false $\Leftarrow$ isadd(X, B, Z)

und die Einsetzungen X = B, Z = zero. Dies ergibt A = succ(B), C = succ(zero). ❑

Beispiel (Sortieren in Logikprogrammierung). Um in der Logikprogrammierung ein Sortierprogramm zu formulieren, verwenden wir die Aussage

issort(X, Y)

mit der Bedeutung „Y ist die absteigend sortierte Sequenz der Elemente in der Sequenz X".

Wir spezifizieren zur Formulierung dieses Logikprogramms für das Sortieren drei Prädikate mit folgender Bedeutung:

issort(X, Y):	Die Sequenz Y ist Resultat des Sortierens von X.
decom(A, X, Z):	Die Sequenz X enthält A als maximales Element und durch Löschen von A in X erhalten wir Z.
isg(A, X):	A ist größer oder gleich als alle Elemente in der Sequenz X.

Wir verwenden dafür folgende Fakten und Regeln:

issort(ε, ε) $\Leftarrow$ **true**

issort(X, append(A, Y)) $\Leftarrow$ decom(A, X, Z) $\wedge$ issort(Z, Y)

decom(A, append(A, X), X) $\Leftarrow$ isg(A, X)

decom(A, append(B, X), append(B, Z)) $\Leftarrow$ A $\geq$ B $\wedge$ decom(A, X, Z)

isg(A, ε) $\Leftarrow$ **true**

isg(A, append(B, X)) $\Leftarrow$ A $\geq$ B $\wedge$ isg(A, X)

Eine Abfrage

issort(s, Z)

liefert zur gegebenen Sequenz s auf der Variablen Z die geordnete Sequenz der Elemente in s. Ist die gegebene Sequenz s geordnet, so liefert die Abfrage

issort(Z, s)

eine Permutation der Sequenz s für Z. Ist s nicht geordnet, erhalten wir kein Resultat, die Anfrage endet erfolglos (vgl. **failure** beim Backtracking-Nichtdeterminismus). ❑

Ein Logikprogramm definiert für jede Anfrage nach dem beschriebenen Vorgehen einen Ableitungsbaum, der bei der Abarbeitung der Anfrage durchsucht wird.

Das Konzept der Logikprogrammierung liefert ein universelles Berechnungsmodell. Jeder durch eine Turing-Maschine formulierte Algorithmus läßt sich auch durch ein Logikprogramm formulieren. Es ergibt sich sogar ein enger Bezug zwischen nichtdeterministischen Turing-Maschinen und Logikprogrammen, da wir den Baum der nichtdeterministisch angesteuerten Abläufe der Turing-Maschine durch den Ableitungsbaum des Logikprogramms nachbilden können und umgekehrt.

Im Gegensatz zur prozeduralen Programmierung müssen in Logikprogrammen nicht alle Teilschritte eines Algorithmus genau vorgegeben werden. Stattdessen werden nur Fakten und Regeln angegeben, aus denen dann schematisch ein Suche im Ableitungsbaum generiert wird. Typische Probleme, die bei der Formulierung und Interpretation von Logikprogrammen auftreten, sind:

- Abschneiden von nichtterminierenden Ableitungspfaden im Ableitungsbaum,
- Verbesserung des Aufwandes bei der Auswertung,
- Kombination logischer und kontrollflußorientierter Sprachstile.

Eine Programmiersprache, die nach der angegebenen Vorgehensweise arbeitet, ist die Programmiersprache PROLOG (vgl. CLOCKSIN, MELLISH 1994). Logikprogramme sind insbesondere für solche Probleme gut einsetzbar, deren Lösungen typischerweise Suchvorgänge erfordern. Die Ausführung eines Logikprogramms entspricht dem Suchen in einem Baum. Dadurch wird der Einsatz von Logikprogrammen für umfangreiche Aufgaben und für Aufgaben, für die Effizienz entscheidend ist, schnell unökonomisch. Viele Versuche, Logikprogramme durch zusätzliche Techniken schneller auswertbar zu machen, führen auf Programmnotationen, bei denen die Eleganz der Logik verlorengeht und unübersichtliche und schwer zu beherrschende Ausführungsmodelle entstehen.

5.3.3 Unifikation

Bei der Ausführung von Logikprogrammen durch die Anwendung von Umformungsregeln treten typischerweise Operationen auf Termen auf. Ein Beispiel dafür ist die Frage, ob eine Regel anwendbar ist. Diese Frage können wir durch die Technik der *Unifikation* beantworten.

Unifikation ist eine Operation auf einer Menge von Termen. Das Ergebnis der Unifikation ist eine Substitution, die für jeden Term der gegebenen Menge den gleichen Term als Resultat liefert. Eine solche Substitution nennen wir *Unifikator.* Allerdings existiert nicht für jede Menge solch ein Unifikator. Die Menge heißt dann *nicht unifizierbar.*

Sei

$W_{\Sigma}^{s}(X)$

die Menge der Terme der Sorte s über der Signatur $\Sigma = (S, F)$ mit freien Identifikatoren $x \in X_s$ (wobei $s \in S$). Eine Substitutionsfunktion

$$\theta: W_{\Sigma}^{s}(X) \rightarrow W_{\Sigma}^{s}(X)$$

ist eine endliche Abbildung auf Termen, wobei Terme t_i und Identifikatoren x_i existieren, so daß gilt (sei $x_i \neq x_j$ für $i \neq j$):

$$\theta[t] = t[t_1/x_1, ..., t_n/x_n].$$

Eine Substitutionsfunktion ersetzt bestimmte freie Identifikatoren durch Terme. Sei $SUB_{\Sigma}^{s}(X)$ die Menge der Substitutionen für Terme der Sorte s. $SUB_{\Sigma}^{s}(X)$ bildet ein Monoid mit der Funktionskomposition als Verknüpfung und der Identitätsfunktion als neutralem Element.

Die Substitutionsfunktionen in $SUB_{\Sigma}^{s}(X)$ induzieren eine partielle Quasiordnung auf der Menge der Terme $W_{\Sigma}^{s}(X)$ vermöge folgender Festlegung ($t_1, t_2 \in W_{\Sigma}^{s}(X)$):

$$t_1 \leq t_2 \Leftrightarrow_{def} \exists\, \theta \in SUB_{\Sigma}^{s}(X): \theta[t_1] = t_2.$$

Gilt $t_1 \leq t_2$, so heißt der Term t_1 *allgemeiner* als der Term t_2. Die allgemeinsten Terme sind solche, die nur aus einem Identifikator bestehen. Dies entspricht der Vorstellung, daß ein Identifikator für einen beliebigen Term stehen kann.

In gleicher Weise kann auf der Menge der Substitutionen eine Quasiordnung spezifiziert werden ($\theta_1, \theta_2 \in SUB_{\Sigma}^{s}(t)$):

$$\theta_1 \leq \theta_2 \Leftrightarrow_{def} \exists\, \theta \in SUB_{\Sigma}^{s}(X): \forall t \in W_{\Sigma}^{s}(X): \theta[\theta_1[t]] = \theta_2[t].$$

Wieder nennen wir die Substitution θ_1 allgemeiner als die Substitution θ_2, falls $\theta_1 \leq \theta_2$ gilt.

Beispiel (Partielle Ordnung auf Termen). Seien f und g Funktionssymbole und x, y, z Variablen. Es gilt

$$f(x, y) \leq f(x, g(z)) .$$

Jedoch sind die Terme f(x, y) und g(z) unvergleichbar. ❑

Zwei Terme t_1, t_2 (und analog zwei Substitutionsfunktionen θ_1, θ_2) heißen *äquivalent*, wenn gilt

$$t_1 \leq t_2 \wedge t_2 \leq t_1 .$$

(wenn $\theta_1 \leq \theta_2 \wedge \theta_2 \leq \theta_1$). Wir schreiben dann $t_1 \cong t_2$ (bzw. $\theta_1 \cong \theta_2$). Zwei Terme sind äquivalent, wenn sie durch konsistentes Umbenennen ihrer Identifikatoren ineinander überführt werden können. Man beachte, daß auch konsistentes Umbenennen eine Substitutionsfunktion darstellt.

Beispiel (Äquivalenz von Termen und Substitutionen).

(1) Äquivalenz von Termen (seien x, y, a, b Identifikatoren):

add(x, y) ≅ add(a, b),

append(x, s) ≅ append(a, b).

(2) Äquivalenz von Substitutionen:

$$[add(x, y)/x, sub(x, y)/y] \cong [add(y, x)/x, sub(y, x)/y] .$$

Man beachte, daß die Terme

$$add(x, x) \text{ und } add(a, b)$$

nicht äquivalent sind, da $add(a, b) < add(x, x)$. Ebenso sind die Substitutionen

$$[a/x, a/y] \text{ und } [a/x, b/y]$$

nicht äquivalent. ❑

Äquivalente Terme unterscheiden sich nur in der Wahl der auftretenden Identifikatoren. Durch konsistente Umbenennung gehen äquivalente Terme ineinander über. Man beachte die folgenden Regeln für die Komposition von Substitutionen (für $x \neq y$):

$$(t[t_1/x])\ [t_2/y] = t[t_1[t_2/y]\ /x, t_2/y],$$

$$(t[t_1/x])\ [t_2/x] = t[t_1[t_2/x]\ /x].$$

Sei $U \subseteq W_\Sigma^S(X)$ eine Menge von Termen. Eine Substitutionsfunktion $\theta \in SUB_\Sigma^S(X)$ heißt *Unifikator* der Menge U, wenn

$$|\{\theta[t] : t \in U\}| = 1 .$$

Für alle $t_1, t_2 \in U$ gilt dann $\theta[t_1] = \theta[t_2]$. Existiert ein Unifikator für die Menge U, dann heißt U *unifizierbar*. θ heißt *allgemeinster Unifikator* der Menge U, wenn für jeden Unifikator θ_1 von U gilt

$$\theta \leq \theta_1 .$$

Beispiel (Unifikator). Für die Menge

$$\{add(x, sub(y, x)), add(sub(a, b), c)\}$$

ist

$$[sub(a, b)/x, sub(y, sub(a, b))/c]$$

allgemeinster Unifikator und liefert den Term

$$add(sub(a, b), sub(y, sub(a, b))).$$ ❑

Satz: Für jede endliche Menge M von Termen gilt: Sind die Terme in M unifizierbar, so existiert ein allgemeinster Unifikator.

Beweis: Seien t_1 und t_2 Terme. Induktiv definieren wir die Menge $dis(t_1, t_2)$ der Paare von Nichtübereinstimmungen (seien f und g Funktionssymbole, $f \neq g$, t, t_j^i Terme und x und y Identifikatoren)

$$dis(f(t_1^1, \ldots, t_n^1), g(t_1^2, \ldots, t_m^2)) = \{(f(t_1^1, \ldots, t_n^1), g(t_1^2, \ldots, t_m^2))\},$$

$$dis(x, t) = \{(x, t)\}, \qquad \text{falls } x \neq t,$$

$$dis(t, x) = \{(t, x)\}, \qquad \text{falls } x \neq t,$$

$$dis(x, x) = \emptyset ,$$

$$dis(f(t_1^1, \ldots, t_n^1), f(t_1^2, \ldots, t_n^2)) = \bigcup_{1 \leq i \leq n} dis(t_i^1, t_i^2).$$

Sei nun θ eine Substitution, M eine Menge von Termen. Wir definieren die Menge der Nichtübereinstimmungen durch:

$$DIS_\theta(M) = \{d \in dis(\theta[t_1], \theta[t_2]): t_1, t_2 \in M\},$$

Wir definieren die Menge der Terme M_θ, die durch die Anwendung der Substitution θ aus den Termen in M hervorgehen, durch:

$$M_\theta = \{\theta[t] : t \in M\} .$$

Sei $z(\theta, M)$ die Zahl der Identifikatoren, die frei in den Termen in M_θ sind. Wir beweisen durch Induktion über

$$n = z(\theta, M),$$

daß die Menge M_θ einen allgemeinsten Unifikator $\geq \theta$ besitzt, falls sie überhaupt einen Unifikator besitzt.

(1) $n = 0$, dann ist θ allgemeinster Unifikator $\geq \theta$, falls $DIS_\theta(M) = \emptyset$, und sonst ist die Menge M_θ nicht unifizierbar,

(2) Die Behauptung gelte für alle $k \leq n$; sei

$$z(\theta, M) = n+1 ,$$

dann gilt:

(a) Falls ein $(x, t) \in DIS_\theta(M)$ oder $(t, x) \in DIS_\theta(M)$ existiert mit einem Identifikator x, der nicht frei im Term t auftritt, dann gilt

$$z(\theta[t/x], M) \leq n ,$$

da x frei in M_θ, aber nicht frei in $M_{\theta[t/x]}$ auftritt. Falls die Menge $M_{\theta[t/x]}$ unifizierbar ist, existiert nach Induktionsvoraussetzung ein allgemeinster Unifikator $\theta' \geq \theta[t/x]$. θ' ist auch allgemeinster Unifikator von M_θ, da für einen beliebigen Unifikator $\theta'' \geq \theta$ von M_θ stets $\theta''(x) = \theta''(t)$ gilt. Also gilt $\theta'' \geq \theta[t/x]$. Ist $M_{\theta[t/x]}$ nicht unifizierbar, so ist auch M_θ nicht unifizierbar.

(b) Existiert kein solches Paar in $DIS_\theta(M)$, dann ist θ allgemeinster Unifikator $\geq \theta$, falls $DIS_\theta(M) = \emptyset$, und sonst ist die Menge M_θ nicht unifizierbar. ❑

Der Beweis des Satzes legt auch einen Algorithmus zur Berechnung des allgemeinsten Unifikators nahe.

Mit Hilfe des allgemeinsten Unifikators läßt sich für ein Teilziel der Form

$$\textbf{false} \Leftarrow t_0 \wedge ... \wedge t_n$$

berechnen, ob eine Regel

$$p_0 \Leftarrow p_1 \wedge ... \wedge p_m$$

durch Resolution anwendbar ist. Dazu berechnen wir, ob ein Unifikator für p_0 und einen der Terme t_i, $0 \leq i \leq n$ existiert. Falls für ein i, $1 \leq i \leq n$, ein solcher Unifikator existiert, dann berechnen wir den allgemeinsten Unifikator θ zur Menge $\{p_0, t_i\}$ und gehen zum Teilziel

$$\textbf{false} \Leftarrow \theta[t_0] \wedge ... \wedge \theta[t_{i-1}] \wedge \theta[p_1] \wedge ... \wedge \theta[p_m] \wedge \theta[t_{i+1}],..., \theta[t_n]$$

über.

Das effiziente Berechnen des jeweiligen allgemeinsten Unifikators ist einer der Schlüsselalgorithmen für die effiziente Auswertung von Logikprogrammen.

5.4. Komponenten, Schnittstellen, Softwarearchitekturen

Bisher haben wir, abgesehen von der E/R-Modellierung, primär Fragen der „Programmierung im Kleinen" betrachtet. Dies sind die Fragen, die sich auf die Spezifikation von Funktionen, Datenstrukturen und Algorithmen beziehen. Für umfangreiche Softwaresysteme und deren Beherrschbarkeit sind jedoch Fragen des „Programmierens im Großen" entscheidend. Dies betrifft die Strukturierung großer Softwaresysteme in Komponenten, deren Schnittstellen und Interaktion. Wir sprechen pauschal von *Softwarearchitekturen.*

Im folgenden besprechen wir einige ausgewählte Konzepte zum Thema Komponenten und Softwarearchitekturen. Zentral hierfür ist der Begriff der Schnittstelle.

5.4.1. Komponenten und deren Schnittstellen

Eine Komponente eines Softwaresystems ist eine verkapselte Einheit, die Dienste anbietet. Auf diese Dienste wird über eine Schnittstelle zugegriffen. Abhängig vom verwendeten Programmierstil existieren eine Vielzahl von Programmiereinheiten, die als Komponenten angesehen werden können. Beispiele sind

- Rechenvorschriften, Funktionen und Prozeduren,
- Rechenstrukturen, Datenstrukturen,
- Klassen und Module.

Diese Komponentenbegriffe sind stark programmiersprachlich geprägt. Zudem sind für sie in der Regel nur sequentielle Ablaufsysteme vorgesehen. Große Softwaresysteme weisen jedoch eine hohe Nebenläufigkeit sowohl an der Benutzerschnittstelle wie im Hinblick auf die Interaktion zwischen ihren Komponenten auf.

Man beachte, daß wir den Informationsaustausch an den Schnittstellen der oben aufgezählten Spielarten von Komponenten stets als Informationsaustausch und somit als Interaktion auffassen können. Den allgemeinsten Komponentenbegriff erhalten wir somit, wenn wir Komponenten als interaktive Systeme mit Ein- und Ausgabe betrachten. Jeder Zugriff auf die Dienste einer Komponente entspricht einer Folge von Interaktionen. Diese dienen dazu, den gewünschten Dienst zu identifizieren, mit Parametern zu versorgen, ihn anzustoßen und schließlich die Resultate in Empfang zu nehmen. Umgekehrt kann eine Komponente ihrerseits die Dienste anderer Komponenten in Anspruch nehmen, beispielsweise als Hilfsdienste für die von ihr selbst zu erbringenden Dienste.

Dieser Vorstellung einer Komponente kommen in der Objektorientierung Klassen und die dazugehörigen Objekte schon sehr nahe. Allerdings ist die Einschränkung auf Methodenaufrufe als Dienstinanspruchnahme nicht immer angemessen, da Methodenaufrufe nur sehr spezielle Interaktionsmuster darstellen. Auch die Einschränkung auf sequentielle Abläufe ist oft nicht angemessen.

Wir definieren deshalb allgemein eine Komponente als ein interaktives System mit einer Menge von Eingabe- und Ausgabekanälen. Für jeden Kanal ist eine Sorte definiert, die festlegt, welche Sorten von Nachrichten über den Kanal verschickt werden können. Über ihre Kanäle empfängt und versendet eine Komponente Ströme von Nachrichten (vgl. Teil III, Kap. 1). Graphisch können wir eine Komponente als Datenflußknoten darstellen.

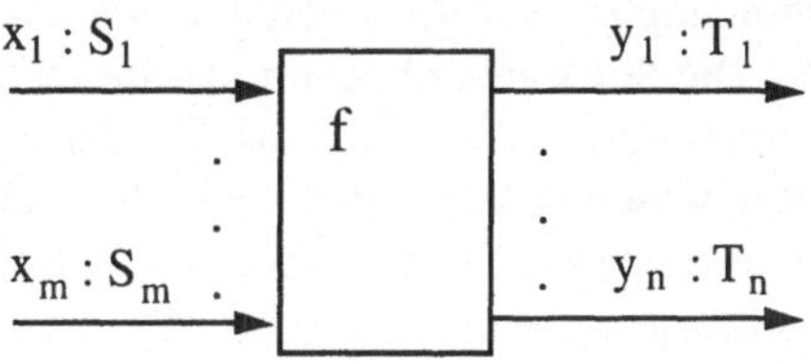

Abb. 5.2. Komponente als Datenflußknoten

Abb. 5.2 zeigt eine Komponente mit den Eingabekanälen x_1, ..., x_m der Sorten S_1, ..., S_m und den Ausgabekanälen y_1, ..., y_n der Sorten T_1, ..., T_n als Datenflußknoten.

5.4.2 Zustandsmaschinen mit Ein/Ausgabe

Eine in der Praxis inzwischen verbreitete Technik zur Darstellung von Komponenten sind Zustandsmaschinen mit Eingabe und Ausgabe. Dadurch läßt sich das interaktive Verhalten von Komponenten modellieren. Den Datenzustand einer Komponente beschreiben wir, wie für Klassen in der Objektorientierung, durch Angabe einer Menge von Attributen a_1, ..., a_k der Sorten U_1, ..., U_k. Jede Belegung der Attribute mit Datenelementen der entsprechenden Sorte definiert einen Datenzustand der Komponente. Die Attribute ähneln Programmvariablen, an die immer wieder neue Werte zugewiesen werden können.

Wir beschreiben das Verhalten von Zustandsmaschinen mit Ein- und Ausgabe durch Zustandsübergangsdiagramme. Die Knoten entsprechen Kontollzuständen. Die Übergänge sind mit einer Vorbedingung P, einem Eingabemuster x_1:E_1, ..., x_m:E_m, einem Ausgabemuster y_1:A_1, ..., y_n:A_n und einer Nachbedingung Q markiert. Die Transitionsmarkierung

$$\{P\}\ x_1{:}E_1, ..., x_m{:}E_m \,/\, y_1{:}A_1, ..., y_n{:}A_n\ \{Q\}$$

einer Kante vom Kontrollzustand K zum Kontrollzustand K^1 besagt, daß das System im Kontrollzustand K, falls für den Datenzustand die Eingabebedingung P gilt und auf den Kanälen x_1, ..., x_m die Eingaben E_1, ..., E_m vorliegen, die Ausgaben A_1, ..., A_n auf den Kanälen y_1, ..., y_n erzeugt, in den Kontrollzustand K^1 übergeht und sich der Datenzustand wie in Q beschrieben ändert.

Die Änderung des Datenzustands kann durch Q entweder in Form einer Folge von Zuweisungen beschrieben werden, die festlegen, wie sich welche Attribute änder oder aber Q ist eine prädikatenlogische Formel, die die Attributwerte a_1, ..., a_n vor

Ausführung des Übergangs mit den Attributwerten a_1', ..., a_n' nach Ausführung des Übergangs in Relation setzt.

5.4.3 Softwarearchitekturen als Datenflußdiagramme

Die im Abschnitt 5.4.1 eingeführten Komponenten als Datenflußknoten bilden die Grundlage für die Beschreibung einer Softwarearchitektur als ein System von interagierenden Komponenten. Die Softwarearchitektur beschreibt also die Aufgabenverteilung zwischen den Komponenten eines Systems. Die geschickte Wahl der Softwarearchitektur bestimmt in wesentlichen Teilen die Performance, Beherrschbarkeit, Anpaßbarkeit und die arbeitsteilige Realisierbarkeit eines Softwaresystems.

Für eine Reihe von Softwaresystemen für bestimmte Anwendungen haben sich mittlerweile bestimmte Strukturen bewährt und werden bis auf kleine Modifikationen immer wieder verwendet. Wir sprechen von Referenzarchitekturen.

6. Abschließende Bemerkungen zur Entwicklung und Anwendungsgebieten der Informatik

In den letzten 35 Jahren hat die Informatik sich rasant entwickelt. Entsprechend sind inzwischen ihre Teilgebiete so umfangreich, daß sie in einer Einführung nicht annähernd umfassend dargestellt werden können. Deshalb wollen wir abschließend noch einen kurzen Überblick über die Gebiete der Informatik sowie ihre wichtigsten Anwendungen und Aspekte geben.

Die Informatik läßt sich als Wissenschaft grob in ein Kerngebiet, das die grundlegenden Informatikinhalte abdeckt, und dessen Erweiterungen um anwendungsspezifische Inhalte untergliedern. Hinzu kommen Kenntnisse über die Vielzahl aktueller Hardware- und Softwaresysteme, die sich im Einsatz befinden und einem schnellen Wandel unterworfen sind. Das Kerngebiet der Informatik umfaßt die Grundprinzipien informationsverarbeitender Maschinen, ihre Schnittstellen für die Programmierung, die für ihren Betrieb erforderlichen Systemprogramme, die Programmiersprachen, ihre Verarbeitung durch Übersetzung und Interpretation, ihre Beschreibung, Aspekte verteilter Systeme, die wichtigsten grundlegenden Algorithmen und Datenstrukturen, Datenbanken, die eher theoretische Fragen der Beschreibung formaler Sprachen, Berechenbarkeit, Komplexität und schließlich Fragen des Software Engineering und die entsprechenden Beschreibungstechniken, Methoden und Werkzeuge. Die vier Teile dieser Einführung in die Informatik konzentrieren sich auf diese Kerngebiete der Informatik und nur einige wenige Erweiterungen, und müssen somit zwangsläufig Anwendungsfragestellungen weitgehend ignorieren.

Weniger als andere technische Fachrichtungen kann die Informatik jedoch isoliert von ihren Anwendungen als wissenschaftliche Disziplin gesehen werden. Sie ist ein technisches Fach von hoher wirtschaftlicher Relevanz und daher stark von ihren Anwendungen und den Entwicklungen am Markt geprägt. Dieser Markt der Informatik zeigt immer noch eine hohe Dynamik, sowohl im Hardware- als auch im Softwarebereich. Nach den Umwälzungen der Vergangenheit, die zunächst vom Spezialrechner zum Mainframe gingen, dann über den Minirechner zum leistungsstarken Arbeitsplatzrechner und in den letzten Jahren schließlich einen Durchbruch für Personalcomputer gebracht haben, die vernetzt mit anderen Rechnern und Servern arbeiten (Stichwörter *Client/Server*, *Network-Computing*), erleben wir nun einen Boom weltweiter Rechnernetze und der Anwendungen, die sich dadurch realisieren lassen. Dies verstärkt die Bedeutung der Anwendung der Informatik in der Telekommunikation und im Multimedia-Bereich.

Gleichzeitig sind die Methoden in der Softwareentwicklung geprägt von einer starken Integration der Anwendungen und einem Prozeßdenken in den Anwendungsgebieten. Dies erlaubt eine stärkere Reorganisation der Arbeitsabläufe im Anwendungsgebiet unter Einbeziehung des Potentials der Informatik.

Auch in den nächsten Jahren wird sich die Informatik stürmisch weiterentwickeln. Dies gilt gleichermaßen für ihre Praxis und ihre Anwendungen wie für ihren wissenschaftlichen Teil. Insoweit ist eine Einführung – wie vorliegende – eine Momentaufnahme, die regelmäßig ergänzt und an neuere Entwicklungen angepaßt werden muß.

Nachfolgend wird kurz geschildert, wie vielfältig inzwischen die Anwendungen der Informatik sind. In vielen dieser Anwendungen ist informatikspezifisches Wissen entstanden, das für die Informatiker eine wichtige Voraussetzung ist, wenn sie im jeweiligen Anwendungsgebiet arbeiten. Es kann allerdings nicht Aufgabe einer Einführungsvorlesung sein, diese anwendungsspezifischen Wissensgebiete einzubeziehen. Es ist nicht einmal möglich, daß im Diplomstudiengang Informatiker sich mit allen diesen Anwendungsgebieten beschäftigen. Zwangsläufig muß eine Spezialisierung stattfinden.

Die Einführung in die Informatik muß jedoch sicherstellen, daß Informatiker über das notwendige Begriffsgerüst, ein tragfähiges Grundverständnis, die notwendigen Modelle, Techniken, Fertigkeiten und Kenntnisse verfügen, um sich schnell in neue Anwendungsgebiete einzuarbeiten. Dies erfordert ein hohes Maß an Flexibilität.

6.1 Anwendungsgebiete der Informatik

Wie bereits in den vorangehenden Abschnitten dargestellt, unterscheiden wir bei Softwaresystemen im wesentlichen drei Arten:

- Anwendungssoftware zur interaktiven Nutzung,
- Systemsoftware als Teil von Rechensystemen (Betriebssysteme etc.),
- Software für eingebettete Systeme als Teil technischer Systeme.

Gerade bei eingebetteten Systemen wird oft die Rolle von Software nicht wahrgenommen.

Augenfällig sind die betriebswirtschaftlichen Anwendungen der Informatik. Die Verwaltungs- und Abwicklungsaufgaben von Betrieben können in vielfältiger Weise durch die Informatik technisch unterstützt werden. Dies betrifft einmal die Verwaltung großer Datenmengen, die Buchung und Kontoführung, aber auch die Unterstützung der Produktion. Hier stehen Fragen der Mensch-Maschine-Kommunikation, der Einbeziehung der Informatiksysteme in Arbeitsabläufe (Workflow-Systeme) und der schnelle Zugriff auf Informationen im Vordergrund.

Gerade in der Produktion finden sich weitere Anwendungsgebiete. Hier gehen Aufgaben der Fertigungsplanung und -steuerung über in technische Produktionsaufgaben, die beispielsweise durch die *Robotik* geprägt sind. Robotikfragestellungen finden sich aber nicht nur im Fertigungsbereich, sondern ergeben sich auch in speziellen Anwendungsgebieten, etwa in der Weltraumfahrt, in Serviceanwendungen und zunehmend in der Medizin.

Insgesamt ist die Medizin eines der herausragenden Anwendungsgebiete der Informatik. Hier gehen Verwaltungsaufgaben, wie sie sich typischerweise in Krankenhäusern und Arztpraxen finden, in die Unterstützung der eigentlichen medizinischen Aufgaben über. Die Informatik kann in vielfältiger Weise die Darstellung und die Analyse komplexer Informationen in der medizinischen Diagnose unterstützen. Die Informatik wird zunehmend aktiv in der Medizin eingesetzt. Beispiele sind die Steuerung medizinischer Prothesen, wie künstliche Gelenke und künstliche Sinnesorgane, oder etwa die Steuerung und Überwachung von Herzschrittmachern. Daneben wird die Informatik für die Durchführung chirurgischer Eingriffe verwendet. Dies geht bis hin zum rein roboterisierten Eingriff, der vom Arzt nur noch am Bildschirm und über Steuereinrichtungen kontrolliert und durchgeführt wird. Besondere Bedeutung kommt in den medizinischen Anwendungen der Bildverarbeitung zu. Die Informatik erlaubt es, die diffusen Datenmengen diagnostischer Apparaturen wie Röntgen- und Ultraschallgeräte so aufzubereiten, daß ein Arzt ein anschauliches Bild für die Diagnose erhält.

Gerade die Bildverarbeitung spielt nicht nur in der Medizin, sondern auch in vielen anderen, auch militärischen Anwendungen eine große Rolle. Dies betrifft einmal die Auswertung von Bildmaterial, beispielsweise von Luftbildaufnahmen, aber auch vielfältige Fragen der Bildüberwachung in Produktionsvorgängen oder im Verkehr. Typisch für anspruchsvolle Aufgaben der Bildverarbeitung ist die Verarbeitung von Verkehrsbildern, beispielsweise aus bewegten Fahrzeugen zur Steuerung dieser Fahrzeuge. Wichtig ist nicht nur die Aufbereitung der Bilder zur besseren Erkennbarkeit durch den Menschen, sondern auch die rein algorithmische Verarbeitung von Bildern – wir sprechen dabei auch vom algorithmischen *Bildverstehen*. Daneben ist eine wichtige Aufgabe die Erzeugung von Bildern, sei es zur Darstellung technischer Daten (Beispiel Werkstücke) durch Bilder, zur Illustration technischer Prozesse (Beispiel: Aerodynamik, Biegungsvorgänge, Strömungsverhalten) oder großer Diagramme.

Die algorithmische Verarbeitung oder Erzeugung von Bildern erfordert in der Regel einen großen Rechenaufwand. Oft werden dafür Spezialrechner mit einem hohen Maß an Parallelverarbeitung eingesetzt. Das Lösen schwieriger Rechenaufgaben mit oft großen Datenmengen fällt in das Gebiet des *wissenschaftlichen Hochleistungsrechnens*. Typische Anwendungen sind hier die Simulation von Vorgängen und das Lösen von Rechenaufgaben aus der Physik, Elektrotechnik, dem Maschinenbau und der Architektur. Ein anderes Anwendungsgebiet für wissenschaftliches Hochleistungsrechnen ist die Meteorologie. Auch hier handelt es sich im Prinzip um eine Simulationsrechnung, bei der große Datenmengen zu verarbeiten sind.

Ein besonders enger Zusammenhang zwischen Hardware und Software besteht in Prozeßsteuerungsaufgaben. Viele technische Geräte, die heute verwendet werden, enthalten komplexe Software zu ihrer Kontrolle und Steuerung. Dies betrifft konventionelle Haushaltsgeräte wie Waschmaschinen, Geschirrspüler und Herde ebenso wie Heizungen und viele Geräte der Unterhaltungselektronik. Oft sieht man den Geräten gar nicht an, daß entscheidende Funktionen durch Software und damit durch Informatik sichergestellt werden. Typische Prozeßkontroll- und -steuerungsaufgaben ergeben sich auch in der Mechanik und in der Avionik. Hier werden Prozessoren direkt über

Sensoren und Aktuatoren mit physikalischen Vorgängen gekoppelt. Daten werden über die Sensoren gemessen und durch die Prozessoren verarbeitet. Abhängig von den Verarbeitungsergebnissen werden Steuergeräte angestoßen, die dann in die Mechanik der Geräte eingreifen. Typische Beispiele sind Antiblockiersysteme im Automobil oder Autopiloten in Flugzeugen. Wir sprechen auch von *Mechatronik.*

Eines der wichtigsten Anwendungsgebiete der Informatik ist die Telekommunikation. Sie umfaßt die Anwendung der Informatik beim Betrieb von Telefonanlagen, Datenübertragungseinrichtungen und Fernsehnetzen. Für diese Anwendungen findet sich der Begriff der *Telematik.* Auch dieses Gebiet ist einem raschen Wandel unterworfen. Schnell kommen neue Anwendungen hinzu. Konventionelle Fernsehbildübertragungsnetze und konventionelle Telefonvermittlungsnetze werden wohl zu einem einzigen interaktiven Netz zusammenwachsen. Schon heute wird die gesamte Vermittlungstechnik in Telefonanlagen durch Software gesteuert. Der Aufwand für Software beträgt in diesem Bereich mittlerweile bis zu 80% der Gesamtkosten. Durch Kombination der Möglichkeiten von Telefon und Fernsehen entstehen multimediale Anwendungen. Zur Zeit werden fieberhaft Konzepte entwickelt, wie multimediale Verbrauchernetze der Zukunft aussehen könnten. Ein eindrucksvolles Beispiel für die Möglichkeiten der Rechnernetze und ihres multimedialen Einsatzes ist bereits das Internet mit dem Zugang über das World Wide Web. Der ungehinderte weltweite Zugriff auf Informationen wird Wissenschaft, Technik und Verwaltung in den nächsten Jahren entscheidend prägen und verändern.

Die multimedialen Anwendungen reichen bis weit in die Unterhaltungsindustrie. Schon heute hat die Informatik viele Bereiche der Musik und des Spielfilms entscheidend verändert. Special Effects in Spielfilmen und Werbung, virtuelle Realität und Computeranimation kennzeichnen neue technische, kommerzielle und künstlerische Möglichkeiten.

Eine Sonderrolle nimmt die sogenannte *Künstliche Intelligenz* ein. Unter dieser Bezeichnung werden Kerninhalte der Informatik mit speziellen Theorien und Anwendungen zugesammengefaßt. Die Zielsetzung ist, Leistungen, die wir mit dem Begriff Intelligenz verbinden, in Informatiksysteme zu integrieren. Typische Gebiete der Künstlichen Intelligenz sind automatisches Beweisen, Verarbeitung natürlicher Sprache, autonome Planungssysteme und Expertensysteme.

Nach wie vor erschließt sich die Informatik laufend neue Anwendungsgebiete. Im ersten Schritt werden oft die konventionellen Arbeitsweisen eines Anwendungsgebietes durch Techniken der Informatik abgelöst. Interessanter und weitreichender wird jedoch der Einfluß der Informatik, wenn ein Gebiet sich aufgrund der Möglichkeiten der Informatik zu verändern beginnt und ganz neue Methoden und Arbeitsweisen entdeckt. Dann entstehen neue Erkenntnisse, neue Sichten, neue Produkte und neue Abläufe. Dies erfordert aber auch, daß Informatiker kreativ und aufgeschlossen mit den Fachleuten des Anwendungsgebietes zusammenarbeiten, um tragfähige Lösungen zu erarbeiten.

6.2 Informatik und Recht

Der Einsatz der Informatik wirft in allen Anwendungsgebieten neuartige rechtliche Fragen auf. Dies betrifft zum einen klassische Fragen des Datenschutzes. Die Informatik erlaubt es in unglaublicher Vielfalt, Daten zu erfassen, zu speichern und auszuwerten. Dadurch wird eine so weitgehende Überwachung von Menschen in unserer Gesellschaft möglich, daß juristische Einschränkungen dringend erforderlich sind. Diese werden über Datenschutzgesetze geregelt. Bei der Gestaltung von Informatiksystemen ist es demnach Aufgabe der Informatiker, sich dieses Aspektes bewußt zu sein und in Zweifelsfällen juristischen Rat zu suchen, um eine korrekte Einhaltung von Datenschutzauflagen sicherzustellen.

Aber auch in anderer Hinsicht sind Rechtsfragen für Informatiker von großer Bedeutung. Die Durchführung von Softwareprojekten wirft im Hinblick auf die Vertragsgestaltung, die -abwicklung bis hin zu Haftungsfragen eine Reihe von komplizierten rechtlichen Problemen auf. Auch dieses Umstandes muß sich die Informatik bewußt sein.

Besonders schwierig sind die Fragen des Urheberrechtsschutzes für Informatikprodukte, insbesondere für Software. Nach wie vor sind die Möglichkeiten der Patentierung von Software stark eingeschränkt. Vor allem in den Vereinigten Staaten geht man jedoch zunehmend dazu über, auch Softwarelösungen zu patentieren. In Ansätzen ist dieser Trend in der Bundesrepublik inzwischen auch zu erkennen. In der konservativen Sicht geht das Patentrecht jedoch von dem Standpunkt aus, daß Algorithmen, ähnlich wie mathematische Verfahren, nicht patentierbar sind. Allerdings ist hier die Diskussion noch längst nicht abgeschlossen.

Neben den Patenten gibt es zahlreiche andere Schutzmöglichkeiten für Software, wie das Urheberrecht und den Gebrauchsmusterschutz. Auch hier müssen Informatiker über die rechtlichen Zusammenhänge informiert sein, wenn es darum geht, eigene Produkte juristisch zu schützen oder die Schutzbedingungen beim Einsatz von Fremdsoftware zu beachten.

In diesem Zusammenhang wird auch die Frage diskutiert, ob es überhaupt wünschenswert ist, die Rechte an Software juristisch stärker zu schützen, oder ob es nicht besser wäre, Software als Allgemeingut zu betrachten, das in einem bestimmten Umfang nicht schutzfähig ist und somit zur allgemeinen Verfügung steht. Diese Auffassung läuft natürlich den Interessen großer Softwarefirmen stark zuwider.

6.3 Soziale Kompetenz der Informatiker

Aus dem Gesagten ergibt sich bereits, wie vielfältig die Einsatzgebiete der Informatiker sind. Dies erfordert ein hohes Maß an Flexibilität und die Bereitschaft, sich in neue Anwendungsgebiete einzuarbeiten, unterschiedliche Anwendungskulturen zu verstehen und die Ziele und Zusammenhänge eines Anwendungsgebietes schnell und angemessen zu erfassen. Überhaupt ist für die Arbeitsweise der Informatiker ein hohes Maß an zwischenmenschlicher Interaktion und Kommunikation typisch. Das Bild der Informatiker, die tagelang isoliert von anderen Menschen vor ihrem Arbeitsplatzrechner sitzen, um Software zu entwickeln, hat wenig mit der tatsächlichen Berufssituation der meisten Informatiker zu tun.

Informatiker arbeiten in aller Regel in Teams, die aus Fachleuten ganz unterschiedlicher Herkunft bestehen. Ein Großteil der Aufgaben der Informatiker liegt dabei nicht im technischen Bereich, sondern im Management und in der Kommunikation mit Kunden und Mitarbeitern.

Dies erfordert kommunikative Aufgeschlossenheit, die Fähigkeit zur Teamarbeit und häufig auch zur Menschenführung. In der Berufspraxis soll der Informatiker nicht nur gute technische Lösungen entwickeln, sondern diese auch anschaulich darstellen und andere von der Richtigkeit der Lösungsansätze überzeugen.

Deswegen muß sich ein Informatiker – wie kaum ein anderer Ingenieur – mit Fragen der Kommunikation und der kommunikativen Wirkung auseinandersetzen. Die technischen Zusammenhänge der Informatik sind abstrakt und noch für viele Menschen in unserer Gesellschaft nur schwer nachzuvollziehen. Dies erfordert besondere Mühe beim Gespräch mit Anwendern, um ihnen die Lösungen und Nebenbedingungen des Informatikeinsatzes möglichst anschaulich zu erklären und somit in enger Kooperation benutzergerechte Ergebnisse zu erzielen.

Dieses ganze Spektrum von Fähigkeiten, die sozialen, ökonomischen, rechtlichen und ökologischen Auswirkungen der eigenen Arbeit zu begreifen, technische Lösungen in diesem Kontext zu entwickeln und transparent darzustellen sowie die Auswirkungen auf die betroffenen Menschen zu verstehen und entsprechend zu berücksichtigen, nennen wir *soziale Kompetenz*. Es gibt heute kaum ein berufliches Einsatzgebiet für Informatiker, in dem sie ohne ausreichende soziale Kompetenz erfolgreich ihren Beruf ausüben können.

6.4 Informatik und Ökonomie

Wie bereits erwähnt, kann die Informatik nicht unabhängig vom Markt betrachtet werden. Selbst die besten Informatiklösungen sind praktisch wertlos, wenn sie nicht ökonomisch durchsetzbar sind. Deshalb ist es Aufgabe der Informatiker, nicht nur die technische Qualität einer Entwicklung, sondern auch die Angemessenheit der Kosten und die Marktfähigkeit im Auge zu behalten.

Wie in vielen anderen primär auf Entwicklung ausgerichteten Gebieten sind die wichtigsten Ziele durch die für Ingenieurdisziplinen klassischen Faktoren

- Qualität,
- Kosten,
- Termine

bestimmt. Qualität im Sinne von Nutzerangemessenheit und Zuverlässigkeit ist nach wie vor ein Problem bei Informatikprodukten. Verhängnisvoll ist hier oft das sogenannte Overengineering, bei dem eine zu perfekte technische Lösung realisiert wird, die dann im Hinblick auf Qualität, Kosten und Termine große Schwierigkeiten macht.

Es ist in Softwareprojekten schwierig, die entstehenden Kosten vorab abzuschätzen, besonders wenn es sich nicht um ein Routineprojekt handelt. Gerade bei umfangreichen Projekten werden die Kostenschätzungen immer noch von den tatsächlich anfallenden Kosten um ein Vielfaches übertroffen.

Eine besondere Rolle nehmen Softwareprodukte ein. Das sind Softwaresysteme, die in großer Stückzahl vertrieben werden. Dabei sind die zu erzielenden Erträge besonders bemerkenswert, da nach Fertigstellung eines Softwaresystems praktisch keine Produktionskosten mehr anfallen.

Für den Erfolg der Arbeit von Informatikern ist es unabdingbar, die ökonomischen und markttechnischen Rahmenbedingungen im Auge zu behalten. Der Erfolg ist nicht nur bestimmt durch die technische Qualität, sondern insbesondere auch durch die ökonomischen Bedingungen und den Markterfolg der Produkte. Deshalb müssen sich Informatiker auch des Marketings, der Marktverträglichkeit, der Kundenorientierung und des ökonomischen Ergebnisses bewußt sein. Dies betrifft natürlich auch die Vertrags- und Angebotsgestaltung.

6.5 Informatik, Wissenschaftstheorie und Philosophie

Wie wir gesehen haben, hat die Informatik bei hoher Anwendungsrelevanz und großer wirtschaftlicher und technischer Bedeutung durchaus auch einen theoretischen Kern. Dies erzeugt ein starkes Spannungsfeld für die Informatik und deshalb dauert die Diskussion um ihren eigentlichen Charakter noch immer an. Andere Wissenschaften sind hier weniger breit angelegt. So kann sich etwa die Elektrotechnik auf ihre ingenieurgemäßen Aufgaben konzentrieren, da ihre theoretischen Grundlagen in der Physik erarbeitet werden, die sich ihrerseits auf eine darauf ausgerichtete Mathematik stützen kann und konnte.

Zwar kann auch die Informatik auf Vorarbeiten anderer Disziplinen zurückgreifen, etwa auf Ergebnisse aus der Mathematik, besonders aus der mathematischen Logik, der Elektrotechnik, der Linguistik und der Betriebswirtschaft. In weiten Teilen jedoch müssen und mußten in der Informatik theoretische Grundlagen, ingenieurgemäße Umsetzung und Anwendung eigenständig erarbeitet werden. Dies führt immer wieder zu Diskussionen über den wissenschaftlichen Charakter der Informatik.

Als technische, anwendungsorientierte Wissenschaft zeichnet sich die Informatik besonders durch Praktikabilität und Realitätsnähe aus. Jede Art von Esoterik ist dabei eher schädlich. Die ökonomische und technische Bedeutung der Informatik sollte aber nicht ihre philosophische und kulturhistorische Dimension vergessen lassen. In ihrem Bemühen, Vorgänge der Informationsverarbeitung mit wissenschaftlichen Methoden zu erfassen, zu untersuchen und zu algorithmisieren, berührt die Informatik zentrale Grundlagen der Wissenschaft und Philosophie.

Dazu gehört unter anderem die Frage nach dem Wesen der Intelligenz bei Vorgängen der Informationsverarbeitung. Dies hat nicht nur mit der Künstlichen Intelligenz zu tun.

Interessant und bisher weitgehend unbehandelt ist die Frage, ob eine algorithmische Sicht unserer Welt neue Aufschlüsse liefert. Können naturwissenschaftliche Vorgänge, die in Physik und Chemie studiert werden, nach algorithmischen Gesichtspunkten verstanden werden?

Diese wenigen grundsätzlichen Erwägungen zeigen bereits das wissenschaftstheoretische Potential der Informatik auf, das bisher in weiten Bereichen noch gar nicht oder nur unzureichend erforscht wurde. Auch dieser Dimensionen der Informatik sollten wir uns bewußt sein.

6.6 Zur Verantwortung des Informatikers

In den vorangegangenen Abschnitten wurde deutlich gemacht, in welch umfassender Weise die Informatik unsere Gesellschaft in den letzten Jahren verändert hat und in

Zukunft noch verändern wird. Die Verantwortung für diese Veränderungen tragen auch die Informatiker. Sie müssen sich in ihrem Berufsleben bewußt sein, in welcher Weise sie an der Änderung der Lebensbedingungen der Menschen mitwirken.

In vielen Fällen tragen Informatiker die Verantwortung für den Einsatz neuartiger Technik und somit für die Gestaltung des Arbeitsplatzes von Menschen, aber auch für soziale, ökonomische und ökologische Veränderungen. Dieser Verantwortung können und dürfen wir uns nicht entziehen, und sie wiegt um so schwerer, als noch immer vielen Menschen der Zugang zur Informatik fehlt und sie deshalb die Auswirkungen der Informatik im Vorfeld ihres Einsatzes kaum einschätzen und beurteilen können. Hier sind Informatiker gefordert, rechtzeitig zu informieren und aufzuklären, Zusammenhänge bewußt zu machen und die Auswirkungen ihrer Arbeit so darzustellen, daß auch Nichtinformatiker am Entscheidungsprozeß für den Einsatz neuartiger Techniken teilnehmen können.

Nur ein verantwortungsbewußter Umgang mit der Informatik kann sicherstellen, daß sich ihre vielfältigen technischen Möglichkeiten positiv für unsere Gesellschaft auswirken.

Literaturangaben zu Teil IV

A. V. AHO, J. E. HOPCROFT, J. D. ULLMAN: Data Structures and Algorithms. Reading, Mass.: Addison-Wesley 1987

A. AHO, J. D. ULLMAN: Principles of Compiler Design. Reading, Mass.: Addison-Wesley 1987

A. AHO, J. E. HOPCROFT, J. D. ULLMAN: The Design and Analysis of Computer Algorithms. Reading, Mass.: Addison-Wesley 1976

J. ALBERT, T. OTTMANN: Automaten, Sprachen und Maschinen für Anwender. Mannheim: Bibliographisches Institut 1983

R. L. BACKHOUSE: Syntax of Programming Languages: Theory and Practice. Englewood Cliffs, N.J.: Prentice-Hall 1979

G. BARKOW, W. HESSE, H.-B. KITTLAUS, A. LUFT, G. SCHESCHONK, A. V. STÜLPNAGEL: Begriffliche Grundlagen der frühen Phasen der Softwareentwicklung. Information Management 4/89

F. L. BAUER, G. GOOS: Informatik. Eine einführende Übersicht, Teile 1, 2. Berlin Heidelberg New York: Springer-Verlag, 4. Aufl. 1991, 1992

F. L. BAUER, H. WÖSSNER: Algorithmische Sprache und Programmentwicklung. Berlin Heidelberg New York: Springer-Verlag, 2. Aufl. 1984

F. L. BAUER, M. WIRSING: Elementare Aussagenlogik. Mathematik für Informatiker. Berlin Heidelberg New York: Springer-Verlag 1991

V. BERZINS, LUQI: Software Engineering with Abstractions. Reading, Mass.: Addison-Wesley 1991

G. BOOCH: Objektorientierte Analyse und Design. Bonn: Addison-Wesley 1996

E. BÖRGER: Berechenbarkeit, Komplexität, Logik. 3. erweiterte und verbesserte Auflage. Braunschweig/Wiesbaden:Vieweg 1992

W. BRAUER: Automatentheorie. Stuttgart: Teubner 1984

B. BUCHBERGER: Mathematik für Informatiker – Die Methode der Mathematik. Berlin Heidelberg New York: Springer-Verlag 1981

C. H. CAP: Theoretische Grundlagen der Informatik. Wien: Springer-Verlag 1993

W. F. CLOCKSIN, C. C. MELLISH: Programming in Prolog. Berlin Heidelberg New York: Springer-Verlag 1994

P. COAD, E. YOURDAN: Object-oriented Analysis. Englewood Cliffs, N.J.: Prentice-Hall 1991

P. COAD, E. YOURDAN: Object-oriented Design. Englewood Cliffs, N.J.: Prentice-Hall 1991

B. J. COX: Object Oriented Programming. Reading, Mass.: Addison-Wesley 1991

N. J. CUTLAND: Computability: An Introduction to Recursive Function Theory. Cambridge: Cambridge University Press 1980

C. J. DATE: An Introduction to Database Systems. Reading, Mass.: Addison-Wesley 1995

E. DENERT: Software-Engineering. Berlin Heidelberg New York: Springer-Verlag 1991

P. J. DENNING, J. B. DENNIS, J. E. QUALITZ: Machines, Languages, and Computation. Englewood Cliffs, N. J.: Prentice-Hall 1978

P. DEUSSEN: Halbgruppen und Automaten. Berlin Heidelberg New York: Springer-Verlag 1971

H. D. EHRICH, M. GOGOLLA, U. W. LIPECK: Algebraische Spezifikation abstrakter Datentypen. Eine Einführung in die Theorie. Stuttgart: Teubner 1989

H. EHRIG, B. MAHR: Fundamentals of Algebraic Specification 1. Berlin Heidelberg New York: Springer-Verlag 1985

R. ELMASRI, S. B. NAVATHE: Fundamentals of Database Systems. Menlo Park, Calif.: Benjamin/Cummings 1994

E. ENGELER, P. LÄUCHLI: Berechnungstheorie für Informatiker. Stuttgart: Teubner 1992

S. GINSBURG: The Mathematical Theory of Context-Free Languages. New York: McGraw-Hill 1966

R. L. GRAHAM, D. E. KNUTH, O. PALASHNIK: Concrete Mathematics. Reading, Mass.: Addison-Wesley, 2. verbesserte Auflage 1995

D. GRIES: Compiler Construction for Digital Computers. New York: Wiley 1971

R. H. GÜTING, Datenstrukturen und Algorithmen. Stuttgart: Teubner 1992

H. HERMES: Aufzählbarkeit, Entscheidbarkeit, Berechenbarkeit. Berlin Heidelberg New York: Springer-Verlag 1978

J. E. HOPCROFT, J. D. ULLMAN: Einführung in die Automatentheorie, formale Sprachen und Komplexitätstheorie. Bonn: Addison-Wesley 1994

G. HOTZ, V. CLAUS: Automatentheorie und Formale Sprachen. III. Formale Sprachen. Mannheim: Bibliographisches Institut 1972

M. JACKSON: Principles of Program Design. London: Academic Press 1975

U. KASTENS: Übersetzerbau. München: Oldenbourg 1990

H. KLEINE BÜNING, S. SCHMITGEN: PROLOG. Stuttgart: Teubner 1988

D. E. KNUTH: The Art of Computer Programming. Volume 1: Fundamental Algorithms. Reading, Mass.: Addison-Wesley 1973

D. E. KNUTH: The Art of Computer Programming. Volume 2: Seminumerical Algorithms. Reading, Mass.: Addison-Wesley 1981

D. E. KNUTH: The Art of Computer Programming. Volume 3: Sorting and Searching. Reading, Mass.: Addison-Wesley 1975

H. KORTH, A. SILBERSCHATZ, S SUDARSHAN: Database System Concepts. New York: McGraw-Hill, 3. Auflage 1997

J. LOECKX: Algorithmentheorie. Berlin Heidelberg New York: Springer-Verlag 1976

J. A. MACDERMID: SoftwareEngineer's Reference Book. Oxford: Butterworth-Heinemann 1993

K. MEHLHORN: Data Structures and Algorithms 1: Sorting and Searching. Berlin Heidelberg New York: Springer-Verlag 1984

K. MEHLHORN: Data Structures and Algorithms 2: Graph-Algorithms and NP-Completeness. Berlin Heidelberg New York: Springer-Verlag 1984

B. MEYER: Eiffel – The Language. Englewood Cliffs, N.J.: Prentice-Hall 1992

B. MEYER: Object oriented Software Construction. Upper Saddle River, N.J.: Prentice-Hall 1997

M. NAGL: Softwaretechnik: Methodisches Programmieren im Großen. Berlin Heidelberg New York: Springer-Verlag 1990

T. OTTMANN, P. WIDMAYER: Algorithmen und Datenstrukturen. Mannheim: Bibliographisches Institut 1993

J. RAASCH: Systementwicklung mit strukturierten Methoden: Ein Leitfaden für Praxis und Studium. München: Hanser 1993

M. REISER, N. WIRTH: Programmieren in Oberon: Das neue Pascal. Bonn: Addison-Wesley 1994

A. SALOMAA: Formale Sprachen. Berlin Heidelberg New York: Springer-Verlag 1978

P. SANDER, W. STUCKY, R. HERSCHEL: Automaten – Sprachen – Berechenbarkeit. Stuttgart: Teubner 1995

G. SCHLAGETER, W. STUCKY: Datenbanksysteme, Konzepte und Modelle. Stuttgart: Teubner 1983

U. SCHÖNING: Logik für Informatiker. Mannheim: Bibliographisches Institut 1992

U. SCHÖNING: Theoretische Informatik kurzgefaßt. Heidelberg: Spektrum, Akad. Verl. 1995

R. SEDGEWICK: Algorithms. Reading, Mass.: Addison-Wesley 1988

J. D. ULLMAN: Principles of Database and Knowledge-Base Systems. Vol. I. Rockville, Md.: Computer Science Press 1988

K. WAGNER: Einführung in die Theoretische Informatik: Grundlagen und Modelle. Berlin Heidelberg New York: Springer-Verlag 1994

W. WAITE, G. GOOS: Compiler Construction. Berlin Heidelberg New York: Springer-Verlag 1984

I. WEGENER: Theoretische Informatik: Eine algorithmenorientierte Einführung. Stuttgart: Teubner 1993

K. WEIHRAUCH: Computability. Berlin Heidelberg New York: Springer-Verlag 1987

J. WEIZENBAUM: Die Macht der Computer und die Ohnmacht der Vernunft. Frankfurt a.M.: Suhrkamp 1982

R. WILHELM, R. MAUER: Übersetzerbau: Theorie, Konstruktion, Generierung. Berlin Heidelberg New York: Springer-Verlag, 2. überarbeitete Auflage 1997

N. WIRTH: Algorithmen und Datenstrukturen mit Modula-2. Stuttgart: Teubner 1986

E. YOURDON: Techniques of Program Structure and Design. Englewood Cliffs, N.J.: Prentice-Hall 1975

M. V. ZELKOWITZ, A. C. SHAW, J. D. GANNON: Principles of Software Engineering and Design. Englewood Cliffs, N.J.: Prentice-Hall 1979

Stichwortverzeichnis